"十二五"普通高等教育本科国家级规划教材
普通高等教育"十一五"国家级规划教材

电 子 技 术

（电工学Ⅱ）（第三版）

史仪凯　主编

科学出版社

北　京

内 容 简 介

本套电工学教材是依据教育部高等学校电子电气基础课程教学指导分委员会 2011 年新修订的"电工学课程教学基本要求"，在第二版的基础上精选、改写、补充、修订而成。全套教材分《电工技术（电工学Ⅰ）》、《电子技术（电工学Ⅱ）》和《电工电子应用技术（电工学Ⅲ）》三册编写。配合文字教材相继出版电子教案、网络课程、作业集和学习指导等立体化配套教材。本套书可作为高等学校工科非电类专业本科和专科"电工学"课程的教材，也可供科技人员阅读。

本套教材第一版 2005 年获国家级教学成果二等奖，是 2007 年国家级精品课程主干教材；第二版是普通高等教育"十一五"国家级规划教材，其中《电工电子应用技术（电工学Ⅲ）》2009 年被评为普通高等教育国家级精品教材；2012 年被评为"十二五"普通高等教育本科国家级规划教材。

图书在版编目(CIP)数据

电子技术．电工学．2/史仪凯主编．—3 版．—北京:科学出版社,2016.6
"十二五"普通高等教育本科国家级规划教材·普通高等教育"十一五"国家级规划教材

ISBN 978-7-03-044578-0

Ⅰ．①电…　Ⅱ．①史…　Ⅲ．①电工技术-高等学校-教材②电子技术-高等学校-教材　Ⅳ．①TM②TN

中国版本图书馆 CIP 数据核字(2015)第 124249 号

责任编辑:余 江 张丽花/责任校对:郭瑞芝
责任印制:吴兆东/封面设计:迷底书装

科 学 出 版 社 出版
北京东黄城根北街16号
邮政编码:100717
http://www.sciencep.com

北京九州迅驰传媒文化有限公司 印刷
科学出版社发行 各地新华书店经销

*

2005 年 1 月第 一 版　开本:720×1000 B5
2008 年 8 月第 二 版　印张:21
2016 年 6 月第 三 版　字数:423 000
2017 年 12 月第八次印刷

定价:59.00 元
(如有印装质量问题,我社负责调换)

主 编 简 介

史仪凯 西北工业大学机电学院教授、博士生导师、国家级教学名师。现任西北工业大学国家级"电工学精品课程"和国家级"电工学课程教学团队"负责人。兼任中国高等学校电工学研究会副理事长。

长期从事电工学、机械电子工程、电气工程教学和科研工作。主讲本科生和研究生课程10余门。先后主持国家自然科学基金、省部级基金课题10余项,国家和省部级教学研究课题10余项。已培养博士、硕士研究生90多人。主编(著、译)出版教材和著作20余部。在国内外学术刊物和国际会议发表论文300余篇,其中被 SCI、EI、ISTP 收录100余篇,申请授权和受理国家发明专利20余项。先后获国家级教学成果二等奖1项、省部级教学成果和科技奖10余项、宝钢优秀教师奖1项。

联系地址:西安市友谊西路127号　西北工业大学403信箱

邮编:710072

电话:029-88494893

传真:029-88494893

E-mail:ykshi@nwpu.edu.cn

第三版前言

　　本套教材是依据教育部高等学校教学指导委员会新修订的"电工学"课程教学基本要求,课程的特点、作用和任务,以及编者多年从事电工学课程教学和教改的经验体会,在第二版的基础上不断总结提高和完善修订而成。为使电工学(多学时)教材更加符合学生的认知规律和教学要求,将电工学分《电工技术》(电工学Ⅰ)、《电子技术》(电工学Ⅱ)和《电工电子应用技术》(电工学Ⅲ)三册编写。

　　本套教材自2005年第一版出版以来,为适应科学技术快速发展和教学改革的需要,对结构体系和内容不断总结提高和完善修订,2006年被遴选为普通高等教育"十一五"国家级规划教材。2012年又被遴选为"十二五"普通高等教育本科国家级规划教材。

　　本次新修订指导原则是:强化基础性,精选课程的基础内容,叙述上既要简明扼要,又要符合学生认识规律,使学生通过基础内容的学习掌握基本理论、知识和技能,不断提高自学能力和创新意识,为后续课程的学习和今后从事工程技术工作打好电工电子技术的理论基础;突出应用性,电工电子技术是一门实践性和应用性很强的技术基础课,教材不仅涉及知识面广,而且有着广阔的工程背景,化解难教、难学的被动教学局面,关键在于突出"应用",使学生"学懂"和"会用",教材内容的安排上力求与工程实践紧密结合,通过教学使学生掌握所学知识的具体应用,提高学生分析和解决问题的能力;体现先进性,随着电工电子技术的快速发展,新知识、新技术和新器件不断涌现,教材内容必须不断更新,力求在结构体系上与教学要求相吻合,内容阐述上要体现一个"新"字,以新理论、新方法和新内容激励学生的学习兴趣,提高学生的科学思维和创新能力。

　　本套教材(第三版)主要进行了以下修订。

　　(1) 优化了部分章节的结构体系,如除了将涉及电工技术和电子技术的"继电接触器控制""可编程序控制器及其应用""电气电测技术"等内容,从《电工技术》教材中调整至《电工电子应用技术》教材中介绍,还将整流、滤波和稳压电路安排在二极管应用中介绍;将"集成串联型稳压电路"与"开关型稳压电源"内容一并安排在"集成运算放大器的应用"中介绍;将"电压源与电流源及其等效变换"和"受控源"内容安排在"电路的基本概念与基本定律"中介绍等。

　　(2) 改写了"半导体三极管与基本放大电路""集成运算放大器的应用""门电

路与组合逻辑电路""触发器与时序逻辑电路""交流电动机""直流电动机""电气自动控制技术""可编程序控制器原理与应用"等部分章节内容,如"双稳态触发器"一节中在介绍基本 RS 触发器的逻辑功能后,其他触发器不再介绍具体翻转情况,直接给出逻辑功能、状态表、逻辑符合和时序图。

(3) 新增了反映电工技术和电子技术发展的新技术、新理论、新产品,如 R 铁心变压器、超声波电动机、液晶显示器及驱动电路、电动机的变频调速、非电量检测中的信号处理电路、开关型稳压电源电路等信息、通信、控制方面的相关内容。

(4) 删去了部分章节中的内容,如"集成运算放大器的应用"中的"信号测量电路"和"精密整流电路";"电气自动控制技术"中的"继电器控制电路的逻辑函数式"等内容,以及教材中的"模拟试题"和"试题解答"。

(5) 修改、补充了部分章节的例题、"练习与思考"和"习题"。

(6) 书中带标号"＊"的章节属于加深、拓宽内容,教师可根据专业特点和学时取舍。

在普通高等教育"十一五"国家级规划教材(电工学立体化教材(第二版))项目的支持下,完成与本套教材配套的立体化教材有:

(1)《电工学(Ⅰ、Ⅱ、Ⅲ)(第二版)学习指导》,史仪凯主编;
(2)《电工技术网络课程》,史仪凯、袁小庆主编;
(3)《电子技术网络课程》,史仪凯、袁小庆主编;
(4)《电工电子应用技术网络课程》,李志宇、赵敏玲主编;
(5)《电工电子技术》,史仪凯主编;
(6)《电工电子技术学习指导》,袁小庆主编;
(7)《电工技术(第二版)》电子教案,史仪凯主编;
(8)《电子技术(第二版)》电子教案,向平主编;
(9)《电工电子应用技术(第二版)》电子教案,赵妮主编;
(10)《电工电子技术》电子教案,袁小庆主编;
(11) 电工学四部文字教材配套作业集。

本书由西北工业大学史仪凯主编和统稿,向平担任副主编。其中第 1 章、第 2 章、第 5 章由史仪凯编写,并对部分章节进行改写;第 3 章由王引卫编写;第 4 章由刘雁编写;第 6 章由向平编写;第 7 章由王文东编写;第 8 章和部分习题答案由袁小庆编写;第 9 章由李俊华编写。

西安交通大学马西奎教授和西北工业大学张家喜教授对本书进行了审阅,并提出了宝贵意见和修改建议;本书前两版还得到了许多读者的关怀,他们提出了许多建设性意见;尤其是得到了教育部、科学出版社、西北工业大学的支持和关心。在此作者一并致以诚挚的谢意。

由于编者水平所限,书中难免有疏漏和不妥之处,恳请广大读者提出宝贵的批评意见。

史仪凯

2015 年 5 月于西北工业大学

目　　录

第1章　半导体二极管与整流电路

半导体器件具有体积小、重量轻、使用寿命长、耗电少等特点,是组成各种电子电路的核心器件,在当今的电子技术中占有主导地位。因此,了解半导体器件是学习电子技术的基础。

本章首先简要介绍半导体的基础知识;其次讨论二极管和稳压管的基本结构、工作原理、特性曲线、主要参数及简单应用。重点讨论二极管整流电路、滤波电路和稳压电路。

1.1　半导体的基础知识

半导体的导电能力介于导体和绝缘体之间。常用的半导体材料主要有硅、锗、硒、砷化镓和一些氧化物等。下面以硅为例讨论半导体的导电特性。

1.1.1　本征半导体与掺杂半导体

硅和锗都属于四价元素,其原子的最外层轨道上有 4 个价电子,如图 1.1.1 所示。纯净的硅和锗呈晶体结构,原子排列整齐,且每个原子的 4 个价电子与相邻的 4 个原子所共有,构成共价键结构,如图 1.1.2 所示。当温度为绝对零度时,硅晶体不呈现导电性。当温度升高时,由于热激发,一些电子获得一定能量后会挣脱束缚成为自由电子。与此同时,在这些自由电子原有的位置上就留下相对应的空位置,称为空穴。空穴因失去一个电子而带正电,如图 1.1.3 所示。由于正负电相互吸引,空穴附近的电子会填补这个空位置,于是又产生新的空穴,又会有相邻的电

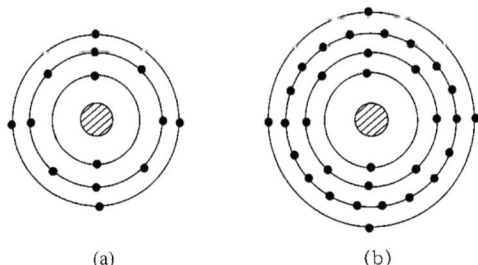

(a) (b)

图 1.1.1　硅和锗的原子结构图
(a) 硅;(b) 锗

子来递补。如此继续下去,就好像空穴在运动,这就是所谓的空穴运动。由热激发而产生的自由电子和空穴总是成对出现的。

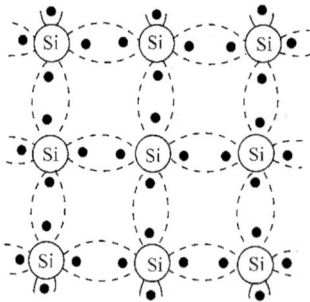

图 1.1.2　硅原子间的共价键结构　　　　图 1.1.3　空穴和自由电子的形成

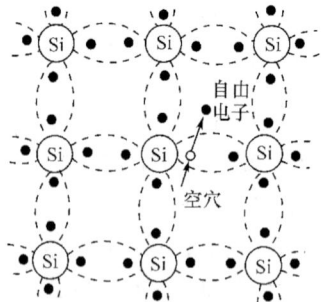

自由电子和空穴统称为载流子。

半导体材料在外加电场的作用下,自由电子和空穴按相反方向运动,构成的电流方向一致,所以半导体中的电流是电子流和空穴流之和。这是半导体和金属在导电原理上的本质区别。

半导体器件之所以在现代科学技术中得到如此广泛的应用,是由于其导电性能易受外界条件变化的影响,主要表现如下。

1. 热敏性

环境温度对半导体的导电能力影响很大。随着温度的升高,纯净半导体的导电能力显著增强。因而,可用半导体材料制成各种温度敏感元件,如热敏电阻等。

2. 光敏性

光照对某些半导体材料的导电能力影响很大。一些半导体材料受到光照时,载流子会剧增,导电能力也随之增强。利用这种特性可制成各种光敏器件,如光敏电阻、光敏二极管、光敏三极管、光控晶闸管等。

3. 掺杂性

纯净的半导体中自由电子和空穴总是成对出现的,在常温下其数量有限,导电能力并不强,如果在纯净的半导体中掺入某些微量杂质(其他元素),其导电能力将会大大增强。

若在纯净的半导体硅或锗中掺入三价硼、铝等微量元素,由于这些元素的原子最外层有三个价电子,故在构成的共价键结构中由于缺少价电子而形成空穴。这些掺杂后的半导体的导电作用主要靠空穴运动,其中空穴是多数载流子,而热激发形成的自由电子是少数载流子。因此,称这种半导体为空穴半导体或 P 型半导体。

若在纯净的半导体硅或锗中掺入五价磷、砷等微量元素,由于这些元素的原子最外层有五个价电子,故在构成的共价键结构中由于存在多余的价电子而产生大量自由电子。这种半导体主要靠自由电子导电,其中自由电子是多数载流子,热激发形成的空穴是少数载流子。因此,称这种半导体为电子半导体或 N 型半导体。

需要指出的是,不论 P 型半导体还是 N 型半导体,虽然都有一种载流子占多数,但半导体都是中性的,对外不显电性。

1.1.2　PN 结

采用适当工艺把 P 型半导体和 N 型半导体紧密连接后做在同一基片上,在两种半导体之间形成一个交界面。由于两种半导体中载流子浓度的差异,将产生载流子的相对扩散运动。若 P 区的空穴浓度大于 N 区,P 区的空穴要穿过交界面向 N 区扩散;同样,若 N 区的自由电子浓度大于 P 区,N 区的自由电子也要向 P 区扩散。扩散的结果是在交界面的 P 区侧留下带负电的离子,N 区侧留下带正电的离子。这些不能移动的带电离子在交界面两侧形成了一个空间电荷区,产生一个由 N 区指向 P 区的电场,称为内电场,如图 1.1.4 所示。内电场一方面阻止多数载流子的继续扩散,即对 P 区的空穴、N 区的自由电子的继续扩散起阻挡作用;另一方面内电场又促进少数载流子的运动,即促进 P 区的自由电子、N 区空穴的运动。这种少数载流子在内电场作用下的运动称为漂移。显然,多数载流子的扩散运动和少数载流子的漂移运动方向相反。

在空间电荷区开始形成时,扩散运动占优势,空间电荷区逐渐加宽,内电场逐渐加强。内电场的加强又使得漂移运动加强,扩散运动减弱,最后,扩散运动和漂移运动达到动态平衡,在 P 区和 N 区的交界面上形成一个宽度稳定的空间电荷区——PN 结。在 PN 结内,大都是不能移动的正负离子,自由电子和空穴大都复合,载流子极少,所以电阻率极高,又称为耗尽层。

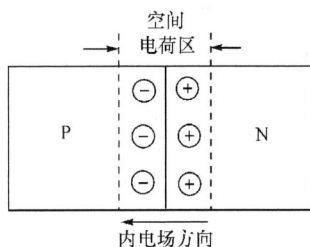

图 1.1.4　PN 结的形成

实际工作中,PN 结上总有外加电压,称为偏置。

若将 P 区接电源正极,N 区接电源负极,称为正向偏置,简称正偏,如图 1.1.5(a)所示。由图可见,外电场与内电场方向相反,空间电荷区变薄,多数载流子的扩散运动加强,形成较大的正向电流,电流方向从 P 区到 N 区。在一定范围内,外加电场越强,正向电流越大,此时 PN 结呈低阻导通状态。

若将 P 区接电源负极,N 区接电源正极,称为反向偏置,简称反偏,如图 1.1.5(b)所示。由图可见,外电场和内电场方向一致,空间电荷区变宽,多数载流子的扩

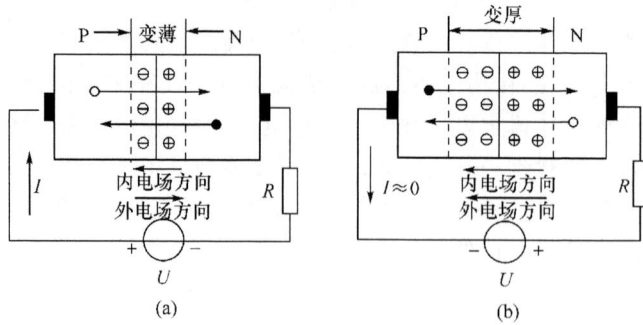

图 1.1.5　PN 结的单向导电性

（a）PN 结正偏；（b）PN 结反偏

散运动难于进行。少数载流子的漂移运动虽然加强，但由于少数载流子的浓度较低，形成的反向电流很小，电流方向由 N 区到 P 区。可见，PN 结呈反向高阻状态。

综上所述，PN 结具有单向导电性。正偏时，PN 结的电阻很小，正向电流大，PN 结导通；反偏时，PN 结的电阻很大，反向电流很小，PN 结截止。

练习与思考

1.1.1　在半导体中，空穴的移动实质上是电子的移动。那么，它和自由电子的移动有何区别？

1.1.2　将一个 PN 结连成如图 1.1.6 所示。说明三种情况下，电流表的读数有什么不同？为什么？

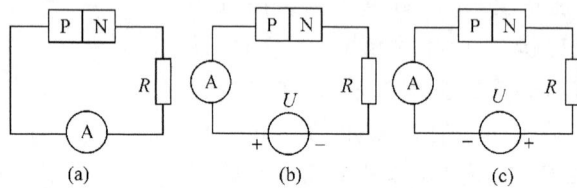

图 1.1.6　练习与思考 1.1.2 图

1.2　半导体二极管

1.2.1　基本结构

将一个 PN 结连上电极引线，再封装到管壳中就构成半导体二极管。图 1.2.1 是常见半导体二极管的外形。由图 1.2.1 可见，二极管有两个电极，一为正极（又称为阳极），从 P 区引出；一为负极（又称为阴极），从 N 区引出。图 1.2.2

是二极管的电路符号,箭头表示电流导通的方向,文字符号用 D 表示。

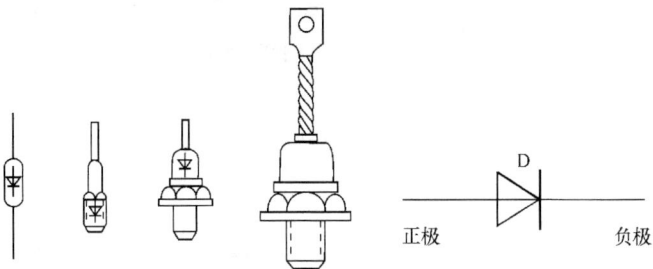

图 1.2.1　常见半导体二极管的外形　　图 1.2.2　二极管的符号

　　按内部结构不同,二极管分为点接触型和面接触型两类,如图 1.2.3(a)、(b)
所示。点接触型二极管的 PN 结面积小,不能通过较大的电流(在几十毫安以下),
但它的结电容较小①,高频性能好,一般适用于高频和小功率的工作,也可用作数
字电路中的开关元件,通常为锗管。面接触型二极管的 PN 结面积大,能通过较大
的电流,但它的结电容较大,工作频率低,一般用作整流,通常为硅管。

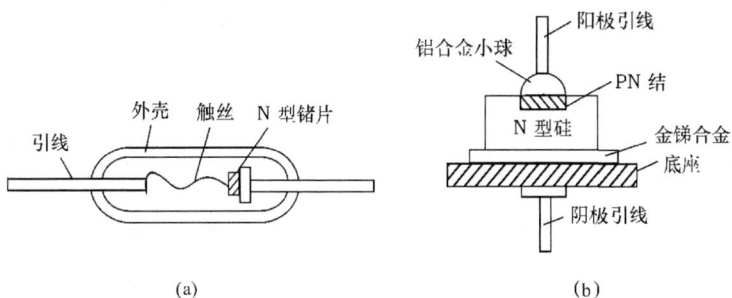

图 1.2.3　半导体二极管的内部结构
(a) 点接触型;(b) 面接触型

1.2.2　伏安特性

　　二极管伏安特性是指加在管子两端的电压和通过管子的电流的关系曲线,可
通过实验测得。图 1.2.4 所示为典型的二极管伏安特性曲线,由图可见,特性曲线
由正向特性(图中第Ⅰ象限)和反向特性(图中第Ⅲ象限)两部分组成。

---

　　①　PN 结的正负离子层,相当于存储的正负电荷,与极板电容器类似。因此,PN 结具有电容效应,相当
于存在一个电容,称为结电容。

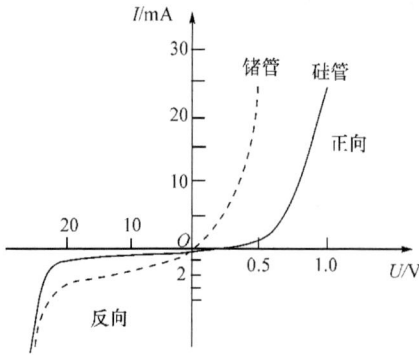

图 1.2.4　二极管的伏安特性曲线

正向特性表明，当外加正向电压很低、小于某一数值时，外加电场不足以克服内场的阻挡作用，故正向电流很小，几乎为零。该电压称为死区电压，硅管的死区电压约为 0.5V，锗管的死区电压约为 0.2V。当正向电压超过死区电压时，内电场被大大削弱，二极管正向导通，电流随电压的增加而迅速上升。二极管正向导通时，管子两端的电压称为二极管的正向压降。在正常工作电流范围内，此值基本稳定，硅管约为 0.6V，锗管约为 0.3V。

再看反向特性，当二极管的反向电压小于某一数值时，反向电流很小（因为反向电流由少数载流子的漂移运动形成），二极管处于反向截止状态。反向电流的大小基本恒定，不随外加电压的大小而变化，通常称为反向漏电流或反向饱和电流。由于半导体中少数载流子的浓度与温度有关，故反向漏电流随着温度的升高而剧烈增加。而当外加反向电压大于某一定值时，反向电流将急剧增加，这种现象称为反向击穿，该值称为二极管的反向击穿电压。二极管被击穿后，一般不能恢复原来的性能，便失效了。

各类二极管的反向击穿电压大小不等，通常为几十伏至几百伏，最高达千伏以上。

1.2.3　主要参数

除用特性曲线外，二极管的性能还可用参数来说明。二极管的主要参数有：

1. 最大整流电流 I_{OM}

I_{OM} 是指二极管长时间使用时，允许通过二极管的最大正向平均电流。平均电流超过此值过多时，二极管将过热而被烧坏。

2. 反向工作峰值电压 U_{RWM}

U_{RWM} 是保证二极管不被击穿而容许的反向峰值电压，一般是反向击穿电压的 1/2 或 2/3。点接触型二极管的反向工作峰值电压一般为数十伏，面接触型二极管的反向工作峰值电压可达数百伏。

3. 反向峰值电流 I_{RM}

I_{RM} 是指在二极管上加反向工作峰值电压时的反向电流值。反向电流大，说明二极管的单向导电性能差，并且受温度的影响大。

4. 最高工作频率 f_M

f_M 是指二极管应用时单向导电性出现明显差异的频率。由于二极管的 PN 结的结电容效应,当频率大到一定程度时,二极管的单向导电性明显变差。

练习与思考

1.2.1　怎样用万用表的电阻挡判断二极管的正、负极和它的好坏?

1.2.2　用万用表测量二极管的正向电阻时,用 $R \times 100\Omega$ 挡测出的电阻值小,而用 $R \times 1k\Omega$ 挡测出的电阻值大,为什么?

1.3　半导体二极管的应用

二极管的应用范围很广。利用其单向导电性,可以用来整流、限幅、钳位和检波等,也可以构成其他元件或电路的保护电路,以及在脉冲与数字电路中作为开关元件等。

为讨论方便,在分析电路时,一般可以将二极管视为理想元件,即认为其正向电阻为零,正向导通时二极管的正向压降忽略不计。反向电阻为无穷大,反向截止时为开路特性,反向漏电流可以不计。

1.3.1　限幅电路

限幅电路又称为削波电路,其功能是把输出信号限制在输入信号的一定范围之内,或者说将输入信号的某部分"削掉"。

图 1.3.1(a)为一削波电路,当输入电压 $u_i < U$ 时,二极管 D 反向偏置而截止, R 中无电流流过,$u_o = u_i$;当 $u_i > U$ 时,D 正向偏置而导通,$u_o = U$,即正向输出电压保持在 U 值。波形如图 1.3.1(b)所示。

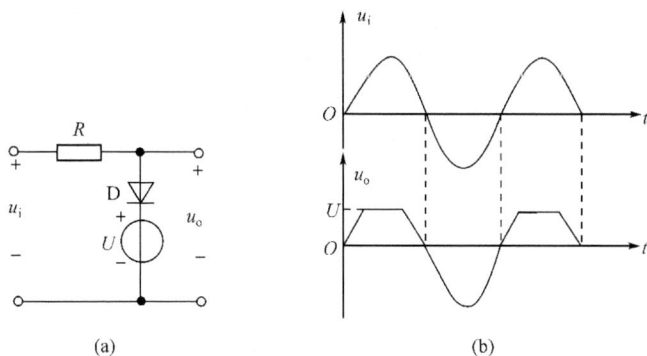

图 1.3.1　二极管限幅电路

1.3.2 检波电路

无线电技术中经常要进行信号的远距离输送,即需把低频信号(如声频信号)装载到高频振荡信号上并由天线发射出去。电路分析时,将低频信号称为调制信号,高频振荡信号称为载波,受低频信号控制的高频振荡称为已调波,控制的过程称为调制。在接收地点,接收机天线接收到微弱的已调波信号,经放大后再设法还原成原来的低频信号,这一过程称为解调或检波。

图 1.3.2(a)为一已调波,图 1.3.2(b)为由二极管组成的检波器,其中 D 用于检波,称为检波二极管,一般为点接触型二极管;C 为检波器负载电容,用来滤除检波后的高频成分;R_L 为检波器负载,用来获取检波后所需的低频信号。

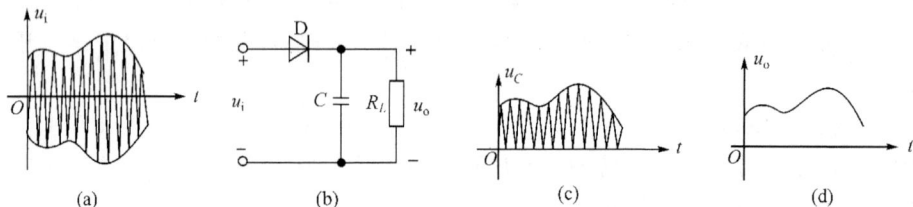

图 1.3.2　二极管检波电路

由于二极管的单向导电作用,已调波经二极管检波后,负半波被截去(图 1.3.2(c)),检波器负载电容将高频成分旁路,在 R_L 两端得到的输出电压就是原来的低频信号,如图 1.3.2(d)所示。

1.3.3 二极管"续流"保护电路

二极管也可用作保护器件,如图 1.3.3 所示。当开关 S 闭合时,直流电源 U 接通电感量较大的线圈,二极管 D 因反偏而截止,全部电流流过电感线圈。当开关 S 断开时,电感线圈中的电流将迅速降到零,电感量较大的线圈两端会产生很大的负瞬时电压。如果没有提供另外的电流通路,该暂态电压将在开关两端产生电弧,损坏开关。在电路中接有如图 1.3.3 所示的二极管 D 时,二极管 D 为电感线圈的放电电流提供了通路,使 u_L 的负峰值限制在二极管的正向压降范围内,开关 S 两端的电弧被消除,同时电感线圈中的电流将平稳地减少。

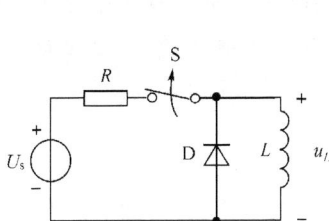

图 1.3.3 二极管续流电路 图 1.3.4 二极管与门电路

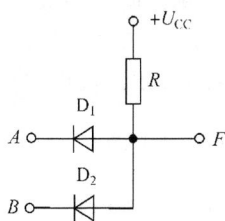

1.3.4 二极管与门电路

在图 1.3.4 所示电路中,假设 $U_{CC}=10V$,输入 u_A 与 u_B 高电位时为 4V,低电位时为 0V。显然,当 u_A、u_B 同时为 0V 时,输出 u_F 为 0V。当 u_A 为 0V,u_B 为 4V 时,D_1 导通,u_F 为 0V,并使 D_2 反偏而截止。当 u_A 为 4V,u_B 为 0V 时,D_2 导通,D_1 截止,u_F 也为 0V。

只有当 u_A、u_B 均为 4V 时,输出 u_F 才为 4V。

上述 u_F 与 u_A、u_B 的关系称为"与"的关系,故图 1.3.4 称为二极管与门电路。

1.4　二极管整流电路

电子设备和自动控制装置中需要直流电源供电,而目前电能主要以交流电形式供电。但在许多场合都需要直流电源,如电解、电镀、直流电动机的驱动、各种电子设备和自动控制装置等。为了得到直流电源,可采用半导体器件(二极管等)将交流电变换成直流电的各种直流稳压电源。直流稳压电源主要由整流变压器、二极管整流电路、滤波电路和稳压电路等部分组成,如图 1.4.1 所示。

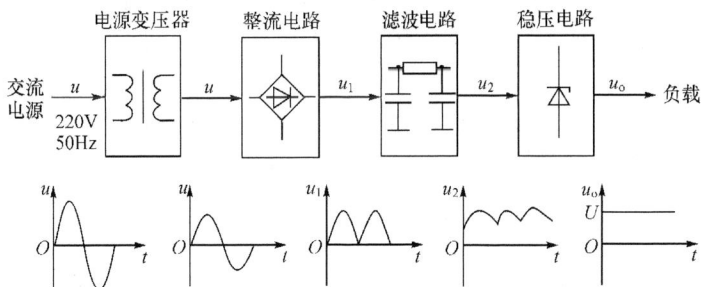

图 1.4.1 直流稳压电源组成框图

电源变压器是将交流电源电压变换为整流电路所需的交流电压;整流电路是

将交流电压变换为单方向脉动电压;滤波电路是将整流输出电压中的交流成分滤除,以减小脉动程度,为负载提供比较平滑的整流电压;稳压电路是在交流电源电压变动或负载波动时,使得输出直流电压比较平滑稳定。

1.4.1　单相半波整流电路

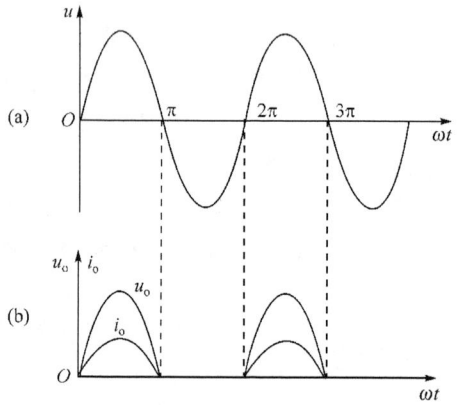

单相半波整流电路由电源变压器 T_r、二极管 D 及负载 R_L 组成,如图 1.4.2 所示。设电源变压器副边电压的正弦波为

$$u = \sqrt{2}\,U\sin\omega t$$

其波形如图 1.4.3(a)所示。

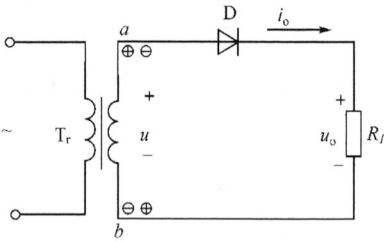

图 1.4.2　单相半波整流电路　　　　图 1.4.3　电流与电压的波形

根据二极管 D 的单向导电性,当 u 为正半周时,a 端为正、b 端为负,二极管 D 在正向电压作用下导通,电阻 R_L 中流过电流,其两端电压 $u_o = u$,二极管相当于短路。当 u 为负半周时,a 端为负、b 端为正,二极管承受反向电压而截止,电阻 R_L 上无电流流过,其两端电压 $u_o = 0$。在二极管 D 导通时,其正向压降很小,可以忽略不计。因此,输出电压 u_o 的波形和输入电压 u 的波形相同,如图 1.4.3(b)所示。

负载上得到方向单一且大小变化的电压 u_o,称为单向脉动电压。单相半波电压 u_o 在一个周期的平均值为

$$U_o = \frac{1}{2\pi}\int_0^\pi \sqrt{2}\,U\sin\omega t\,\mathrm{d}(\omega t) = \frac{\sqrt{2}}{\pi}U \approx 0.45U \tag{1.4.1}$$

式(1.4.1)表明整流电压平均值与交流电压有效值之间的关系。由此可得出整流电流的平均值为

$$I_o = \frac{U_o}{R_L} \approx 0.45\,\frac{U}{R_L} \tag{1.4.2}$$

电路中二极管 D 不导通(截止)时,所承受的最高反向电压为

$$U_{DRM} = \sqrt{2}\, U \tag{1.4.3}$$

这样,根据负载所需要的直流电压 U_o、直流电流 I_o 和最高反向电压 U_{DRM} 可以选择合适的整流元件。

1.4.2 单相桥式整流电路

单相半波整流电路结构简单,但其缺点是:只利用了电源的半个周期,整流输出电压低,脉动幅度较大,且变压器利用率低。为了克服这些缺点,可以采用全波整流电路,如图 1.4.4(a)所示。电路的结构是由四个二极管连接电桥的形式,也称为单相桥式整流电路。图 1.4.4(b)是图 1.4.4(a)所示电路的简化画法。

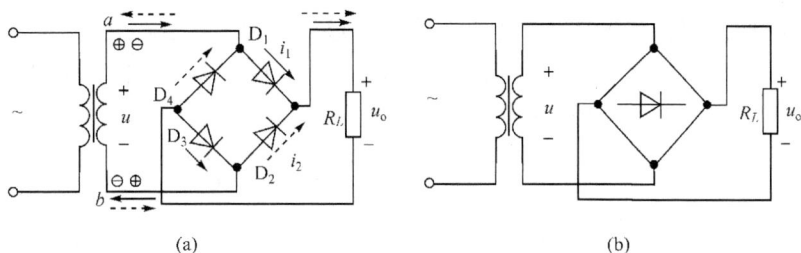

(a)   (b)

图 1.4.4 单相桥式整流电路

当变压器副边电压为 u 的正半周时,变压器副边 a 点的电位高于 b 点,二极管 D_1、D_3 导通,D_2、D_4 截止,电流 i_2 流通的路径是 $a \rightarrow D_1 \rightarrow R_L \rightarrow D_3 \rightarrow b$。负载电阻 R_L 上得到一个半波电压,如图 1.4.5(b)所示。

当变压器副边电压为 u 的负半周时,变压器副边 b 点的电位高于 a 点,二极管 D_1、D_3 截止,D_2、D_4 导通,电流 i_1 的通路是 $b \rightarrow D_2 \rightarrow R_L \rightarrow D_4 \rightarrow a$。同样在负载电阻 R_L 上得到一个半波电压,如图 1.4.5(b)所示。

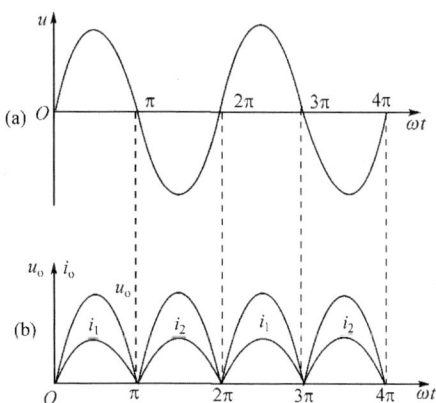

图 1.4.5 电压与电流的波形

全波整流电路输出电压的平均值为

$$U_o = \frac{1}{\pi}\int_0^{\pi} \sqrt{2}\, U\sin\omega t\, \mathrm{d}(\omega t) = \frac{2\sqrt{2}}{\pi}U = 0.9U \tag{1.4.4}$$

负载电阻 R_L 中电流的平均值为

$$I_o = \frac{U_o}{R_L} = 0.9 \frac{U}{R_L} \tag{1.4.5}$$

在桥式整流电路中每个二极管只导通半周,导通角为 π,因而通过每个二极管的平均电流是负载电流平均值的 1/2,即

$$I_D = \frac{1}{2} I_o \tag{1.4.6}$$

由图 1.4.4 可见,每个二极管承受的最高反向电压与半波整流电路相同,即

$$U_{DRM} = \sqrt{2} \, U \tag{1.4.7}$$

在选择桥式整流电路的整流二极管时,为了工作可靠,应使二极管的最大整流电流 $I_{DM} > I_D$,二极管的反向工作峰值电压 $U_{RM} > U_{DRM}$。

为了使用方便,半导体器件生产厂家已将整流二极管封装在一起,制造成单相整流桥和三相整流桥模块。这些模块只有输入交流和输出直流接线引脚,其特点是连接线少,可靠性高,使用相当方便。

例 1.4.1　要求设计一单相桥式整流电路,其输出直流电压 110V 和直流电流 3A。试求:

(1) 电源变压器副边电压、电流和容量;

(2) 二极管所承受的最高反向电压;

(3) 选择合适的二极管。

解　(1) 由式(1.4.4)可知变压器副边电压的有效值为

$$U = \frac{U_o}{0.9} = \frac{110}{0.9} = 122(V)$$

考虑到二极管的正向压降及电源变压器副边的阻抗压降,副边空载电压 U_{2o} 应略大(约 10%)于 U,设

$$U_{2o} = 1.1U = 1.1 \times 122 = 134(V)$$

则变压器副边电流的有效值为

$$I = \frac{U}{R_L} = \frac{1}{0.9} I_o = 1.1 I_o = 1.1 \times 3 = 3.33(A)$$

变压器的容量为

$$S = UI = 122 \times 3.33 = 406.26(V \cdot A)$$

(2) 二极管承受的最高反向电压为

$$U_{DRM} = \sqrt{2} \, U_{2o} = \sqrt{2} \times 134 = 189(V)$$

通过二极管的电流平均值为

$$I_D = \frac{1}{2} I_o = \frac{1}{2} \times 3 = 1.5(A)$$

（3）查手册，可以选用 2CZ12D 型整流二极管 4 只，其最大整流电流为 3A，反向峰值电压为 300V（为使用安全，其最大反向工作电压要选比实际承受值大一倍左右）。

*1.4.3　三相桥式整流电路

单相桥式整流电路功率一般为几瓦到几百瓦，主要用在一般的电子仪器中。对于大功率整流，如果采用单相整流电路，就会造成三相供电线路负载的不对称，影响供电质量，因而多采用三相整流电路。尽管有些场合要求整流功率不大，但是为了得到脉动幅度更小的整流电压，也采用三相整流电路。

图 1.4.6 所示为三相桥式整流电路，共用六个整流元件，其中 D_1、D_3、D_5 为一组，阴极连接在一起；D_2、D_4、D_6 为另一组，阳极连接在一起。根据二极管的单向导电性可以判定：阴极连接的每组中哪个二极管阳极电位最高，哪个二极管就导通；阳极连接的每组中哪个二极管阴极电位最低，哪个二极管就导通；同一时间有两个管导通。例如，图 1.4.7 中，在 $0 \sim t_1$ 期间，c 相电压为正，b 相电压为负，a 相电压虽也为正，但低于 c 相电压。因此，这段时间内，图 1.4.6 所示电路中的 c 点电位最高，b 点的电位最低，所以二极管 D_5、D_4 导通。如果忽略正向压降，加在负载上的电压 u_o 就等于线电压 u_{cb}。由于 D_5 导通，D_1、D_3 的阴极电位基本等于 c 点的电位，故 D_1、D_3 截止。同样由于 D_4 的导通，使得 D_2、D_6 的阴极电位接近于 b 点的电位，故 D_2、D_6 也截止。可见这段时间内电流的路径为 $c \to D_5 \to R_L \to D_4 \to b$。

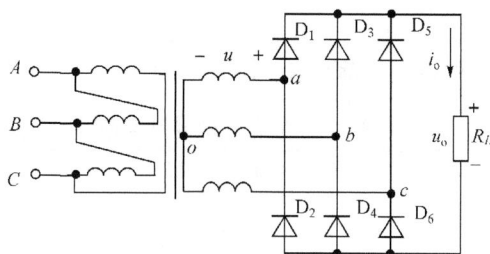

图 1.4.6　三相桥式整流电路

在 $t_1 \sim t_2$ 期间，由图 1.4.7(a) 可见，a 点的电位最高，b 点电位仍然最低，此时 D_1、D_4 导通，其余二极管均截止，电流的路径为 $a \to D_1 \to R_L \to D_4 \to b$，负载电压为线电压 u_{ab}。

在 $t_2 \sim t_3$ 期间，a 点电位最高，c 点电位最低，二极管 D_1、D_6 导通，其余二极管截止，电流通路为 $a \to D_1 \to R_L \to D_6 \to c$，负载电压为线电压 u_{ac}。

依此类推，就可以得到各二极管随电源电压的变化而轮流导通的次序和负载电压 u_o 的变化波形，如图 1.4.7 所示。

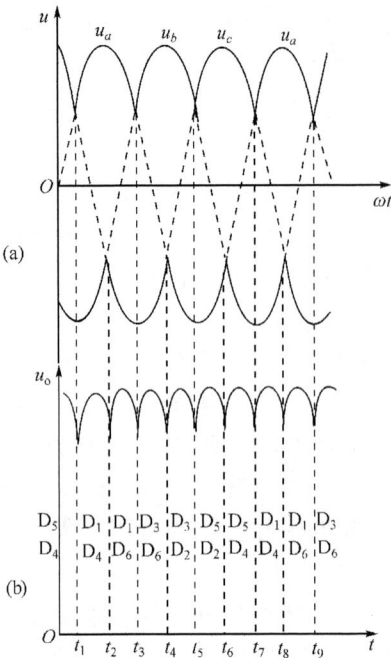

图 1.4.7　三相桥式整流电压的波形

负载电压 u_o 的平均值为

$$U_o = \frac{1}{\frac{\pi}{3}} \int_{\pi/6}^{\pi/2} \sqrt{2} U_{ab} \sin(\omega t + 30°) \mathrm{d}(\omega t)$$

$$= \sqrt{2} \frac{3\sqrt{3}}{\pi} U = \frac{3\sqrt{6}}{\pi} U = 2.34U \quad (1.4.8)$$

式中,U 为变压器副边电压的有效值。

负载电流 i_o 的平均值为

$$I_o = \frac{U_o}{R_L} = 2.34 \frac{U}{R_L} \quad (1.4.9)$$

在一个周期内,每个二极管只有 1/3 的时间导通(120°),因此流过每个管的平均电流为

$$I_D = \frac{1}{3} I_o = 0.78 \frac{U}{R_L} \quad (1.4.10)$$

对于三相桥式整流电路,每个二极管所承受的最高反向电压为变压器副边线电压的幅值,即

$$U_{DRM} = \sqrt{3} U_m = \sqrt{3} \times \sqrt{2} U = 2.45U$$

$$(1.4.11)$$

为了便于比较,几种常用整流电路见表 1.4.1。

表 1.4.1　几种常用整流电路比较

名称	电路	整流电压波形	特征
单相半波			$U_o = 0.45U$ $I_D = I_o$ $U_{DRM} = \sqrt{2} U$ $I = 1.57 I_o$
单相桥式			$U_o = 0.9U$ $I_D = I_o/2$ $U_{DRM} = \sqrt{2} U$ $I = 1.11 I_o$

续表

名称	电路	整流电压波形	特 征
三相半波	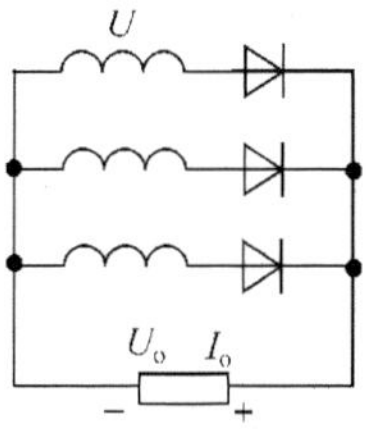 U　U_o　I_o	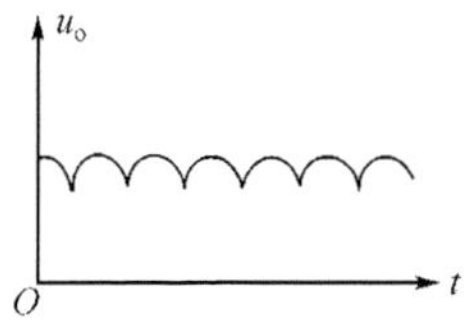 u_o　O　t	$U_o=1.17U$ $I_D=I_o/3$ $U_{DRM}=\sqrt{6}\,U$ $I=0.59I_o$
三相桥式	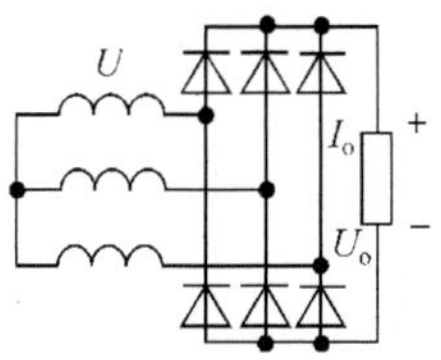 U　I_o　U_o	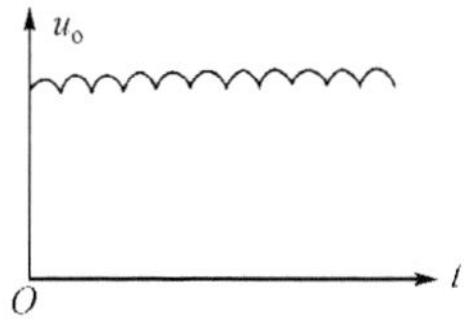 u_o　O　t	$U_o=2.34U$ $I_D=I_o/3$ $U_{DRM}=\sqrt{6}\,U$ $I=0.82I_o$

注:表中 U 为变压器副边电压有效值;I 为变压器副边电流有效值;U_o 为整流电压平均值;I_o 为整流电流平均值;I_D 为流过每管电流平均值;U_{DRM} 为每管承受的最高反向电压。

1.4.4　滤波电路

整流电路的输出是单向脉动电压,除直流分量外,还包含或大或小的交流分量(多次谐波分量)。对电子仪器和自动控制设备来说,这样的整流电压不宜用作直流电源。因此,必须在整流电路的输出端加上滤波电路,使脉动电压变成平滑的、接近于理想的直流电压。滤波电路的形式有多种,所用元件为电容或电感,或两者都用。

电容滤波电路在小功率电子设备中得以广泛的应用。具有滤波电路的单相桥式整流电路,在负载电阻 R_L 两端并联一较大的电容 C,如图 1.4.8(a)所示。下面分析这种电路的工作情况。

在图 1.4.8(a)所示的电路中,在 u 的正半周且 $u>u_o$,即在图 1.4.8(b)中的 a 点后,二极管 D_1、D_3 导通,电源一方面向负载 R_L 供电,一方面对电容 C 充电。此时,$i_{D1}=i_C+i_o$。电路充电的时间常数为 $\tau_1=(r_0//R_L)C$,其中 r_0 为变压器副边绕组的内阻和二极管 D_1、D_3 导通时的正向电阻。由于二极管的正向电阻及变压器副边绕组的内阻很小,可以忽略。因此,电容充电时间常数很小,充电进行得很快。随着电压 u 的增大,电容两端的电压也不断增大。当电压 u 过了最大值以后,电压 u 开始下降。只要 $u>u_o$,电源将继续对电容 C 充电,直到图 1.4.8(b)中的 b 点为止,此时 $u=u_o$。过了 b 点后,电压 u 进一步下降,由于电容两端的电压不能突变,二极管 D_1、D_3 承受反向电压而截止。此时,电容又通过负载电阻 R_L 放电,由于放电时间常数 $\tau_2=R_LC$ 较大,所以负载两端的电压缓慢下降,如图 1.4.8(b)中所示的 bc 段。

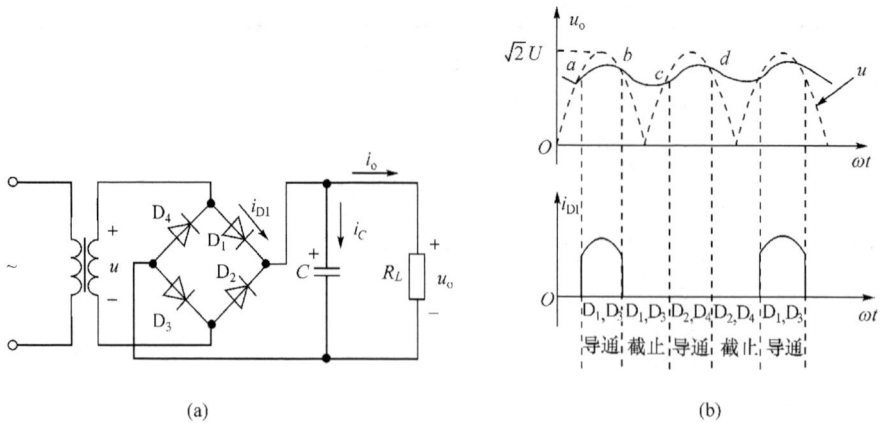

图 1.4.8　单相桥式整流电容滤波电路

(a) 电路图；(b) 输出电压电流的波形

当电压 u 从负半周变化到 $|u|=u_o$ 时，即图 1.4.8(b) 中的 c 点时，二极管 D_2、D_4 处于正向导通状态，电源对电容 C 重新充电。当充电到 $|u| \leqslant u_o$ 时，二极管 D_2、D_4 截止，电容 C 开始向负载电阻 R_L 放电，如此不断重复上述过程。

整流电路采用电容滤波后具有以下特点。

首先，电路的输出电压 u_o 的谐波分量大幅度地减小了，波形也变得比较平滑了，平均值也提高了，电容滤波电路的外特性曲线如图 1.4.9 所示。可见，电路空载（$I_o=0$）时，相当于负载电阻 $R_L=\infty$，因为电容无放电回路，则 $U_o=\sqrt{2}U$。随着 I_o 的增加，输出电压 U_o 急剧下降。当 I_o 大到一定程度时，R_L 很小而放电进行得很快，几乎没有滤波作用，外特性与无电容滤波时趋于一致。工程上采用下列关

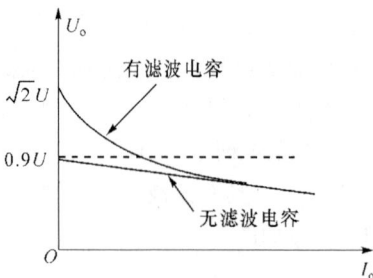

图 1.4.9　电阻负载电容滤波电路的外特性

系估计输出电压的参数，即

$$
\left.
\begin{aligned}
U_o &= U（半波）\\
U_o &= 1.2U（全波）
\end{aligned}
\right\}
\tag{1.4.12}
$$

滤波电容 C 的大小为

$$
R_L C \geqslant (3 \sim 5)\frac{T}{2}
\tag{1.4.13}
$$

式中，T 为交流电压的周期。

其次，二极管的导通角减小，即小于原来的 180°。由于电容中平均电流为零，

因此每个二极管中的平均电流仍为负载电流平均值的 1/2,二极管的导通时间缩短。但流经二极管的冲击电流较大,要求在选择二极管时应留有适当的容量,其有效值通常按负载平均电流的 $(1.5 \sim 3)$ 倍进行估算,即

$$I = (1.5 \sim 3)I_{\circ} \tag{1.4.14}$$

最后,二极管截止时所承受的最高反向电压 U_{DRM} 如表 1.4.2 所示。

表 1.4.2　截止二极管上的最高反向电压 U_{DRM}

电路形式	无电容滤波	有电容滤波
单相半波整流	$\sqrt{2}U$	$2\sqrt{2}U$
单相桥式整流	$\sqrt{2}U$	$\sqrt{2}U$

例 1.4.2　某单相桥式电容滤波整流电路,负载电阻 $R_L = 150\Omega$,要求输出电压 $U_{\circ} = 30\text{V}$,交流电源的频率 $f = 50\text{Hz}$。试求:

(1) 变压器副边电压和电流的有效值;

(2) 选择整流二极管和滤波电容。

解　(1) 根据式(1.4.12)和式(1.4.14),则变压器副边电压和电流的有效值分别为

$$U = \frac{U_{\circ}}{1.2} = \frac{30}{1.2} = 25(\text{V})$$

$$I = 2I_{\circ} = 2 \times \frac{U_{\circ}}{R_L} = 2 \times \frac{30}{150} = 0.4(\text{A})$$

(2) 选择整流二极管。

流过二极管的平均电流为

$$I_D = \frac{1}{2}I_{\circ} = \frac{1}{2} \times \frac{30}{150} = 0.1(\text{A})$$

二极管所承受的最大反向电压为

$$U_{DRM} = \sqrt{2}\,U = \sqrt{2} \times 25 = 35.36(\text{V})$$

考虑充电时流过二极管的冲击电流,因此二极管可选 2CZ54C(其最大整流电流为 0.5A,最高反向工作电压为 100V)。

因为

$$R_L C = 5 \times \frac{T}{2} = 5 \times \frac{1}{2f}$$

所以选择的电容为

$$C = \frac{5}{2R_L f} = \frac{5}{2 \times 150 \times 50} = 300(\mu\text{F})$$

因此,可以选用 $300\mu F$、耐压 $50V$ 的电容。

电容滤波电路只有在 R_LC 数值较大时,才可以有效地抑制谐波分量。但过大的电容将使整流二极管承受更大的冲击电流。因此可以根据不同的场合采用电感滤波、LC、RC、CLC 和 CRC 等滤波形式,如图 1.4.10 所示。

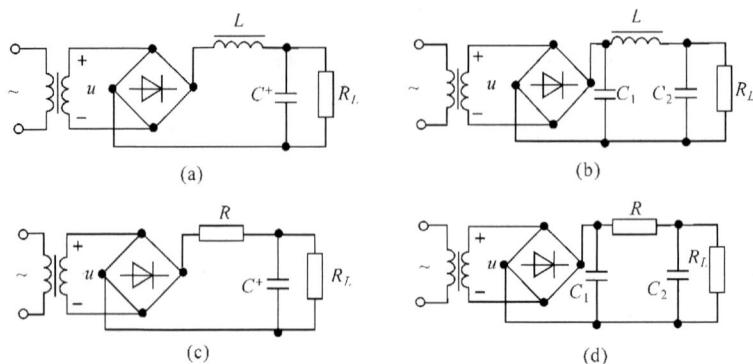

图 1.4.10　几种滤波电路

练习与思考

1.4.1　试从电路结构和整流性能两个方面比较单相半波整流电路和单相桥式整流电路的优缺点。

1.4.2　单相桥式整流电路中,如果在一个二极管正极和负极接反,一个二极管短路,一个二极管断路三种情况下,电路中分别会发生什么问题?

1.4.3　如果把电容和电感同负载电阻接成如图 1.4.11 所示的几种形式,是否还能起滤波作用?

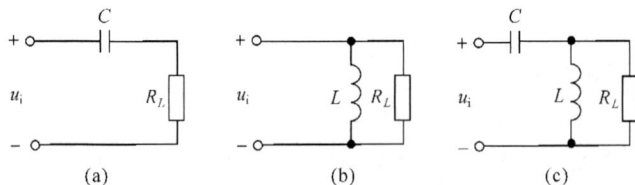

图 1.4.11　练习与思考 1.4.3 图

1.5　稳压二极管及其应用

稳压二极管是一种特殊的面接触型二极管,又称为齐纳(Zener)二极管,其外形、内部结构同普通二极管相似。它与适当数值的电阻配合后,在电路中能起到稳定电压的作用,因此经常用在稳压设备和一些电子电路中。

1.5.1　稳压二极管特性与参数

稳压二极管的伏安特性曲线和表示符号如图 1.5.1 所示。它与普通二极管的特性曲线相似,只是稳压管的反向特性曲线比较陡。

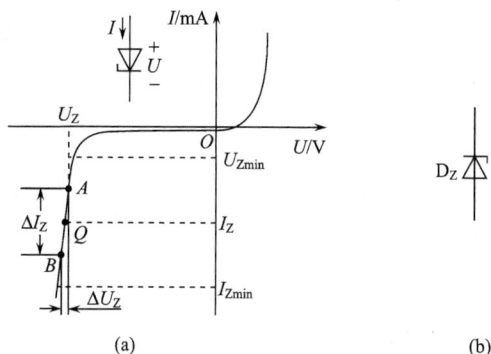

图 1.5.1　稳压管的伏安特性及图形符号

(a) 伏安特性曲线;(b) 图形符号

稳压管专门工作在反向击穿区。当反向击穿电流 I_Z 在较大范围内变化时,其两端电压 U_Z 变化较小,因而可以从它两端获得一个稳定的电压。

稳压管的反向击穿是可逆的。这是因为制造工艺采取了适当的措施,使得通过 PN 结接触面上各点的电流比较均匀,在使用时把反向电流限制在一定数值范围内,因此管子虽然工作在击穿状态,但其 PN 结的温度不超过所允许的数值,管子也不致损坏。

由于硅管的热稳定性比锗管好,因此一般都用硅管作稳压管,例如,2CW 型和 2DW 型都是硅稳压管。

稳压管的主要参数如下:

1. 稳定电压 U_Z

U_Z 是指反向击穿状态下管子两端的稳定工作电压。同一型号的稳压管,其稳定电压分布在一定数值范围内。但就某一个稳压管来说,温度一定时,其稳定电压是一定值。

2. 稳定电流 I_Z

I_Z 是指稳压管两端电压等于稳定电压 U_Z 时通过稳压管中的电流值,它是稳压管正常工作时的最小电流值,为使稳压管工作在稳压区,稳压管中的工作电流应大于等于 I_Z。稳压管的工作电流越大,稳定效果越好。

3. 电压温度系数 α_U

α_U 是指稳压管受温度变化影响的系数。例如,2CW18 型硅稳压管的电压温度系数是 $+0.095\%/℃$,表示温度每升高 $1℃$,稳定电压要增加 0.095%。

通常,U_Z 值小于 $4V$ 的稳压管,电压温度系数为负值;U_Z 值大于 $7V$ 的稳压管,电压温度系数为正值;U_Z 值为 $6V$ 左右的稳压管,电压温度系数较小。因此选用 U_Z 值为 $6V$ 左右的稳压管,可得到较好的温度稳定性。

4. 额定功率 P_N 和最大稳定电流 I_{ZM}

P_N 是指稳压管允许结温下的最大功率损耗。I_{ZM} 是指稳压管允许通过的最大反向电流。它们之间的关系为

$$P_N = U_Z I_{ZM} \tag{1.5.1}$$

使用稳压管时,工作电流不能超过 I_{ZM},否则可能导致损坏。

5. 动态电阻 r_Z

r_Z 是指稳压管端电压的变化量与相应的电流变化量的比值,即

$$r_Z = \frac{\Delta U_Z}{\Delta I_Z} \tag{1.5.2}$$

可见动态电阻越小,稳压管的反向伏安特性越陡,稳压性能越好。

1.5.2　稳压二极管稳压电路

稳压管的主要作用是稳压和限幅,也可和其他电路配合构成欠压或过压保护、报警环节等。

图 1.5.2 所示是稳压管 D_Z 和限流电阻 R 组成的稳压电路,如电路中虚线框所示部分。限流电阻 R 的作用是使流过稳压管的电流不超过允许值,同时它与稳压管配合起稳压作用。图中 U_1 是稳压电路的输入电压,U_o 是输出电压,由电路可知

$$U_o = U_Z = U_1 - RI \tag{1.5.3}$$

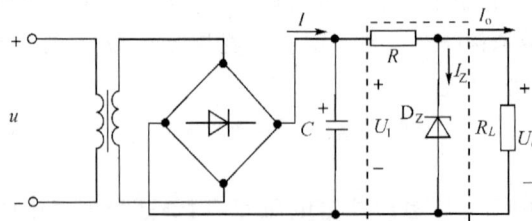

图 1.5.2　稳压管稳压电路

当某种原因引起 U_1 上升时,U_o 也随之上升,即 U_Z 上升。由稳压管的反向特性知,U_Z 的微小增加,将使稳压管的电流 I_Z 大大增加,I_Z 的增加又使 R 上的压降 $(U_R=RI=R(I_o+I_Z))$ 增加,这样 U_1 的增量绝大部分降落在 R 上,从而使输出电压 U_o 基本维持不变。这个自动稳定电压的过程可表示如下:

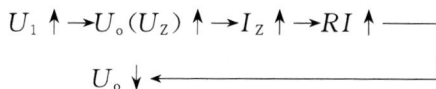

$$U_1 \uparrow \rightarrow U_o(U_Z) \uparrow \rightarrow I_Z \uparrow \rightarrow RI \uparrow —\!$$
$$U_o \downarrow \leftarrow —\!$$

当负载电流 I_o 在一定范围内变化时,同样由于稳压管电流 I_Z 的补偿,使 U_o 基本保持不变。如果 I_o 变化引起 U_o 下降时,则 U_o 的下降将引起 I_Z 的大大减小,使 I 基本不变,因而使 U_o 基本不变。

选择稳压管时,一般取

$$\left. \begin{array}{l} U_Z=U_o \\ I_{ZM}=(1.5 \sim 3)I_{OM} \\ U_1=(2 \sim 3)U_o \end{array} \right\} \tag{1.5.4}$$

稳压管稳压电路结构简单,稳压效果较好。但由于该电路是靠稳压管的电流调节作用来实现稳压的,因而其电流调节范围有限,只适用于负载电流较小且变化不大的场合。

练习与思考

1.5.1　在图 1.5.2 所示的稳压管稳压电路中,如把稳压管的极性接反,是否仍能起稳压作用? 为什么? 如果 $R=0$ 呢?

1.5.2　稳压管具有限幅作用。在图 1.3.1(a) 所示电路中,设电源电压 $U=5V$,并将其用一个 $U_Z=5V$ 的稳压管替换,输入波形不变,请读者画出电路图及输出波形。

1.6　光敏二极管

光敏二极管又称光电二极管,它的管壳上装有玻璃窗口以便接收光照。根据 PN 结对光的敏感特性,当光线照射到 PN 结时,在 PN 结附近就会产生电子空穴对,称为光生载流子。光生载流子的浓度与光照强度成正比。在一定的反向偏压作用下,光载流子参与导电,于是 PN 结由反向截止变为反向导通,这时的光敏二极管等效于一个恒流源,也称为光电池。当无光照时,光敏二极管的伏安特性与普通二极管的相似。

光敏二极管的电路符号和伏安特性如图 1.6.1 所示。图 1.6.1(b) 中 E 是光照度,其单位是勒克斯(lx)。

光敏二极管的主要参数如下:

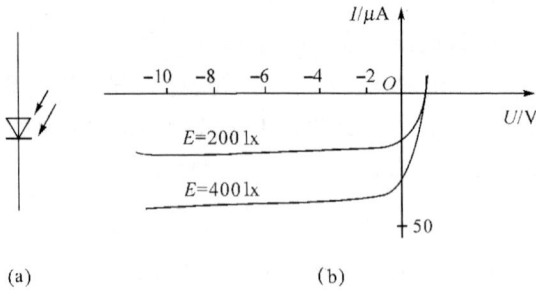

图 1.6.1　光敏二极管
(a) 电路符号；(b) 伏安特性

1. 暗电流

暗电流是指无光照时的反向饱和电流，一般小于 $1\mu A$。

2. 光电流

光电流是指在额定光照度下的反向电流，一般为几十毫安。

3. 灵敏度

灵敏度是指在给定波长(如 $0.9\mu m$)的单位光功率时，光敏二极管产生的光电流，一般不小于 $0.5\mu A/\mu W$。

4. 峰值波长

峰值波长是指使光敏二极管具有最高响应灵敏度(光电流最大)的波长，峰值波长一般在可见光和红外线范围内。

5. 响应时间

响应时间是指在给定量光照后，光电流达到稳定值的 60% 所需的时间，一般为 $10^{-7}s$。

1.7　发光二极管

发光二极管是一种将电能直接转换为光能的固体器件，简称为 LED。通常用元素周期表中Ⅲ、Ⅴ族元素的化合物如砷化镓、磷化镓等制成。这种二极管除了具有普通二极管的正反特征外，还具有普通二极管没有的发光能力。当 LED 通过正向电流时会发出可见光。发光的颜色有红、黄、绿等,与所用的材料有关。

　　LED 的电路符号和伏安特性,如图 1.7.1 所示。LED 的死区电压比普通二极管的高,正向电压一般为 1.5～2.5V。LED 的亮度与正向电流的大小成正比,正向工作电流一般为 5～15mA。

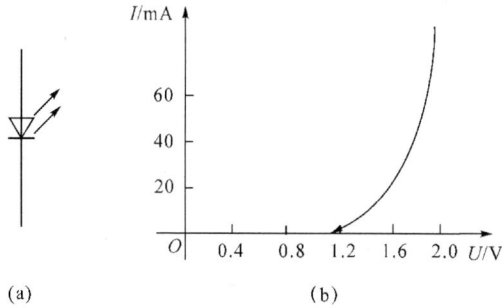

图 1.7.1　发光二极管

(a) 电路符号;(b) 伏安特性

　　LED 具有驱动电压低、工作电流小、较强的抗振动和抗冲击能力、体积小、可靠性高、耗电省和寿命长等优点。因此,LED 的应用范围非常广泛,其中发出的可见光常用作指示灯、数字和字符显示及特殊照明,也可用于红外通信、测距用光源等。

　　图 1.7.2 所示是 LED 直流驱动电路。图中 R 为限流电阻,使流过 LED 的电流不致过大。调节 R 可改变 LED 的亮度。

　　在图 1.7.2 所示的电路中限流电阻为

$$R = \frac{U_s - U_F}{I_F} \qquad (1.7.1)$$

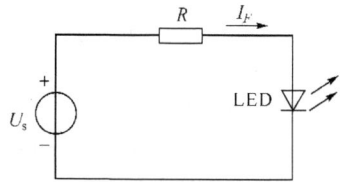

图 1.7.2　LED 直流驱动电路

式中,U_F 为 LED 的正向压降,可根据产品型号在手册中查得;I_F 为 LED 的工作电流,也可在手册中查得。

本 章 小 结

　　1. 纯净的本征半导体中掺入少量的三价或五价元素可以形成 P 型半导体和 N 型半导体。两种掺杂半导体结合在一起时,交界面附近的多数载流子向对方扩散,形成空间电荷区,建立起内电场。内电场的建立又引起少数载流子的漂移。当多数载流子的扩散和少数载流子的漂移达到动态平衡时,空间电荷区的宽度基本稳定,这就是 PN 结。

　　2. PN 结是半导体二极管和其他半导体器件的基础结构。它具有单向导电性:当正向偏置(P 区电位高于 N 区)时,呈低阻导通状态;当反向偏置时,呈高阻截止状态。

二极管内部只有一个 PN 结,单向导电是其基本特征,可用伏安特性曲线来全面描述。

3. 整流二极管的主要参数是最大整流电流 I_{OM} 和反向工作峰值电压 U_{RWM},可用作整流、限幅、元件保护、检波、开关等。

4. 整流电路用来将交流电转换为单向脉动的直流电。用二极管可以根据要求组成各种整流电路。

5. 滤波电路的作用是利用储能元件滤掉脉动直流电压中的交流成分,使其输出电压比较平稳,采用电容滤波成本低,输出电压平均值较高,适用于负载电流较小且负载变化不大的场合。

6. 稳压二极管和普通二极管不同,它可以长期工作在反向击穿状态下。只要反向电流不超过管子的最大稳定电流,它就不会烧坏。将稳压管和限流电阻配合起来,就可以构成稳压管稳压电路。

7. 稳压电路的作用是当输入电压或负载在一定范围内变化时,保证输出电压稳定,对要求不高的小功率稳压电路可采用硅稳压管稳压电路。

8. 利用 PN 结在正向导通时发出可见光的特性,制成发光二极管;利用 PN 结的光敏特性制成光敏二极管。

习　　题

1.1　在习题 1.1 图所示电路中,已知 $u_i = 20\sin\omega t$(V),$U_1 = U_{s2} = 10\text{V}$,$R = 1\text{k}\Omega$。试求:

(1) 说明电路的工作情况,绘出 u_i 和 u_o 的波形图;

(2) 求 D_1、D_2 的正向最大电流值(D_1、D_2 的正向压降可忽略不计)。

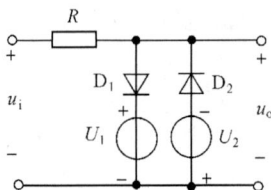

习题 1.1 图

1.2　在习题 1.2 图所示电路中,已知 u_i 的波形,试画出输出电压 u_o 的波形。设 D 为理想二极管。

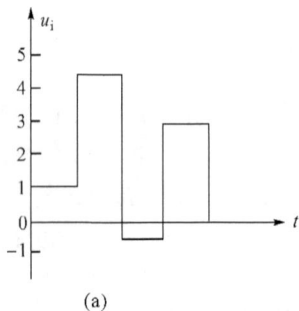

(a)

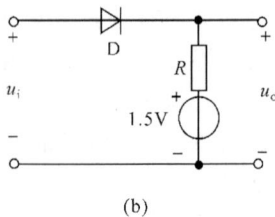

(b)

习题 1.2 图

1.3　在习题 1.3 图所示各电路中，$U_s = 5\mathrm{V}$，$u_i = 10\sin\omega t\,(\mathrm{V})$，二极管的正向压降可忽略不计，试分别画出输出电压 u_o 的波形。

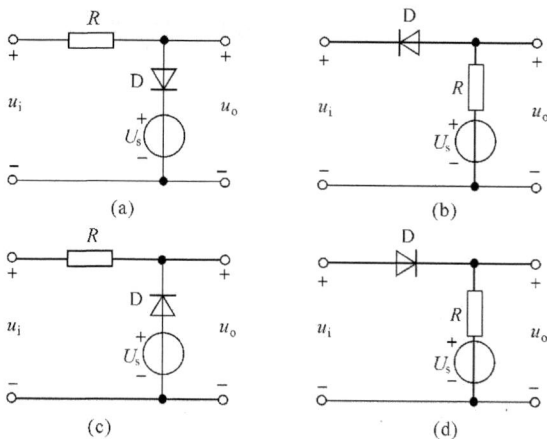

习题 1.3 图

1.4　在习题 1.4 图所示各电路中，$U_i = 12\mathrm{V}$，各二极管的正向压降 $U_D = 0.6\mathrm{V}$，反向电流为零，试求各电路的输出电压 U_o 的值。

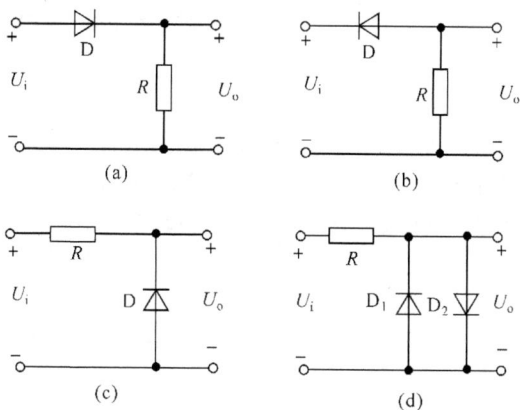

习题 1.4 图

1.5　在习题 1.5 图所示电路中，设二极管的正向电阻为零，反向电阻为无穷大。试求以下几种情况时，输出端电位 V_F 及各元件中通过的电流：

(1) $V_A = +10\mathrm{V}$，$V_B = 0\mathrm{V}$；

(2) $V_A = +6\mathrm{V}$，$V_B = +5.8\mathrm{V}$；

(3) $V_A = V_B = +5\mathrm{V}$。

1.6　在习题 1.6 图所示电路中，已知输入电压 u_i 的波形，试画出输出电压 u_o 的波形。

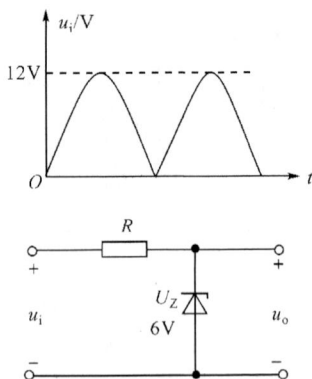

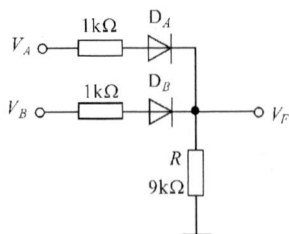

习题 1.5 图　　　　　　　　　　　习题 1.6 图

1.7　有两个稳压管 D_{Z1} 和 D_{Z2}，其稳定电压分别为 5.5V 和 8.5V，正向压降都是 0.5V。如果要得到 0.5V、3V、6V、9V 和 14V 五种稳定电压，这两个稳压管（还有限流电阻）应该如何连接？并画出各个电路。

1.8　在习题 1.8 图所示电路中，已知 $U_i = 30V$，2CW4 型稳压管的参数为：稳定电压 $U_Z = 12V$，最大稳定电流 $I_{ZM} = 20mA$。若电压表中的电流可以忽略不计，试求：

(1) 开关 S 闭合，电压表 V 和电流表 A_1、A_2 的读数各为多少？流过稳压管的电流又是多少？

(2) 开关 S 闭合，且 U_i 升高 10%，上问中各个量又有何变化？

(3) $U_i = 30V$ 时将开关 S 断开，流过稳压管的电流是多少？

(4) U_i 升高 10% 时将开关 S 断开，稳压管工作状态是否正常？

1.9　习题 1.9 图所示为单相全波整流电路，变压器副边绕组有中间抽头，两端的电压有效值均为 U。试求：

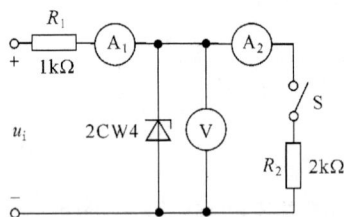

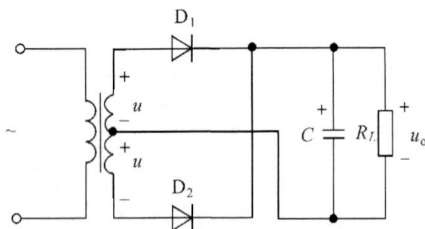

习题 1.8 图　　　　　　　　　　　习题 1.9 图

(1) 标出负载电阻 R_L 两端电压 u_o 和滤波电容 C 的极性；

(2) 画出无电容滤波和有电容滤波两种情况下 u_o 的波形；

(3) 二极管所承受的最高反向电压是多少（包括有电容滤波和无电容滤波两种情况）？

(4) 如果将 D_2 的极性接反，电路能否正常工作？为什么？

1.10　一整流电路如习题 1.10 图所示,试求:

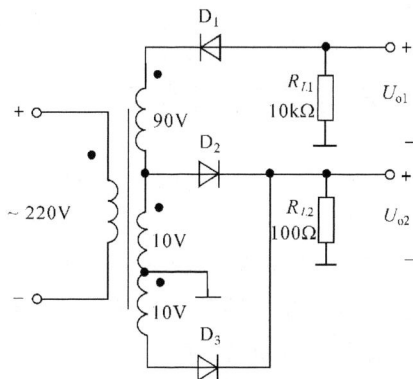

习题 1.10 图

(1) 负载电阻 R_{L1}、R_{L2} 上的整流电压的平均值 U_{o1}、U_{o2},并标出极性;

(2) 二极管 D_1、D_2、D_3 中流过的平均电流 I_{D1}、I_{D2} 和 I_{D3};

(3) 二极管 D_1、D_2、D_3 分别所承受的最高反向电压。

1.11　某直流稳压电源,负载电压 $U_o = 30\text{V}$,电流 $I_o = 150\text{mA}$,拟采用单相桥式整流电路,带电容滤波。已知交流电源的频率 $f = 50\text{Hz}$。试求:

(1) 选择适当的二极管型号;

(2) 选择滤波电路的滤波电容 C。

1.12　一直流稳压电源如习题 1.12 图所示,已知 $U_Z = 15\text{V}$,试求:

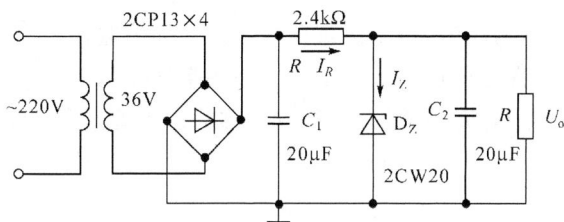

习题 1.12 图

(1) 输出电压 U_o 的极性和大小如何?

(2) 负载电阻最小应为多少?

(3) 如将稳压管 D_Z 反接,后果又如何?

(4) 如 $R = 0$,又将如何?

第 2 章 半导体三极管与基本放大电路

半导体三极管是最重要的一种半导体器件。它的放大作用和开关作用促使电子技术飞跃发展。本章主要研究其放大作用。由半导体三极管组成的放大电路,主要作用是将微弱的电信号(如电压或电流)不失真地放大为所需要的较强的电信号。如将反映压力、速度、位移和温度等物理量的微弱电信号进行放大,以推动执行元件(如指示仪表、继电器和电动机等)工作。又如,大家所熟知的收音机,就是将广播电台发射出的微弱无线电信号(声音)经过变换和放大,驱动扬声器(喇叭)发出较强的声音。另外,在机械加工、自动控制系统、电力、铁路、地质勘探和建筑施工自动化等方面也离不开放大电路。可以说,放大电路在工农业生产、科技、国防和日常生活中应用极其广泛。

本章首先讨论晶体三极管、场效应管的构造和特性。其次讨论由分立元件组成的几种基本放大电路的结构、工作原理和分析方法以及特点和应用。

2.1 晶体三极管

2.1.1 基本结构

晶体三极管简称为晶体管,是最重要的一种半导体器件。晶体管的种类很多,但其基本结构相同,都是通过一定的工艺在一块半导体基片上制成两个 PN 结,再引出三个电极,然后用管壳封装而成,所以又称为三极管。图 2.1.1 所示为几种常见晶体管的外形,其中 3AD6 型晶体管的一个电极 C 是管壳。

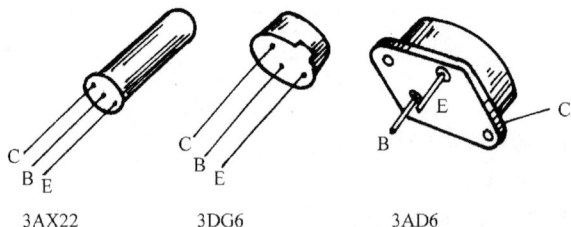

图 2.1.1 几种常见晶体管的外形

晶体管的管芯结构分为平面型和合金型两类,如图 2.1.2 所示。硅管主要是平面型,锗管都是合金型。

不论是平面型或合金型晶体管,均可分成 NPN 型或 PNP 型两类,它们的结

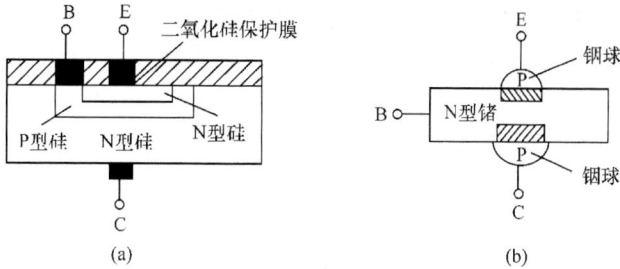

图 2.1.2　晶体管的结构

(a) 平面型；(b) 合金型

构示意图和图形符号，如图 2.1.3 所示。每种类型的晶体管均由三层半导体形成三个不同的导电区和两个 PN 结，即基区、发射区和集电区；基区和发射区间的结称为发射结，基区与集电区间的结称为集电结。分别引出三个极，即基极 B、发射极 E 和集电极 C。NPN 型和 PNP 型晶体管图形符号中发射极的箭头表示电流方向。

目前，国产的硅管大多为 NPN 型（3D 系列），锗管大多为 PNP 型（3A 系列）。

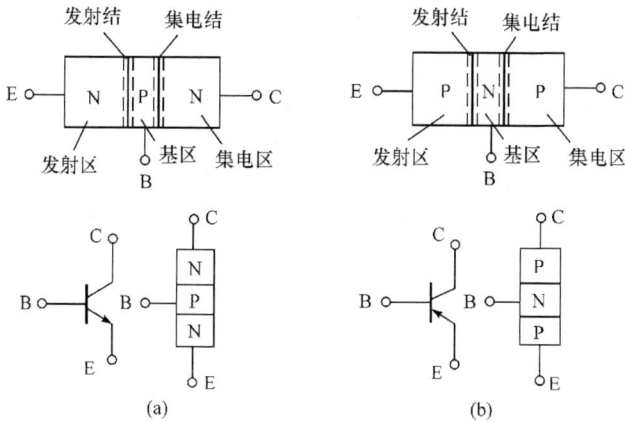

图 2.1.3　晶体管的结构示意图和表示符号

(a) NPN 型晶体管；(b) PNP 型晶体管

2.1.2　放大作用

晶体管虽有 NPN 型和 PNP 型之分，但它们的工作原理是相同的，区别在于使用时电源极性连接不同。以 NPN 型晶体管（3DG100D）为例进行说明，晶体管的电流放大实验电路如图 2.1.4 所示。电路将晶体管接成基极电路和集电极电路，发射极为公共端，故称这种接法为共发射极接法。如果发射结加正向电压（正向偏置）U_{BB}（$U_{BB}<1V$）；集电结加反向电压（反向偏置）。设 $U_{CC}=6V$ 时，改变电路中可变电阻 R_B 的阻值，则基极电流 I_B、集电极电流 I_C 和发射极电流 I_E 均发生变化，实验测得结果如表 2.1.1 所示。

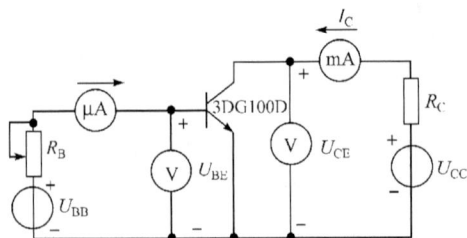

图 2.1.4　晶体管电流放大实验电路

表 2.1.1　晶体管各极电流测量值

I_B/mA	0	0.02	0.04	0.06	0.08	0.10
I_C/mA	<0.001	0.70	1.50	2.30	3.10	3.95
I_E/mA	<0.001	0.72	1.54	2.36	3.18	4.05

比较表中数据，可得出如下结论。

(1) 无论晶体管电流如何变化，三个电流间始终符合 KCL 定律，即

$$I_E = I_B + I_C \tag{2.1.1}$$

且 I_C 和 I_E 均比 I_B 大得多，因而 $I_E \approx I_C$。

(2) 基极电流 I_B 尽管很小，但其对 I_C 有控制作用，I_C 随着 I_B 的改变而改变，两者在一定范围内有相应的比例关系，即

$$\beta = \frac{\Delta I_C}{\Delta I_B} \tag{2.1.2}$$

式中，β 为三极管的动态（交流）电流放大系数，反映三极管的电流放大能力，或者说 I_B 对 I_C 的控制能力。例如，由表 2.1.1 中第三列和第四列的数据，可得出

$$\beta = \frac{\Delta I_C}{\Delta I_B} = \frac{2.30 - 1.50}{0.06 - 0.04} = 40$$

表明 I_C 的变化量 ΔI_C 是 I_B 变化量 ΔI_B 的 40 倍。

下面结合图 2.1.5 分析载流子在晶体管内部的运动规律来解释上述结论。

1. 发射区向基区扩散电子

当发射结加正向电压时，其内电场被削弱，多数载流子的扩散运动加强，发射

区的多数载流子电子不断越过发射结扩散到基区,同时电源的负极不断地把电子送入发射区以补偿扩散的电子,形成发射极电流 I_E,其方向与电子运动方向相反。与此同时,基区的多数载流子空穴也扩散到发射区而形成电流,但是由于基区的空穴浓度比发射区的自由电子浓度低得多,所以这部分空穴电流很小,可忽略不计。

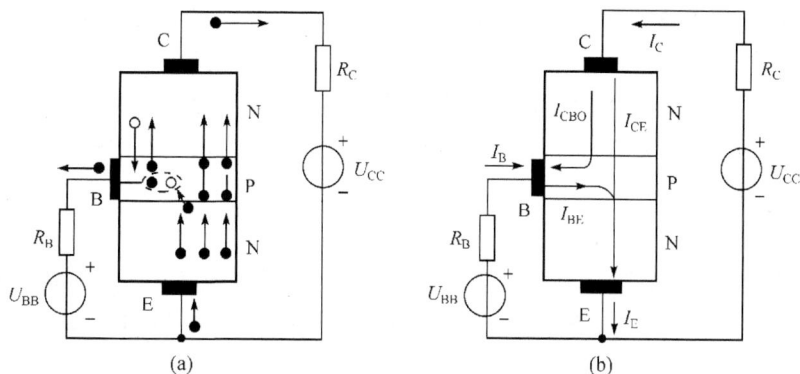

图 2.1.5　晶体管中的电流

(a) 载流子运动;(b) 电流分配

2. 电子在基区的扩散与复合

从发射区扩散到基区的自由电子起初都聚集在发射结附近,靠近集电结的自由电子很少,形成了浓度上的差异。因此电子继续向集电结方向扩散。在扩散过程中又会与基区中的空穴复合。由于基区接电源 U_{BB} 的正极,基区中受激发的价电子不断被电源拉走,相当于不断补充基区中被复合掉的空穴,形成电流 I_{BE},其近似等于基极电流 I_B,如图 2.1.5(b)所示。

3. 集电极收集从发射区扩散过来的电子

由于集电结加了较大的反向电压,其内电场增强。内电场对多数载流子的扩散起阻挡作用,而对基区内的少数载流子电子则是一个加速电场。所以,从发射区进入基区并扩散到集电结边缘的大量电子,作为基区的少数载流子,几乎全部进入集电区,然后被电源 U_{CC} 拉走,形成集电极电流 I_C。

综上所述,晶体管的电流放大作用,主要是依靠它的发射极电流能够通过基区传输,然后到达集电极,使在基区的扩散与复合保持一定比例关系而实现的。要使晶体管具有电流放大作用,一方面要满足内部条件,即发射区多数载流子的浓度要远大于基区多数载流子的浓度,基区要很薄;另一方面要满足外部条件,即发射结必须加正向偏置,集电结必须加反向偏置。

2.1.3　特性曲线

晶体管的特性曲线是表示该晶体管各极间电压和电流之间相互关系的曲线，它反映出晶体管的性能，是分析晶体管放大电路的重要依据。由于晶体管也是非线性元件，所以通常用伏安特性曲线描述其特性。因此要正确使用晶体管，首先必须了解晶体管的特性曲线。最常用的是共发射极接法时的输入特性曲线和输出特性曲线，这些特性曲线可用晶体管专用图示仪直观地显示出来，也可通过实验测量绘制出来。通常，各种型号晶体管的典型特性曲线可从产品手册中查到。

1. 输入特性曲线

输入特性曲线是指当集电极与发射极之间的电压 U_{CE} 为常数时，输入电路中基极电流 I_B 与基极-发射极电压 U_{BE} 之间的关系曲线，用函数关系表示为

$$I_B = f(U_{BE})\big|_{U_{CE}=常数}$$

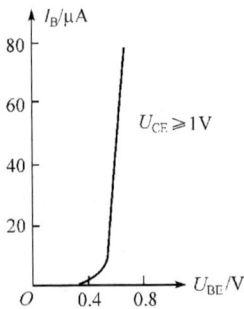

NPN 型硅管 3DG100D 的输入特性曲线如图 2.1.6 所示。

对硅管而言，当 $U_{CE} \geqslant 1V$ 时，集电结已反向偏置。只要 U_{BE} 相同，则从发射区发射到基区的电子数必相同，而集电结所加的反向电压已能把这些电子中的绝大部分拉入集电区，以致 U_{CE} 再增加，I_B 也不再明显减小。也就是说，$U_{CE} > 1V$ 后的输入特性曲线基本是重合的。由于实际使用时，$U_{CE} > 1V$，所以通常只画出 $U_{CE} \geqslant 1V$ 的一条输入特性曲线。

图 2.1.6　3DG100D
的输入特性曲线

由图 2.1.6 所示的输入特性曲线可见，当 U_{BE} 较小时，$I_B = 0$。$I_B = 0$ 的这段区域称为死区。这表明晶体管的输入特性曲线与二极管的正向伏安特性曲线相似，也有一段死区。只有在发射结外加电压 U_{BE} 大于死区电压时，I_B 才会出现。硅管死区电压约为 0.5V，锗管死区电压约为 0.2V。在正常工作情况下，NPN 型硅管的发射结压降 $U_{BE} = 0.6 \sim 0.7V$，PNP 型锗管的发射结压降 $U_{BE} = -0.3 \sim -0.2V$。

2. 输出特性曲线

输出特性曲线是指当基极电流 I_B 为常数时，晶体管输出电路（集电极电路）中集电极电流 I_C 与集-射极电压 U_{CE} 之间的关系曲线，用函数关系表示为

$$I_C = f(U_{CE})\big|_{I_B=常数}$$

在不同的 I_B 下，可得出不同的曲线，所以晶体管的输出特性曲线是一族曲线，

如图 2.1.7 所示。

当基极电流 I_B 一定时,从发射区扩散到基区的电子数大致是一定的。当 $U_{CE} > 1V$ 时,集电结的电场已足够强,能使发射区扩散到基区的电子绝大部分都被拉入集电区而形成集电极电流 I_C,以致于当 U_{CE} 再继续增大时,I_C 也不再有明显的增加。这反映出晶体管的恒流特性。

当 I_B 增大时,相应的 I_C 也增大,曲线上移,而且 I_C 比 I_B 增加的多得多,这就是前面所说的晶体管的电流放大作用。

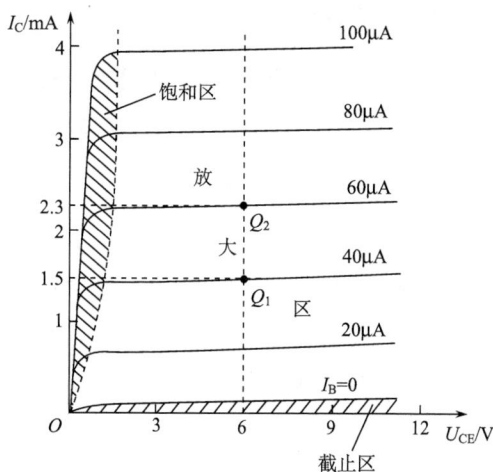

图 2.1.7　3DG100D 的输出特性曲线

根据晶体管工作状态的不同,输出特性曲线通常可分成三个工作区域,如图 2.1.7 所示。

1) 放大区

放大区是输出特性曲线中近似于水平的区域,如图 2.1.7 所示。当 U_{CE} 大于一定数值(1V 左右),I_C 几乎不随 U_{CE} 变化,而只受 I_B 的控制,且 $I_C = \bar{\beta} I_B$,这就是晶体管的受控恒流特性。放大区也称为晶体管的线性区,放大区的特点是:发射结处于正向偏置,集电结处于反向偏置。

2) 截止区

截止区 $I_B = 0$ 对应于输出特性曲线以下的区域,如图 2.1.7 所示。在该区域内,$I_C = I_{CEO} \approx 0$。穿透电流 I_{CEO} 的值在常温下很小,$I_B = 0$ 的曲线几乎与横轴重合,所以可认为此时晶体管处于截止状态。对 NPN 型硅管,当 $U_{BE} < 0.5V$ 时,即已开始截止。但是为了截止可靠,常使 $U_{BE} \leq 0$。截止区的特点是:发射结和集电结均处于反向偏置。

3) 饱和区

饱和区是各条输出特性曲线上升开始部分的区域。当 $U_{CE} < U_{BE}$ 时,集电结处于正向偏置,晶体管处于饱和状态,I_B 的变化对 I_C 影响较小,两者不呈正比关系,放大区的 $\bar{\beta}$ 不适应饱和区。由于发射结也处于正向偏置,则有 $U_{CE} \approx 0$,$I_C \approx U_{CC}/R_C$。饱和区特点是:发射结也处于正向偏置。

由上述分析可知,当晶体管饱和时,$U_{CE} \approx 0$,发射极与集电极间电阻很小,如同一个开关接通;晶体管截止时,$I_C \approx 0$,发射极与集电极间电阻很大,如同一个开关断开。因此,晶体管除有放大作用外,还有开关作用。

2.1.4　主要参数

晶体管的特性除用特性曲线表示外,还可用一些主要参数来表征。管子性能优劣和适用范围的依据,也是正确选用晶体管的依据。

1. 电流放大系数 β

当晶体管被接成共发射极电路时,根据工作状态的不同,分为静态(直流)电流放大系数 $\bar{\beta}$ 和动态(交流)电流放大系数 β。

静态电流放大系数 $\bar{\beta}$ 是指无交流信号输入时集电极电流 I_C(输出电流)与基极电流 I_B(输入电流)的比值,即

$$\bar{\beta} = \frac{I_C}{I_B}$$

动态电流放大系数 β 是指 U_{CE} 为常数时,集电极电流的变化量 ΔI_C 与基极电流的变化量 ΔI_B 的比值,即

$$\beta = \frac{\Delta I_C}{\Delta I_B}\bigg|_{U_{CE}=常数} \text{①}$$

$\bar{\beta}$ 与 β 虽然含义不同,但在输出特性曲线近于平行、等距且 I_{CEO} 较小的情况下,两者数值较为接近,所以在电路分析估算时,常用 $\bar{\beta} \approx \beta$。

常用晶体管的 β 值为 $50 \sim 200$。选用晶体管时应注意:β 太小的晶体管放大能力差;β 太大的晶体管热稳定性较差。

2. 集-基极反向饱和电流 I_{CBO}

I_{CBO} 是当发射极开路时,集电结在反向偏置电压作用下,集-基极间的反向漏电流。它是由少数载流子漂移形成的,I_{CBO} 越小,晶体管的工作稳定性越好。在室温下,小功率硅管的 I_{CBO} 小于 $1\mu A$,而小功率锗管的 I_{CBO} 则在 $10\mu A$ 左右。I_{CBO} 的测试电路如图 2.1.8 所示。

3. 集-射极反向穿透电流 I_{CEO}

I_{CEO} 是当基极开路时,集电结处于反向偏置,发射结处于正向偏置的情况下,集-射极间的反向漏电流。I_{CEO} 中除含有由集电区的少数载流子(空穴)漂移形成的 I_{CBO} 外,还有从发射区的多数载流子(电子)扩散形成的电流 $\bar{\beta} I_{CBO}$,则

---

① 半导体器件手册上用 h_{fe} 表示电流放大系数。

$$I_{\text{CEO}} = I_{\text{CBO}} + \bar{\beta} I_{\text{CBO}} \qquad\qquad (2.1.3)$$

I_{CEO} 的测试电路如图 2.1.9 所示。

I_{CBO}、I_{CEO} 均是温度敏感参数,它们都随着温度升高而增大,会造成晶体管工作的不稳定。I_{CEO} 是 I_{CBO} 的 $(\bar{\beta}+1)$ 倍,因 $\bar{\beta}$ 值也随着温度升高而增大,故 I_{CEO} 对晶体管的影响更大。I_{CEO} 的大小是判断晶体管质量好坏的重要参数,通常希望 I_{CEO} 越小越好。

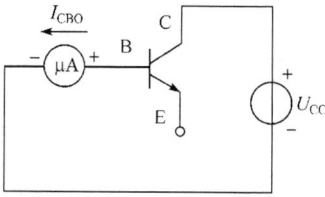 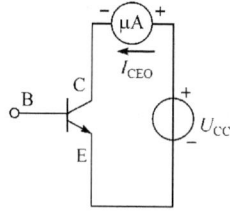

图 2.1.8　I_{CBO} 的测试电路　　　图 2.1.9　I_{CEO} 的测试电路

4. 极限参数

1) 集电极最大允许电流 I_{CM}

集电极电流超过某一定值时,电流放大系数 β 值要下降。当 β 值下降至正常值的 2/3 时的集电极电流称为集电极最大允许电流 I_{CM}。因此,在使用时如果 $I_{\text{C}} > I_{\text{CM}}$,除了导致 β 值显著下降,还有可能使晶体管损耗过大而导致损坏。

2) 集-射极反向击穿电压 $U_{\text{(BR)CEO}}$

基极开路时加在集-射极间的最大允许电压称为集-射极反向击穿电压 $U_{\text{(BR)CEO}}$。当晶体管的集-射极电压 $U_{\text{CE}} > U_{\text{(BR)CEO}}$ 时,I_{CEO} 会突然剧增,说明晶体管已被击穿。通常在半导体器件手册上给出的反向击穿电压 BV_{CEO} 是指基极开路,集-射极间的反向击穿电压值,本书用 $U_{\text{(BR)CEO}}$ 表示。使用时,应取电源电压 $U_{\text{(BR)CEO}} \geqslant (2\sim3)U_{\text{CC}}$。

3) 集电极最大允许耗散功率 P_{CM}

当集电极电流通过集电结时,要消耗功率而使集电结发热,若集电结温度过高,则会引起晶体管参数变化,甚至烧毁管子。因此,规定集电极最大允许耗散功率 P_{CM}。P_{CM} 与 I_{C}、U_{CE} 的关系为

$$P_{\text{CM}} = U_{\text{CE}} I_{\text{C}}$$

P_{CM} 值与环境温度有关,温度越高,P_{CM} 值越小。锗管的上限温度为 70℃,硅管可达 150℃。对于大功率晶体管,常采用加装散热片的方法来提高 P_{CM} 值。例如,3AD6 不装散热片时,$P_{\text{CM}} = 1\text{W}$,装上体积为 $120\text{mm} \times 120\text{mm} \times 4\text{mm}$ 的散热

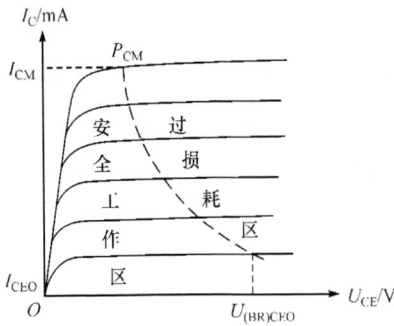

图 2.1.10　晶体管功耗曲线

片后，P_{CM}可以提高到 10 W。

根据晶体管的 P_{CM} 数值，可在其输出特性曲线上作出 P_{CM} 曲线，如图 2.1.10 所示。由 I_{CM}、$U_{(BR)CEO}$、P_{CM} 三者共同确定了晶体管的安全工作区。

以上所介绍的几个主要参数，其中 β、I_{CBO} 和 I_{CEO} 是表示晶体管性能优劣的主要指标；I_{CM}、$U_{(BR)CEO}$ 和 P_{CM} 是极限参数，说明晶体管的使用限制范围。为了保证晶体管不被损坏，晶体管工作时，不允许同时达到 I_{CM} 和 $U_{(BR)CEO}$。

2.1.5　复合晶体管

复合晶体管是将两个（或者两个以上）晶体管的电极适当地连接起来使之等效为一个晶体管。一种连接方式是将导电特性相同（都是 PNP 型或者 NPN 型）的晶体管连接，如图 2.1.11（a）、（b）所示；另一种连接方式是将导电特性不相同（NPN 型和 PNP 型）的晶体管连接，如图 2.1.11（c）、（d）所示。

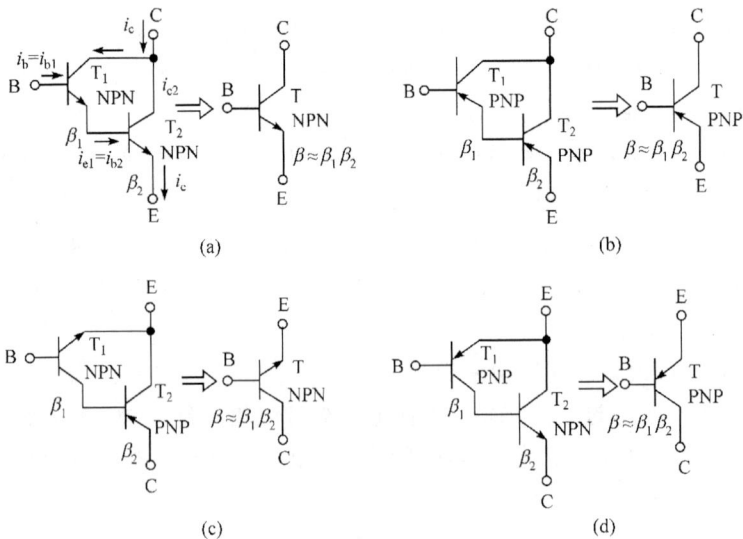

图 2.1.11　复合晶体管

复合晶体管的集电极电流为（图 2.1.11（a）所示的复合管）

$$i_c = i_{c1} + i_{c2} = \beta_1 i_{b1} + \beta_2 i_{b2} = \beta_1 i_{b1} + \beta_2 i_{e1}$$

$$=\beta_1 i_{b1} + \beta_2(1+\beta_1)i_{b1} = (\beta_1 + \beta_2 + \beta_1\beta_2)i_{b1}$$
$$\approx \beta_1\beta_2 i_{b1}$$

可见复合管的电流放大系数近似为两管电流放大系数的乘积，即

$$\beta = \frac{i_c}{i_b} \approx \beta_1\beta_2 \tag{2.1.4}$$

而复合管的导电特性取决于第一个晶体管 T_1 的导电特性。

练习与思考

2.1.1　什么是晶体管的电流放大作用？实现电流放大的内部条件和外部条件分别是什么？

2.1.2　晶体管的发射极和集电极是否可以调换使用？为什么？

2.1.3　测得某晶体管的电流如下：$I_C = 5.202\text{mA}$，$I_B = 50\mu\text{A}$，$I_{CBO} = 2\mu\text{A}$。试求发射极电流 I_E 和电流放大系数。

2.1.4　画出 PNP 型管子的电路符号，并标出各电流的实际方向和各极电压的极性。

2.2　场效应晶体管

场效应晶体管是一种新型电压控制型半导体器件，简称场效应管。场效应管具有较高的输入电阻（一般为 $10^9 \sim 10^{14}\ \Omega$）、噪声低、热稳定性好、辐射能力强、耗电省等优点，目前在电子电路中应用广泛。

场效应管按其结构的不同可分为结型场效应管和绝缘栅型场效应管两大类。由于绝缘栅型场效应管制造工艺简单，无论是在分立元件电路还是在集成电路中应用都相当广泛，本节中只简单介绍绝缘栅型场效应管。

2.2.1　基本结构

绝缘栅型场效应管是用一块掺杂浓度较低的 P 型（或者 N 型）硅片作衬底，并在衬底上制成两个掺杂浓度很高的 N 型区（或者 P 型区），用 N^+ 表示（或者 P^+ 表示）。分别从 N^+ 区或者 P^+ 区引出两个电极，其中一个称为源极 S，另一个称为漏极 D。然后在衬底表面生成一层薄薄的二氧化硅（SiO_2）绝缘层。并在 SiO_2 的表面再生成一层金属铝，引出一个电极，称为栅极 G。因为栅极和其他电极是相互绝缘的，所以栅极电阻特别高，故称为绝缘栅场效应管或金属-氧化物-半导体场效应管，简称为 MOS[①] 场效应管。结构示意图如图 2.2.1 所示。

按其导电沟道类型的不同，MOS 场效应管可分为 N 型沟道 MOS 管和 P 型沟

---

① MOS—metal oxide semiconductor。

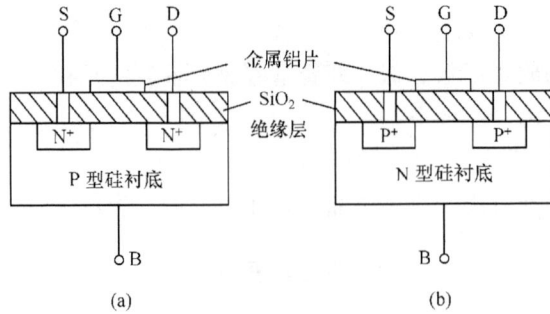

图 2.2.1　场效应管的结构示意图

(a) NMOS 管；(b) PMOS 管

道 MOS 管两类,简称为 NMOS 管和 PMOS 管。NMOS 管的导电沟道是电子型的,PMOS 管的导电沟道是空穴型的。按其导电沟道形成的不同,MOS 场效应管又分为增强型和耗尽型两类,简称为 E 型和 D 型。其中 E 型中的 SiO_2 薄层中含有较多带正电荷(NMOS 管)或负电荷(PMOS 管)的杂质。因此,MOS 场效应管共有 4 种,它们的图形符号如表 2.2.1 所示。

表 2.2.1　场效应管图形符号、电压极性与特性曲线

管形	图形符号	电压极性			转移特性	漏极特性
		U_{DS}	U_{GS}	$U_{GS(th)}$ 或 $U_{DS(off)}$		
E 型 NMOS		+	+	+		
E 型 PMOS		−	−	−		
D 型 NMOS		+	±	−		
D 型 PMOS		−	±	+		

2.2.2　工作原理

　　无论 E 型还是 D 型,它们的 NMOS 管和 PMOS 管的工作原理是相同的,只是工作电压的极性相反而已。下面以 NMOS 管为例讨论绝缘栅型场效应管的工作原理。

1. 增强型绝缘栅场效应管

　　如果在图 2.2.1(a)所示的 NMOS 管漏极和源极之间加上电压 U_{DS},由于 N^+ 漏区和 N^+ 源区与 P 型衬底之间形成 PN 结,无论 U_{DS} 极性如何,两个 PN 结中总有一个因反向偏置而处于截止状态,漏极电流 $I_D \approx 0$。

　　如果在栅极和源极之间加上电压 U_{GS},如图 2.2.2 所示。由于栅极铝片与 P 型衬底之间为 SiO_2 绝缘体,它们就构成一个电容器,U_{GS} 产生一个垂直于衬底表面的电场,将 P 型衬底中的电子吸引到表面层。当 $0 < U_{GS} < U_{GS(th)}$[①]时,吸引到表层的电子很少,且立即被空穴复合,漏极和源极之间沟道通常没有联通,只形成不能导电的耗尽层;只有当 $U_{GS} > U_{GS(th)}$ 时,吸引到表层的电子除填满空穴外,多数电子在原 P 型半导体的衬底表面形成一个自由电子占多数的 N 型层,称为反型层。反型层沟通了漏区和源区,形成它们之间的导电沟道。

　　如果 $U_{GS} > U_{GS(th)}$,$U_{DS} > 0$,如图 2.2.3 所示,则产生漏极电流 I_D,U_{GS} 越大导电沟道越厚,沟道电阻越小,漏极电流 I_D 越大。由于这种 MOS 管必须依靠外加电压形成导电沟道,因而称为增强型 MOS 管。加上电压 U_{DS} 后,导电沟道将变成图 2.2.3 所示那样厚薄不均匀,这是因为 U_{DS} 使得栅极与沟道不同位置间的电位差变得不同,靠近源极端的电位差最大为 U_{GS};靠近漏极端的电位差最小为 $U_{GD} = U_{GS} - U_{DS}$,形成反型层楔形不均匀分布。

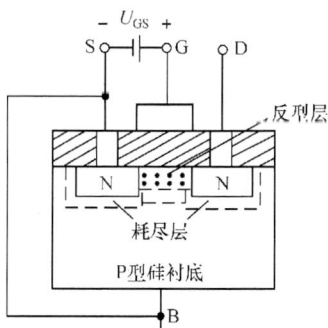

图 2.2.2　导电沟道形成　　　　　　图 2.2.3　E 型 NMOS 管导电状态

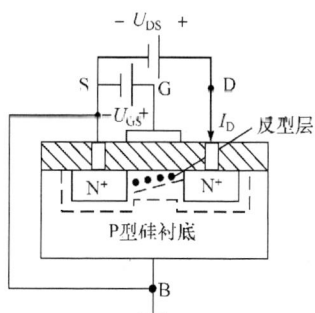

① $U_{GS(th)}$ 使场效应管在 U_{DS} 的作用下,由不导通变为导通的临界栅源电压,称为开启电压。

　　综上所述,改变场效应管栅极电压 U_{GS},就可以改变导电沟道的厚薄和形状,从而实现对漏极电流 I_D 的控制。场效应管与晶体管的不同之处是:晶体管是由 I_B 控制 I_C,称为电流控制元件;场效应管是由 U_{GS} 控制 I_D,称为电压控制元件。U_{GS} 对 I_D 的控制能力用跨导表示,即

$$g_m = \frac{\partial I_D}{\partial U_{GS}}\bigg|_{U_{DS}=常数} \approx \frac{\Delta I_D}{\Delta U_{GS}} \tag{2.2.1}$$

单位为西门子(S),常用 $\mu A/V$ 或 mA/V 表示。

　　2. 耗尽型绝缘栅场效应管

　　耗尽型 NMOS 管的 SiO_2 绝缘薄层掺入了大量正电荷,当 $U_{GS}=0$ 时,即不加栅源电压时,这些正电荷产生的内电场也能在衬底表面形成反型层导电沟道。当 $U_{GS}>0$ 时,外电场与内电场方向一致,使导电沟道加厚。当 $U_{GS}<0$ 时,外电场与内电场方向相反,使导电沟道变薄。当 U_{GS} 的负值达到某一数值 U_P 时,导电沟道消失,这一临界电压 $U_{GS(off)}$ 称为夹断电压。可见,这种 MOS 管只要在 $U_{GS}>U_{GD(off)}$,$U_{DS}>0$ 时,都会产生 I_D。改变 U_{GS},便可改变导电沟道的厚薄和形状,实现对漏极电流 I_D 的控制。这种 MOS 管,通常称为耗尽型 MOS 场效应管。

2.2.3　特性曲线

　　场效应管的特性曲线由转移特性和漏极特性两部分组成,均可通过实验测得,具体实验电路不再赘述。通过转移特性和漏极特性可清楚了解场效应管的特点。

　　1. 转移特性

　　在 U_{DS} 一定时,漏极电流 I_D 与栅极电压 U_{GS} 之间的关系 $I_D=f(U_{GS})$ 称为场效应管的转移特性,四种场效应管的转移特性见表 2.2.1。

　　2. 漏极特性

　　在 U_{GS} 一定时,漏极电流 I_D 与漏极电压 U_{DS} 之间的关系 $I_D=f(U_{DS})$ 称为场效应管的漏极特性。

　　以上分别介绍了 NMOS 增强型绝缘栅场效应管和耗尽型绝缘栅场效应管,其主要区别在于有无原始导电沟道。所以,如果要判断一个没有型号的绝缘栅场效应管是增强型还是耗尽型,只要检查当 $U_{GS}=0$ 时,在漏、源极间加电压是否能导通,就可以作出判断。尤其需要注意的是:对于不同类型的绝缘栅场效应管,使用时必须注意所加电压的极性。

　　场效应管与普通晶体管(双极型晶体管)的相似和区别列于表 2.2.2 中,以便

学习比较。

表 2.2.2　场效应管与普通晶体管的比较

名　称 项　目	双极型晶体管	场效应管
载流子	两种不同极性的载流子(电子与空穴)同时参与导电,故称双极型晶体管	只有一种极性的载流子(电子或空穴)参与导电,故又称为单极型晶体管
控制方式	电流控制	电压控制
类型	NPN 型和 PNP 型	N 型沟道和 P 型沟道
放大参数	$\beta = 20 \sim 100$	$g_m = 1 \sim 5\text{mA/V}$
输入电阻	$10^2 \sim 10^4 \Omega$	$10^7 \sim 10^{14} \Omega$
输出电阻	r_{ce} 很高	r_{ds} 很高
热稳定性	差	好
制造工艺	较复杂	简单,成本低
对应极	基极-栅极,发射极-源极,集电极-漏极	

2.2.4　主要参数

输入电阻 R_{GS}、夹断电压 $U_{GS(off)}$、开启电压 $U_{GS(th)}$、跨导 g_m 等参数已经在上文中介绍过,此外的主要参数有下面几个。

1. 通态电阻 R_{ON}

通态电阻是指在确定的栅、源电压 U_{GS} 下,场效应管进入饱和导通时漏、源之间的电阻值,它的大小决定了管子的开通损耗。通态电阻随温度变化呈线性关系,在同样温度条件下,器件电压越高,其 R_{ON} 值越大。

2. 最大漏源电压 BU_{DS}

最大漏源电压是指漏极电流 I_D 开始急剧上升时所对应的漏源电压 U_{DS} 的值。在使用管子时,U_{DS} 不允许超过此值。一般 U_{GS} 越小,BU_{DS} 越大。

3. 漏极最大耗散功率 P_{DM}

漏极最大耗散功率是指漏极耗散功率 $P_D = U_{DS} I_D$ 的最大允许值,是从发热角度对管子提出的限制条件。

练习与思考

2.2.1　场效应管与晶体管比较有什么特点？

2.2.2　为什么说晶体三极管是受电流控制元件,而场效应管是受电压控制元件？

2.2.3　为什么绝缘栅场效应管的栅极不能断开？

*2.3　光敏三极管与光电耦合管

2.3.1　光敏三极管

光敏三极管也称光电三极管,其电流受外部光照控制,是一种半导体光电器件,灵敏度比光敏二极管高得多。光照集中在集电结附近区域,如图 2.3.1(a)所示。光敏三极管的特性曲线,如图 2.3.1(b)所示。

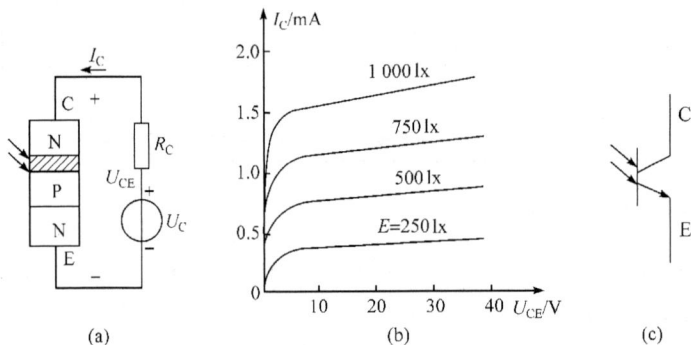

图 2.3.1　光敏三极管的结构示意图和特性曲线

(a) 结构示意图;(b) 3DU33 的特性曲线;(c) 符号

当没有光照时,发射结正偏,集电结反偏,则有

$$I_C = I_{CEO} = (1+\beta)I_{CBO} \tag{2.3.1}$$

此时 I_C 数值较小。

当有光照时,光能激发出电子空穴对,使相应的 I_{CBO} 增大。如果这部分由激发引起的电流,用 I_L 表示,则有

$$I_C = I_{CEO} = (1+\beta)(I_{CBO} + I_L) \tag{2.3.2}$$

光敏三极管的符号,如图 2.3.1(c)所示。

2.3.2　光电耦合管

光电耦合管由发光二极管(发光器件)和光敏三极管(受光器件)组装而成,如图 2.3.2所示。输入电信号由发光二极管转换为光信号,再经过光敏二极管或光敏三极管转换为电信号输出。由于输出与输入之间没有直接的电联系,信号传输是通过光耦合的,所以也称为光电隔离器。

光电耦合管具有以下特点。

(1) 发光器件和受光器件互不接触,绝缘电阻很高,可达 $10^{10}\,\Omega$ 以上,且可承受 2000V 以上的电压。因此,光电耦合管常用来隔离强电和弱电系统。

(2) 发光二极管是电流驱动器件,输入电阻很小,而干扰源一般内阻较大,且能量很小,很难使发光二极管误动作。所以,光电耦合管具有较强的抗干扰能力。

(3) 光电耦合管具有较高的信号传递速度,响应时间一般为几微秒。高速型的光电耦合管的响应时间可以为 100ns。

光电耦合管的用途相当广泛,常用于信号隔离转换,脉冲系统的电平匹配,微型计算机系统的输入、输出接口等。

图 2.3.3 所示是光电耦合管的一种应用电路。当输入为低电平时,T_1 截止,发光二极管中没有电流通过,光电三极管截止,输出为低电平。当输入为一个正脉冲时,T_1 饱和导通,发光二极管因正偏发光,光电三极管导通,输出高电平。此时,一个正脉冲由输入端经过光电耦合管传输到输出端。

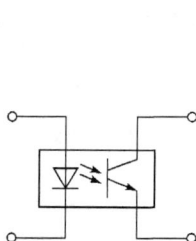

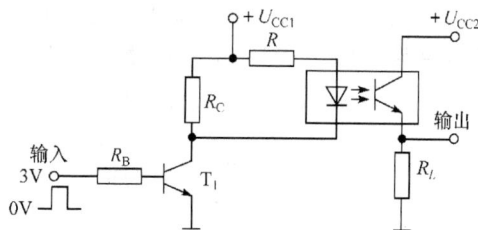

图 2.3.2 光电耦合器 图 2.3.3 传输脉冲信号电路

在计算机应用系统中,普遍采用光电耦合管作为接口,以实现输入、输出设备与主机之间的隔离、开关、匹配、抗干扰等。

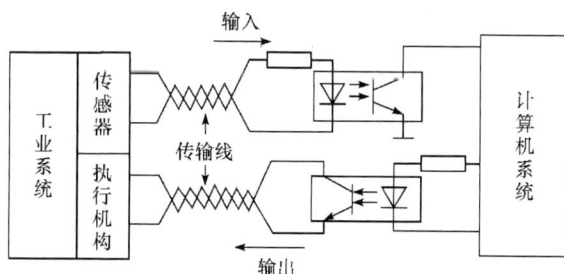

图 2.3.4 计算机控制系统示意图

图 2.3.4 所示为计算机控制系统的示意图。由传感器电路检测的现场信号,

经光电耦合管隔离后,送入计算机进行处理,计算机发出的控制信号又经光电耦合管隔离后,再送到现场去控制执行机构。光电耦合管的主要作用:一是利用其电隔离功能,使计算机与控制现场相互隔离,以致现场的各种干扰不能窜入计算机内,从而保证计算机可靠的工作;二是实现电平转换。传感电路输出信号的电平,执行机构所需要的电平,并不一定与计算机的信号电平相等,利用光电耦合管的输入、输出端可以有不同工作电压的特点,以实现所需要的电平转换。

目前国产的光电耦合管型号很多,如 G0201、G0202、G0203、G0212 等。具体使用时应认真查阅有关手册。

2.4　电压放大电路

电压放大电路的作用是将微弱电信号(电压、电流)放大到足够的幅度,以推动后级放大电路(功率放大电路)工作。

2.4.1　放大电路的基本组成

图 2.4.1 所示是一个共发射极单管放大电路,在这种电路中,以晶体管的发射极作为输入回路和输出回路的公共电极,所以称为共发射极放大电路,简称共射极

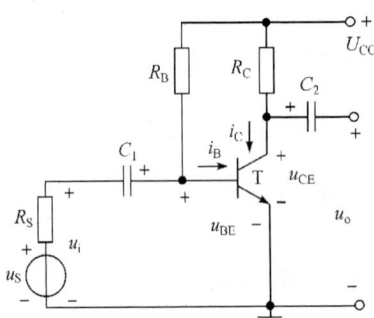

图 2.4.1　共射极放大电路

放大电路。它是晶体管放大电路中应用最为广泛的一种基本放大电路。电路中各元件的作用如下所述。

1)晶体管 T

图 2.4.1 所示电路中的晶体管是一个 NPN 型硅管,是电路中的核心元件,利用基极电流 i_B 控制集电极电流 i_C。从能量观点来看,输入信号的能量较小,而输出的能量较大,但不能说放大电路把输入的能量放大了。能量是守恒的,是不能放大的。输出的较大能量来自直流电源 U_{CC},也就是能量较

小的输入信号通过晶体管的控制作用,去控制电源 U_{CC} 所供给的能量,以便在输出端获得一个能量较大的信号。这就是放大作用的实质,故也可以说晶体管是一个控制元件。

2)集电极直流电源 U_{CC}

集电极直流电源 U_{CC} 除为输出信号提供能量外,还保证集电结处于反向偏置,以使晶体管处在放大状态。U_{CC} 一般取值为几伏到几十伏。

3)集电极负载电阻 R_C

集电极负载电阻简称集电极电阻,它主要将变化的集电极电流 i_C 转化为变化

的电压 $R_C i_C$，以便获得输出电压 u_o，以实现电压的放大作用。R_C 一般取值为几千欧到几十千欧。

4）基极电阻 R_B

基极电阻 R_B 作用是提供大小适当的基极电流 I_B，使放大电路获得较合适的静态工作点，同时保证发射结处于正向偏置。R_B 值较大，一般取值为几十千欧到几百千欧。

5）耦合电容 C_1、C_2

在放大电路的输入端和输出端分别接入电容 C_1、C_2，一方面起到隔直作用，C_1 隔断放大电路与信号源 u_S 之间的直流通路，C_2 隔断放大电路与负载 R_L 之间的直流通路，使信号源、放大电路、负载三者之间无直流联系，互不影响；另一方面又起到耦合交流作用，使交流信号畅通无阻。当输入端加上信号电压 u_i 时，可以通过 C_1 耦合到晶体管的基极与发射极之间，而放大了的信号电压 u_o 则从 C_2 端取出。所以称 C_1、C_2 为隔直或耦合电容。C_1、C_2 容量较大，一般为几微法到几十微法，但其对交流分量所呈现的容抗很小，可以基本上无损失地传输交流分量。C_1、C_2 通常采用有极性的电解电容，使用时正负极性要连接正确。这种耦合方式在交流放大电路中被广泛采用。

2.4.2　放大电路工作情况分析

放大电路可分静态和动态两种情况进行分析。静态是指没有输入信号（u_i = 0）时的工作状态；动态是指有输入信号（$u_i \neq 0$）时的工作状态。所谓静态分析，就是根据放大电路的直流通路确定放大电路的直流分量值 I_B、I_C、U_{CE}（也称为静态值），放大电路的质量与静态值有着很大的关系；所谓动态分析，就是通过放大电路的交流通路确定放大电路的电压放大倍数 A_u、输入电阻 r_i 和输出电阻 r_o 等。

为了便于分析，对放大电路中各极电压、电流的符号作统一规定，如表 2.4.1 所示。

表 2.4.1　晶体管放大电路中电压、电流符号

名　称	静态值	交流分量		总电压或总电流	
		瞬时值	有效值	瞬时值	平均值
基极电流	I_B	i_b	I_b	i_B	$I_{B(AV)}$
集电极电流	I_C	i_c	I_c	i_C	$I_{C(AV)}$
发射极电流	I_E	i_e	I_e	i_E	$I_{E(AV)}$
集-射极电压	U_{CE}	u_{ce}	U_{ce}	u_{CE}	$U_{CE(AV)}$
基-射极电压	U_{BE}	u_{be}	U_{be}	u_{BE}	$U_{BE(AV)}$
直流电源电压	U_{CC}、U_{BB}				

1. 静态工作分析

放大电路无输入信号（$u_i=0$）时，确定静态值 I_B、I_C 和 U_{CE} 的方法有以下两种。

1）估算法

估算法是用放大电路的直流通路计算静态值，在图 2.4.1 所示放大电路中，由于耦合电容 C_1、C_2 对直流信号相当于开路，则放大电路可用图 2.4.2 所示的直流通路来表示。它包含两个独立回路：一个是由直流电源 U_{CC}、基极电阻 R_B 和发射极 E 组成的基极回路；另一个是由直流电源 U_{CC}、集电极负载电阻 R_C 和发射极组成的集电极回路。

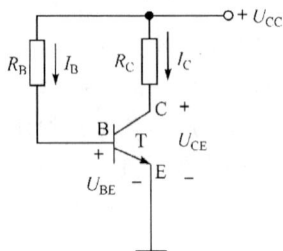

图 2.4.2　图 2.4.1 所示电路
的直流通路

由图 2.4.2 所示的直流通路，可得

$$I_B = \frac{U_{CC}-U_{BE}}{R_B} \approx \frac{U_{CC}}{R_B} \qquad (2.4.1)$$

式中，U_{BE} 为晶体管发射结的正向压降。

硅管 U_{BE} 为 $0.6\sim0.7\text{V}$，而 U_{CC} 一般为几伏、十几伏甚至几十伏，故 U_{BE} 可忽略不计。

由 I_B 可得出静态时的集电极电流为

$$I_C = \beta I_B \qquad (2.4.2)$$

此时晶体管集电极与发射极之间的电压为

$$U_{CE} = U_{CC} - R_C I_C \qquad (2.4.3)$$

2）图解法

图解法是根据晶体管的输出特性曲线，通过作图的方法确定放大电路的静态值。若已知晶体管的输出特性曲线（图 2.4.3），用图解法确定静态值的步骤如下（图 2.4.1）。

（1）作直流负载线。根据直流通路（图 2.4.2）列出电压方程，则

$$U_{CE} = U_{CC} - R_C I_C$$

或

$$I_C = -\frac{1}{R_C}U_{CE} + \frac{U_{CC}}{R_C} \qquad (2.4.4)$$

这是一个直线方程，其在横轴

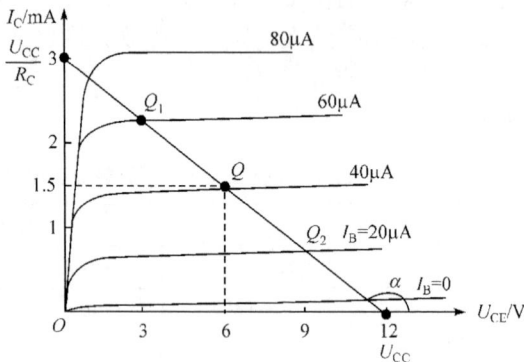

图 2.4.3　静态工作点图解分析法

上的截距为 U_{CC}（为 CE 极间开路工作点，$I_C=0$），在纵轴上的截距为 $\dfrac{U_{CC}}{R_C}$（为 CE 极间短路工作点，$U_{CE}=0$），直线的斜率为 $\tan\alpha = -\dfrac{1}{R_C}$，因其是由直流通路得出的，且

与集电极负载电阻 R_C 有关,故称为直流负载线。

（2）用估算法求出基极电流 I_B。在晶体管输出特性曲线中找到 I_B 对应的曲线。

（3）求静态工作点 Q,并确定 U_{CE}、I_C 值。基极电流 I_B 所对应的曲线与直流负载线的交点 Q 就是静态工作点,简称 Q 点。由 Q 点可在对应的坐标上查得静态值 I_C 和 U_{CE}。

综上所述,放大电路在静态工作时,静态值 I_B、I_C、U_{CE} 确定了放大电路的静态工作点。其中,对确定放大电路静态工作点起主导作用的是基极电流 I_B,因为只要 I_B 确定后,I_C 和 U_{CE} 也就确定了。因此,通常用改变电阻 R_B 数值的方法,就可获得一个合适的 I_B 值,从而使放大电路有一个合适的静态工作点。

放大电路在静态时的基极电流 I_B 称为偏置电流,简称偏流,电阻 R_B 称为偏置电阻。当电阻 R_B 选定后,I_B 也固定不变,故称图 2.4.1 所示放大电路为固定偏置放大电路。

静态工作点的重要性在于保证放大电路有一个合适的工作状态。偏流 I_B 过大或过小都将导致输入信号在放大时产生输出波形的失真。所谓失真,是指输出信号的波形与输入信号的波形相比发生畸变。引起失真的因素很多,其中最主要的是静态工作点选择不当或输入信号太大。由于输出电压波形与静态工作点有密切的关系,静态工作点的过高或过低都会导致失真。

例 2.4.1　在图 2.4.1 所示放大电路中,已知 $U_{CC}=12V$,$R_C=4k\Omega$,$R_B=300k\Omega$,$\beta=37.5$。试求静态工作点值。

解
$$I_B \approx \frac{U_{CC}}{R_B} = \frac{12}{300 \times 10^3} = 4 \times 10^{-5} = 40 \ (\mu A)$$

$$I_C = \beta I_B = 37.5 \times 40 = 1.5 \ (mA)$$

$$U_{CE} = U_{CC} - R_C I_C = 12 - 4 \times 1.5 = 6 \ (V)$$

例 2.4.2　在上题中若 $U_{CC}=24V$,$\beta=50$,已选定 $I_C=2mA$,$U_{CE}=8V$。试估算 R_B、R_C 的阻值。

解
$$I_B = \frac{I_C}{\beta} = \frac{2 \times 10^3}{50} = 40 \ (\mu A)$$

$$R_B \approx \frac{U_{CC}}{I_B} = \frac{24}{40 \times 10^{-6}} = 600 \ (k\Omega)$$

$$R_C = \frac{U_{CC} - U_{CE}}{I_C} = \frac{24 - 8}{2 \times 10^{-3}} = 8 \ (k\Omega)$$

2. 动态工作分析

动态是指有输入信号（$u_i \neq 0$）时的工作状态。此时放大电路是在直流电源 U_{CC} 和交流输入信号 u_i 共同作用下工作,电路中的电流 i_B 和 i_C、电压 u_{CE} 等均包含

直流分量和交流分量两部分,交流分量叠加在直流分量上,即

$$i_B = I_B + i_b$$
$$i_C = I_C + i_c$$
$$u_{CE} = U_{CE} + u_{ce}$$

式中,I_B、I_C、U_{CE} 是 U_{CC} 单独作用在电路中产生的电流和电压,实际上就是放大电路的静态值,称为直流分量;i_b、i_c、u_{ce} 是在输入信号 u_i 作用下产生的电流和电压,称为交流分量。

1) 各极电流和电压波形

在图 2.4.1 所示放大电路中,设输入电压 u_i 为一正弦信号

$$u_i = U_{im} \sin\omega t$$

u_i 经电容 C_1 加到晶体管的基极上,基–射极电压为直流电压 U_{BE} 和信号电压 u_i 的叠加,即

$$u_{BE} = U_{BE} + U_{im} \sin\omega t$$

u_{BE} 以 U_{BE} 为基础,随 u_i 上下波动,其波形如图 2.4.4(b)所示。

在 u_{BE} 的作用下,i_B 将随 u_{BE} 呈比例变化,它也由直流分量和交流分量叠加而成,即

$$i_B = I_B + i_b = I_B + I_{bm} \sin\omega t$$

式中

$$i_b = \frac{u_i}{r_{be}} = I_{bm} \sin\omega t$$

波形如图 2.4.4(c)所示。

将 i_B 放大 β 倍,得到集电极电流为

$$i_C = \beta i_B = I_C + I_{cm} \sin\omega t$$

式中,$I_C = \beta I_B$,$I_{cm} = \beta I_{bm}$,波形如图 2.4.4(d)所示。

集–射极间的电压 u_{CE} 将由 i_C 和电路参数决定,为

$$u_{CE} = U_{CE} + R_C i_c = U_{CE} - U_{cem} \sin\omega t$$

式中,$U_{cem} = R_C I_{cm}$,$U_{CE} = U_{CC} - R_C I_C$。当 $i_C \uparrow$ 时,$R_C i_C \uparrow$,$u_{CE} \downarrow$;当 $i_C \downarrow$ 时,$R_C i_C \downarrow$,$u_{CE} \uparrow$。可见,u_{CE} 与 i_C 相位相反,波形如图 2.4.4(e)所示。因 i_C 与输入信号 u_i 同相,所以 u_{CE} 与 u_i 反相。

u_{CE} 经耦合电容 C_2 输出时,其直流分量被隔断。输出电压 u_o 就是 u_{CE} 中的交流分量,则

$$u_o = -R_C i_C = u_{om} \sin\omega t$$

其波形如图 2.4.4(f)所示。

综上所述,可得以下结论:

(1) 有输入信号时,各极电流、电压都包含直流和交流两种分量。直流分量可

保证放大电路的正常工作,交流分量是放大
电路的放大对象。

（2）u_{be}、i_b、i_c 与输入信号 u_i 同相位,而
u_{ce}、u_o 与输入信号 u_i 反相位。输出电压与
输入电压相位相反,这种情况称为放大电路
的反相作用。

（3）输出回路的信号电流 i_c 较输入回
路的电流大 β 倍,i_c 在 R_C 上的压降 $|R_C i_c|$
即为输出信号电压。适当的选取 R_C 值,即
可得到所需要的放大的输出电压 u_o。

（4）直流分量的分析计算在前面已讨论
过了,交流分量的分析计算通常采用小信号
模型法和图解法。

2）微变等效电路法

交流分量可以用交流通路（u_i 单独作用
时的电路）进行分析计算。在图 2.4.1 所示
电路中由于 C_1、C_2 足够大,容抗近似为零,
则其对交流信号相当于短路。直流电源 U_{CC}
不作用时相当于短接,交流通路如图 2.4.5
所示。由于晶体管的输入与输出特性都是
非线性的,所以晶体管放大电路是一个非线
性电路。当输入信号 u_i 为小信号时,引起
交流分量 i_b 和 u_{be} 在 Q 点附近的变化也很
小,如图 2.4.6 所示。从整体上看,放大电

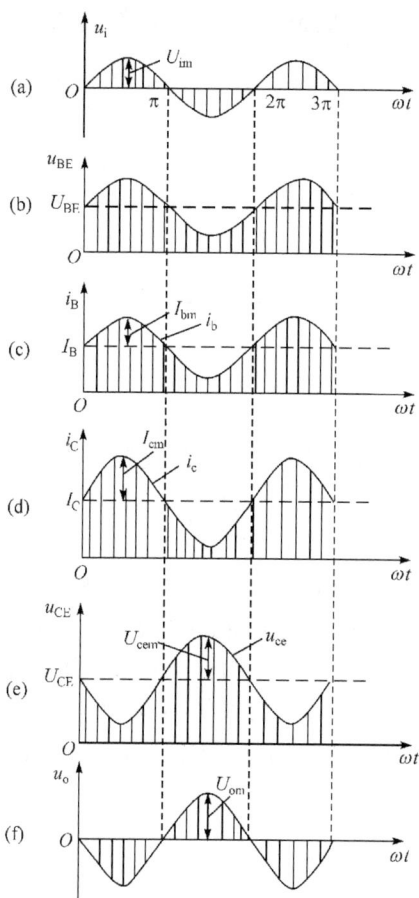

图 2.4.4　放大电路动态时的
电压和电流波形

路虽然是非线性的,但在给定工作范围内（Q 点附近）可认为是线性的,从而将晶
体管视为一个线性元件,用一个与它等效的小信号模型来表示。这样就可以方便
地用已学过的线性电路分析方法来分析晶体管放大电路了。

当晶体管基-射极电压 U_{BE} 有微小变化量 ΔU_{BE} 时,基极电流 I_B 的变化量为
ΔI_B,则晶体管的动态输入电阻简称为晶体管的输入电阻,用 r_{be} 表示为

$$r_{be} = \lim_{\Delta \to 0} \frac{\Delta U_{BE}}{\Delta I_B} = \frac{dU_{BE}}{dI_B} = \frac{u_{be}}{i_b} \qquad (2.4.5)$$

根据分析证明,在常温下晶体管的输入电阻为

$$r_{be} = 200 + (1+\beta)\frac{26(\text{mV})}{I_E(\text{mA})} \qquad (2.4.6)$$

式中，I_E 为静态值，r_{be} 的单位为 Ω。

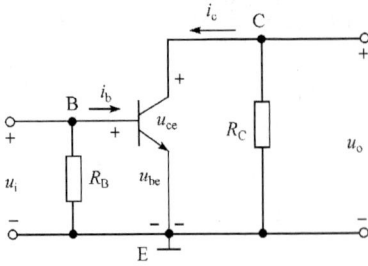

图 2.4.5　图 2.4.1 的交流通路　　　　　　图 2.4.6　从输入特性曲线求 r_{be}

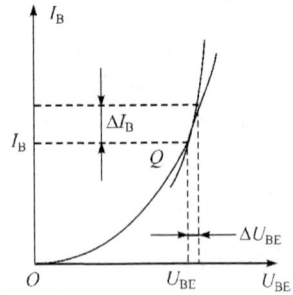

由式(2.4.6)可见，发射极静态电流 I_E 越大，则 r_{be} 越小；晶体管的电流放大系数 β 越高，则 r_{be} 越大。所以晶体管的输入电阻实际上不是一个固定不变的数值，而是与 β 和 I_E 密切相关。r_{be} 一般为几百欧到几千欧。手册中 r_{be} 常用 h_{ie} 表示。

同样，由式(2.4.5)可见，从晶体管输入端口(基极与发射极之间)看，对微小变化量 u_{be} 和 i_b 而言，相当于一个电阻 r_{be}。对于输出端口(集电极与发射极之间)，电流和电压关系由输出特性曲线而定。假设晶体管工作在放大区，应用在输出特性的近似水平直线的部分，则集电极电流的微小变化 ΔI_C，只受基极电流的微小变化 ΔI_B 的控制，而与电压 u_{CE} 几乎无关，可用

$$\Delta I_C = \beta \Delta I_B$$

即

$$i_c = \beta i_b \tag{2.4.7}$$

表示。因而，从输出端口看进去时，集电极和发射极之间可等效为一个受 i_b 控制的电流源 βi_b。

综上所述，在微小信号的作用下，晶体管 T 的小信号模型电路如图 2.4.7 所示。习惯上称图 2.4.7(b)所示电路为晶体管的微变等效电路。

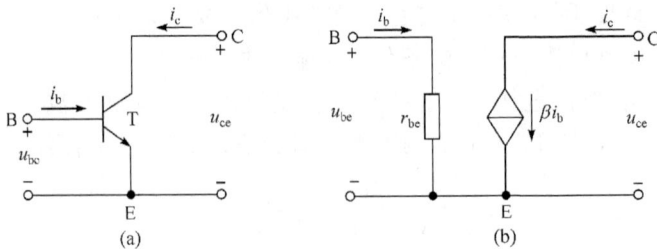

(a)　　　　　　　　　　　　(b)

图 2.4.7　晶体管小信号模型电路

如果将晶体管 T 用小信号模型电路代替，就可以方便得到放大电路的小信号

模型电路。图 2.4.5 所示交流通路的小信号模型电路如图 2.4.8 所示。当输入信号 u_i 为正弦信号时,小信号模型电路中的电流和电压均可用相量表示。用小信号模型将非线性的放大电路转化为线性电路,再用线性电路的分析方法进行分析计算,这种方法称为小信号模型分析法,也称微变等效电路分析法。利用微变等效电路分析法计算放大电路的交流指标十分方便。

(1) 电压放大倍数 A_u。

电压放大电路的作用是将变化较小的输入电压 u_i 放大成变化较大的输出电压 u_o。

下面用图 2.4.8 所示放大电路的微变等效电路来计算电压放大倍数。

输入电压

图 2.4.8 图 2.4.1 的微变等效电路

$$\dot{U}_i = r_{be} \dot{I}_b$$

输出电压

$$\dot{U}_o = -R_C \dot{I}_c$$

电压放大倍数为

$$A_u = \frac{\dot{U}_o}{\dot{U}_i} = \frac{-R_C \dot{I}_c}{r_{be} \dot{I}_b} = \frac{-R_C \beta \dot{I}_b}{r_{be} \dot{I}_b} = -\beta \frac{R_C}{r_{be}} \tag{2.4.8}$$

式中,负号表明输出电压 u_o 与输入电压 u_i 反相。

式(2.4.8)为放大电路开路时的电压放大倍数。如果在放大电路的输出端接入负载电阻 R_L,由于电容 C_2 视为短路,则放大电路的微变等效电路如图 2.4.9 所示。放大电路的电压放大倍数为

$$A_u = \frac{\dot{U}_o}{\dot{U}_i} = \frac{-R'_L \dot{I}_c}{r_{be} \dot{I}_b} = \frac{-R'_L \beta \dot{I}_b}{r_{be} \dot{I}_b} = -\beta \frac{R'_L}{r_{be}} \tag{2.4.9}$$

式中,$R'_L = R_C // R_L = \dfrac{R_C R_L}{R_C + R_L}$,称为等效负载电阻。

可见,放大电路输出端接负载电阻 R_L 后,将使等效负载电阻 R'_L 减小($R'_L < R_C$),从而使电压放大倍数 A_u 下降。

(2) 输入电阻 r_i。

放大电路对信号源而言,相当于一个负载,可用一个电阻等效代替,这个电阻

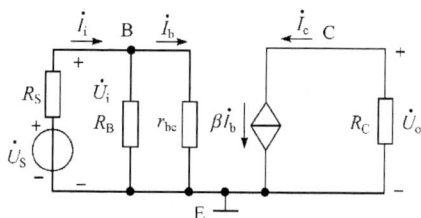

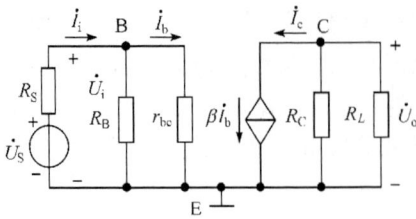

图 2.4.9　接有 R_L 共射极放大电路的
微变等效电路

称为输入电阻,它等于输入电压 $\dot{U}_i$ 与输入电流 $\dot{I}_i$ 之比。在图 2.4.9 所示电路中,输入电阻为

$$r_i = \frac{\dot{U}_i}{\dot{I}_i} = R_B \ // r_{be} = \frac{R_B r_{be}}{R_B + r_{be}}$$

$$(2.4.10)$$

通常由于 $R_B \gg r_{be}$,R_B 可以忽略不计,则

$$r_i \approx r_{be} \qquad\qquad (2.4.11)$$

应该注意的是,r_i 和 r_{be} 是完全不同的两个概念,不能混淆。

输入电阻是放大电路的重要指标。如果放大电路的输入电阻小,则会出现以下几种情况:第一,将从信号源取用较大的电流,从而增加了信号源的负担;第二,由于信号经 R_S 和 r_i 的分压,使实际加到放大电路的输入电压 $\dot{U}_i$ 减小;第三,后级放大电路的输入电阻是前级放大电路的负载电阻,因此会降低前级放大电路的电压放大倍数。可见,通常希望放大电路的输入电阻尽可能高一些。

(3) 输出电阻 r_o。

放大电路对负载而言,相当于一个电压源。从放大电路的输出端往左看进去的交流等效电阻(电压源的内阻)就是放大电路的输出电阻

$$r_o \approx R_C \qquad\qquad (2.4.12)$$

通常计算 r_o 时可将信号源短路($\dot{U}_S = 0$),但要保留信号源内阻 R_S。将 R_L 去掉,在输出端加一交流电压 $\dot{U}_o$,以产生一个电流 $\dot{I}_o$,则放大电路的输出电阻为

$$r_o = \frac{\dot{U}_o}{\dot{I}_o} \qquad\qquad (2.4.13)$$

如果放大电路的输出电阻较大(相当于信号源的内阻较大),负载变化时,输出电压的变化较大,也就是放大电路带负载的能力较差。因此,通常希望放大电路的输出电阻低一些。

需要注意的是,r_i 和 r_o 都是动态电阻,对交流信号而言,不能用它们进行静态计算。

3) 图解法

图解法是利用晶体管的特性曲线并在静态分析的基础上,以作图的方法分析放大电路动态时各个电流和电压的相互关系。以图 2.4.1 所示电路为例,分析步骤如下:

(1) 根据静态分析法,用图解法求出 Q 点(I_B、I_C 和 U_{CE}),如图 2.4.10(a)所示。

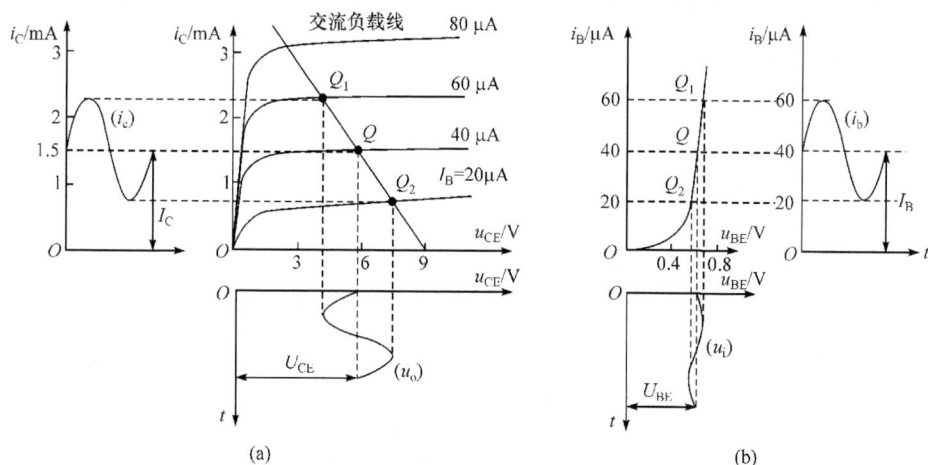

图 2.4.10　放大电路图解分析法

（2）输入信号 $u_i \neq 0$，设 u_i 为正弦量，如图 2.4.10(b) 所示，电流、电压均含有直流分量和交流分量，即

$$u_{BE} = U_{BE} + u_{be}$$
$$i_B = I_B + i_b$$
$$i_C = I_C + i_c$$
$$u_{CE} = U_{CE} + u_{ce}$$

式中，i_b、i_c、u_{ce} 均为正弦量。

由于电容 C_2 的隔直作用，u_{CE} 中的直流分量 U_{CE} 不能到达输出，只有交流分量 u_{ce} 通过电容 C_2 构成输出电压。

（3）作交流负载线。当放大电路的输出端接有负载电阻 R_L 时，直流负载线的斜率为 $-1/R_C$，其与负载电阻 R_L 无关。但在输入信号 u_i 的作用下，交流通路中的负载电阻为 $R_L' = R_C /\!/ R_L$，故由 R_L' 确定的负载线称为交流负载线。当 $u_i = 0$ 时，晶体管必定工作在 Q 点，又因 $R_L' < R_C$，故交流负载线是一条通过 Q 点的直线，其斜率为 $-1/R_L'$，且比直流负载线要陡一些。放大电路工作在动态时，工作点 Q 将随 i_B 的变化在交流负载线的 Q_1、Q_2 之间移动，如图 2.4.10(a) 所示。

（4）求电压放大倍数

$$|A_u| = \frac{U_{om}}{U_{im}} = \frac{U_{cem}}{U_{im}}$$

式中，U_{cem}、U_{im} 分别为 u_{ce} 和 u_i 波形的幅值。

（5）分析 Q 点对放大性能的影响。通常对放大电路的基本要求是，输出信号尽可能不失真。引起失真的原因主要是静态工作点设置得不合适或者信号太大，致使放大电路的工作范围超出了晶体管特性曲线上的线性范围。这种失真通常称为非线性失真。

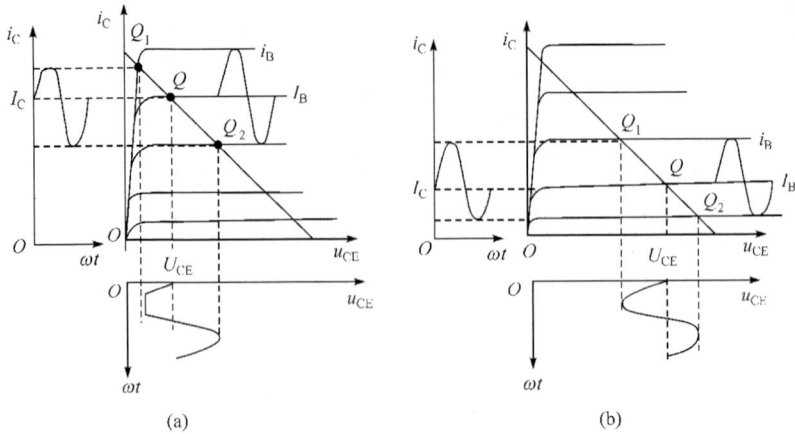

图 2.4.11　工作点不合适引起的波形失真

　　在图 2.4.11(a)中,静态工作点 Q 设置过高,在输入电压的正半周,晶体管进入饱和区工作,尽管 i_B 失真很小,但 u_{CE} 和 i_C 却严重失真。这种由于晶体管的饱和引起的失真称为饱和失真。

　　如果静态工作点 Q 设置过低,晶体管进入截止区工作,i_B 的负半周和 u_{CE} 的正半周被削平,其波形出现严重失真,如图 2.4.11(b)所示。这种由于晶体管的截止引起的失真称为截止失真。

　　通常将静态工作点 Q 设置在晶体管放大区的中部,这样不仅可以避免非线性失真,而且可以适当地增大输出动态范围。此外,应适当限制输入信号 u_i 的大小,也可以避免非线性失真。

2.4.3　放大电路静态工作点稳定分析

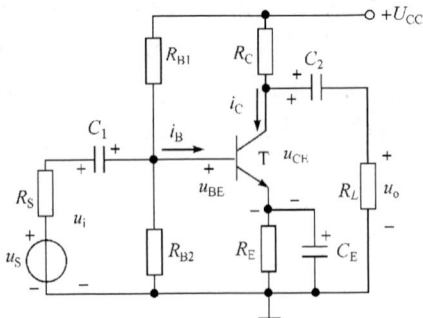

图 2.4.12　分压式偏置放大电路

　　为了使放大电路不产生非线性失真,必须要有一个合适的静态工作点。但是,放大电路的静态工作点往往因外界条件的变化(如温度变化、晶体管老化、电源电压波动等)而变动。例如,晶体管的特性和参数对温度的变化非常敏感,当温度上升时,将使偏流 I_B 增加,从而使集电极电流 I_C 也随之增加,这时,会使发射结正向压降 U_{BE} 减小,结果导致静态工作点发生漂移,放大电路不能正常工作。

图 2.4.12 所示为一分压式偏置电路。R_{B1} 和 R_{B2} 组成分压式偏置电路,使基极电位 V_B 基本固定。发射极电路串接电阻 R_E,目的是利用其上直流电流负反馈[①]作用稳定静态工作点。其物理过程可表示为

$$温度升高 \rightarrow I_C\uparrow \rightarrow V_E\uparrow \rightarrow U_{BE}(=V_B-V_E)$$
$$I_C\downarrow \leftarrow I_B\downarrow \leftarrow$$

当温度升高使 I_C 和 I_E 增大时,$V_E=R_E I_E$ 也增大。由于 V_B 为 R_{B1} 和 R_{B2} 的分压电路所固定,于是 U_{BE} 减小,从而引起 I_B 减小而使 I_C 自动下降,静态工作点大致恢复到原来的位置。可见,这种电路能稳定静态工作点的实质,是由于输出电流 I_C 的变化通过发射极电阻 R_E 上压降的变化反映出来,然后引回(反馈)到输入电路,和 V_B 比较,使 U_{BE} 发生变化来牵制 I_C 的变化。R_E 越大,稳定性能越好。但 R_E 太大时,V_E 增大,使放大电路输出电压的幅值减小。R_E 在小电流情况下为几百欧到几千欧,在大电流情况下为几欧到几十欧。

接入发射极电阻 R_E,一方面发射极电流的直流分量 I_E 通过时,起到自动稳定静态工作点的作用;另一方面发射极电流的交流分量 i_e 也要通过它产生交流压降,使 u_{be} 减小,这样就会降低放大电路的电压放大倍数。为此,可在 R_E 两端并联电容 C_E,如图 2.4.12 所示。只要 C_E 的容量足够大,对交流信号的容抗就会很小,对交流分量可视为短路,而对直流分量并无影响,故 C_E 称为发射极交流旁路电容,其容量一般为几十到几百微法。

例 2.4.3　在图 2.4.12 所示的分压式偏置电路中,$U_{CC}=16V$,$R_C=3k\Omega$,$R_E=2k\Omega$,$R_{B1}=60k\Omega$,$R_{B2}=20k\Omega$,$R_L=3k\Omega$,$\beta=50$。试求:

(1) 电路的静态工作点;

(2) 输入电阻 r_i、输出电阻 r_o 和电压放大倍数 A_u。

解　(1) 电路的静态工作点。

图 2.4.12 所示放大电路的直流通路,如图 2.4.13 所示。一般采用估算法确定电路的静态工作点,所谓的估算法,就是假设直流通路中 $I_2 \gg I_B[I_2 > (5\sim10)I_B]$,且 $I_1 \approx I_2$,则电路中基极电位 V_B 不随 I_B 而变。则有

$$V_B = \frac{R_{B2}}{R_{B1}+R_{B2}}U_{CC} = \frac{20}{60+20}\times16 = 4\ (V)$$

故放大电路的静态工作点 Q 值为

$$I_E = \frac{V_B-U_{BE}}{R_E} = \frac{4-0.6}{2} = 1.7\ (mA)$$

[①]　有关反馈问题将在第 3 章中讨论。

$$I_C \approx I_E = 1.7 \text{mA}$$

$$I_B = \frac{I_C}{\beta} = \frac{1.7}{50} = 0.034 (\text{mA})$$

$$U_{CE} = U_{CC} - (R_C + R_E) I_C = 16 - (3+2) \times 1.7 = 7.5 (\text{V})$$

(2) 计算输入电阻 r_i、输出电阻 r_o 和电压放大倍数 A_u。

图 2.4.12 放大电路的微变等效电路,如图 2.4.14 所示。因为

$$r_{be} = 200 + (1+\beta) \frac{26}{I_E} = 200 + (1+50) \times \frac{26}{1.7} = 980 (\Omega) = 0.98 (\text{k}\Omega)$$

故输入电阻为

$$r_i = R_{B1} // R_{B2} // r_{be} = 60 // 20 // 0.98 = 0.92 \ (\text{k}\Omega)$$

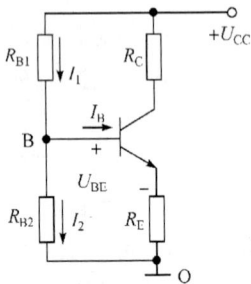

图 2.4.13　图 2.4.12 的直流通路　　　　图 2.4.14　图 2.4.12 的微变等效电路

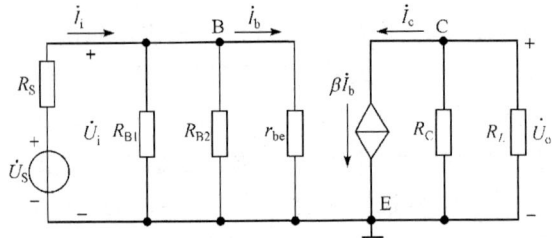

输出电阻为

$$r_o \approx R_C = 3\text{k}\Omega$$

电压放大倍数为

$$A_u = -\beta \frac{R_L'}{r_{be}} = -50 \times \frac{1.5}{0.98} \approx -76.5$$

式中,$R_L' = R_C // R_L = 3 // 3 = 1.5\text{k}\Omega$。

例 2.4.4　如果在例 2.4.3 中 R_E 未被全部旁路,如图 2.4.15 所示,且 $R_E'' = 0.3\text{k}\Omega$。

(1) 画出微变等效电路;

(2) 计算 r_i、r_o 和 A_u;

(3) 如果信号源内阻 $R_s = 0.6\text{k}\Omega$,计算放大倍数 A_{us}。

解　(1) 微变等效电路如图 2.4.16 所示。

(2) 计算 r_i、r_o 和 A_u。

输入电阻为

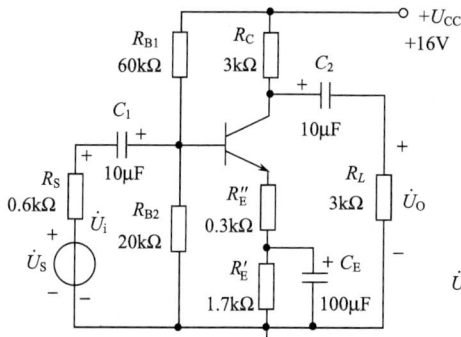

图 2.4.15　例 2.4.4 的电路

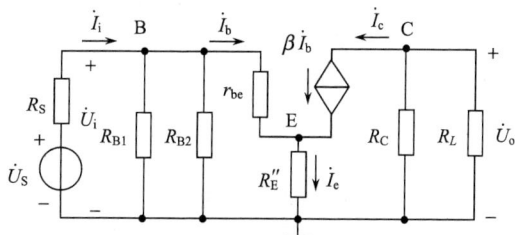

图 2.4.16　图 2.4.15 的微变等效电路

$$r_i = R_{B1}//R_{B2}//[r_{be}+(1+\beta)R_E'']$$
$$= 60//20//[0.98+(1+50)\times0.3] = 7.83\ (\text{k}\Omega)$$

输出电阻为

$$r_o = R_C = 3\text{k}\Omega$$

根据图 2.4.16 所示微变等效电路,则有

$$\dot{U}_i = r_{be}\dot{I}_b + R_E''\dot{I}_e = r_{be}\dot{I}_b + (1+\beta)R_E''\dot{I}_b = [r_{be}+(1+\beta)R_E'']\dot{I}_b$$

$$\dot{U}_o = -R_L'\dot{I}_c = -\beta R_L'\dot{I}_b$$

所以,电压放大倍数为

$$A_u = \frac{\dot{U}_o}{\dot{U}_i} = -\frac{\beta R_L'}{r_{be}+(1+\beta)R_E''} = -\frac{50\times1.5}{0.98+(1+50)\times0.3} = -4.6$$

(3) 如果信号源内阻 $R_S = 0.6$ 的影响时,放大电路的电压放大倍数为

$$A_{us} = \frac{\dot{U}_o}{\dot{U}_S} = \frac{\dot{U}_o}{\dot{U}_i}\times\frac{\dot{U}_i}{\dot{U}_S} = -\frac{\beta R_L'}{r_{be}+(1+\beta)R_E''}\times\frac{r_i}{R_S+r_i}$$

$$= -4.6\times\frac{7.83}{0.6+7.83} = -4.27$$

通过上述分析计算可见,当发射极接有电阻 R_E'' 时,则在电路中引入串联电流负反馈(将在第 3 章中讨论),使得放大电路的电压放大倍数降低了。另外,当考虑信号源内阻 R_S 时,也使得放大电路的电压放大倍数降低了。

练习与思考

2.4.1　组成晶体管放大电路的最基本原则是什么?

2.4.2　在共射极放大电路中,各个元件的作用是什么?

2.4.3　在图2.4.1所示电路中,如果调节电阻R_B使基极电位升高,试问I_C和U_{CE}及集电极电位V_C将如何变化?

2.4.4　什么是饱和失真和截止失真? 怎样才能消除这两种失真?

2.4.5　r_{be}、r_i、r_o分别是什么电阻? r_o中是否包括电阻R_L?

2.4.6　信号源内阻R_S对放大电路的电压放大倍数有何影响?

2.5　射极输出器

前面所讨论的放大电路是从基极输入信号,从集电极输出被放大的信号,公共端为发射极,所以称其为共射极电路。该电路能获得较高的电压放大倍数,但其输入电阻较小,输出电阻较大。因此,共射极电路常用作多级放大电路的中间级。如果输入信号加到基极,被放大的信号从发射极输出,集电极接电源U_{CC},对交流信号而言,输入与输出的公共端是集电极,则称为共集电极电路,亦称射极输出器,其电路如图2.5.1所示。

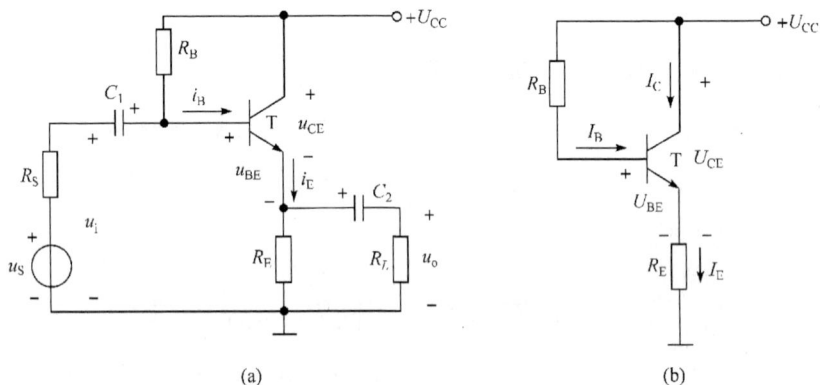

图 2.5.1　射极输出器

(a) 射极输出器;(b) 直流通路

2.5.1　射极输出器工作情况分析

由图2.5.1(a)可见,电路的负载电阻R_L经耦合电容C_2接在晶体管的发射极上,即输出电压u_o由晶体管的发射极取出。

1. 静态分析

静态时,射极输出器的直流通路如图2.5.1(b)所示,根据KVL可得

$$I_B = \frac{U_{CC} - U_{BE}}{R_B + (1+\beta)R_E} \qquad (2.5.1)$$

$$I_E = I_B + I_C = I_B + \beta I_B = (1+\beta)I_B \qquad (2.5.2)$$

$$U_{CE} = U_{CC} - R_E I_E \qquad (2.5.3)$$

2. 动态分析

动态时,射极输出器的微变等效电路如图 2.5.2(a)所示。

1) 电压放大倍数

由图 2.5.2(a)所示等效电路可得

$$\dot{U}_o = R'_L \dot{I}_e = R'_L (1+\beta) \dot{I}_b$$

式中,$R'_L = R_E /\!/ R_L$。

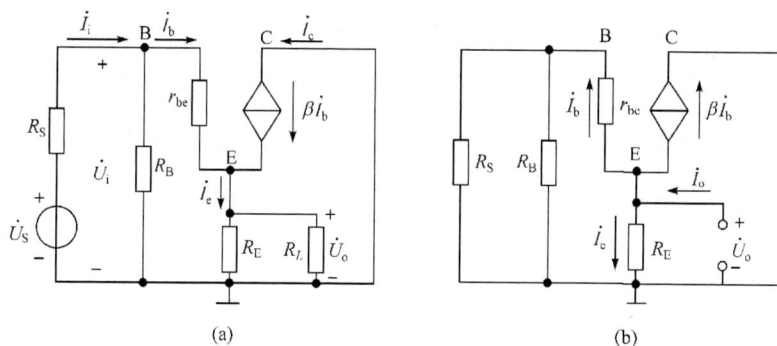

图 2.5.2　射极输出器的等效电路

(a) 微变等效电路;(b) 计算 r_o 的等效电路

$$\dot{U}_i = r_{be} \dot{I}_b + R'_L \dot{I}_e = r_{be} \dot{I}_b + R'_L (1+\beta) \dot{I}_b$$

所以

$$A_u = \frac{\dot{U}_o}{\dot{U}_i} = \frac{R'_L (1+\beta) \dot{I}_b}{r_{be} \dot{I}_b + R'_L (1+\beta) \dot{I}_b} = \frac{(1+\beta)R'_L}{r_{be} + (1+\beta)R'_L} \qquad (2.5.4)$$

由式(2.5.4)可知:

(1) 射极输出器的电压放大倍数恒小于 1,但接近于 1。

因为 $r_{be} \ll (1+\beta)R'_L$,所以 $A_u \approx 1$,即 $\dot{U}_o \approx \dot{U}_i$。该电路没有电压放大作用,但仍具有一定的电流放大和功率放大作用。

(2) 输出电压与输入电压同相,具有跟随作用。故射极输出器又称为射极跟随器。

2) 输入电阻

射极输出器的输入电阻 r_i 也可从图 2.5.2(a)所示的微变等效电路求得

$$r_i = R_B \mathbin{/\!/} r_i'$$

$$r_i' = \frac{\dot{U}_i}{\dot{I}_b} = \frac{[r_{be} + R_L'(1+\beta)]\,\dot{I}_b}{\dot{I}_b} = r_{be} + R_L'(1+\beta)$$

所以

$$r_i = R_B \mathbin{/\!/} [r_{be} + (1+\beta)R_L'] \tag{2.5.5}$$

通常 R_B 的阻值很大(几十千欧到几百千欧),同时 $[r_{be} + (1+\beta)\,R_L']$ 也比共发射极放大电路的输入电阻($r_i \approx r_{be}$)大得多。因此,射极输出器的输入电阻很高,可达几十千欧到几百千欧。

3) 输出电阻

射极输出器的输出电阻 r_o 可由图 2.5.2(b)所示电路求得。

将信号源短路,保留内阻 R_S,R_S 与 R_B 并联后的等效电阻为 R_S',即 $R_S' = R_S \mathbin{/\!/} R_B$。在输出端断开电阻 R_L,外加一交流电压 $\dot{U}_o$,产生一电流 $\dot{I}_o$。对节点 E 列 KCL 方程有

$$\dot{I}_o = \dot{I}_b + \beta\dot{I}_b + \dot{I}_e = \frac{\dot{U}_o}{r_{be} + R_S'} + \beta\,\frac{\dot{U}_o}{r_{be} + R_S'} + \frac{\dot{U}_o}{R_E}$$

则

$$r_o = \frac{\dot{U}_o}{\dot{I}_o} = \frac{1}{\dfrac{1+\beta}{r_{be}+R_S'} + \dfrac{1}{R_E}} = \frac{R_E(r_{be}+R_S')}{(1+\beta)R_E + (r_{be}+R_S')} \tag{2.5.6}$$

一般情况下,$(1+\beta)R_E \gg (r_{be}+R_S')$ 且 $\beta \gg 1$,则式(2.5.6)可以简化为

$$r_o \approx \frac{r_{be} + R_S'}{\beta} \tag{2.5.7}$$

若 $R_S = 0$,则 $R_S' = 0$,于是

$$r_o \approx \frac{r_{be}}{\beta} \tag{2.5.8}$$

例如,当 $\beta = 50$、$r_{be} = 1\ \mathrm{k\Omega}$ 时,$r_o \approx 20\Omega$。可见,射极输出器的输出电阻很低(比共发射极放大电路的输出电阻低得多),为几欧至几十欧。输出电阻越小,负载变化时放大电路的输出电压就越稳定,由此可见它具有恒压输出特性。

2.5.2　射极输出器的应用

综上所述,射极输出器的主要特点是:电压放大倍数接近于 1,但略小于 1;输

入电阻高,输出电阻低;输出电压$\dot{U}_。$与输入电压$\dot{U}_i$同相位。因此,在多级放大电路中,射极输出器常用作输入级、输出级和中间级,以提高整个放大电路的性能。在电子设备和自动控制系统中,射极输出器也得到了十分广泛的应用。

1. 作输入级

射极输出器因其输入电阻高,常作为多级放大电路的输入级。输入级采用射极输出器,可使信号源内阻上的压降相对来说比较小。因此,可以得到较高的输入电压,同时减小信号源提供的信号电流,从而减轻信号源的负担。这样不仅提高了整个放大电路的电压放大倍数,而且减小了放大电路的接入对信号源的影响。在电子测量仪器中,利用射极输出器这一特点,减小对被测电路的影响,提高测量精度。

2. 作输出级

由于射极输出器输出电阻低,常作为多级放大电路的输出级。当负载电流变动较大时,输出电压的变化较小,或者说它带负载的能力较强。

3. 作中间隔离级

在多级放大电路中,有时将射极输出器接在两级共射极放大电路之间。利用其输入电阻高的特点,以提高前一级的电压放大倍数;利用其输出电阻低的特点,以减小后一级信号源内阻,从而提高了后级的电压放大倍数,隔离了级间的相互影响,这就是射极输出器的阻抗变换作用。这一级射极输出器称为缓冲级或中间隔离级。

例 2.5.1　在图 2.5.1(a)所示的射极输出器中,$U_{CC}=20\mathrm{V}$, $\beta=60$, $R_B=200\mathrm{k}\Omega$, $R_E=4\mathrm{k}\Omega$, $R_L=2\mathrm{k}\Omega$,信号源内阻 $R_s=100\Omega$。试求:

(1) 静态值;

(2) A_u、r_i 和 r_o。

解　(1) 计算静态值。

$$I_B = \frac{U_{CC}-U_{BE}}{R_B+(1+\beta)R_E} - \frac{20-0.6}{200+(1+60)\times 4} = 0.0437(\mathrm{mA})$$

$$I_E = (1+\beta)I_B = (1+60)\times 0.0437 = 2.665(\mathrm{mA})$$

$$U_{CE} = U_{CC}-R_E I_E = 20-4\times 2.665 = 9.37(\mathrm{V})$$

(2) 计算 A_u、r_i 和 r_o。

$$r_{be} = 200+(1+\beta)\frac{26}{I_E} = 200+(1+60)\times \frac{26}{2.665} = 0.795(\mathrm{k}\Omega)$$

$$A_u = \frac{(1+\beta)R'_L}{r_{be}+(1+\beta)R'_L} = \frac{(1+60)\times 1.33}{0.795+(1+60)\times 1.33} = \frac{81.13}{81.925} = 0.99$$

式中

$$R'_L = R_E \mathbin{/\!/} R_L = 4 \mathbin{/\!/} 2 = 1.33(\text{k}\Omega)$$

$$r_i = R_B \mathbin{/\!/} [r_{be} + (1+\beta)R'_L] = \frac{200 \times 81.925}{200 + 81.925} = 58.12(\text{k}\Omega)$$

$$r_o = \frac{r_{be} + R'_S}{\beta} = \frac{795 + 100}{60} = 14.92(\Omega)$$

式中

$$R'_S = R_S \mathbin{/\!/} R_B = 100 \mathbin{/\!/} (200 \times 10^3) \approx 100(\Omega)$$

2.6　场效应管放大电路

场效应管放大电路具有很高的输入电阻,适用于对高内阻信号源的放大,常用作多级放大电路的输入级。

场效应管放大电路与晶体管放大电路相类似,有共源极放大电路和源极输出器等。为了保证放大电路正常工作,场效应管放大电路也必须设置合适的静态工作点,以保证管子工作在线性区,否则将造成输出信号的失真。

场效应管的共源极放大电路和普通晶体管的共发射极放大电路在电路结构上类似。首先对放大电路进行静态分析,即分析它的静态工作点。

在晶体管放大电路中,当 U_{CC} 和 R_C 确定后,其静态工作点是由基极电流 I_B (偏流)确定的。由于场效应管是电压控制元件,故当放大电路中 U_{DD} 和 R_D 选定后,静态工作点则是由栅源电压 U_{GS}(偏压)确定的。常用的偏置电路有以下两种,如图 2.6.1和图 2.6.2 所示。

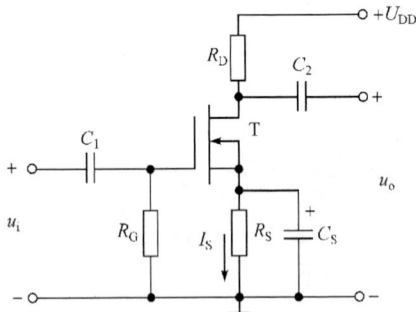

图 2.6.1　耗尽型绝缘栅场效应管
的自给偏压偏置电路

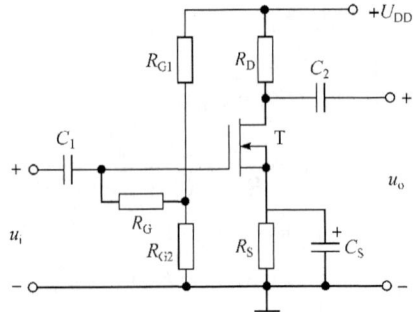

图 2.6.2　分压式偏置电路

图 2.6.2 是场效应管的分压式偏置共源极放大电路,电路的结构与图 2.4.12 所示的晶体管共发射极放大电路相似。

电路中各元件的作用如下:

偏置电阻 R_{G1}、R_{G2}:也称分压电阻,与 R_s 配合为放大电路提供合适的静态工作点。

源极电阻 R_s:稳定静态工作点,其阻值约几千欧。

旁路电容 C_s:用来消除 R_s 对交流负反馈,其容量约为几十微法。

栅极电阻 R_G:构成栅源极间的直流通路,R_G 阻值不能太小,否则影响放大电路的输入电阻,其阻值约为 $200\text{k}\Omega \sim 10\text{M}\Omega$。

漏极电阻 R_D:使放大电路具有电压放大功能,其阻值约为几十千欧。

耦合电容 C_1、C_2:用以隔直和传递信号,其容量一般为 $0.01 \sim 0.047\mu\text{F}$。

电源 U_{DD}:为放大电路提供能量。

2.6.1　静态分析

场效应管放大电路的原理与晶体管放大电路的原理也十分相似,晶体管放大电路是用 i_B 控制 i_C,当电源 U_{CC} 和集电极电阻 R_C 确定后,静态工作点由 I_B 决定。而场效应管放大电路是用 u_{GS} 控制 i_D,当 U_{DD} 和 R_D、R_s 决定后,其静态工作点由 U_{GS} 决定。

图 2.6.2 所示放大电路在静态时,栅极电位为

$$V_G = \frac{R_{G2}}{R_{G1} + R_{G2}} U_{DD}$$

源极电位为

$$V_s = R_s I_s = R_s I_D$$

则栅源电压为

$$U_{GS} = V_G - V_s \tag{2.6.1}$$

对于 N 沟道耗尽型场效应管,U_{GS} 为负值,即常用在 $U_{GS} < 0$ 的区域;对于 N 沟道增强型场效应管,U_{GS} 为正值,即常用在 $U_{GS} > 0$ 的区域。

如果 $V_G \gg U_{GS} = 0$,$V_s = V_G$,则静态漏极电流为

$$I_D \approx \frac{V_s}{R_s} = \frac{V_G}{R_s} \tag{2.6.2}$$

$$U_{DS} \approx U_{DD} - (R_D + R_s) I_D \tag{2.6.3}$$

N 沟道耗尽型场效应管也可以采用自给偏压放大电路,如图 2.6.1 所示。在静态时,R_G 上无电流,则

$$V_G = 0$$

$$U_{GS} = -R_s I_s = -R_s I_D$$

2.6.2　动态分析

当有交流信号作用时,由于隔直电容数值较大,对交流信号可视为短路。故图 2.6.2 所示电路的交流通路如图 2.6.3(a)所示。

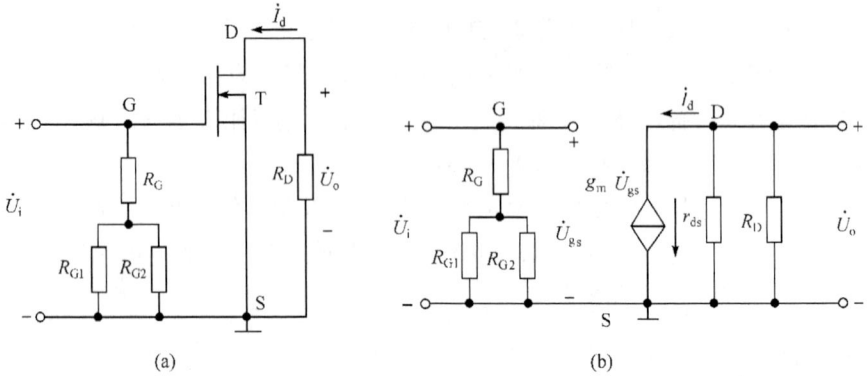

图 2.6.3　图 2.6.2 电路的交流通路和微变等效电路

(a) 交流通路;(b) 微变等效电路

在小信号输入情况下,场效应管放大电路也可用微变等效电路法进行分析,如图 2.6.3(b)所示。对场效应管而言,栅极 G 与源极 S 间的动态电阻 r_{GS} 可认为无穷大,相当于开路。漏极电流 i_d 只受 u_{gs} 控制,而与电压 u_{ds} 无关。因此,漏极 D 与源级 S 间相当于一个受 u_{gs} 控制的电流源 $g_m u_{gs}$。

1. 电压放大倍数

输出电压为

$$\dot{U}_o = -R_D \dot{I}_d = -R_D g_m \dot{U}_{gs}$$

所以电压放大倍数为

$$A_u = \frac{\dot{U}_o}{\dot{U}_i} = \frac{\dot{U}_o}{\dot{U}_{gs}} = -g_m R_D$$

当输出端有负载电阻 R_L 时,电路总负载电阻为

$$R'_L = R_D /\!/ R_L$$

则电压放大倍数为

$$A_u = \frac{\dot{U}_o}{\dot{U}_i} = \frac{\dot{U}_o}{\dot{U}_{gs}} = -g_m R'_L \tag{2.6.4}$$

式中,负号表明输出电压与输入电压反相。

场效应管的跨导较小,所以场效应管共源极放大电路的电压放大倍数没有晶体管共发射极放大电路的高。

2. 输入电阻

由图 2.6.3(b)可得输入电阻为

$$r_i = R_G + (R_{G1} /\!/ R_{G2})$$

一般 $R_G \gg R_{G1} /\!/ R_{G2}$,因而

$$r_i \approx R_G \qquad (2.6.5)$$

可见,在分压点和栅极之间接入电阻 R_G(一般取几兆欧),可以大大提高场效应管放大电路的输入电阻。R_G 的接入对电压放大倍数并无影响。在静态时 R_G 中没有电流通过,因此也不会影响静态工作点。

3. 输出电阻

放大电路的输出电阻为

$$r_o \approx R_D \qquad (2.6.6)$$

R_D 一般为几千欧到几十千欧,输出电阻较高。

例 2.6.1　在图 2.6.2 所示放大电路中,已知 $U_{DD} = 20\text{V}$,$R_D = 10\text{k}\Omega$,$R_S = 10\text{k}\Omega$,$R_{G1} = 200\text{k}\Omega$,$R_{G2} = 51\text{k}\Omega$,$R_G = 1\text{M}\Omega$,输出端接一负载电阻 $R_L = 10\text{k}\Omega$,$g_m = 1.5\text{mA/V}$。试求:

(1) 静态值;

(2) 电压放大倍数;

(3) 输入和输出电阻。

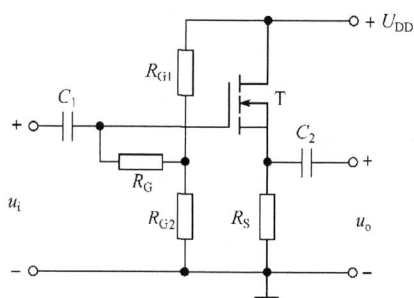

图 2.6.4　源极输出器

解　(1) 计算静态值。

由电路图可知

$$V_G = \frac{R_{G2}}{R_{G1} + R_{G2}} U_{DD} = \frac{51}{200 + 51} \times 20 = 4(\text{V})$$

$$I_D = \frac{V_S}{R_S} = \frac{V_G}{R_S} = \frac{4}{10 \times 10^3}(\text{A}) = 0.4(\text{mA})$$

$$U_{DS} = U_{DD} - (R_D + R_S)I_D = 20 - (10 + 10) \times 0.4 = 12(\text{V})$$

(2) 电压放大倍数为

$$A_u = -g_m R_L' = -g_m \times (R_D /\!/ R_S)$$

$$= -1.5 \times (10 /\!/ 10) = -7.5$$

（3）计算输入和输出电阻为

$$r_i = R_G + (R_{G1} /\!/ R_{G2}) = 1 + (0.200 /\!/ 0.051)$$
$$= 1 + 0.04 = 1.04(\text{M}\Omega)$$

$$r_o \approx R_S = 10(\text{k}\Omega)$$

图 2.6.4 所示是源极输出器的放大电路,它和晶体管的射极输出器一样,电压放大倍数小于但接近 1,输入电阻高和输出电阻低。

练习与思考

2.6.1　为什么说晶体三极管是受电流控制元件,而场效应管是受电压控制元件?

2.6.2　比较共源极场效应管放大电路和共发射极晶体管放大电路在电路结构上有何相似之处?为什么前者的输入电阻较高?

2.6.3　图 2.6.2 所示的自给偏压偏置电路中,电阻 R_G 的主要作用是什么?

2.7　多级放大电路

前面所介绍的单级放大电路的放大倍数极为有限,难以满足通信和自动控制等系统中驱动负载的要求。对微弱输入信号放大的实用放大电路,往往是由多个单级放大电路级联成多级放大电路,如图 2.7.1 所示。多级放大电路的第一级称为输入级,具有较高的输入电阻,可减小对信号源的负担并提高利用率;中间级由多级电压放大电路组成,以获得较大的电压放大倍数;末前级和末级称为功率放大电路,具有较高的输出电压和较强的带负载能力。

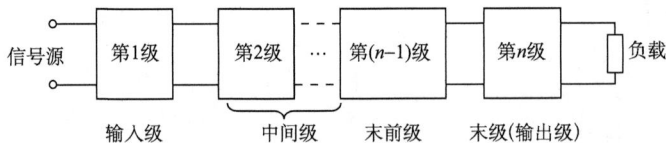

图 2.7.1　多级放大电路框图

2.7.1　放大电路级间耦合

多级放大电路中前级的输出就是后级的输入,为了保证各级放大电路的正常工作,级与级间的连接方式称为耦合。多级放大电路的级间耦合方式有阻容耦合、直接耦合、变压器耦合和光电耦合等。本节主要介绍常用的阻容耦合和直接耦合。

1. 阻容耦合

所谓阻容耦合,就是通过级间的电容 C_n 和后级的输入电阻 r_{in} 将前后级连接起来。图 2.7.2 所示为两级阻容耦合放大电路,通过电容 C_2 和第二级输入电阻 r_{i2} 将前后两级放大电路连接在一起。阻容耦合的特点是前后级的静态工作点互不受影响,可以单独调整,但阻容耦合方式不宜传送缓慢变化的信号和直流信号。

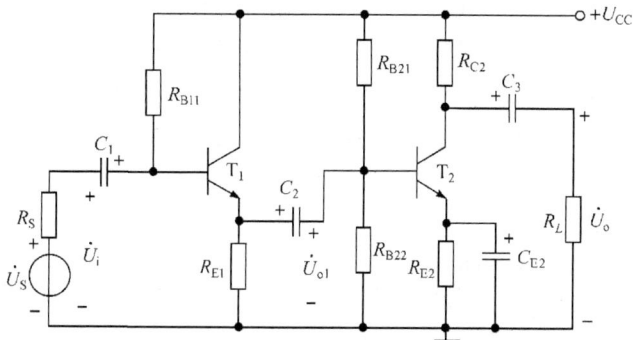

图 2.7.2　阻容耦合放大电路

2. 直接耦合

直接耦合就是放大电路的前级与后级直接连接,如图 2.7.3 所示。因直接耦合放大电路前后级之间没有隔离元件,不仅能够传送交流信号,而且能够传送直流信号。缺点是前后级的静态工作点相互影响,产生零点漂移,即当输入信号为零($u_i=0$)时,放大电路的输出端也会出现电压的缓慢、无规则

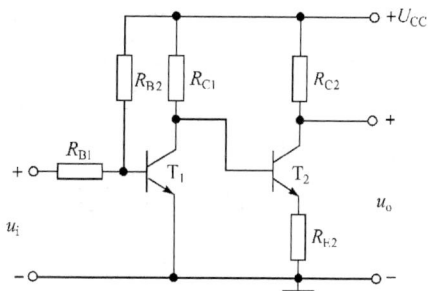

图 2.7.3　直接耦合放大电路

变动,即输出端出现一个偏离原起始点、随时间缓慢变化的电压。因此,对于直接耦合的多级放大电路必须设法减小第一级放大电路的零点漂移。下节将要讨论的差动放大电路是解决这一问题的有效途径。

2.7.2　多级放大电路分析

1. 静态分析

阻容耦合多级放大电路的静态工作点彼此独立,其静态工作点可按单级放大

电路的分析计算。直接耦合放大电路的静态工作点相互有影响,其静态工作点要依据电路结构,列出联立方程来分析计算。

2. 动态分析

无论是阻容耦合还是直接耦合多级放大电路,动态分析均可采用微变等效电路法分析计算。要注意的是前后级之间的相互影响,即后级的输入电阻可视为前级的负载电阻,前级的输出电阻可视为后级信号源内阻。

例 2.7.1 在图 2.7.2 所示两级阻容放大电路中,已知 $U_{CC}=12V$, $U_{BE1}=U_{BE2}$ $=0.7V$, $R_{B11}=200k\Omega$, $R_{E1}=2k\Omega$, $R_S=100\Omega$, $R_{C2}=2k\Omega$, $R_{B21}=20k\Omega$, $R_{B22}=$ $10k\Omega$, $R_{E2}=2k\Omega$, $R_L=6k\Omega$, $r_{be1}=0.94k\Omega$, $r_{be2}=0.8k\Omega$, $C_1=C_2=C_3=50\mu F$, C_{E1} $=C_{E2}=100\mu F$, $\beta_1=\beta_2=50$。试求:

(1) 各级的静态工作点;

(2) 输入电阻 r_i 和输出电阻 r_o;

(3) 总电压放大倍数 A_u。

解 (1) 各级的静态工作点。

第一级静态工作点为

$$I_{B1}=\frac{U_{CC}-U_{BE1}}{R_{B11}+(1+\beta_1)R_{E1}}=\frac{12-0.7}{200+(1+50)\times 2}=37(\mu A)$$

$$I_{E1}=(1+\beta_1)I_{B1}=(1+50)\times 0.037=1.9(mA)$$

$$U_{CE}=U_{CC}-R_{E1}I_{E1}=12-2\times 1.9=8.2(V)$$

第二级静态工作点为

$$U_{B2}=\frac{R_{B22}}{R_{B11}+R_{B22}}U_{CC}=\frac{10}{20+10}\times 12=4(V)$$

$$I_{E2}=\frac{U_{B2}-U_{BE2}}{R_{E2}}=\frac{12-0.7}{2}=5.56(mA)$$

$$I_{B2}=\frac{I_{E2}}{1+\beta_2}=\frac{5.56}{51}=109(\mu A)$$

$$U_{CE}=U_{CC}-(R_{C2}I_{C2}+R_{E2}I_{E1})\approx 12-(2+2)\times 0565=9.74(V)$$

(2) 输入电阻 r_i 和输出电阻 r_o。

图 2.7.2 所示放大电路的微变等效电路,如图 2.7.4 所示。

两级放大电路的输入电阻即为第一级的输入电阻,即

$$r_i=r_{i1}=R_{B11}//[r_{be1}+(1+\beta_1)R'_{L1}]$$

式中

$$R'_{L1}=R_{E1}//r_{i2}$$

为前级的负载电阻,其中

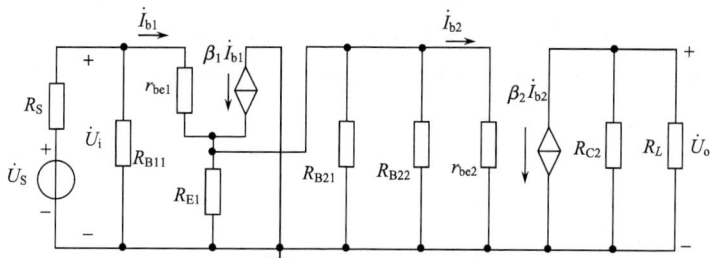

图 2.7.4　图 2.7.2 的微变等效电路

$$r_{i2} = R_{B21} // R_{B22} // r_{be2} = 20 // 10 // 0.8 \approx 0.73 \ (\text{k}\Omega)$$

于是

$$R'_{L1} = 2 // 0.73 = 0.53 \ (\text{k}\Omega)$$

所以,输入电阻为

$$r_i = r_{il} = R_{B11} // [r_{be1} + (1 + 50) R'_{L1}]$$
$$= 200 // [0.94 + (1 + 50) \times 0.53] = 24.5 \ (\text{k}\Omega)$$

两级放大电路的输出电阻即为第二级的输出电阻,即

$$r_o = r_{o2} \approx R_{C2} = 2 \text{k}\Omega$$

(3) 总电压放大倍数

第一级的放大倍数为

$$A_{u1} = \frac{\dot{U}_{o1}}{\dot{U}_i} = \frac{(1 + \beta_1) R'_{L1}}{r_{be1} + (1 + \beta_1) R'_{L1}} = \frac{(1 + 50) \times 0.53}{0.94 + (1 + 50) \times 0.53} = 0.97$$

第二级的负载电阻

$$R'_{L2} = R_{C2} // R_L = 2 // 6 = 1.5 (\text{k}\Omega)$$

第二级的放大倍数为

$$A_{u2} = \frac{\dot{U}_o}{\dot{U}_{o1}} = -\beta_2 \frac{R'_{L2}}{r_{be2}} = -50 \times \frac{1.5}{0.8} = -93.75$$

所以,两级总电压放大倍数

$$A_u = A_{u1} \cdot A_{u2} = (0.97) \times (-93.75) \approx -90.94$$

*2.7.3　放大电路频率特性

在分析各种放大电路时为方便起见,通常设输入信号为单一频率的正弦波信号。然而,实际放大电路的输入信号,往往是由各种不同频率的信号叠加而成复杂信号,如广播电视中的语音和图像信号,以及非电量检测电路获得的转换信号等。

阻容耦合放大电路中既有耦合电容和旁路电容,又有晶体管的极间电容(又称结电容),如图 2.7.5 所示。其中 C_i 为输入引线的分布电容,C_o 为负载电容和输出引线分布等效电容,C_{BE} 为晶体管发射结等效电容,C_{BE} 为集电结等效电容。这些电容的数值一般都比较小,约为几皮法到几十皮法。由于电容的容抗与输入信号的频率大小有关,使得放大电路对不同频率的信号放大效果不同,因而导致输出信号不能重现输入信号的波形,以致产生频率失真(即幅度和相位失真)。因此,讨论放大电路的频率特性,对分析和抑制频率失真有重要意义。

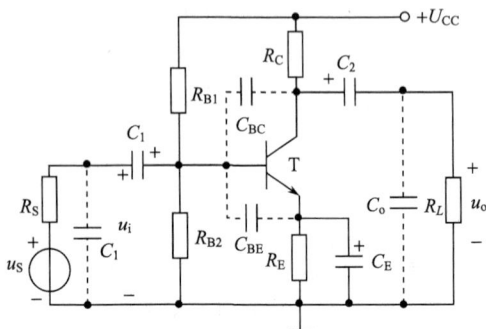

图 2.7.5　考虑电容影响的分压式偏置放大电路

放大电路的频率特性可分为幅频特性和相频特性。幅频特性表示电压放大倍数的大小 $|A_u|$ 与频率 f 的关系;相频特性表示输出电压相对于输入电压的相位移 φ 与频率 f 的关系。共发射极阻容耦合放大电路的频率特性,如图 2.7.6 所示。在放大电路某段频率范围内,电压放大倍数 $|A_u|$ 基本不变,即 $|A_u|=|A_{um}|$,其与频率无关,输出电压相对于输入电压相位移为 $180°$,随着频率升高或降低,电压放大倍数均降低。当 $|A_u|$ 下降到 $|A_{um}|$ 的 $1/\sqrt{2}$ 倍时,所对应的两个频率分别称为下限频率 f_L 和上限频率 f_H。上、下限频率之差称为放大电路的通频带,即有

$$f_{BW}=f_H-f_L \tag{2.7.1}$$

通频带是放大电路的频率特性的一个主要指标。

通常希望放大电路具有较宽的通频带,其可使非正选信号中幅值较大的谐波频率都在通频带范围内,尽量减少频率失真。现对频率特性进行简单说明。

在中频段,由于耦合电容 C_1,C_2 和旁路电容 C_E 的容量较大,容抗很小,可视为短路。晶体管的结电容 C_{BE},C_{BC} 和分布电容 C_i,C_o 容量很小,容抗很大,可视为开路。因此,在中频段电容不影响放大电路对交流信号的传送,放大倍数与输入信号频率无关。

在低频段,由于信号频率较低,电容 C_1,C_2 和 C_E 的容抗较中频段较大,其分

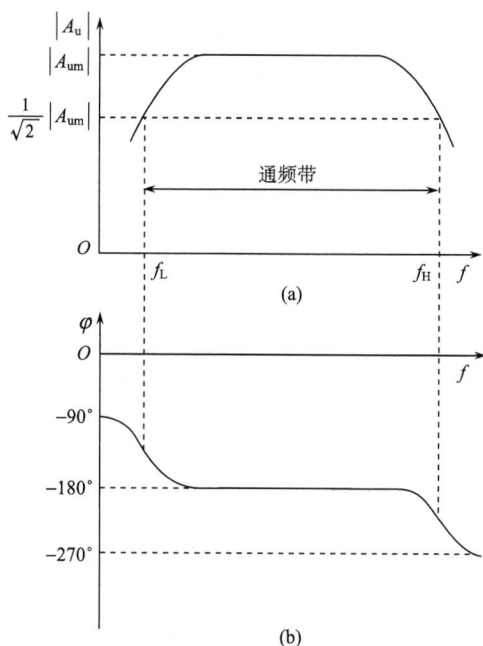

图 2.7.6　共发射极阻容耦合放大电路的频率特性
(a)幅频特性；(b)相频特性

压作用不能忽略，C_1 和 C_E 使得晶体管发射结的信号电压减小，即输入端电压 U_{be} 减小，C_2 使得输出电压减小，故低频段电压放大倍数降低。低频段 C_i，C_o，C_{BE} 和 C_{BC} 的容抗比中频段更大，仍可视为开路。

在高频段，信号频率较高，电容 C_1，C_2 和 C_E 的容抗比中频段更小，仍可视为短路。但 C_o，C_{BE} 和 C_{BC} 的容抗比中频段减小，不能视为开路。C_i 的存在使得放大电路的输入阻抗减小，输入电压 U_i 降低，则放大倍数降低。而 C_{BE} 和 C_{BC} 对 PN 结的分流作用使得电流放大系数 β 降低，结果也将使得电压放大倍数降低。

综上所述，对于放大电路只有在中频段可视为电压放大倍数与频率无关，且单级放大电路的输出电压与输入电压反相。前面所讨论的放大电路均没有考虑晶体管结电容 C_{BE}，C_{BC} 和分布电容 C_i，C_o 的影响，即电路工作在中频段的情况。

练习与思考

2.7.1　放大电路级间耦合有几种方式？与阻容耦合放大电路相比，直接耦合放大电路有哪些特殊问题？

2.7.2　有人在计算两级放大电路的放大倍数时用下式

$$A_{\mathrm{u}} = A_{\mathrm{u}1} \cdot A_{\mathrm{u}2} = \frac{\dot{U}_{\mathrm{o}1}}{\dot{U}_{\mathrm{i}}} \cdot \left(\frac{r_{\mathrm{i}2}}{r_{\mathrm{i}1} + r_{\mathrm{o}1}} \cdot \frac{\dot{U}_{\mathrm{o}}}{\dot{U}_{\mathrm{o}1}} \right)$$

式中,$\dot{U}_{\mathrm{o}}$和$\dot{U}_{\mathrm{i}}$分别为放大电路的输出与输入电压;$\dot{U}_{\mathrm{o}1}$是考虑第二级输入电阻后第一级的输出电压。该式是否正确? 为什么?

2.8 差动放大电路

差动放大电路是由晶体管和电阻元件组成的直接耦合电压放大电路,它不仅可放大交流信号和缓慢变化的直流信号,而且可有效地抑制零点漂移。因此,无论在要求较高的多级直接耦合放大电路的前置级,还是在集成运算放大器内部电路的输入级,几乎都采用差动放大电路。

2.8.1 差动放大电路基本原理

由晶体管 T_1 和 T_2 组成的最简单的差动放大电路,如图 2.8.1 所示。电路中 T_1 和 T_2 是两个型号、特性、参数相同的晶体管;R_{B1} 是两个阻值相等的限流电阻,用以限制信号源内阻对直流电源 U_{CC} 的分流作用;R_{B2} 是两个阻值相等的偏流电阻;R_{C} 是两个阻值相等的集电极电阻。可见,电路结构和元件参数均对称。在理想的情况下,$I_{\mathrm{C1}} = I_{\mathrm{C2}}$,$U_{\mathrm{CE1}} = U_{\mathrm{CE2}}$,发射极电流 $I_{\mathrm{E}} = I_{\mathrm{E1}} + I_{\mathrm{E2}}$。因而,$T_1$ 和 T_2 的静态工作点完全相同。

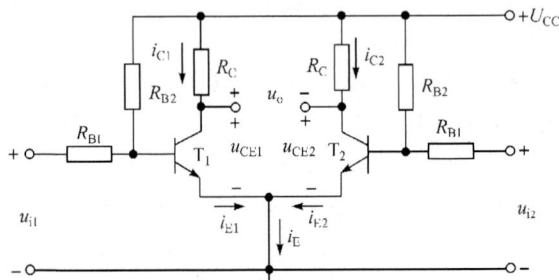

图 2.8.1 差动放大原理电路

1. 零点漂移的抑制

在静态时,$u_{\mathrm{i1}} = u_{\mathrm{i2}} \approx 0$,即在图 2.8.1 所示放大电路中将两边输入端短路,由于电路的对称性,两管特性及电路参数也完全对称,所以 T_1 和 T_2 的集电极电流相等,集电极电位相等,即

$$I_{C1} = I_{C2}, \quad V_{C1} = V_{C2}$$

故输出电压

$$u_o = V_{C1} - V_{C2} = 0$$

当环境温度变化时,两管的集电极电流和集电极电位都产生变化,使静态工作点出现相同的漂移,且变化量相等,即

$$\Delta I_{C1} = \Delta I_{C2}, \quad \Delta V_{C1} = \Delta V_{C2}$$

但是,这种零点漂移相互抵消,不会在输出端显示出来,即输出电压为零,则有

$$u_o = (V_{C1} - \Delta V_{C1}) - (V_{C2} - \Delta V_{C2}) = 0$$

可见,对称差动放大电路对 T_1 和 T_2 产生的同向漂移具有良好的抑制作用,这就是差动放大电路的突出优点所在。

2. 信号输入

当有信号输入时,对称差动放大电路的工作情况可用以下几种输入类型来分析。

1) 差模输入

两个输入信号 u_{i1} 和 u_{i2} 的大小相等,极性相反,这样的信号称为差模信号。则有

$$u_{i1} = -u_{i2}$$

这种输入称为差模输入。

设 $u_{i1} < 0, u_{i2} > 0$,则 u_{i1} 使 T_1 的集电极电流减少了 Δi_{C1},T_1 的集电极电位升高了 Δv_{C1};而 u_{i2} 却使 T_2 的集电极电流增加了 Δi_{C2},T_2 的集电极电位降低了 Δv_{C2}。这样两个单管放大电路的集电极电位一高一低,呈异向变化,这就是差动放大电路名称的由来。则整个放大电路的输出为

$$u_o = \Delta v_{C1} - \Delta v_{C2}$$

由于电路的对称性,$|\Delta v_{C1}| = |\Delta v_{C2}|$,故

$$u_o = 2\Delta v_{C1}$$

例如,$\Delta v_{C1} = 1V, \Delta v_{C2} = -1V$,则

$$u_o = 1 - (-1) = 2(V)$$

可见,差动放大电路对差模输入信号有放大作用,输出电压为单管输出电压变化的 2 倍。

2) 共模输入

两个输入信号 u_{i1} 和 u_{i2} 的大小相等,极性相同,这样的信号称为共模信号。则有

$$u_{i1} = u_{i2}$$

这种输入称为共模输入。

在共模输入信号的情况下,每个单管放大电路对输入信号具有放大作用,但由电路的对称性,它们的输出同时升高或者同时降低,而且数值相等,即

$$\Delta v_{C1} = \Delta v_{C2}$$

整个放大电路的输出为

$$u_o = \Delta v_{C1} - \Delta v_{C2} = 0$$

可见,差动放大电路对共模输入信号没有放大作用,亦即对共模输入信号而言,其电压放大倍数为零。差动放大电路对零点漂移的抑制就是该电路对共模输入信号抑制的一个特例。因电路对称,折合到两边输入端的等效漂移电压也必然相等,这相当于给输入端输入了共模信号。所以,差动放大电路抑制共模信号的能力大小,反映出其对零点漂移的抑制水平。

3)比较输入

两个输入信号 u_{i1} 和 u_{i2} 的大小和相对极性是任意的(即既非差模,又非共模)。这种输入信号可分解为差模信号和共模信号来处理,这种输入常用于自动控制系统。

例 2.8.1　差动放大电路的输入 $u_{i1} = 6\text{mV}, u_{i2} = 4\text{mV}$。试将其分解为差模分量和共模分量。

解　将 u_{i1} 分解为 5mV 与 1mV 之和,即

$$u_{i1} = 5\text{mV} + 1\text{mV}$$

将 u_{i2} 分解为 5mV 与 1mV 之差,即

$$u_{i2} = 5\text{mV} - 1\text{mV}$$

这样,可认为 5mV 是输入信号中的共模分量,即

$$u_{c1} = u_{c2} = 5\text{mV}$$

而 +1mV 和 -1mV 为差模分量,即 $u_{d1} = 1\text{mV}, u_{d2} = -1\text{mV}$。

值得注意的是,由上述例题可得出

$$\left. \begin{array}{l} u_{i1} = u_{c1} + u_{d1} \\ u_{i2} = u_{c2} + u_{d2} \end{array} \right\} \tag{2.8.1}$$

并由式(2.8.1)可求出输入信号的差模分量和共模分量。

3. 典型电路

差动放大电路主要靠电路的对称性和双端输出(两个集电极之间的电压)而抑制零点漂移,但实际上要做到电路的完全对称是比较困难的。因而单靠提高电路的对称性抑制零点漂移有一定的限度。另外,差动放大电路每个管子集电极电位的漂移并未受到抑制,若采用单端输出(从一个管子集电极与"地"之间),零点漂移根本无法抑制。因此,常用的典型差动放大电路,如图 2.8.2 所示。该电路中多加了电位器 R_P、发射极电阻 R_E 和负电源 $-U_{EE}$。

R_P的作用是克服电路不对称性。因为电路不会完全对称,所以当输入电压为零时,两集电极之间电压并不一定等于零。则可以通过调节R_P改变两管的初始工作状态,从而使输出电压为零,故电位器R_P也称为调零电位器。由于R_P的相应部分分别接于两管的发射极,其对差模信号有负反馈作用。因此阻值不宜过大,一般R_P值取在几十欧到几百欧之间。

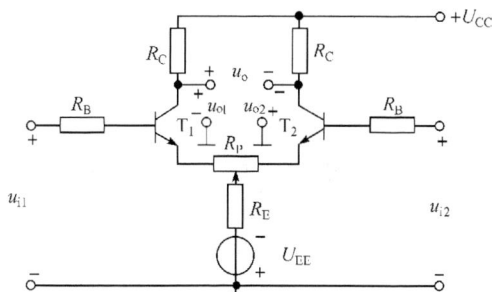

图 2.8.2 典型差动放大电路

R_E的作用是稳定电路的工作点。其可限制每个管子的漂移范围,以减小零点漂移。如当温度升高使I_{C1}和I_{C2}均增加时,其抑制漂移的过程为

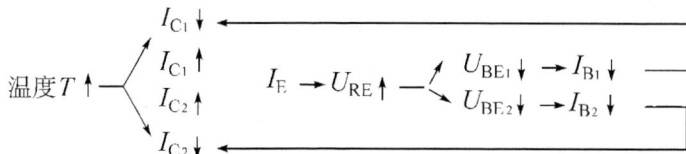

可见,由于R_E的电流负反馈作用,抑制了每个管子集电极电流I_C的变化,稳定了静态工作点的漂移,使输出端的漂移进一步减小。显然,R_E的阻值越大,电流负反馈作用就越强,抑制零点漂移的效果越显著。但R_E的阻值不能过大,否则在电源电压U_{CC}一定的条件下,R_E上的电压降过大,会使集电极电流过小,静态工作点降低,并影响电压放大倍数。

同理,由于种种外界因素引起的两个管子集电极电流、集电极电位所产生的同相漂移,R_E对它们都有电流负反馈作用,使每个管子的漂移受到抑制增强了抑制共模信号的能力,所以R_E也称为共模反馈电阻。

由差模信号使两管的集电极电流产生异向变化,电路的对称性较好的情况下,两管电流一增一减,变化量相等,通过R_E中的电流维持不变,其上电压降也保持不变,不起负反馈作用。因此,R_E基本上不影响差模信号的放大效果。

U_{EE}的作用是提供合适的静态工作点。虽然R_E越大,抑制零点漂移的作用越显著。但在电源电压U_{CC}一定时,过大的R_E会使集电极电流过小,会影响静态工作点和电压放大倍数。因此,电路接入负电源$-U_{EE}$来补偿R_E两端的直流压降,

从而获得合适的静态工作点。

2.8.2　差动放大电路工作情况分析

现以图 2.8.2 所示的双端输入-双端输出电路为例,分析差动放大电路对差模信号($u_{i1}=-u_{i2}$)的放大情况。

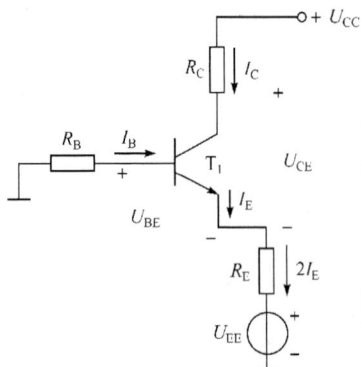

1. 静态分析

由于电路对称,则计算一个管子的静态工作点即可。因 R_P 的阻值很小,故在直流通路中未画出,电路的单管直流通路如图 2.8.3 所示。

静态时,设 $I_{B1}=I_{B2}=I_B$,$I_{C1}=I_{C2}=I_C$,则有

$$R_B I_B + U_{BE} + 2R_E I_E = U_{EE}$$

式中,如果 $R_B I_B + U_{BE} \ll 2R_E I_E$,则 $V_E \approx 0$,每个管子的集电极电流为

图 2.8.3　单管直流通路

$$I_C \approx I_E \approx \frac{U_{EE}}{2R_E} \qquad (2.8.2)$$

每个管子的基极电流为

$$I_B = \frac{I_C}{\beta} \approx \frac{U_{EE}}{2\beta R_E} \qquad (2.8.3)$$

每个管子的集-射极电压为

$$U_{CE} \approx U_{CC} - R_C I_C \approx U_{CC} - \frac{R_C U_{EE}}{2R_E} \qquad (2.8.4)$$

2. 动态分析

单管差模信号通路如图 2.8.4(a)所示。由于 R_E 对差模信号不起作用,其两端的电压降不变,对交变信号可视为短路,其微变等效电路如图 2.8.4(b)所示。

因调零电位器 R_P 值很小,图中忽略了其影响。由此可得出单管差模电压放大倍数为

$$A_{d1} = \frac{u_{o1}}{u_{i1}} = \frac{-\beta R_C i_b}{(R_B + r_{be}) i_b} = \frac{-\beta R_C}{R_B + r_{be}} \qquad (2.8.5)$$

同理可得

$$A_{d2} = \frac{u_{o2}}{u_{i2}} = -\frac{\beta R_C}{R_B + r_{be}} = A_{d1} \qquad (2.8.6)$$

双端输出电压为

$$u_o = u_{o1} - u_{o2} = A_{d1} u_{i1} - A_{d2} u_{i2}$$

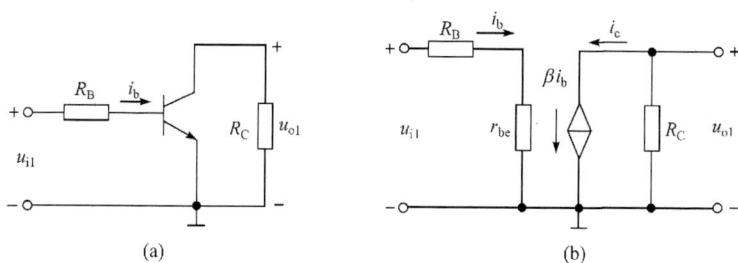

图 2.8.4　单管差模信号通路和微变等效路

(a) 差模信号通路；(b) 微变等效电路

$$= A_{d1}(u_{i1} - u_{i2}) = A_{d1}u_i$$

双端输入双端输出差动放大电路的差模电压放大倍数为

$$A_d = \frac{u_o}{u_i} = \frac{U_{o1}}{U_{i1}}A_{d1} = -\beta\frac{R_C}{R_B + r_{be}}$$

由此可见，双端输出差动放大电路的电压放大倍数与单管放大电路的电压放大倍数相等。接成差动放大电路在放大倍数上受到一定损失，但却有效地抑制了零点漂移。

当在两管的集电极之间接入负载电阻 R_L 时，有

$$A_d = -\frac{\beta R'_L}{R_B + r_{be}} \tag{2.8.7}$$

式中，$R'_L = R_C // \frac{1}{2}R_L$。

因为当输入差模信号，一管的集电极电位下降，另一管增高，在 R_L 的中点相当于交流接"零"电位(接"地")，所以每管各带一半负载电阻。

双端输入双端输出差动放大电路(图 2.8.3)的微变等效电路，如图 2.8.5 所示。可见，输入电阻 r_i 由两个 R_B 和两个 r_{be} 构成，故输入电阻为

$$r_i = 2(R_B + r_{be}) \tag{2.8.8}$$

同样，两个集电极电阻 R_C 也相等，如果输出电压取自两个晶体管集电极，则

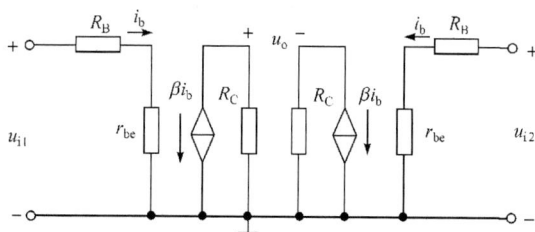

图 2.8.5　图 2.8.3 的微变等效电路

输出电阻为

$$r_{\circ} \approx 2R_{\mathrm{C}} \qquad (2.8.9)$$

2.8.3　差动放大电路输入和输出方式

双端输入双端输出的差动放大电路,也可从 T_1 或 T_2 的集电极单端输出,则放大电路的放大倍数分别为

$$A_{\mathrm{d}} = \frac{u_{\mathrm{o1}}}{u_{\mathrm{i}}} = \frac{u_{\mathrm{o1}}}{2u_{\mathrm{i1}}} = -\frac{1}{2} \times \frac{\beta R_{\mathrm{C}}}{R_{\mathrm{B}} + r_{\mathrm{be}}}（反相输出） \qquad (2.8.10)$$

$$A_{\mathrm{d}} = \frac{u_{\mathrm{o2}}}{u_{\mathrm{i}}} = \frac{u_{\mathrm{o2}}}{2u_{\mathrm{i2}}} = \frac{1}{2} \times \frac{\beta R_{\mathrm{C}}}{R_{\mathrm{B}} + r_{\mathrm{be}}}（同相输出） \qquad (2.8.11)$$

由此可见,单端输出差动放大电路的放大倍数只有双端输出差动放大电路的 1/2。

差动放大电路的输入端除双端输入外,还有单端输入,如将 T_1 的输入端或 T_2 的输入端接"地",另一端接输入信号 u_i。同样单端输入的差动放大电路又分双端输出和单端输出两种。

需要注意的是,差模电压放大倍数与输出方式有关,而与输入方式无关。双端输出时,其差模电压放大倍数等于每一边单管放大电路的电压放大倍数。单端输出时,差模电压放大倍数只有每一边单管放大电路的电压放大倍数的 1/2。无论是单端输入还是双端输入,输入电阻均相同。双端输出时的输出电阻 $r_0 \approx 2R_{\mathrm{C}}$,单端输出时的输出电阻 $r_0 \approx R_{\mathrm{C}}$。

2.8.4　差动放大电路共模抑制比

在工业测量和控制系统中,放大电路往往会受到共模信号干扰,如外界信号的干扰或折合到输入端的漂移信号等。因此,一个良好的差动放大电路必须具有较好抗共模信号的能力。对于差动放大电路来说,差模信号是有用信号,要求对其有较大的放大倍数;而共模信号是要抑制的,对共模信号的放大倍数越小,就意味着零点漂移越小,抗共模干扰能力就越强,在用作比较放大时,就越能准确灵敏地反映出信号的偏差值。为全面衡量差动放大电路放大差模信号和抑制共模信号的能力,常用共模抑制比 K_{CMRR} 来表征。其定义为放大电路对差模信号的放大倍数 A_{d} 和共模信号的放大倍数 A_{c} 之比,即

$$K_{\mathrm{CMRR}} = \left| \frac{A_{\mathrm{d}}}{A_{\mathrm{c}}} \right| \qquad (2.8.12)$$

或用对数形式可表示为

$$K_{\mathrm{CMRR}} = 20\lg \left| \frac{A_{\mathrm{d}}}{A_{\mathrm{c}}} \right|$$

其单位为分贝（dB）。

在理想条件下，电路完全对称，共模信号的放大倍数

$$A_c = \frac{u_{oc}}{u_{ic}} = \frac{u_{o1c} - u_{o2c}}{u_{ic}} = 0$$

则 $K_{CMRR} \to \infty$。实际上，电路完全对称是不可能的，共模抑制比不可能为无穷大，实用的差动放大电路 K_{MCRR} 约为 1000。

可见，提高双端输出差动放大电路的共模抑制比的途径：一是使电路参数尽量对称；二是尽可能加大共模反馈电阻 R_E。对单端输出的差动放大电路，主要的手段是加强共模反馈电阻 R_E 的作用。

练习与思考

2.8.1　差动放大电路在结构上有什么特点？

2.8.2　什么是差模信号和共模信号？差动放大电路对这两种输入信号是如何区别对待的？

2.8.3　典型差动放大电路中 R_E 和 R_P 的作用是什么？是不是 R_E 越大越好？R_E 为什么不影响差模信号的放大效果？

2.8.4　什么是共模抑制比？怎样计算共模抑制比？

2.8.5　说明单端输出差动放大电路是如何抑制零点漂移的？

2.9　功率放大电路

前面介绍的放大电路一般用在多级放大电路的前级和中间级，目的在于使放大电路具有足够大的输出电压。实际应用中往往要利用放大电路放大后的信号去推动某种执行机构工作，例如，使扬声器发声、电动机转动、继电器闭合或断开等。因此，要求放大电路既有较大的输出电压，又有较大的输出电流。功率放大电路可向负载提供所需的电压和电流，即向负载输出足够的功率。

2.9.1　功率放大电路基本要求

功率放大电路与电压放大电路的共同点都是利用晶体管的能量控制作用，实现能量的转换。但两种放大电路的侧重点不同，电压放大电路目的是将微弱信号进行不失真放大，以获得足够大电压放大倍数，属于小信号放大电路；而功率放大电路目的是获得输出较大的信号功率，其以前级放大电路的输出信号作为输入信号，属于大信号放大电路。对功率放大电路的主要有以下几点要求。

1. 具有较大的输出功率

在不失真的情况下的较大输出功率用最大功率表示，其指放大电路输入一正

弦信号,输出波形不超过规定的非线性失真指标时,电路最大输出电压和电流有效值的乘积,即

$$P_{\text{om}} = \frac{U_{\text{om}}}{\sqrt{2}} \frac{I_{\text{om}}}{\sqrt{2}} = \frac{U_{\text{om}} I_{\text{om}}}{2} \tag{2.9.1}$$

式中,U_{om}、I_{om} 分别为负载上正弦电压和电流的幅值。

为了获得较大的输出功率,通常让晶体管工作在极限状态,但不能超过晶体管的极限参数 P_{CM}、I_{CM} 和 $U_{\text{(BR)CEO}}$。

2. 具有较高的效率

功率放大电路的输出功率实际上由直流电源提供。所谓的效率就是功率放大电路输出的最大功率 P_{om} 与直流电源供给的功率 P_{E} 之比,即

$$\eta = \frac{P_{\text{om}}}{P_{\text{E}}} \times 100\% \tag{2.9.2}$$

3. 非线性失真小

由于晶体管在大信号下工作,运用接近于极限状态,故减小失真是一个重要的问题。

4. 晶体管保护

在功率放大电路中相当部分能量以热能的方式消耗在晶体管的集电结,使得晶体管的温度升高甚至损坏。为了保证晶体管安全有效地工作,需要对晶体管采取必要的散热措施和过流保护。

此外,由于微变等效电路法只适用于小信号分析,而功率放大电路工作在大信号状态下,则应采用图解法进行分析。

2.9.2　功率放大电路工作状态

根据静态工作点在交流负载线上位置的不同,功率放大电路有以下三种工作状态。

1. 甲类工作状态

静态工作点 Q 设置在交流负载线的中点,如图 2.9.1(a)所示。在输入信号变化的整个周期内,晶体管都有电流通过,即晶体管始终处于导通状态,无波形失真,电源提供的功率主要以热损耗消耗在晶体管的集电极。可以证明,功率放大电路工作在甲类工作状态时,放大电路最高的理想效率也只有 50%,而实际效率还要低于这个水平。因此,实际功率放大电路很少采用甲类工作状态。

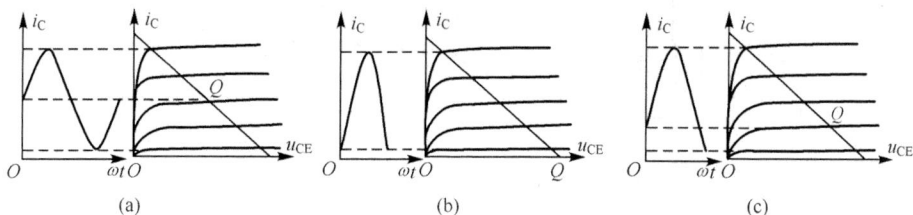

图 2.9.1　功率放大电路的工作状态

(a) 甲类工作状态；(b) 乙类工作状态；(c) 甲乙类工作状态

2. 乙类工作状态

静态工作点 Q 设置接近于输出特性曲线的截止区，如图 2.9.1(b)所示。当输入正弦信号时，晶体管只在半个周期导通，输出信号只有下半周，产生了严重的失真。但输入信号 $u_i=0$ 时，放大电路本身的功率损耗也近似于零。因此，乙类功放状态的效率比甲类功放有了显著提高，在理想情况下最大效率的理论值为 78%。

3. 甲乙类工作状态

静态工作点 Q 设置比乙类工作状态略向上移，如图 2.9.1(c)所示。有半个信号周期以上晶体管处于导通状态，输出信号仍有较大失真。效率介于甲类和乙类工作状态之间。

由上述分析可见，当晶体管工作在乙类和甲乙类状态时，虽然提高了功率放大电路的效率，但集电极电流波形却产生了严重失真。为解决高效率和非线性失真之间的矛盾，实际中通常采用互补对称功率放大电路。它既可提高放大电路的效率，又可减小信号波形的失真。

2.9.3　互补对称功率放大电路

互补对称功率放大电路是利用两种不同类型（NPN 型和 PNP 型）且特性和参数对称的晶体管 T_1 和 T_2 组成的功率放大电路。由于它们对偏置电压极性要求不同，NPN 型晶体管工作在输入信号的正半周，PNP 型晶体管工作在输入信号的负半周，两者构成完整的输出信号。

1. 乙类互补对称功率放大电路

双电源互补对称功率放大电路，如图 2.9.2(a)所示。为了使输出波形正负半周对称，T_1、T_2 管的特性和参数完全对称，且 $|+U_{cc}|=|-U_{cc}|$。

静态（$u_i=0$）时，由于没有基极偏流（$I_B=0$），晶体管 T_1、T_2 均处于截止状态，

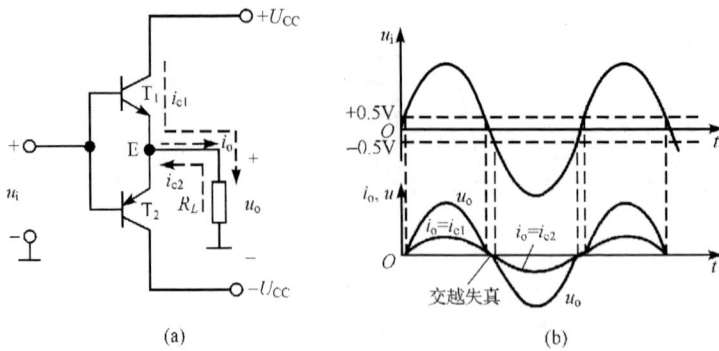

图 2.9.2 乙类互补对称功率放大电路

(a) 电路图；(b) 电压、电流波形

$I_{C1} = I_{C2} = 0$，两管的发射极电位 $V_E = 0$，即输出电压 u_o 为零。

动态（$u_i \neq 0$）时，在输入信号 u_i 为正半周，T_1 管发射结处于正向偏置而导通，T_2 管发射结处于反向偏置而截止，正电源通过 T_1 向负载 R_L 提供电流，$i_o = i_{c1}$；在输入信号 u_i 为负半周，T_1、T_2 两管基极电位为负，则 T_1 截止，T_2 导通，负电源通过 T_2 向负载提供电流，$i_o = -i_{c2}$。虽然每个晶体管只工作在半个周期，但在负载电阻 R_L 上获得的却是完整的正弦交流信号，如图 2.9.2(b) 所示。有输入信号时，电路中每个晶体管只工作在半个周期，即乙类工作状态，故称图 2.9.2(a) 所示电路为乙类互补对称功率放大电路。

下面分析放大电路的最大功率转换效率。在不计晶体管饱和压降 U_{CES}，且有

$$U_{om} \approx U_{CC}$$

$$I_{om} \approx I_{cm} = \frac{U_{om}}{R_L} \approx \frac{U_{CC}}{R_L}$$

则负载输出最大平均功率为

$$P_{om} = \frac{U_{om}}{\sqrt{2}} \frac{I_{om}}{\sqrt{2}} = \frac{U_{om}}{\sqrt{2}} \frac{U_{om}}{\sqrt{2} R_L}$$

$$= \frac{U_{om}^2}{2R_L} \approx \frac{U_{CC}^2}{2R_L} \tag{2.9.3}$$

由于一个周期内 T_1、T_2 管轮流导通，每个直流电源只在半个周期供给功率，两个直流电源提供的平均功率为

$$P_E = 2 \frac{1}{2\pi} \int_0^\pi U_{CC} i_{c1} \mathrm{d}(\omega t)$$

$$= \frac{U_{CC}}{\pi} \int_0^\pi \frac{U_{CC}}{R_L} \sin\omega t \, \mathrm{d}(\omega t) = \frac{2U_{CC}^2}{\pi R_L} \tag{2.9.4}$$

故乙类互补对称功率放大电路转换效率的理论值为

$$\eta_{\mathrm{m}} = \frac{P_{\mathrm{om}}}{P_{\mathrm{E}}} \times 100\% = \left(\frac{U_{\mathrm{CC}}^2}{2R_L} \middle/ \frac{2U_{\mathrm{CC}}^2}{\pi R_L} \right) \times 100\%$$

$$= \frac{\pi}{4} \times 100\% = 78.5\% \tag{2.9.5}$$

实际上达不到这样高,考虑到晶体管的管压降及每管导通时间等原因,转换效率一般在 60% 左右。由于转换效率高于射极输出器,故该电路作为基本功率放大电路已获得了广泛的应用。

值得注意的是,在图 2.9.2 所示电路中,静态时 $I_{\mathrm{C1}} = I_{\mathrm{C2}} = 0$。由于晶体管输入特性曲线上有一段死区电压(硅管约 0.5V),当 u_{i} 的绝对值小于死区电压时,晶体管 T_1、T_2 基本处于截止状态,在这个接近零值的区域输出信号近似为零,故称输出信号有交越失真。为了消除交越失真,可向晶体管 T_1、T_2 提供适当的偏置电流,使得静态工作点稍高于截止点(避开死区段),即使晶体管 T_1、T_2 工作在甲乙类工作状态。

2. 甲乙类互补对称功率放大电路

1) OCL[①] 互补对称电路

甲乙类互补对称功率放大电路的输出端不接电容的,称为 OCL 互补对称电路,如图 2.9.3 所示。

在图 2.9.3 所示电路中,晶体管 T_1 为典型的甲类电压放大电路,用作功率放大电路前的推动级。在 T_1 的集电极,也就是在功率放大级(输出级)晶体管 T_2、T_3 的基极间加了两只二极管 D_1、D_2(或者加电阻,或者电阻和二极管串联),利用 T_1 的静态电流在 D_1、D_2 上产生的正向压降,给 T_2、T_3 提供大于死区电压的基极偏置。静态时 T_2、T_3 管处于微导通状态,即预先给每只管子以一定的电流,T_2 和 T_3 轮流导电时,交替得比较平滑,这样就克服了交越失真。由于电路完全对称,静态时 T_2、T_3 管电流相等,负

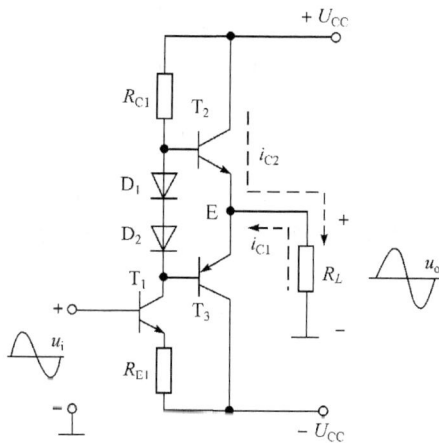

图 2.9.3　OCL 互补对称功率放大电路

载电阻 R_L 上没有静态电流流过,两管的发射极电位 $V_{\mathrm{E}} = 0$。

当有输入信号 u_{i} 时,由于二极管的交流电阻 $r_{\mathrm{D}} \ll R_{\mathrm{C1}}$,可认为 T_2、T_3 的基极交流电位基本相等,两管轮流工作在过零点附近。T_2、T_3 管的导电时间都比半个周

---

① OCL—output capacitor less。

期长,即有一定的交替时的重迭导电时间。为了克服交越失真,互补对称电路工作在甲乙类状态,但为了提高功率转换效率,在设置偏置时,应尽可能接近乙类状态。OCL 电路的特点是输出端可省去隔直电容,改善放大电路在低频时特性,目前得到比较广泛的应用。但是,该电路需要正、负双电源($+U_{CC}$ 和 $-U_{CC}$)供电。

2) OTL[1] 互补对称功率放电电路

单电源互补对称功率放大电路的输出端无变压器,称为 OTL 互补对称电路,如图 2.9.4 所示。

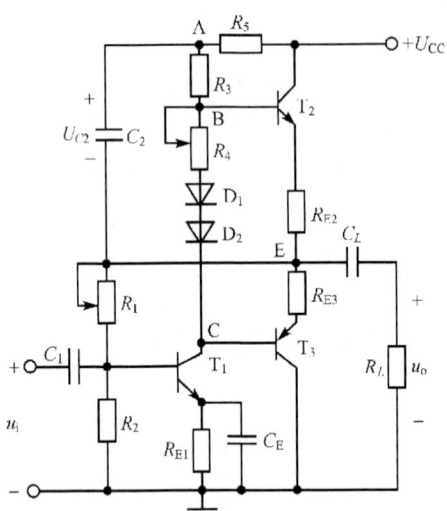

图 2.9.4 OTL 互补对称功率放大电路

为使互补对称功率放大电路具有尽可能大的输出功率,由晶体管 T_1(工作在甲类工作状态)构成推动级。电阻 R_1、R_2 组成分压式偏置电路,调节 R_1 即可调整 T_1 的集电极 I_{C1},从而改变 V_B、V_C 的大小,使得 $V_E = U_{CC}/2$。电阻 R_3、R_4 既是 T_1 的集电极电阻,又是 T_2、T_3 的偏置电阻。调节 R_4 可使 T_2、T_3 工作在甲乙类工作状态以消除交越失真。电阻 R_{E2}、R_{E3} 既可限制负载短路时流经晶体管 T_2、T_3 的电流,又可引入负反馈以改善 T_2、T_3 温度稳定性和非线性失真。

晶体管 T_1 的偏置电阻 R_1 不接在电源 U_{CC} 的正端而接到 E 点,目的是为引入直流负反馈,以保证 E 点的电位稳定在 $U_{CC}/2$。如当环境温度升高时,使得 T_1 的集电极电流 I_{C1} 增大,电阻 R_3 上压降增大,于是 T_2 的基极电位降低,则 E 点的电位 V_E 也随之降低。V_E 经电阻 R_1、R_2 分压后使得 T_1 的基极电位 V_{B1} 也降低,故 I_{C1} 减小,压降 $R_3 I_{C1}$ 也下降,使 V_E 基本上升到原来的值。此外,对 E 点的交流电位,即输出电压 u_o 也有稳定作用,其属于并联电压负反馈。

电阻 R_5 和 C_2 组成自举电路,其作用是提高互补对称功率放大电路的正向输出电压幅度。所谓的自举就是指,当 E 点电位升高时,电路本身将 A 点电位举高。如当 u_i 为正半周最大值时,T_2 截止,T_3 导通,则 E 点的电位 $V_E \approx 0$;当 u_i 变为负半周最大值时,T_2 导通,T_3 截止,E 点电位升高为 $V_E \approx U_{CC}$。这样,E 点输出的交流信号(即负载 R_L 两端的交流电压)的幅值 $U_{om} \approx U_{CC}/2$。但是,如果无 C_2、R_5 时,则幅值 U_{om} 就达不到 $U_{CC}/2$。因为,当 u_i 为负半周时,T_2 导通,其输出到负载的电流增加,则 T_2 的基极电流也相应增加,但 T_1 的基极电流是由 U_{CC} 通过 R_3 提供,随

---

① OTL—output tramsformer less。

着负载电流的增加,E 点电位向 U_{CC} 的数值变化,R_3 两端的电位差随之减小,从而限制了 T_2 的基极电流不能增加很多,也就限制了 T_2 向负载提供的电流,使得输出电压的幅值 $U_{om} < U_{CC}/2$。

为了解决上述问题,故在图 2.9.4 所示电路中引入了自举电路。当静态时,E 点的电位 $V_E = U_{CC}/2$,电阻 R_5 中电流也很小,故 C_2 两端电压 $U_{C2} \approx U_{CC}/2$。当动态时,由于 C_2 值较大(约几十微法以上,信号频率越低,C_2 值应越大),则 U_{C2} 变化不大,可视为一恒定电压。因此,当 u_i 为负半周而使 E 点电位由 $U_{CC}/2$ 向 U_{CC} 值接近时,A 点的电位 $U_A = U_{C2} + u_E$ 也将随之自动升高。从而保证有足够的电流流经 T_2 的基极,使 T_2 充分导通,从而提高输出电压的幅值。

3) 准互补对称功率放电电路

采用复合管组成的互补对称功率放大电路称为准互补对称功率放大电路,简称准互补对称电路,如图 2.9.5 所示。

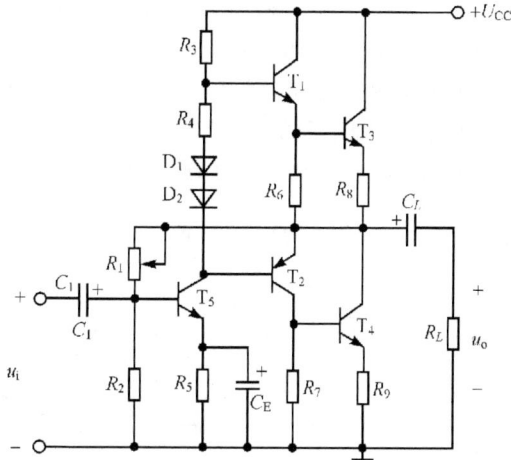

图 2.9.5　准互补对称功率放大电路

图 2.9.5 中 T_2 和 T_3 复合管为 NPN 型,替代图 2.9.4 中的 T_2;T_4、T_5 复合管为 PNP 型,替代图 2.9.4 中的 T_3。电路中接入电阻 R_6 和 R_7 的作用是将复合管的第一个晶体管(T_1 和 T_2)的穿透电流 I_{CEO} 分流,以减小流入第二个晶体管(T_3 和 T_4)基极的穿透电流,提高温度的稳定性。电阻 R_8 和 R_9 引入电流串联负反馈,以提高电路的稳定性。电阻 R_4 和正向连接的二极管 D_1、D_2 的串联电路是复合管的偏置电路,目的是避免产生交越失真,如果不接电阻 R_4,二极管 D_1、D_2 导通时的端电压几乎是恒定的,偏流也就无法调节。另外,由于 R_4 阻值(可调节)的范围较小,故 R_4 上的交流压降很小,且 D_1 和 D_2 的交流动态电阻很小,则可不一定再接入旁路电容 C_2。

2.9.4　集成功率放大电路

　　互补对称功率放大电路结构简单,性能好,易于集成化。随着电子工业的发展,目前已经生产出多种不同型号、可输出不同功率的集成功率放大器。使用这种集成放大器时,只需要在电路外部接入规定数值的电阻、电容、电源及负载,就可组成一定的功率放大电路。例如,国产的 D2002 型集成功率放大器输出级为准互补对称电路,并具有推动级,电源电压可在 8~18V 的范围内选用,只要外接少量元件,就可组成一定功率的功率放大电路。该电路失真小,噪声低,静态工作点无需调整,使用灵活。

　　图 2.9.6(a)所示是 D2002 型集成功率放大器的外形。它只有 5 个引脚,使用时应紧固在散热片上。

　　图 2.9.6(b)所示是用 D2002 组成的低频功率放大电路。输入信号 u_i 经耦合电容 C_1 送到输入端 1,放大后的信号由输出端 4 经耦合电容 C_2 送到负载,负载为 4Ω 的扬声器,这种功率放大电路的不失真输出功率为 5W。5 为电源端,接 U_{CC},3 端接地。R_1、R_2 和 C_3 组成负反馈电路,以提高放大电路工作的稳定性(负反馈内容将在第 3 章中介绍),改善放大电路的性能。C_4 和 R_3 组成高通滤波电路,用来改善放大电路的高频特性,防止可能产生的高频自激振荡。

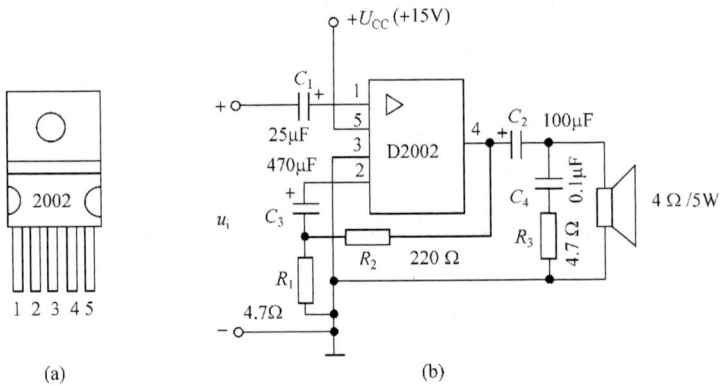

图 2.9.6　D2002 组成的低频功率放大电路

练习与思考

2.9.1　电压放大和功率放大有什么区别?

2.9.2　什么是甲类放大、甲乙类放大和乙类放大? 各有什么特点?

2.9.3　乙类功率放大电路为什么会产生交越失真? 交越失真如何消除?

2.9.4　什么是 OTL 电路? OTL 电路是如何工作的?

本 章 小 结

1. 半导体三极管是一种电流控制元件,它通过基极电流控制集电极电流和发射极电流。所谓放大作用,实质上是一种控制作用。要使晶体管具有放大作用,管子的发射结必须正向偏置,而集电结必须反向偏置。晶体管的特性曲线也是非线性的,所以它和二极管一样,也是非线性元件。

2. 在低频放大电路中,共发射极放大电路是一种常用的基本电路,其他放大电路是在其基础上建立起来的。共发射极单管放大电路的输出信号电压与输入信号电压反相,即具有倒相作用。

放大电路工作时既有直流分量又有交流分量,即静态值和动态值。直流分量 I_B、I_C、U_{CE} 确定静态工作点,交流分量 u_i、i_b、i_c、u_{ce} 代表信号的变化情况,二者不能混为一谈。

3. 微变等效电路分析法建立在小信号和线性工作区的基础上,用微变等效电路法只能分析放大电路的动态工作情况,即计算电压放大倍数、输入电阻和输出电阻等。

4. 射极输出器的电压放大倍数小于 1,而接近 1,但其具有电流和功率放大作用,并具有输入电阻高、输出电阻低的特点。常用作多级放大电路的输入级、输出级和中间隔离级。

5. 多级放大电路是由单级基本放大电路级联而成,级间可以采用阻容耦合或直接耦合方式。第一级通常要求具有较高的输入电阻,以减小信号源电流,可以采用场效应管放大电路或射极输出器。而末级常采用射极输出器,目的是得到较低的输出电阻,使之与阻值较低的负载在电阻上相匹配。也可以采用功率放大电路,以便供给负载足够的功率。

6. 放大电路的静态工作点,由于受温度、电源电压波动及晶体管参数等因素的影响而发生漂移,其中温度影响最大。为了稳定静态工作点,通常采用分压式偏置电路和直流负反馈。

7. 场效应管是一种电压控制元件,按其导电沟道分为 N 型沟道和 P 型沟道两种,它们所加的电源电压极性相反。

场效应管放大电路与晶体管放大电路有相似之处,如果将场效应管的源极、漏极和栅极看成晶体管的发射极、集电极和基极,则两种电路在结构上基本相同,但场效应管的静态工作点是借助于栅极偏压设置的。常用的电路有分压式偏置电路和自给偏压偏置电路。

8. 差动放大电路有效地解决了直接耦合时的零点漂移问题,因而获得了广泛应用。其抑制零点漂移的措施是:电路对称,双端输出时两边的漂移互相抵消;利用发射极共用电阻 R_E 对每管的零漂进行抑制。

差动放大电路放大差模信号,抑制共模信号。共模抑制比 K_{CMRR} 越大,抑制共模信号的能力越强。

9. 对功率放大电路的主要要求是获得最大不失真的输出功率和具有较高的工作效率。实际中常用的功率放大电路是互补对称电路。

习　　题

2.1　一晶体管,测得它三个管脚的电位分别为 $-9V$、$-6V$、$-6.2\ V$,试判别该晶体管的类型(NPN 或 PNP)及各电极。

2.2　在习题 2.2 图所示(a)、(b)、(c)、(d)、(e)、(f)六个电路中,哪几个电路可以正常工作?为什么?

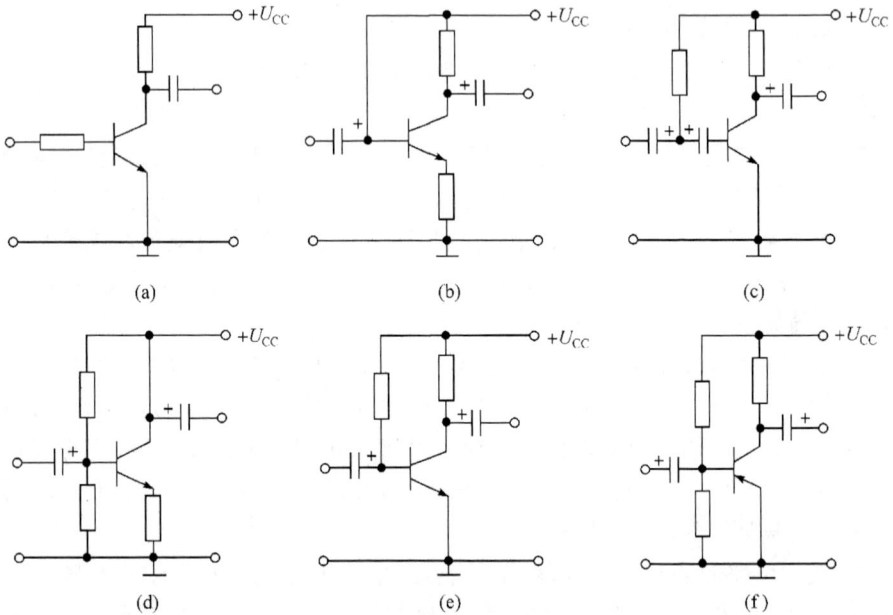

习题 2.2 图

2.3　在习题 2.3 图(a)所示的基本放大电路中,3DG6 型晶体管的输出特性曲线如习题 2.3 图(b)所示。设 $U_{CC}=12V$,$R_B=200k\Omega$,$R_C=2k\Omega$。试求:

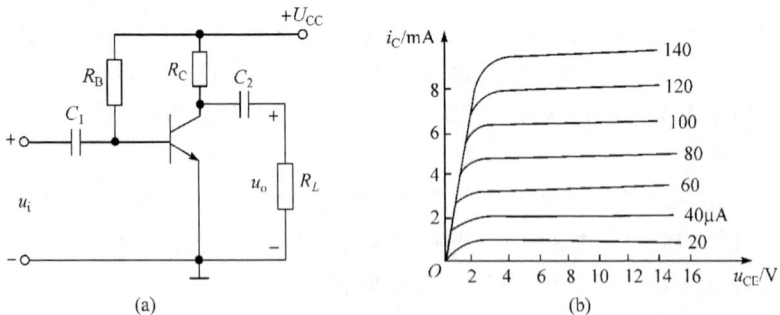

习题 2.3 图

(1) 静态工作点 Q_o;

(2) 若 R_C 由 2kΩ 增大到 4kΩ,工作点 Q_1 移到何处?

(3) 若 R_B 由 200kΩ 变为 150kΩ,工作点 Q_2 移到何处?

(4) 若 U_{CC} 由 12V 变为 16V,工作点 Q_3 移到何处?

2.4　在习题图 2.3(a)所示电路中,若 $U_{CC}=10V$,今要求 $U_{CE}=5V$,$I_C=2mA$,设晶体管的 $β=40$。试求电路中 R_C 和 R_B 的阻值。

2.5　习题 2.5 图所示放大电路是分压式偏置的共发射极放大电路。已知 $U_{CC}=12V$,$R_{B1}=22kΩ$,$R_{B2}=4.7kΩ$,$R_E=1kΩ$,$R_C=2.5kΩ$,$β=50$,$r_{be}=1.3kΩ$。试求:

(1) 静态工作点;

(2) 空载时的电压放大倍数;

(3) $R_L=4kΩ$ 时的电压放大倍数。

2.6　在习题 2.5 图所示电路中,设 $R_{B1}=47kΩ$,$R_{B2}=15kΩ$,$R_C=3kΩ$,$R_E=1.5kΩ$,$R_L=2kΩ$,$β=50$,$r_{be}=1.2kΩ$,$U_{CC}=12V$。试求:

(1) 画出放大电路的微变等效电路;

(2) 计算输入电阻 r_i 和输出电阻 r_o;

(3) 计算电压放大倍数 A_u。

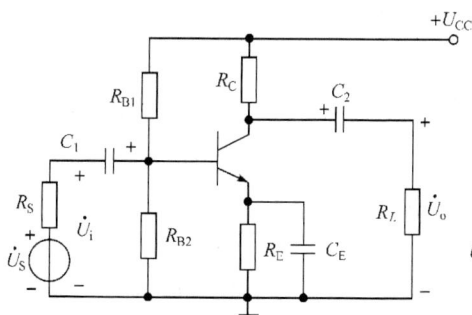

习题 2.5 图

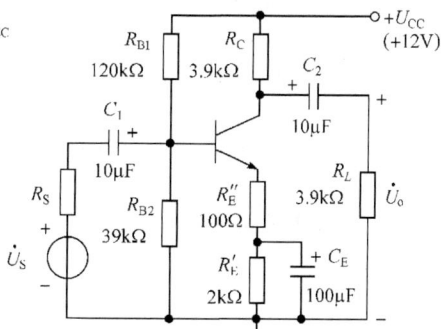

习题 2.7 图

2.7　在习题 2.7 图所示电路中,已知 $β=60$,$r_{be}=1.8kΩ$,信号源的输入信号电压 $U_S=15mV$,内阻 $R_S=0.6kΩ$,各个电阻和电容的数值也已标在电路图中。试求:

(1) 放大电路的输入电阻 r_i 和输出电阻 r_o;

(2) 输出电压 U_o;

(3) 如果 $R_E''=0$ 时,U_o 等于多少?

2.8　在习题 2.8 图所示的射极输出器电路中,已知 $r_{be}=0.45kΩ$,$β=50$。试求:

(1) 静态工作点;

(2) 输入电阻 r_i;

(3) 电压放大倍数 A。

2.9　在习题 2.9 图所示的两级阻容耦合放

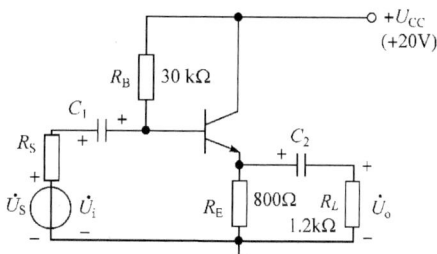

习题 2.8 图

大电路中,已知 $\beta_1=80,\beta_2=100$,电路中的各电阻值如图所示。试求:

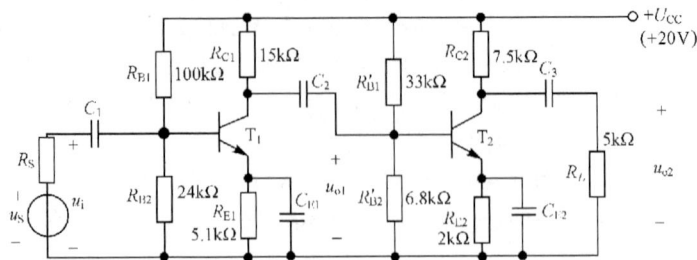

习题 2.9 图

(1) 画出放大电路的微变等效电路;

(2) 电路的输入电阻 r_i 和输出电阻 r_o;

(3) 设信号源内阻 $R_S=0$ 时,求电压放大倍数 A_{u1}、A_{u2}、A_{u3}。

(4) 设 $R_S=100\Omega$,$U_S=1mV$(有效值)时,输出电压 u_{o2} 为何值?

2.10 在习题 2.10 图所示放大电路中,设 $\beta=50$。试求:

(1) 画出微变等效电路;

(2) 电压放大倍数 $A_{u1}=\dfrac{\dot{U}_{o1}}{\dot{U}_i}$,$A_{u2}=\dfrac{\dot{U}_{o2}}{\dot{U}_i}$;

(3) 输出电压 $\dot{U}_{o1}$ 和 $\dot{U}_{o2}$ 的相位关系如何?

2.11 在习题 2.11 图所示的电压放大电路中,$\beta_1=\beta_2=40$,其他元件参数已标明在电路图中。试求:

(1) 静态工作点;

(2) 画出微变等效电路;

(3) 输入电阻 r_i 和输出电阻 r_o;

(4) 电压放大倍数 A_u。

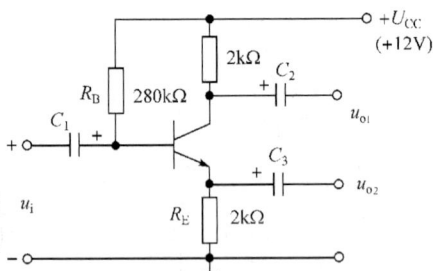

习题 2.10 图

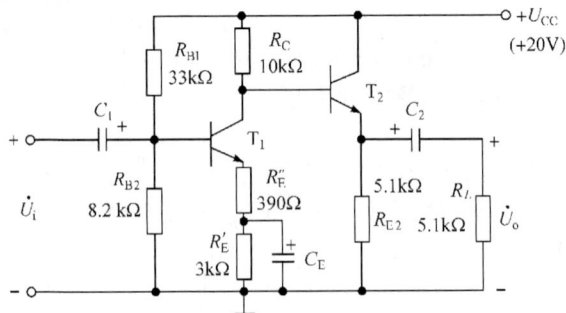

习题 2.11 图

2.12　在习题 2.12 图所示的射极输出器中,设 R_B $=470\text{k}\Omega$, $R_{E1}=R_{E2}=39\text{k}\Omega$, $\beta_1=\beta_2=60$, $r_{be1}=r_{be2}=$ $1\text{k}\Omega$。试求:

(1) $R_L=680\Omega$ 分别接在第一级输出端和第二级输出端时的输入电阻 r_i;

(2) 比较输入电阻,说明两级射极输出器的优点。

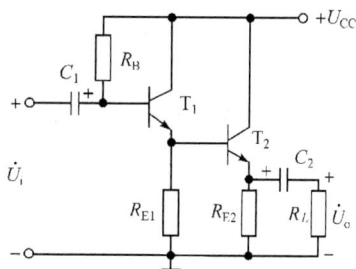

习题 2.12 图

2.13　习题 2.13 图所示是单端输入双端输出的差动放大电路。已知 $\beta_1=\beta_2=50$,输入电压 $U_S=$ 10mV 为正弦电压有效值,其他元件参数如图所示。试求:

(1) 静态工作点,并指出偏流的流经路径;

(2) 输出电压 U_o;

(3) 当输出端接有负载电阻 $R_L=12\text{k}\Omega$ 时的电压放大倍数;

(4) 输入电阻 r_i 和输出电阻 r_o。

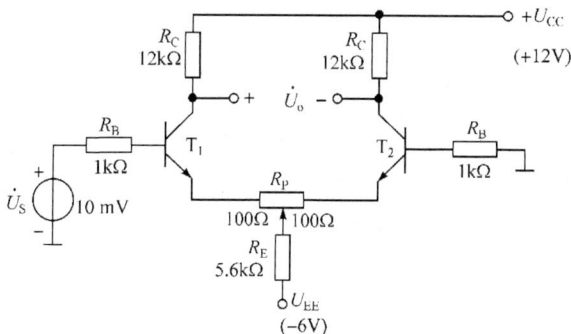

习题 2.13 图

2.14　在习题 2.14 图所示电路中,场效应管工作点上的互导 $g_m=1\text{mA/V}$,设 $r_{ds}\gg R_D$。试求:

(1) 画出微变等效电路;

(2) 电压放大倍数 A_u;

(3) 放大电路的输入电阻 r_i 和输出电阻 r_o。

2.15　场效应管放大电路如习题 2.15 图所示,设管子工作点处的跨导 $g_m=0.9\text{mA/V}$,其他元件参数如图所示。试求:

(1) 电压放大倍数(要求列出表达式);

(2) 输入电阻 r_i;

(3) 输出电阻 r_o。

2.16　习题 2.16 图为两级电压放大电路,已知 N 沟道耗尽型场效应管 T_1 的 $I_{DSS}=6\text{mA}$, $U_{GS(off)}=-6.5\text{V}$, $g_m=1.5\text{mA/V}$;晶体管 T_2 的 $U_{BE}=0.7\text{V}$, $\beta=80$。试求:

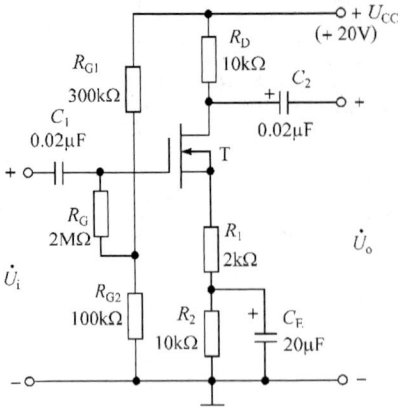

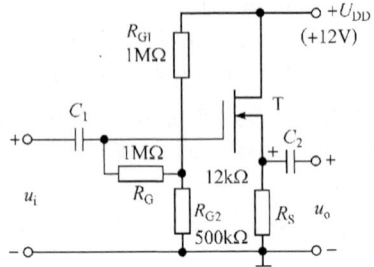

习题 2.14 图   习题 2.15 图

(1) 第一级的静态工作点；

(2) 两级的总电压放大倍数；

(3) 输入电阻和输出电阻。

2.17 在习题 2.16 中,若除去习题 2.16 图所示电路中的电容 C_S。试求：

(1) 两级的总电压放大倍数；

(2) 输入电阻。

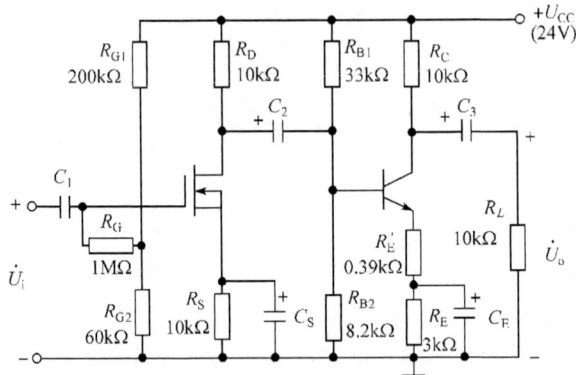

习题 2.16 图

2.18 习题 2.18 图为双电源互补对称电路。$\pm U_{CC} = \pm 12V$, $R_L = 8\Omega$, T_1 和 T_2 管的饱和压降 $U_{CES} = 1V$, 输入信号 u_i 为正弦电压。试求：

(1) 分析 D_1 和 D_2 的作用；

(2) 输出功率 P_{om}。

2.19 在习题 2.19 图所示电路中,设各管的发射结压降为 0.6V。试求：

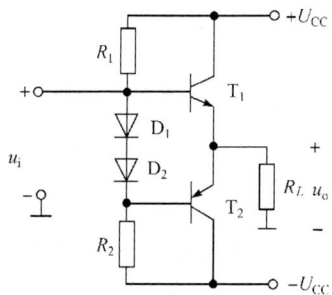

习题 2.18 图

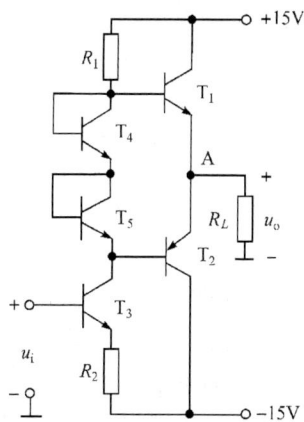

习题 2.19 图

(1) 该放大电路是什么电路?

(2) T_4、T_5 是如何连接的? 起什么作用?

(3) 在静态时, $U_A = 0V$, 这时 T_3 管的集电极电位 U_{C3} 应调到多少?

第 3 章　集成运算放大器简介

前面两章所讨论的各种电路,都是由各种单个元件(如晶体三极管、二极管、电阻和电容等)连接而成的电子电路,称为分立元件电路。

20 世纪 60 年代初,出现了一种崭新的电子器件——集成电路。所谓集成电路就是利用集成技术,在一小块半导体晶片上,通过氧化、光刻、扩散、外延生长等工艺过程,把许多晶体三极管、二极管、电阻和小容量的电容,以及连接导体等集中制造在一小块硅片上,组成一个不可分割的整体,最后封装在塑料或陶瓷等外壳内。集成电路打破了分立元件和分立电路的设计方法,实现了材料、元件和电路三者的统一。它不仅具有体积更小、重量更轻和功耗更低等优点,而且减少了电路的焊接点,提高了电路工作的可靠性。所以集成电路的问世,标志着电子技术进入了微电子学时代,极大地促进了各个科学技术领域先进技术的发展。

按集成度分,集成电路有小规模(SSI)、中规模(MSI)、大规模(LSI)和超大规模(VLSI)之分。目前的超大规模集成电路,每块芯片上集有上百万个元件,而芯片的面积只有几十平方毫米。按导电类型分,集成电路有双极型、单极型(场效应管)和两者兼容的。按功能分,集成电路有数字集成电路和模拟集成电路。其中,模拟集成电路又包括集成运算放大器、集成功率放大器、集成稳压电源、集成数模和模数转换器等。本章主要讨论集成运算放大器的基本问题。

3.1　集成运算放大器的基本概念

人们常把能实现对模拟信号进行基本运算的放大器称为运算放大器(简称运放),它是一种具有高放大倍数和深度负反馈的多级直接耦合放大电路。集成运算放大器是一种模拟集成电路,早期的运算放大器主要用于模拟计算机中。通过改变运算放大器的外接反馈电路和输入电路的形式与参数来完成加法、减法、乘法、除法、微分和积分以及对数和指数等数学运算,其名称即由此而来。近年来,由于集成技术的飞速发展,各种新型的集成运算放大器不断涌现(如 CMOS(互补金属氧化物半导体)集成运算放大器),其应用已远远超出了数学运算范围,它在信号变换与处理、有源滤波、自动测量、程序控制及波形产生等技术领域中作为基本元件得到了广泛的应用。而且更新型的集成运算放大器正处在不断研制和发展之中。

3.1.1　组成原理

图 3.1.1 所示为最简单集成运算放大器的原理电路图。它是一个三级直接耦合放大电路。输入级由晶体管 T_1、T_2 和电阻 R_1、R_2、R_3 组成,采用的是双端输入单端输出的差动放大电路;中间级由晶体管 T_3 和 R_4、R_5 组成单管电压放大电路;输出级由晶体管 T_4、T_5 和 D_1、D_2 组成甲乙类互补对称功率放大电路。

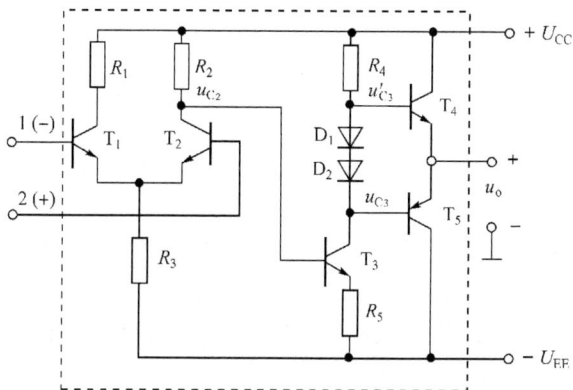

图 3.1.1　简单集成运算放大器的原理电路图

在静态时,由于输出级的电路是对称的,所以输出端的电位为零,即输出电压 $u_o = 0$。

当输入信号 u_i 加在输入端 1 而输入端 2 接地时,输入级成为单端输入单端输出的差动放大电路。由晶体管 T_2 集电极引出的电压 u_{C2} 与输入信号电压 u_i 同相,再经中间级放大而反相。由于输出级实质上是两个交替工作的射极输出器,其输出电压 u_o 与输入电压 u_{C3}(或 u'_{C3})同相。可见,这时整个放大电路的输出电压 u_o 与输入电压 u_i 反相,所以输入端 1 称为反相输入端,这种输入方式称为反相输入。如果将输入信号电压 u_i 加在输入端 2 而输入端 1 接地,则输出电压 u_o 与输入电压 u_i 同相,输入端 2 称为同相输入端,这种输入方式称为同相输入。如果同时在输入端 1、2 分别输入信号电压 u_{i1}、u_{i2},对于输入级的差动放大电路而言,相当于输入一个(u_{i1} 与 u_{i2} 之差)差模信号,运算放大器的这种输入方式称为差动输入。

集成运算放大器的种类繁多,电路也各不相同,但其基本组成相似,通常由输入级、中间级和输出级三部分组成,如图 3.1.2 所示。

输入级是提高集成运算放大器质量的关键部分,要求其输入电阻高,能减少零点漂移和抑制共模信号。输入级都采用差动放大电路,具有同相和反相两个输入端。

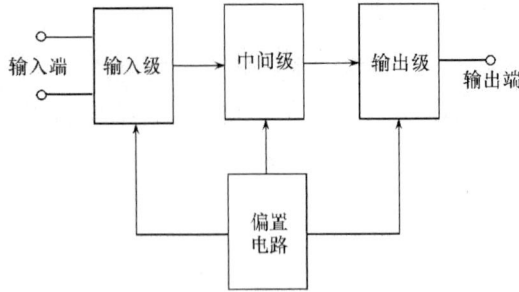

图 3.1.2　集成运算放大器组成的方框图

中间级主要进行电压放大,要求其有较大的电压放大倍数,一般由共射极放大电路组成。

输出级与负载连接,要求其输出电阻低,带负载能力强,能输出足够大的电压和电流,一般由互补对称电路或射极输出器组成。

偏置电路的作用是为上述各级电路提供稳定和合适的偏置电流,保持各级的静态工作点,一般由恒流源电路组成。

在应用集成运算放大器时,主要应掌握各管脚的含义和性能参数,而其内部电路结构如何,一般是无关紧要的,故这里也就不再介绍集成运算放大器的内部电路。集成运算放大器的硅片密封在管壳之内,向外引出管脚(接线端)。管壳外形通常有双列直插式、扁平式和圆壳式三种,如图 3.1.3 所示。

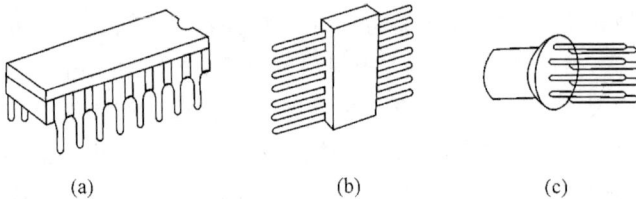

(a)　　　　　　　　　(b)　　　　　　　　　(c)

图 3.1.3　集成运算放大器外形
(a) 双列直插式;(b) 扁平式;(c) 圆筒式

根据每一硅片上集成的运算放大器数目不同,集成运算放大器有单运算放大器、双运算放大器和四运算放大器之分。F007(CF741)集成运算放大器的引脚排列和符号,如图 3.1.4 所示。其各引脚的功能和用途如下:

引脚 1 和引脚 5 为外接调零电位器(通常用 $10\text{k}\Omega$ 连接)的两个端子。

引脚 2 为反相输入端。该端接入输入信号,该信号与输出信号的极性相反。

引脚 3 为同相输入端。该端接入输入信号,该信号与输出信号的极性相同。

引脚 4 为负电源端。接 -15V 稳压电源。

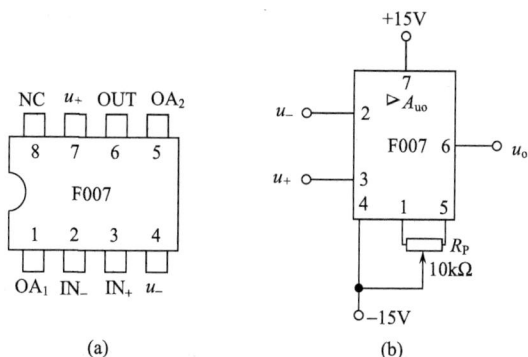

图 3.1.4　F007 集成运算放大器

(a)引脚排列；(b)符号

引脚 6 为输出端。

引脚 7 为正电源端。接＋15V 稳压电源。

引脚 8 为空脚。

不同型号的集成运算放大器各管脚的含义和用途不同,使用时必须了解各主要参数的意义。

3.1.2　主要参数

集成运算放大器的参数是评价其性能好坏的主要指标,是正确选择和使用集成运算放大器的重要依据。现将主要技术指标介绍如下。

1. 开环电压放大倍数(差模电压放大倍数)A_{u0}

它是指集成运算放大器在没有外接反馈电路的情况下,输入端加一小信号所测得的电压放大倍数。它是决定集成运算放大器精度的主要参数,其值越大,精度越高。通用型运算放大器 F007 的 A_{u0} 约为 100dB(10^5 倍)。目前有些集成运算放大器的 A_{u0} 已高达 140dB(10^7 倍)。

2. 共模抑制比 K_{CMRR}

它表示运算放大器的差模电压放大倍数 A_d 与共模电压放大倍数 A_c 之比的绝对值。若用分贝(dB)为单位,则

$$K_{CMRR} = 20\lg\left|\frac{A_d}{A_c}\right| \quad (\text{dB}) \tag{3.1.1}$$

K_{CMRR} 越大,说明集成运算放大器的共模抑制性能越好。F007 的 K_{CMRR} 约为 80dB,目前有的 K_{CMRR} 已高达 160dB。

　　3. 开环输入电阻(差模输入电阻)r_{id}

　　开环输入电阻是指集成运算放大器开环时,输入电压的变化与由其引起输入电流变化之比,即从两个输入端看进去的动态电阻。r_{id}越大说明集成运算放大器由差模信号源输入的电流就越小,精度就越高。F007 的 r_{id} 为 $1\sim 2\mathrm{M}\Omega$。如果用场效应管作为输入级,则 r_{id} 可高达 $10^{6}\mathrm{M}\Omega$。

　　4. 开环输出电阻 r_{o}

　　开环输出电阻是指集成运算放大器输出级的输出电阻。r_{o} 越小,放大器带负载的能力就越强。F007 的 r_{o} 约为 500Ω,性能较高的集成运算放大器的 r_{o} 可小于 100Ω。

　　5. 输入失调电压 U_{io}

　　对于理想运算放大器而言,当输入信号电压 $u_{i1}=u_{i2}=0$(把两输入端同时接地)时,输出电压 $u_{o}=0$。但在实际的运算放大器中,晶体管的参数和电阻值不可能完全匹配,因此存在着“失调”。当输入电压为零时,输出电压 $u_{o}\neq 0$,如果要使 $u_{o}=0$,必须在输入端加一理想电压源 U_{io},将 U_{io} 称为输入失调电压。U_{io} 一般在几毫伏级,显然它越小越好。

　　6. 输入失调电流 I_{io}

　　输入失调电流是指输入信号为零时,两个输入端静态基极电流之差,即

$$I_{io}=\mid I_{B1}-I_{B2}\mid \tag{3.1.2}$$

输入失调电流也是由于内部电路的不对称而引起的,其值越小越好。

　　7. 最大输出电压 U_{opp}

　　能使输出电压和输入电压保持不失真关系的最大输出电压,称为运算放大器的最大输出电压。F007 的 U_{opp} 约为 $\pm 12\sim \pm 13\mathrm{V}$。

　　除上述各参数外,还有输入偏置电流 I_{iB}、共模输入电压范围 U_{iCM}、静态功耗 P_{CM} 等其他参数。因此,要求具体使用时可查阅有关手册,这里不再赘述。

3.1.3　传输特性

　　1. 集成运算放大器的电压传输特性

　　电压传输特性是指输出电压 u_{o} 与两个输入电压之差($u_{+}-u_{-}$)的关系曲线。典型集成运算放大器的电压传输特性如图 3.1.5 所示。其有三个工作区:一个线

性区和两个饱和区。集成运算放大器可以工作在线性区,也可以工作在饱和区,但分析方法是不一样的。

当运算放大器在线性区工作时,输出电压 u_o 与输入电压 $(u_+ - u_-)$ 是线性关系,即

$$u_o = A_{u0} u_i = A_{u0}(u_+ - u_-) \qquad (3.1.3)$$

式中,A_{u0} 为开环电压放大倍数。

集成运算放大器是一个线性放大元件。由于 A_{u0} 很高,即使输入毫伏级以下的信号,也足以使输出电压饱和,达到其饱和值 $+U_{o(sat)}$ 或 $-U_{o(sat)}$,其值接近于正电源电压或负电源电压值;再则,由于干扰,使工作难于稳定。所以,要使运算放大器工作于线性区,通常要引入深度负反馈。

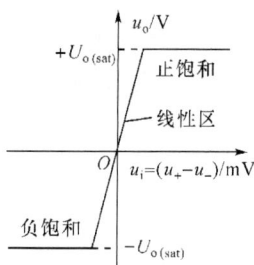

图 3.1.5　运算放大器的
传输特性

2. 理想运算放大器

在分析运算放大器时,通常可将它看成是一个理想运算放大器。理想化条件主要如下:

开环电压放大倍数 $A_{u0} \to \infty$;

差模输入电阻 $r_{id} \to \infty$;

开环输出电阻 $r_o \to 0$;

共模抑制比 $K_{CMRR} \to \infty$。

由于实际集成运算放大器上述技术指标接近于理想化条件,因此在实际应用时,用理想集成运算放大器代替实际集成运算放大器所产生的误差并不大,在工程上是允许的,这样就可使分析过程大大简化。后面对各种集成运算放大器电路都是根据其理想化条件来分析的。

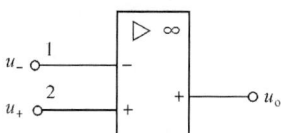

图 3.1.6　集成运算放大器
图形符号

图 3.1.6 所示是理想集成运算放大器的图形符号。它有两个输入端和一个输出端。反相输入端标上"$-$"号。同相输入端和输出端标上"$+$"号。它们对"地"的电压(电位)分别用 u_-、u_+ 和 u_o 表示。"∞"表示开环电压放大倍数的理想化条件。

3. 两个重要结论

根据上述理想化条件,对于工作在线性区的集成运算放大器,可得以下两个重要结论:

(1)由于电阻 $r_{id} \to \infty$,集成运算放大器就不会从外部电路吸取任何电流。故可以认为两个输入端电流为零,即

$$i_+ = i_- = 0 \tag{3.1.4}$$

这种现象称为"虚设断路",简称"虚断",但不是真正的断路。

（2）由于集成运算放大器的开环放大倍数 $A_{u0} \to \infty$，而输出电压 u_o 是一个有限值，故有

$$u_i = u_+ - u_- = \frac{u_o}{A_{u0}} \approx 0$$

即

$$u_+ \approx u_- \tag{3.1.5}$$

这种同相输入端和反相输入端之间没有电位差的现象称为"虚设短路"，简称"虚短"，但不是真正的短路。

值得注意的是，上述两个结论只适用于集成运算放大器工作在线性区。如果工作在饱和区，式（3.1.3）不能满足，这时输出电压 u_o 只有两种可能，或等于 $+U_{o(sat)}$ 或等于 $-U_{o(sat)}$，而 u_+ 与 u_- 不一定相等：

当 $u_+ > u_-$ 时，$u_o = +U_{o(sat)}$；

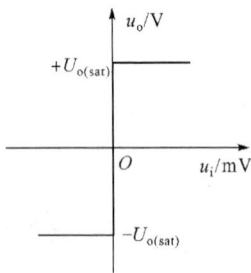

当 $u_+ < u_-$ 时，$u_o = -U_{o(sat)}$。

此外，运算放大器工作在饱和区时，两个输入端的输入电流仍等于零。

图 3.1.7 理想运算放大器的电压传输特性

理想集成运算放大器的电压传输特性如图 3.1.7 所示，由于理想运算放大器的开环电压放大倍数 $A_{u0} \to \infty$，因此其线性区为一段与纵轴重合的直线。

例 3.1.1　图 3.1.8 所示是由工作在线性区的集成运算放大器组成的电路。试求其输出电压 u_o 与输入电压 u_i 的关系。

解　根据"虚断"的概念，$i_d \approx 0$，R_2 接地，故 R_2 上的电压为零，即 $u_+ = 0$。由"虚短"的概念，$u_- \approx u_+ = 0$，故不难得到 1 点的电位接近于地电位，但不是真正的接地，故称 1 点（反相输入端）为"虚地"。

图 3.1.8　例 3.1.1 电路

由图可知

$$i_1 \approx \frac{u_i}{R_1}, \qquad i_f \approx -\frac{u_o}{R_F}$$

又因为 $i_1 = i_f$，即

$$\frac{u_i}{R_1} = -\frac{u_o}{R_F}$$

所以输出电压 u_o 与输入电压 u_i 的关系为

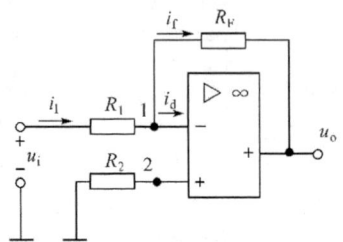

$$u_o = -\frac{R_F}{R_1} u_i$$

实际上,理想化条件是不存在的,那么强调它的意义在于:一方面,理想化条件符合集成运算放大器的发展方向,随着半导体集成技术的迅速发展,诞生了许多高性能运算放大器,其参数指标已接近理想化条件;另一方面,"虚短"的概念为运算放大电路分析和计算提供了方便,通常不会引起明显的误差。所以,由理想化条件得出的"虚短"概念,是今后分析运算放大电路的基本出发点。

在图 3.1.8 所示电路中所有的接地"⊥"电位相同(参考电位为零),通常在电路中可只画一个接地"⊥"。

练习与思考

3.1.1　运算放大器主要包括哪几个基本组成部分?

3.1.2　理想运算放大器应满足哪些条件?

3.1.3　运算放大器工作在线性区和饱和区有什么不同?

3.1.4　什么叫"虚断"和"虚短"? 同相输入端是否存在"虚短"?

3.2　集成运算放大电路中的反馈

反馈在电子电路中应用相当广泛。在第 2 章中曾经提到,在放大电路中引入直流负反馈可以稳定静态工作点。本节将重点讨论反馈的基本概念、集成运算放大电路中反馈的类型分析、引入反馈对放大电路性能的影响等。

3.2.1　反馈基本概念

所谓反馈就是将放大电路的输出信号(电压或电流)的一部分或全部,通过一定的电路(反馈电路)送回到放大电路的输入回路。

如果放大电路无反馈作用时,输入信号从输入回路向输出回路传递,即为单向传递,亦称开环放大电路,如图 3.2.1(a)所示。如果有反馈作用时,放大电路中的信号既有从输入回路向输出回路传递,也有从输出回路向输入回路传递,即为双向传递,亦称闭环放大电路,如图 3.2.1(b)所示。

在图 3.2.1(b)中,用 x 表示信号,它既可表示电压,也可表示电流,信号传递的方向如图中箭头所示,x_i、x_o 和 x_f 分别为输入信号、输出信号和反馈信号,x_d 为净输入信号,这些量也可用相量表示;⊗为比较环节符号,A 表示基本放大电路,F 表示反馈电路。

如果反馈到放大电路的输入回路,反馈信号 x_f 与输入信号 x_i 比较,使得净输入信号 x_d 减小,则称这种为负反馈。负反馈时的净输入信号为

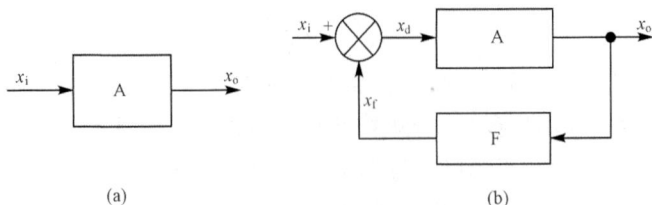

图 3.2.1　无、有反馈放大电路框图

(a) 无反馈；(b) 有反馈

$$\dot{X}_d = \dot{X}_i - \dot{X}_f \tag{3.2.1}$$

反之，反馈信号使得净输入信号加强的反馈称为正反馈，正反馈时的净输入信号为

$$\dot{X}_d = \dot{X}_i + \dot{X}_f \tag{3.2.2}$$

一般放大电路和集成运算放大器作线性应用时通常采用负反馈，目的在于改善放大电路的性能（将在下面讨论）。振荡电路和集成运算放大器作非线性应用时通常采用正反馈，目的在于获得某种振荡信号。

无反馈时放大电路如图 3.2.1(a)所示。基本放大电路的放大倍数为

$$A = \frac{\dot{X}_o}{\dot{X}_i} \tag{3.2.3}$$

通常将 A 称为未引入反馈放大电路的开环放大倍数。

有反馈时放大电路如图 3.2.1(b)所示。反馈信号 $\dot{X}_f$ 与输出信号 $\dot{X}_o$ 间的关系为

$$F = \frac{\dot{X}_f}{\dot{X}_o} \tag{3.2.4}$$

称为反馈系数。

如果在图 3.2.1(b)所示放大电路中引入负反馈，净输入信号为 $\dot{X}_d = \dot{X}_i - \dot{X}_f$，则放大电路的放大倍数为

$$A_f = \frac{\dot{X}_o}{\dot{X}_i} = \frac{A\dot{X}_o}{(1+FA)\dot{X}_d} = \frac{A}{1+FA} \tag{3.2.5}$$

称为闭环放大倍数。

式(3.2.5)给出了闭环放大倍数 A_f 和开环放大倍数 A 之间的关系，其中$|1+AF|$反映反馈前后放大倍数的变化程度，称为反馈深度。当反馈深度不同时放大

电路引入反馈有三种情况。

（1）$|1+AF|>1$。此时 $|A_f|<|A|$，说明引入反馈后，放大倍数下降，称这种反馈为负反馈，负反馈可以改善放大电路的动态性能指标。如果 $|1+AF|\gg1$ 时，则 $A_f\approx1/F$，这种反馈称为深度负反馈。

（2）$|1+AF|<1$。此时 $|A_f|>|A|$，说明引入反馈后，放大倍数增大，称这种反馈为正反馈，正反馈可以获得较大的放大倍数，但极易引起电路的振荡。

（3）$|1+AF|=0$。此时 $AF=-1$，闭环放大倍数趋于无穷大，电路在没有输入信号的情况下，会产生稳定的输出信号，这种情况称电路产生了自激振荡。但在信号发生电路中为获得正弦波信号等，往往需要引入正反馈，使电路工作在自激振荡状态。

3.2.2　反馈类型和判断

1. 反馈的类型

在反馈放大电路中有电压串联、电压并联、电流串联和电流并联四种类型，如图 3.2.2(a)、(b)、(c)和(d)四种类型或组态。

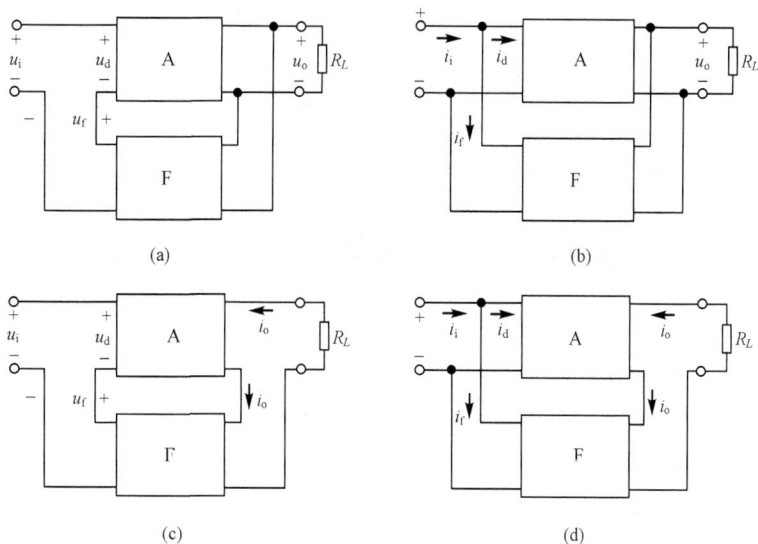

图 3.2.2　负反馈放大电路的反馈方式
(a) 电压串联负反馈；(b) 电压并联负反馈；(c) 电流串联负反馈；(d) 电流并联负反馈

2. 反馈的判断

在分析反馈放大电路时，先要找出反馈电路(或支路)，分析该反馈属于正反馈还是负反馈,再判断反馈属于哪种类型。

1) 有反馈和无反馈

有无反馈主要观察是否有反馈电路将放大电路的输出回路和输入回路联系在一起,如果有则存在反馈,否则不存在反馈。

2) 正反馈和负反馈

正负反馈通常采用瞬时极性法进行判断。所谓的瞬时极性法,是指晶体管的基极(场效应管的栅极)和发射极(或场效应管的源极)瞬时极性相同,而与集电极(或场效应管漏极)瞬时极性相反,如图 3.2.3(a)(b)所示。集成运算放大器的同相输入端与输出端瞬时极性相同,而与反向输入端与输出端瞬时极性相反,如图 3.2.3(c)所示。如果引入反馈信号,使得净输入信号增加,则为正反馈;否则为负反馈。

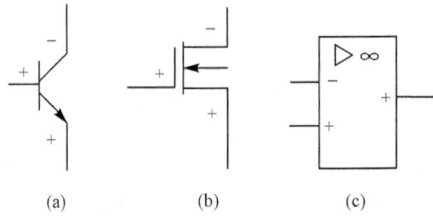

图 3.2.3　晶体管、场效应管和集成运算放大器的瞬时极性
(a) 晶体管;(b) 场效应管;(c) 集成运算放大器

3) 直流反馈和交流反馈

如果反馈电路仅反映放大电路中的直流分量变化,则为直流反馈。如第 2 章讨论的偏置电路对工作点的稳定,就是利用了直流负反馈。如果反映的是放大电路中的交流分量变化,则为交流反馈。交流负反馈可以改善放大电路的性能指标。通常反馈支路中串联有电容,则为交流反馈;并联有旁路电容,则为直流反馈。

4) 电压反馈和电流反馈

判断是电压反馈,还是电流反馈,取决于反馈电路与基本放大电路输出回路的连接方式。如果反馈电路和负载处于并联状态,反馈信号正比于输出电压信号 u_o,即

$$\dot{X}_f = F\dot{X}_o = F\dot{U}_o \qquad (3.2.6)$$

则为电压反馈,如图 3.2.2(a)、(b)所示。

如果反馈电路和负载处于串联状态,反馈信号正比于输出电流信号 i_o,即

$$\dot{X}_f = F\dot{X}_o = F\dot{I}_o \qquad (3.2.7)$$

则为电流反馈,如图 3.2.2(c)、(d)所示。

判断是电压反馈还是电流反馈,也可利用假设输出短路法。即假设基本放大

电路输出回路短接,即放大电路输出电压为零,如果反馈信号也因此为零,表明放大电路中引入的为电压反馈;如果反馈信号并不因此为零,或者断开输出回路后反馈信号消失,则表明放大电路中引入的为电流反馈。

5) 串联反馈和并联反馈

判断是串联反馈,还是并联反馈,取决于反馈电路与基本放大电路输入回路的连接方式。如果放大电路中的输入信号、反馈信号和净输入信号三者以串联的方式连接(或比较),则放大电路的净输入电压为

$$\dot{U}_d = \dot{U}_i - \dot{U}_f \qquad (3.2.8)$$

在输入回路以电压比较形式表现,称为串联反馈,如图 3.2.2(a)、(c)所示。

如果反馈电路中的输入信号、反馈信号和净输入信号三者以并联的方式连接(或比较),则放大电路的净输入电流为

$$\dot{I}_d = \dot{I}_i - \dot{I}_f \qquad (3.2.9)$$

在输入回路以电流比较形式表现,称为并联反馈,如图 3.2.2(b)、(d)所示。

值得注意是:电压或电流反馈与基本放大电路的输入回路无关;串联或并联反馈与基本放大电路的输出回路无关。

综上所述,负反馈放大电路按反馈方式不同,有以下四种类型:电压串联负反馈(图 3.2.2 (a))、电流串联负反馈(图 3.2.2 (c))、电压并联负反馈(图 3.2.2 (b))和电流并联负反馈(图 3.2.2(d))。

3.2.3　具体负反馈电路分析

根据反馈电路在基本放大电路输入与输出回路的不同连接方式,集成运算放大电路主要有以下四种不同的反馈类型。

1. 电压串联负反馈

在图 3.2.4 所示运算放大电路中,电阻 R_F 将运算放大电路的输出和反相输入回路连接在一起,故放大电路中有反馈。

根据瞬时极性法,假设同相输入端瞬时极性为正,记为"⊕",通过反馈电路 R_F、R_1 分压后将反馈信号 u_f 引到反相输入端,反馈信号 u_f 的瞬时极性也为"⊕",结果使得净差模电压($u_{id} = u_i - u_f$)减小。因此,该电路中引入的是负反馈。

根据输出短路法,假设输出电压 $u_o = 0$,反馈电压 $u_f = \dfrac{R_1}{R_1 + R_F} u_o = 0$。或者说 u_f 取自输出电压 u_o,并与之成正比,故电路引入的是电压反馈。

对于输入端而言,输入信号 u_i 在同相输入端,反馈电压加在反相输入端,即反馈信号与输入信号从运算放大器的不同点引入。或者说反馈信号与输入信号以电

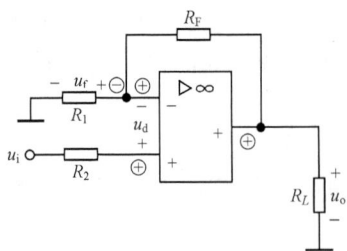

图 3.2.4　电压串联负反馈电路

压的形式进行比较,两者串联。因此,电路引入的是串联反馈。

　　综上所述,图 3.2.4 所示放大电路为电压串联负反馈。

　　电压负反馈有稳定输出电压的作用。当输入电压 u_i 为一定值时,如果输出电压 u_o 由于电路参数或负载电阻 R_L 变化而减小,则反馈电压 u_f 也随之减小,结果使运算放大器的净输入电压 u_d 增大,结果使得 u_o 随之回到接近原来的数值。上述反馈过程可表示为

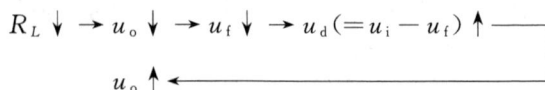

$$R_L \downarrow \rightarrow u_o \downarrow \rightarrow u_f \downarrow \rightarrow u_d(=u_i-u_f) \uparrow \text{——}$$
$$u_o \uparrow \longleftarrow$$

2. 电流串联负反馈

　　在图 3.2.5 所示运算放大电路中,反馈电阻 R_F 将反馈信号引入到运算放大器的反相输入端,故为负反馈。

　　反馈信号以 u_f 的形式叠加在运算放大器的反相输入端,且与输入信号 u_i 从不同点引入,故为串联反馈;断开输出回路则反馈消失,故为电流反馈。另外,由反馈信号取自电阻 R_F 上的电压降 $R_F i_o$。($i_o \gg i_i$),反馈电压 u_f 的大小正比于 i_o,反馈电压的存在依赖于负载电流 i_o,故可以判断是电流反馈。

　　可见,图 3.2.5 所示放大电路为电流串联负反馈。

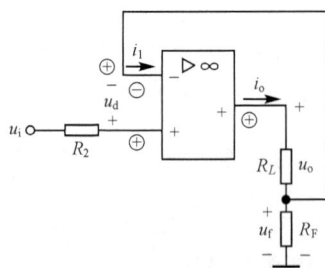

图 3.2.5　电流串联负反馈电路

　　电流负反馈有稳定输出电流的作用。如果输入电压 u_i 一定时,由于更换集成运算放大器或温度等原因使输出电流 i_o 增大,于是反馈电压 u_f 也随之增大,其结果使净输入电压 $u_d=u_i-u_f$ 减小,故输出电流 i_o 恢复到接近原来的数值。如温度增加时,稳定输出电流 i_o 的反馈过程为

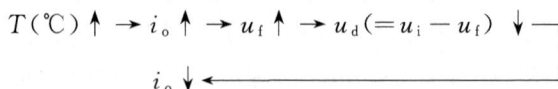

$$T(℃) \uparrow \rightarrow i_o \uparrow \rightarrow u_f \uparrow \rightarrow u_d(=u_i-u_f) \downarrow \text{——}$$
$$i_o \downarrow \longleftarrow$$

3. 电压并联负反馈

　　在图 3.2.6 所示运算放大电路中,输入信号 u_i 从反相端引入,反馈电阻 R_F 从输出端连接到反相输入端。反馈信号取自输出电压 u_o,即 $i_f \approx -\dfrac{u_o}{R_F}$,故为电压

反馈。

由于反馈信号和输入信号是以电流形式进行比较，i_d 和 i_f 并联。或者说在放大电路的输入回路，反馈信号和输入信号在同一端，故为并联反馈。

可见，图 3.2.6 所示电路为电压并联负反馈。

值得注意的是，同相输入端经电阻 R_2 接

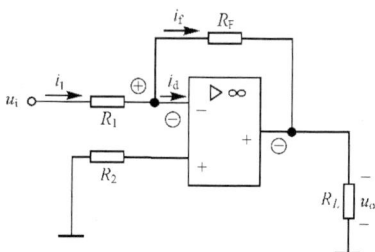

图 3.2.6 电压并联负反馈电路

地，设流过 R_2 的电流很小，可忽略不计，则 $u_+ \approx 0$。根据"虚短"的概念 $u_+ \approx u_- \approx 0$。因此，亦称反相输入端为"虚地"端。

4. 电流并联负反馈

在图 3.2.7 所示运算放大电路中，电阻 R_3 和 R_F 构成反馈电路。反馈信号不是直接取自输出（电压）端，且反馈信号和输入信号连接到同一结点，反馈信号 $i_f = \dfrac{R_3}{R_3 + R_F} i_o$。作用的结果使得净输入电流减小，即 $i_d = i_i - i_f$。

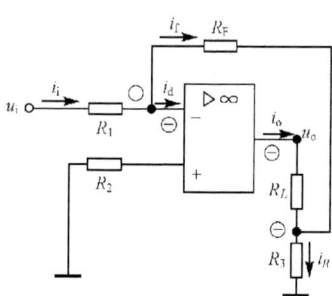

图 3.2.7 电流并联负反馈电路

可见，图 3.2.7 所示电路为电流并联负反馈。

通过对以上运算放大电路的四种基本负反馈电路的分析，我们可以归纳出一般情况下反馈类型判别的简单方法。

（1）正、负反馈的判断可以采用"瞬时极性法"，反馈信号使得净输入减小是负反馈；否则是正反馈。

（2）反馈电路直接从输出端引出的是电压反馈；从负载电阻 R_L 的靠近"地"端引出的是电流反馈。

（3）反馈信号和输入信号分别连接两个输入端上是串联反馈；连接在同一输入端上是并联反馈。

例 3.2.1 试判别图 3.2.8 所示集成运算放大电路中 R_F 的反馈类型。

解 （1）在图 3.2.8(a)所示电路中，根据"瞬时极性法"，假设 N_1 的同相输入端为"＋"，则其反相输入端为"－"；同样 N_2 的反相输入端为"＋"，则 N_2 的输出端为"－"，其反馈至 N_1 的反相输入端的信号为"⊖"。因为 N_1 的反相输入端原来就为"－"，反馈回来的信号使得输入信号增强。可见，电阻 R_F 引入的为正反馈。由于反馈信号和输入信号 u_i 连接在不同的输入端，故为串联反馈。反馈信号取自于 N_2 的输出端，故为电压反馈。可见，R_F 引入的为电压串联正反馈。

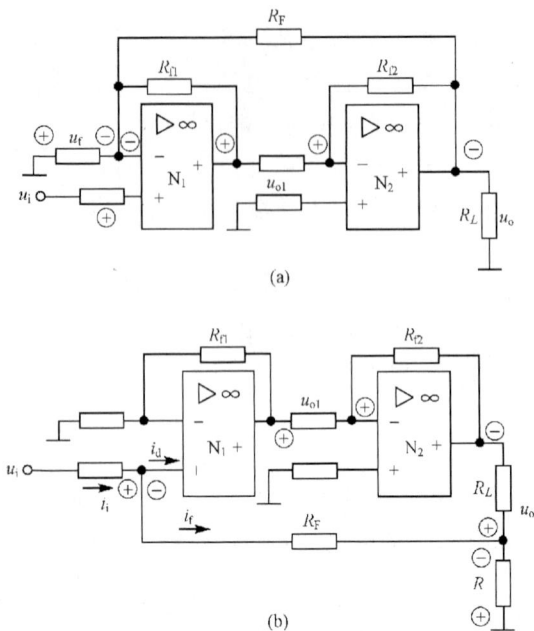

图 3.2.8　例 3.2.1 的电路

(2) 在图 3.2.8(b)所示电路中,根据"瞬时极性法"可判断电阻 R_F 引入的为负反馈。反馈信号不是取自 N_2 的输出端,而是从 R_L 的靠"地"端取出,故为电流反馈。反馈至 N_1 的信号与输入信号连接在同一输入端(同相输入端),故为并联反馈。可见,R_F 引入的为电流并联负反馈。

例 3.2.2　试判断图 3.2.9 所示电路,在开关 S 闭合和断开时的反馈类型。

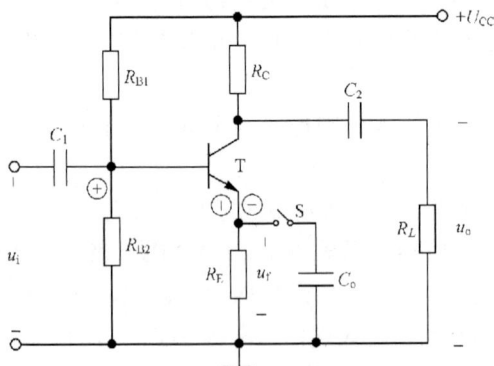

图 3.2.9　例 3.2.2 的电路

解　在分析分立元件电路时,还要注意分析是交流反馈还是直流反馈。交流负反馈主要是改善放大电路的性能指标,分析时必须判断其类型;而直流反馈主要稳定放大电路的静态工作点,分析时直接说明稳定静态工作点即可。

(1) 开关 S 闭合时,R_E 中只有直流负反馈,作用是稳定静态工作点。

(2) 开关 S 断开时,R_E 中既有直流负反馈,还有交流负反馈。交流负反馈类型分析如下。

应用"瞬时极性法",假设输入电压 u_i 增大,则反馈结果可使 u_{BE} 保持不变,即

$$u_i \uparrow \rightarrow u_{BE} \uparrow \rightarrow i_E \uparrow \rightarrow R_E i_E \uparrow$$
$$u_{BE}(=u_i - R_E i_E) \downarrow$$

故为负反馈。

反馈电压 $u_f = R_E i_E$ 与 u_i 以串联形式作用于输入端,即

$$u_{BE} = u_i - u_f$$

故为串联反馈。

由于反馈信号 $u_f = R_E i_E$ 正比于 i_E,故为电流负反馈。

综上所述,图 3.2.9 所示电路(的交流反馈)为电流串联负反馈。

值得注意的是,对于共发射极分立元件放大电路反馈的判断方法:如果反馈电路的反馈信号取自放大电路输出端的集电极,为电压反馈;取自发射极,为电流反馈。如果反馈电路的反馈信号引入到基本放大电路输入端的基极,为并联反馈;引入到发射极,为串联反馈。射极输出器是共集电极电路,不能用上述方法判断,其为串联电压负反馈。

例 3.2.3　在图 3.2.10 所示两级放大电路中判断,哪些是直流反馈? 哪些是交流反馈? 并说明其类型。

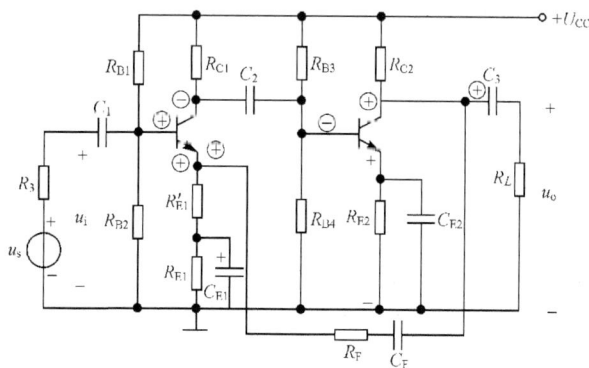

图 3.2.10　例 3.2.3 的电路

解　(1) 直流反馈：R'_{E1}、R_{E1} 是本级 I_{E1} 产生的直流负反馈；R_{E2} 是本级 I_{E2} 产生的直流负反馈。

(2) 交流反馈：R'_{E1} 既是本级 i_{e1} 产生的电流串联负反馈，又是后级集电极交流电压（即输出电压 u_o）产生的电压串联负反馈。R_F、C_F 为两级间的交流反馈，由于反馈信号 $u_f = \dfrac{R'_{E1}}{R_F + R'_{E1}} u_o$。取自后级放大电路的输出极（集电极），引至前级放大电路的输入回路（发射极），故为电压串联负反馈。

3.2.4　负反馈对放大电路性能影响

在放大电路的应用中，通常采用负反馈，目的在于使放大电路的主要性能指标得以改善。现将负反馈对放大电路性能的影响作以说明。

1. 降低放大倍数

由图 3.2.1 所示反馈框图可见，如果在放大电路引入负反馈后，将使得整个放大电路（包括基本放大电路与反馈电路）的放大倍数（即闭环放大倍数）A_f 为

$$A_f = \frac{A}{1 + FA} \tag{3.2.10}$$

因为 $A = \dfrac{x_o}{x_d}$，$F = \dfrac{x_f}{x_o}$，则有

$$AF = \frac{x_f}{x_d} \tag{3.2.11}$$

可见，$|A_f| < |A|$，也就是说引入负反馈后放大电路的放大倍数降低了，为无反馈时的 $\dfrac{1}{1 + FA}$。仅对放大电路的放大倍数而言，负反馈对放大电路所起的作用是不利的，但正是以降低放大倍数为代价，换来了放大电路很多其他性能的改善。

2. 提高放大倍数的稳定性

在运算放大电路中，环境温度、晶体管和其他元件参数的变化，都会引起放大倍数的变化。放大倍数的不稳定，将会严重影响放大电路的准确性和可靠性。采用负反馈的方法，可以提高放大倍数的稳定性。

放大倍数的稳定性，通常用它的相对变化量的百分数，即变化率表示。将式（3.2.10）对 A 求导数，得

$$\frac{dA_f}{dA} = \frac{1}{1 + FA} - \frac{FA}{(1 + FA)^2} = \frac{1}{(1 + FA)^2}$$

或

$$\mathrm{d}A_\mathrm{f} = \frac{\mathrm{d}A}{(1+FA)^2}$$

将上式两边分别除以式(3.2.10),求得

$$\frac{\mathrm{d}A_\mathrm{f}}{A_\mathrm{f}} = \frac{1}{1+FA} \cdot \frac{\mathrm{d}A}{A} \qquad\qquad (3.2.12)$$

式(3.2.12)表明,在引入负反馈后,虽然放大倍数的相对变化量降低了 $\dfrac{1}{1+FA}$ 倍,或者说放大倍数的相对稳定性提高了 $(1+FA)$ 倍。

例 3.2.4　某负反馈运算放大电路,开环放大倍数 $A=1000$, $F=0.009$。试求:

(1) 负反馈放大电路的闭环放大倍数 A_f;

(2) 如果由于某种原因使 A 发生 $\pm 10\%$ 的变化,则求 A_f 的相对变化量 $\dfrac{\mathrm{d}A_\mathrm{f}}{A_\mathrm{f}}$。

解　(1) 根据式(3.2.10),闭环放大倍数

$$A_\mathrm{f} = \frac{A}{1+FA} = \frac{1000}{1+0.009\times1000} = \frac{1000}{10} = 100$$

(2) 由式(3.2.12)可求得

$$\frac{\mathrm{d}A_\mathrm{f}}{A_\mathrm{f}} = \frac{1}{1+FA} \cdot \frac{\mathrm{d}A}{A} = \frac{1}{1+0.009\times1000}\times(\pm10\%)$$

$$= \frac{1}{10}\times(\pm10\%) = \pm1\%$$

3. 改善非线性失真

如果运算放大电路的附近有强磁场或强电场存在,则运算放大电路的内部会产生感应电压。如电源发生不规则的波动,运算放大电路内部也会相应地有波动电压。所有这些外来因素,都会在运算放大电路内部形成干扰电压。当运算放大电路输入的有用信号很微弱时,经放大后在输出端的有用信号就有可能淹没在被放大了的干扰电压之中。为了减小干扰电压,除了加屏蔽,还可引入负反馈使运算放大电路内部的干扰电压得以衰减。

实际上,集成运算放大器并非是一个完全的线性元件,因此会产生非线性失真。在集成运算放大电路中引进负反馈也可以减小非线性失真。

例如,图 3.2.11 (a)所示开环放大电路的输入电压是正弦波,经放大后,输出电压波形失真。图 3.2.11(b)所示是引入负反馈后,即闭环放大电路时的情况。再经过放大后,可使输出电压波形在两个半周的波形差别比没有负反馈时大为减小,从而改善了输出波形的失真,但不能完全消除失真,如图 3.2.11(b)所示。

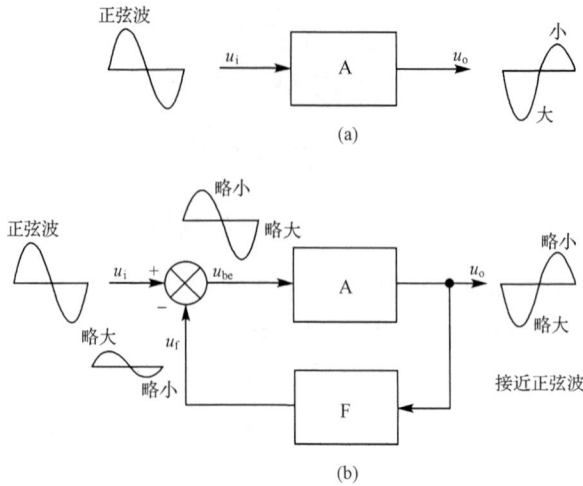

图 3.2.11　利用负反馈改善波形失真

(a)无反馈；(b)有反馈

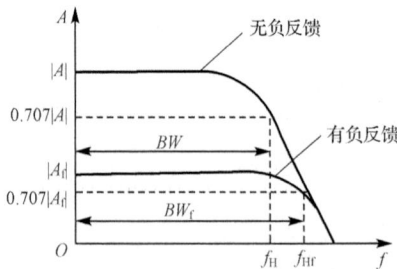

图 3.2.12　运放电路的幅频特性

4. 展宽通频带

集成运算放大器的幅频特性，如图 3.2.12 所示。在低频段，由于集成运算放大器的级间采用直接耦合，其特性良好；在中频段，由于输出信号较强，则开环放大倍数 $|A|$ 较高，引入的负反馈信号也较强，故使得闭环放大倍数 $|A_f|$ 明显降低；在高频段，输出信号降低，$|A|$ 较低，反馈信号也较弱，使得 $|A_f|$ 降低得较少。因此，引入负反馈后使得高频段的通频带得到展宽，即上限频率由 f_H 提高到 f_{Hf}。

可以证明，闭环通频带宽 BW_f 和开环通频带宽 BW 的关系

$$BW_f = (1 + FA)BW \qquad (3.2.13)$$

5. 改变输入电阻和输出电阻

放大电路加有负反馈时，输入电阻和输出电阻都要发生变化。根据反馈方式的不同，对输入电阻和输出电阻改变的程度也不同。

1) 对输入电阻影响

在具有负反馈的放大电路中，不论引入的反馈信号取自输出电压 $\dot{U}_o$ 还是 $\dot{I}_o$，输入电阻取决于反馈电路与基本放大电路输入回路的连接方式。串联反馈（图

3.2.2(a)、(c)),由于反馈电压 $\dot{U}_f$ 与输入电压 $\dot{U}_i$ 在输入回路串联,且极性相反,使输入电流 $\dot{I}_i$ 减小,故使输入电阻增大;并联反馈(图 3.2.2(b)、(d)),由于反馈电流 $\dot{I}_f$ 和净输入电流 $\dot{I}_d$ 在输入回路并联,使输入电流增加($\dot{I}_i = \dot{I}_d + \dot{I}_f$),故使输入电阻减小。

2) 对输出电阻影响

在具有负反馈的放大电路中,输出电阻仅取决于反馈电路与基本放大电路输出回路的连接方式。电压反馈(图 3.2.2(a)、(b)),由于反馈信号取自输出电压,且反馈信号与输出电压成正比,反馈作用使输出电压趋于稳定,因而使放大电路的输出特性接近理想电压源特性,故使输出电阻减小;电流反馈(图 3.2.2(c)、(d)),反馈信号取自输出电流,且反馈信号与输出电流成正比,反馈作用使输出电流趋于稳定,因而使放大电路的输出特性接近理想电流源特性,故使输出电阻增大。

不同类型负反馈方式对放大电路输入电阻与输出电阻的影响,如表 3.2.1 所示。

表 3.2.1　不同负反馈方式时 r_i 和 r_o 的改变

负反馈方式 性能	电压并联	电压串联	电流并联	电流串联
输入电阻 r_i	减小	增大	减小	增大
输出电阻 r_o	减小	减小	增大	增大

练习与思考

3.2.1　集成运算放大电路正、负反馈的主要区别是什么?

3.2.2　什么是深度负反馈?

3.2.3　为什么说电压负反馈能稳定输出电压?串联负反馈对输入电阻有何影响?

3.2.4　简述负反馈对放大电路性能的影响?

3.3　运算放大器使用时应注意的问题

使用集成运算放大器时,为了保证其在电路中安全可靠地工作,使用时应注意以下几方面。

3.3.1　选件

集成运算放大器按其技术指标可分为通用型、高速型、高阻型、低功耗型、大功率型、高精度型等;按其内部电路可分为双极型(由晶体管组成)和单极型(由场效应管组成);按每个集成片内运算放大器的数目可分为单运放、双运放和四运放。

通常,在使用集成运算放大器之前,首先要根据具体要求选择合适的型号。通用系列的技术指标比较均衡、全面,主要有 CF741、CF702、CF709、F007、5G922、5G24 等,适用于一般电路。特殊系列的技术指标在某一项非常突出,通常可以满足某些特殊电路要求,如高速型(CF715、CF118)、高精度型(CF725)、低功耗型(CF253)、高阻型和大功率型等。按每个芯片中集成的放大器数目可分为单运算放大(CF741C、CF741M)、双运算放大(CF747)和四运算放大(CF124、CF224)等。

在没有特殊要求的情况下,应尽可能选择通用系列。因该系列的放大器容易得到,价格又较低廉。对于有特殊要求的,则应根据要求选特殊系列的放大器。例如测量放大电路中的第一级运算放大器,由于信号微弱,应选用高输入电阻、低失调电压及低温度漂移的高精度运算放大器。若放大交流信号,由于可使用电容耦合,输入失调电压等因素就可不予考虑。运算放大器的型号繁多,标注又未完全统一。例如,国家标准型号为 CF741,电子工业部标准型号为 F007。因此在选用运算放大器时,必须先查阅有关产品手册,全面了解运算放大器的性能与参数,再根据货源、价格等,决定取舍或代换。

选好元件后,根据管脚图和符号图连接外部电路,包括电源、外接偏置电路、消振电路及调零电路等。焊接时电烙铁头必须不带电,或者断电用电烙铁的余热焊接。

3.3.2　调零

集成运算放大器由于失调电压和失调电流的存在,当输入信号为零时,输出不为零。为补偿输入失调量造成的不良影响,使电路输入为零时,其输出也为零,放大电路必须采取调零措施。运算放大器通常都明确规定调零管脚和调零电位器的阻值,只要按照要求调零,一般能满足要求。若按照要求调零仍不能满足零输入、零输出的要求,可采取如下措施。

(1) 适当加大原调零电位器阻值,使调零范围加大。但应注意,这样做会使温度指标变差,甚至会影响级间配合。

(2) 辅助调零。图 3.3.1 所示是一种辅助调零电路。它利用正、负电源通过电位器 R_P 引入一个电压到运算放大器的同相输入端,调节电位器 R_P 来补偿输入失调量对输出的影响。该调零措施的优点是:电路简单,适应性广。缺点是电源电压不稳定等因

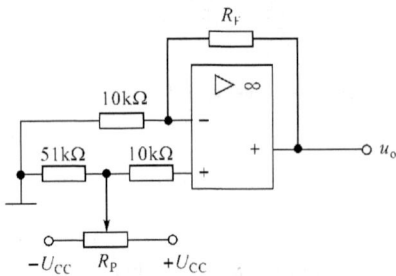

图 3.3.1　辅助调零电路

素会使输出引进附加漂移。

如果利用正、负电源通过电位器 R_P 引入一个电压到集成运算放大器的反相输入端,同样可以起到与图 3.3.1 一样的调零效果。

调零时应注意:

(1) 不能在开环状态下调零。

(2) 对于正、负电源供电的运算放大器,调零时应保持正、负电源对称。

(3) 对要求不高的放大电路,可采取静态调零的方法,即将运算放大器输入端接地,然后进行调零。

3.3.3　消振

集成运算放大器是一高放大倍数的多级直接耦合放大电路。当它在深度负反馈条件下工作时,如果输入信号的频率很高,就有可能由于晶体管的结电容以及连接导线引起自激振荡,使电路无法正常工作。因此,在应用中要对电路进行适当的频率补偿和相位补偿,以便消除自激振荡,使电路在闭环时能够稳定工作。

消振的根本方法是在电路中加入适当的补偿电容来破坏产生自激振荡的条件。有些运算放大器(如 F007、F3193 等)内部的中间级接有消振的补偿电容。一般可将输入端接地,用示波器观察输出端有无自激振荡现象。如果出现自激振荡,则应在手册中规定的管脚之间接上补偿电容,调试到自激振荡消除为止。

3.3.4　保护

集成运算放大器的内部电路极为复杂,即使局部受损,整个元件也都将损坏。因此,必须采取适当的保护措施。

1. 电源保护

为了防止正、负电源接错,可用二极管来保护,如图 3.3.2 所示。在正、负电源的引线上分别串联一个二极管 D_1、D_2,以阻止电源接错时的电流倒流。

2. 输入端保护

当输入端所加的差模或共模电压过高时会损坏输入级的晶体管。为此,在输入端接入反向并联的二极管 D_1、D_2,如图 3.3.3 所示,将输入电压的幅值限制在二极管的正向电压降以下。

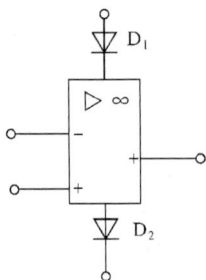

图 3.3.2　电源保护

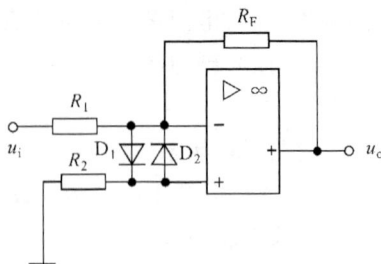

图 3.3.3　输入端保护

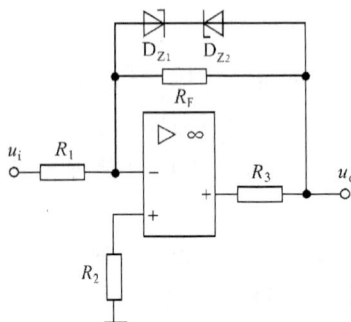

图 3.3.4　输出端保护

3. 输出端保护

采用两只对接的稳压管 D_{Z1}、D_{Z2} 并接在反馈电阻 R_F 两端,可对集成运算放大器输出过电压进行保护,如图 3.3.4 所示。正常工作时,输出电压 u_o 小于任一稳压管的稳压值 U_Z,稳压管不会被击穿,该支路相当于断路,对放大器正常工作无影响。当 u_o 大于一只稳压管的 U_Z 与另一只稳压管的正向压降 $U_F(0.6\sim0.7\text{V})$ 之和时,一只稳压管被反向击穿,另一只稳压管正向导通,从而将输出电压限制在 $\pm(U_Z+U_F)$ 的范围内。

4. 扩大输出电流

由于集成运算放大器的输出电流一般不大,如果负载要求的电流较大时,可以在输出端加一级互补对称电路,如图 3.3.5 所示。

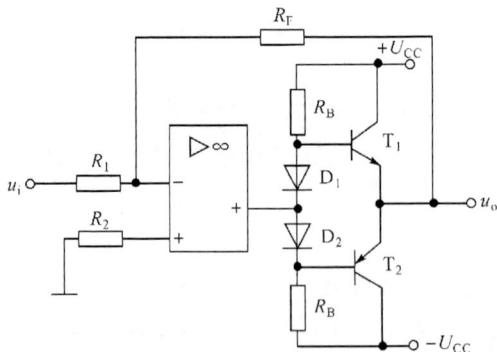

图 3.3.5　扩大输出电流

练习与思考

3.3.1　在具有负反馈的运算放大电路中,为什么会产生自激振荡?产生的条件是什么?消除的方法是什么?

3.3.2　在图 3.3.5 所示电路中,T_1 和 T_2 组成什么电路?

本 章 小 结

1. 集成运算放大器是利用集成电路工艺制成的高放大倍数$(10^4 \sim 10^8)$的直接耦合放大器。它主要由输入级、中间级、输出级等部分组成。输入级是提高运算质量关键的一级,一般采用差动放大电路。中间级主要用于提高放大倍数,通常采用有源负载的共射极或共基极放大电路。输出级作用是向负载提供足够大的输出电压和电流,一般采用甲乙类放大的互补对称射极输出电路。

2. 在对集成运算放大器作近似分析时,常将运算放大器理想化,由此可得出两个十分重要的概念:"虚短"和"虚断",即 $u_+ \approx u_-$,$i_d \approx 0$。这样,分析问题比较简便。

3. 反馈的概念十分重要,它不仅应用在电子线路中,而且广泛地应用在各种工程技术中。集成运算放大器接上反馈电路,对其性能影响极大。判断反馈类型的方法如下所述。

(1) 正、负反馈可采用"瞬时极性法",即假设从输入端到输出端发生一瞬时变化,再判断此变化反馈到输入端后,其作用使净输入信号增强还是减弱,若增强为正反馈,若减弱为负反馈。

(2) 从输入电路中判断串、并联反馈。反馈信号和输入信号分别接在运算放大器两个输入端上时为串联反馈;而接在同一输入端上时为并联反馈。

(3) 从输出电路中判断电压、电流反馈。反馈信号取自输出端为电压反馈;取自与输出端负载串联的电阻上为电流反馈。

4. 应该指出的是,引入负反馈后,为运算放大电路的性能带来很多优点,这些优点都是以降低放大倍数作为代价的。

习　　题

3.1　在习题 3.1 图所示的各电路中,判断哪些是直流反馈?哪些是交流反馈?哪些是正反馈?哪些是负反馈?哪些是串联反馈?哪些是并联反馈?哪些是电压反馈?哪些是电流反馈?

3.2　在习题 3.2 图所示的放大电路中,引入反馈后,希望能够:(1)降低输出电阻;(2)稳定输出电流。试问应引入什么样的反馈?并分别在习题 3.2 图上接上反馈电路。

3.3　已知一个负反馈放大电路的 $A = 300$,$F = 0.01$,试求:

(1) 负反馈放大电路的闭环电压放大倍数 A_f 为多少?

(2) 如果由于某种原因使 A 发生 $\pm 6\%$ 的变化,则 A_f 的相对变化量为多少?

3.4　在习题 3.4 图所示的同相输入运算电路中,设开环放大倍数 $A = 10^4$,$R_1 = 10\text{k}\Omega$,R_F

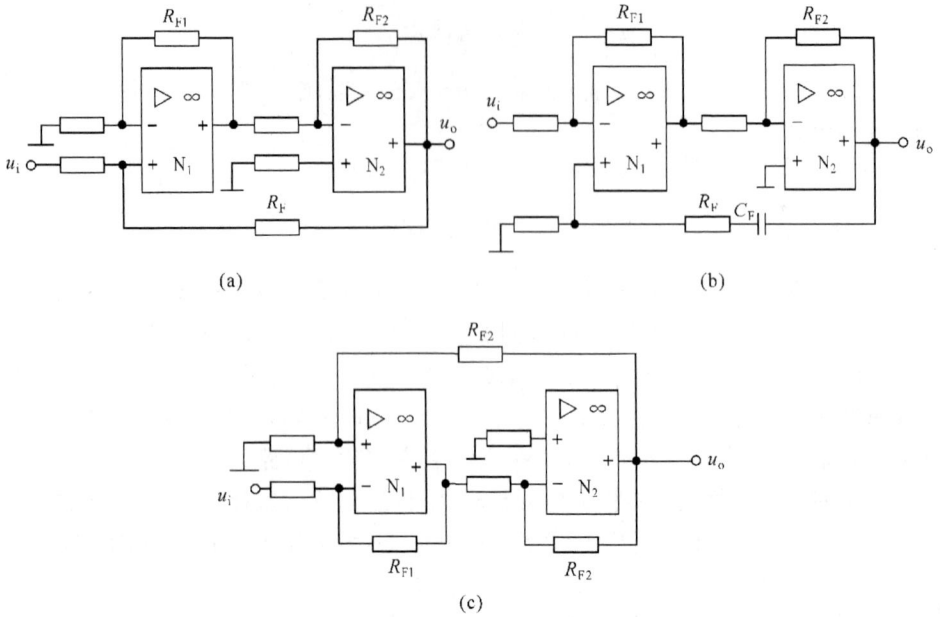

(a)　　　　　　　　　　　　　　　　　　　　(b)

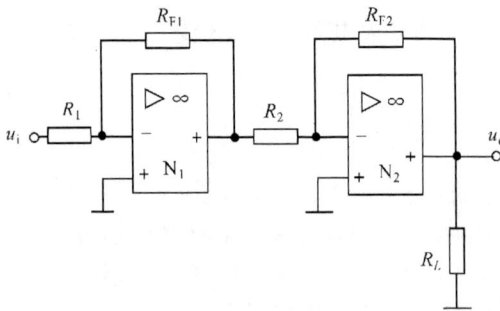

(c)

习题 3.1 图

$=250\text{k}\Omega, R_2 = 9.6\text{k}\Omega$。试求:

(1) 闭环放大倍数 A_f;

(2) 当放大器的 $\dfrac{\mathrm{d}A}{A}$ 为 5% 时, $\dfrac{\mathrm{d}A_f}{A_f}$ 是多少?

(3) 若开环带宽 BW 为 10Hz, 闭环带宽 BW_f 是多少?

(4) 若开环输入电阻 $r_{io} = 1000\text{k}\Omega$, 其闭环输入电阻 r_{if} 如何变化?

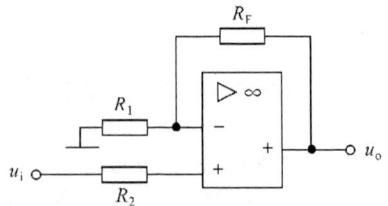

习题 3.2 图　　　　　　　　　　　　　　　　习题 3.4 图

3.5　指出习题 3.5 图所示各放大电路中的反馈环节,试判断其反馈类型。

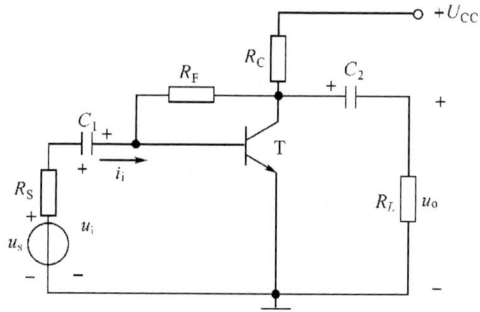

(a)

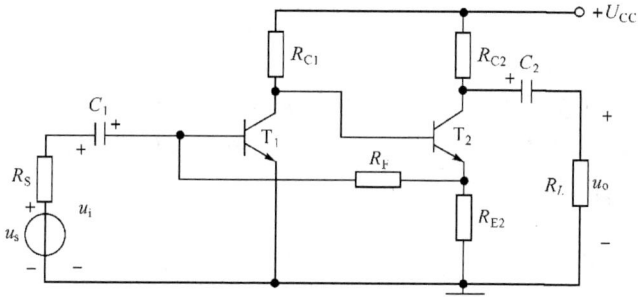

(b)

习题 3.5 图

第4章　集成运算放大器的应用

集成运算放大器具有可靠性高、放大性能好(如较大的放大倍数、较宽的通频带、较低的零点漂移等)、使用方便等特点,被广泛应用在自动控制、测量系统、电子计算机、通信装置和其他的电子设备中。集成运算放大器的应用分为线性和非线性应用两类。本章重点介绍集成运算放大器组成的电路在信号运算、信号测量、信号处理等方面的应用。

4.1　信号运算电路

集成运算放大器在深度负反馈的情况下,改变反馈电路与输入电路的结构形式和参数,则可实现比例、加减、积分与微分、对数与反对数等各种运算。

4.1.1　比例运算电路

所谓比例运算电路就是指电路的输出电压与输入电压为线性比例关系,当比例系数大于1时为放大电路。

1. 反相比例运算电路

输入信号从反相输入端引入的比例运算,称为反相比例运算,如图4.1.1所示。

输入信号 u_i 经输入回路电阻 R_1 送到反相输入端,而同相输入端通过电阻 R_2 接"地"(正、负电源的公共端)。反馈电阻 R_F 跨接在输出端和反相输入端之间。

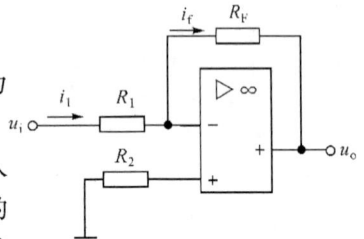

图 4.1.1　反相比例运算电路

根据集成运算放大器工作在线性区时的两个重要结论可知

$$i_1 \approx i_f$$
$$u_- \approx u_+ = 0$$

由图4.1.1可列出

$$u_i = R_1 i_1$$
$$u_o = -R_F i_f$$

由此得出

$$u_o = -\frac{R_F}{R_1} u_i \qquad\qquad (4.1.1)$$

闭环电压放大倍数则为

$$A_{uf} = \frac{u_o}{u_i} = -\frac{R_F}{R_1} \qquad (4.1.2)$$

式(4.1.2)表明,输出电压与输入电压是比例运算关系,只要 R_1 和 R_F 的阻值足够精确,而且集成运算放大器的开环电压放大倍数很高,就可以认为 u_o 与 u_i 间的关系只取决于 R_F 与 R_1 的比值,而与集成运算放大器本身的参数无关,这就保证了比例运算的精度和稳定性,式中的负号表示 u_o 与 u_i 反相。

图 4.1.1 所示电路中的 R_2 称为平衡电阻,$R_2 = R_1 // R_F$,其作用是保持同相输入端和反相输入端外接电阻的阻值相等,使静态时运算放大器的两个输入端电流相等,保证运算放大器工作在对称平衡状态。

当 $R_1 = R_F$ 时,有

$$A_{uf} = \frac{u_o}{u_i} = -1 \qquad (4.1.3)$$

称为反相器。

在第 3 章已分析过,图 4.1.1 所示的反相比例运算电路是一个电压并联负反馈电路。此类电路的输出电阻很低。此外,由于 $|A_{uo}F| \gg 1$,$A_{uf} \approx \dfrac{1}{F}$,且是一个深度负反馈电路,因而电路的工作状态非常稳定,具有较强的带负载能力。

2. 同相比例运算电路

输入信号从同相输入端加入的比例运算,称为同相比例运算,如图 4.1.2 所示。

根据理想运算放大器工作在线性区时的分析依据

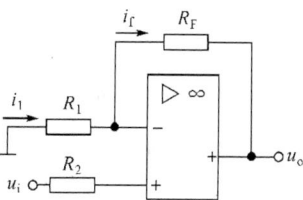

图 4.1.2　同相比例运算电路

$$u_- \approx u_+ = u_i$$

$$i_1 \approx i_f$$

由图 4.1.2 可列出

$$i_f = -\frac{u_-}{R_1} = -\frac{u_i}{R_1}$$

$$i_f = \frac{u_- - u_o}{R_F} = -\frac{u_i - u_o}{R_F}$$

则有

$$u_o = \left(1 + \frac{R_F}{R_1}\right) u_i \qquad (4.1.4)$$

故闭环电压放大倍数为

$$A_{uf} = \frac{u_o}{u_i} = 1 + \frac{R_F}{R_1} \tag{4.1.5}$$

式(4.1.5)表明，u_o 与 u_i 间的比例关系只与 R_F 和 R_1 有关，而与运算放大器本身的参数无关。式中 A_f 为正值，这表示 u_o 与 u_i 同相，并且 A_{uf} 总是大于或等于 1，这点与反相比例运算不同。

当 $R_1 = \infty$（断开）或 $R_F = 0$ 时，有

$$A_{uf} = \frac{u_o}{u_i} = 1 \tag{4.1.6}$$

电路称为电压跟随器，类似于晶体管放大电路中的射极跟随器。

同相比例运算电路属于串联电压负反馈，具有稳定性高、输入电阻较高、输出电阻较低、带负载能力强等优点。因此，同相比例运算电路应用相当广泛。

例 4.1.1　试求图 4.1.3 所示电路中输出电压 u_o。

解　在图示电路中，供给基本放大器的 +15V 电源经两个 $10k\Omega$ 的电阻分压后加到同相输入端，此电路为电压跟随器，则有

$$u_o = u_+ = \frac{10}{10+10} \times 15 = 7.5(V)$$

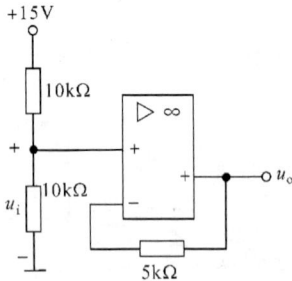

图 4.1.3　例 4.1.1 电路　　　　　图 4.1.4　加法运算电路

可见，u_o 只与电源电压和分压电阻有关。改变分压电阻可得到不同的 u_o，其不随负载的变化而变。该电路精度和稳定度均较高，可作为基准电压。

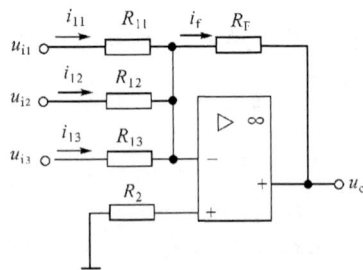

4.1.2　加法和减法运算电路

1. 加法运算电路

如果将多个输入信号接到集成运放的反相输入端，则构成反相加法运算电路，如图 4.1.4 所示。

由图 4.1.4 可列出

$$i_{11} = \frac{u_{i1}}{R_{11}}$$

$$i_{12} = \frac{u_{i2}}{R_{12}}$$

$$i_{13} = \frac{u_{i3}}{R_{13}}$$

$$i_f = i_{11} + i_{12} + i_{13}$$

$$i_f = -\frac{u_o}{R_F}$$

整理上式,可得

$$u_o = -\left(\frac{R_F}{R_{11}} u_{i1} + \frac{R_F}{R_{12}} u_{i2} + \frac{R_F}{R_{13}} u_{i3}\right) \qquad (4.1.7)$$

当 $R_{11} = R_{12} = R_{13} = R_1$ 时,有

$$u_o = -\frac{R_F}{R_1}(u_{i1} + u_{i2} + u_{i3}) \qquad (4.1.8)$$

在式(4.1.8)中,当 $R_1 = R_F$ 时,有

$$u_o = -(u_{i1} + u_{i2} + u_{i3}) \qquad (4.1.9)$$

由上式可见,加法运算电路也与运算放大器本身的参数无关,只要电阻值足够精确,就可保证加法运算的精度和稳定性。

平衡电阻 R_2 为

$$R_2 = R_{11} /\!/ R_{12} /\!/ R_{13} /\!/ R_F$$

2. 减法运算电路

在同相及反相两个输入端都有信号输入,则为比较输入,其运算电路如图 4.1.5 所示。由图可列出

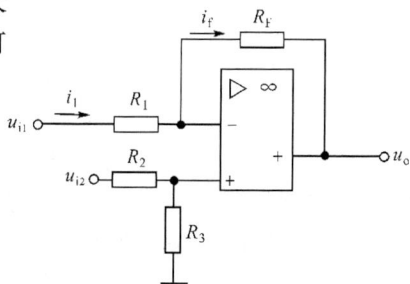

图 4.1.5　减法运算电路

$$u_- = u_{i1} - R_1 i_1$$

$$u_- = u_{i1} - R_1 i_1 = u_{i1} - \frac{u_{i1} - u_o}{R_1 + R_F} R_1$$

$$u_+ = \frac{u_{i2}}{R_2 + R_3} R_3$$

因 $u_- \approx u_+$,故有

$$u_o = \left(1 + \frac{R_F}{R_1}\right) \frac{R_3}{R_2 + R_3} u_{i2} - \frac{R_F}{R_1} u_{i1} \qquad (4.1.10)$$

当 $R_1 = R_2$ 和 $R_F = R_3$ 时,式(4.1.10)为

$$u_o = \frac{R_F}{R_1}(u_{i2} - u_{i1}) \qquad (4.1.11)$$

当 $R_F = R_1$ 时,得

$$u_o = u_{i2} - u_{i1} \tag{4.1.12}$$

可见,输出电压 u_o 与两个输入电压的差值成正比,完成减法运算。

由式(4.1.11)可得出电压放大倍数为

$$A_{uf} = \frac{u_o}{u_{i2} - u_{i1}} = \frac{R_F}{R_1} \tag{4.1.13}$$

根据上述分析,对比较输入信号可分解为一组共模信号和一组差模信号。因此,为了保证运算精度,应当选用共模抑制比较高的运算放大器。

4.1.3　积分和微分运算电路

1. 积分运算电路

电路与反相比例运算电路相类似,用电容 C_F 代替 R_F 作为反馈元件,反馈到反相输入端,即为积分运算电路,如图 4.1.6 所示。

信号从反相端输入,同相端接地,故 $u_- \approx 0$,得

$$i_1 = i_f = \frac{u_i}{R_1}$$

$$u_o = -u_C = -\frac{1}{C_F} \int i_f \, \mathrm{d}t = -\frac{1}{R_1 C_F} \int u_i \, \mathrm{d}t \tag{4.1.14}$$

式(4.1.14)表明,u_o 与 u_i 的积分成比例,式中的负号表示两者反相。$R_1 C_F$ 称为积分时间常数,它的数值越大,达到某一电压 u_o 值所需的时间就越长。

当输入电压 u_i 为阶跃电压时,如图 4.1.7(a)所示,则

$$u_o = -\frac{U_i}{R_1 C_F} t \tag{4.1.15}$$

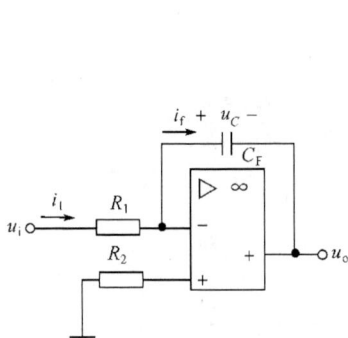

图 4.1.6　积分运算电路

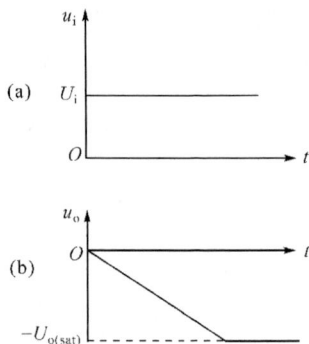

图 4.1.7　积分运算电路的阶跃响应
(a)输入波形;(b)输出波形

其输出波形如图 4.1.7(b)所示,最后达到负饱和值 $-U_{o(sat)}$。由于充电电流基本恒定(即 $i_f \approx i_1 \approx \dfrac{U_i}{R_1}$),故 u_o 是时间 t 的一次函数,其线性度较高。

例 4.1.2 试求图 4.1.8 所示电路中 u_o 与 u_i 的关系式。

解 由图 4.1.8 所示电路,可得

图 4.1.8 例 4.1.2 电路

$$u_o - u_- = -R_F i_1 - u_C = -R_F i_F - \frac{1}{C_F}\int i_f \mathrm{d}t$$

$$i_1 = \frac{u_i - u_-}{R_1}$$

因为 $u_- \approx u_+ = 0, i_f \approx i_1$,所以

$$u_o = -\left(\frac{R_F}{R_1}u_i + \frac{1}{R_1 C_F}\int u_i \mathrm{d}t\right)$$

应该注意的是,当输入信号为图 4.1.9(a)所示负阶跃信号 $-U$ 时,在 $t=0$ 瞬间,电容 C_F 相当于短路,所以 u_o 与 u_i 成比例关系,即

$$u_o = -\frac{R_F}{R_1}u_i = -\frac{R_F}{R_1}U$$

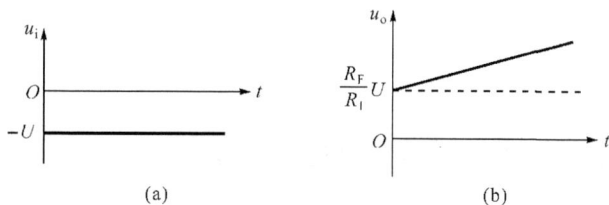

图 4.1.9 微分电路阶跃响应
(a)输入波形;(b)输出波形

当 $t > 0$ 时,电容 C_F 逐渐充电,输出将随着时间而线性增长,也就是进行积分运算,如图 4.1.9(b)所示。

可见,图 4.1.8 所示电路是反相比例运算和积分运算两者结合起来的,所以称其为比例-积分调节器,简称 PI(proportional integrator)调节器。在自动控制系统中需要有调节器(或称校正电路),以保证系统的稳定性和控制精度。

2. 微分运算电路

微分运算是积分运算的逆运算,只需将反相输入端的电阻和反馈电容调换位

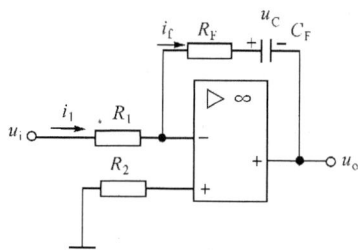

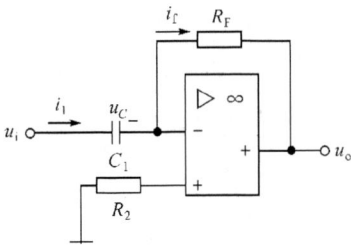

图 4.1.10　微分运算电路

置,就成为微分运算电路,如图 4.1.10 所示。

根据图 4.1.10 所示电路,可得

$$i_1 = C_1 \frac{\mathrm{d}u_C}{\mathrm{d}t} = C_1 \frac{\mathrm{d}u_i}{\mathrm{d}t} \qquad (4.1.16)$$

$$u_o = -R_F i_f = -R_F i_1 \qquad (4.1.17)$$

故

$$u_o = -R_F C_1 \frac{\mathrm{d}u_i}{\mathrm{d}t} \qquad (4.1.18)$$

即输出电压与输入电压对时间的一次微分成正比。

当 u_i 为阶跃电压时,u_o 为尖脉冲电压,如图 4.1.11 所示。

图 4.1.10 所示电路在原理上虽然可以实现微分运算,但在应用中存在容易出现高频干扰和产生自激振荡,以及输入阻抗低等实际问题。改进的办法是在输入电路中与 C_1 串联一个较小的电阻,则可以限制干扰,加强负反馈作用,使电路工作稳定。

例 4.1.3　试求图 4.1.12 所示电路中 u_o 与 u_i 的关系式。

解　根据图 4.1.12 所示电路,可列出

$$u_o = -R_F i_f$$

$$i_F = i_R + i_C = \frac{u_i}{R_1} + C_1 \frac{\mathrm{d}u_i}{\mathrm{d}t}$$

故

$$u_o = -\left(\frac{R_F}{R_1} u_i + R_F C_F \frac{\mathrm{d}u_i}{\mathrm{d}t} \right) \qquad (4.1.19)$$

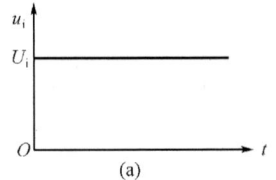

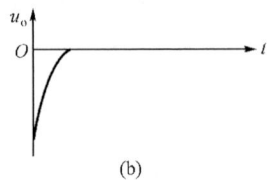

图 4.1.11　微分运算
电路阶跃响应
(a)输入波形;(b)输出波形

可见,图 4.1.12 所示是反相比例运算和微分运算两者组合起来的电路,所以称为比例-微分调节器,简称 PD(proportional differentiator)调节器。应用在自动控制系统中能对调节过程起加速作用。

例 4.1.4　试求图 4.1.13 所示电路中 u_o 与 u_i 的关系式。

解　根据图 4.1.12 所示电路,可知 $u_- = u_+ = 0$,又因为

$$i_f = i_1 = \frac{u_i}{R_1}$$

则电路中 A 点的电位为

$$u_A = -\left(R_2 i_f + \frac{1}{C_2} \int i_f \mathrm{d}t \right) = -\left(R_2 i_1 + \frac{1}{C_2} \int i_i \mathrm{d}t \right)$$

$$= -\left(\frac{R_2}{R_1} u_i + \frac{1}{R_1 C_2} \int u_i \mathrm{d}t \right)$$

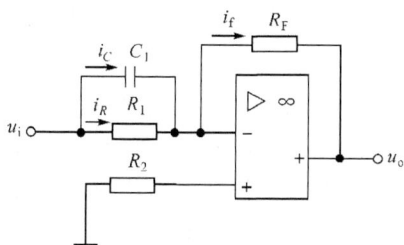

图 4.1.12　例 4.1.3 的电路

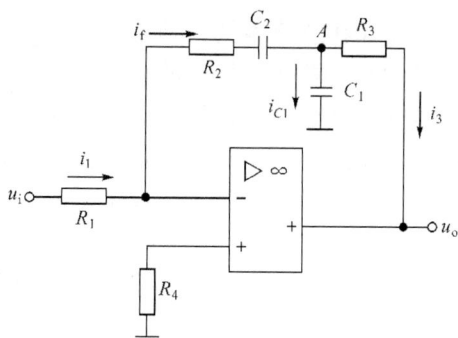

图 4.1.13　例 4.1.4 的电路

$$i_{C1} = C_1 \frac{du_A}{dt} = -\left(\frac{R_2}{R_1} \frac{du_i}{dt} + \frac{u_i}{R_1 C_2}\right)$$

电路中 A 点的电流为

$$i_3 = i_f - i_{C1} = \frac{u_i}{R_1} + \frac{R_2 C_1}{R_1} \frac{du_i}{dt} + \frac{C_1}{R_1 C_2} u_i$$

输出电压 u_o 为

$$u_o = -R_3 i_3 + u_A$$

代入各式整理可得

$$u_o = -\left[\left(\frac{R_3}{R_1} + \frac{R_3 C_1}{R_1 C_2} + \frac{R_2}{R_1}\right) u_i + \frac{1}{R_1 C_2} \int u_i dt + \frac{R_2 R_3 C_1}{R_1} \frac{du_i}{dt}\right] \quad (4.1.20)$$

式(4.1.20)说明,输出电压 u_o 与输入电压 u_i 呈比例积分微分关系,所以该电路称为 PID(proportional integral differentiator)调节器,其在生产过程自动控制系统中作为控制器应用相当广泛。

练习与思考

4.1.1　试比较反相比例运算电路和同相比例运算电路的特点。

4.1.2　由集成运算放大器组成的积分运算电路与简单的 RC 积分电路比较有哪些优点?

4.1.3　为什么在运算放大器电路中一般总要引入深度负反馈?

4.2　信号处理电路

集成运算放大器在自动控制系统中常用于信号处理方面,如有源滤波、信号比较及信号采样保持等,下面予以简单介绍。

4.2.1　*RC* 有源滤波电路

滤波电路实际是一种选频电路,亦称滤波器。它对于所选定的频率范围的信号衰减较小,能使其顺利通过,而对于频率超出此范围的信号则衰减较大,使其不易通过。按频率范围的不同,滤波电路可分为低通、高通、带通和带阻四种。由无源元件 R、C 构成的滤波电路称为无源滤波电路。无源滤波电路带负载能力较差,原因在于无源滤波电路与负载间没有隔离,当输出端接上负载时,负载也将成为滤波电路的一部分,结果导致滤波电路频率特性改变。本节研究的滤波电路称为有源滤波电路,其由 R、C 电路和有源元件(即集成运算放大器)构成。有源滤波电路与无源滤波电路比较,有源滤波电路具有体积小、频率特性好、效率高、受负载影响小等一系列优点,因而得到广泛应用。

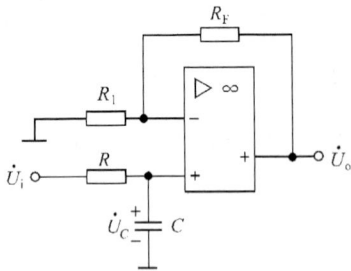

图 4.2.1　有源低通滤波电路

1. 有源低通滤波电路

一阶有源低通滤波电路如图 4.2.1 所示。设输入电压 u_i 为某一频率的正弦电压,则可用相量表示。由 RC 电路可得出

$$\dot{U}_+ = \dot{U}_C = \frac{\dfrac{1}{j\omega C}}{R + \dfrac{1}{j\omega C}}\dot{U}_i = \frac{\dot{U}_i}{1 + j\omega RC} \tag{4.2.1}$$

根据同相比例运算电路可得

$$\dot{U}_o = \left(1 + \frac{R_F}{R_1}\right)\dot{U}_+$$

故

$$\frac{\dot{U}_o}{\dot{U}_i} = \frac{1 + \dfrac{R_F}{R_1}}{1 + j\omega RC} = \frac{1 + \dfrac{R_F}{R_1}}{1 + j\dfrac{\omega}{\omega_0}} \tag{4.2.2}$$

式中,$\omega_0 = \dfrac{1}{RC}$,称为截止角频率。

如果频率 ω 为变量,该电路的传递函数为

$$A_{uf}(j\omega) = \frac{\dot{U}_o(j\omega)}{\dot{U}_i(j\omega)} = \frac{1 + \dfrac{R_F}{R_1}}{1 + j\dfrac{\omega}{\omega_0}} = \frac{A_{uf0}}{1 + j\dfrac{\omega}{\omega_0}} \tag{4.2.3}$$

其幅频特性为

$$|A_{uf}(j\omega)| = \frac{|A_{uf0}|}{\sqrt{1 + \left(\dfrac{\omega}{\omega_0}\right)^2}} \tag{4.2.4}$$

幅角为

$$\varphi(\omega) = -\arctan\frac{\omega}{\omega_0} \tag{4.2.5}$$

$\omega = 0$ 时, $|A_{uf}(j\omega)| = |A_{uf0}|$;

$\omega = \omega_0$ 时, $|A_{uf}(j\omega)| = \dfrac{|A_{uf0}|}{\sqrt{2}}$;

$\omega = \infty$ 时, $|A_{uf}(j\omega)| = 0$。

有源低通滤波电路的幅频特性如图 4.2.2 所示。由图可见,输入信号的频率 $\omega < \omega_0$ 时,输出电压衰减不多,信号容易通过。

为了改善滤波效果,使 $\omega > \omega_0$ 时信号衰减得快些,采用二阶或者高阶有源滤波电路可以明显改善滤波效果。二阶有源低通滤波电路和幅频特性,如图 4.2.3 和图 4.2.4 所示。

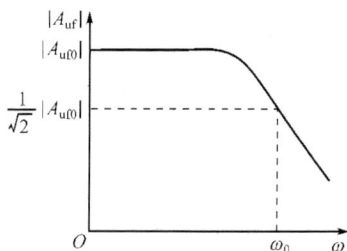

图 4.2.2　一阶有源低通滤波电路幅频特性

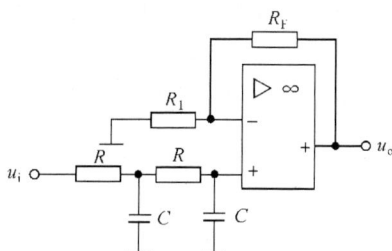

图 4.2.3　二阶有源低通滤波电路

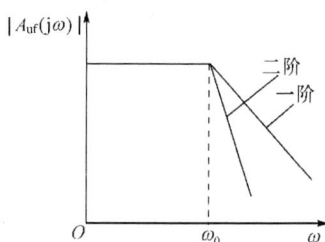

图 4.2.4　二阶有源低通滤波电路幅频特性

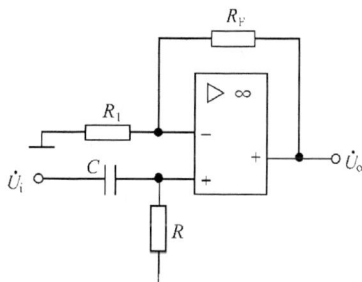

图 4.2.5　一阶有源高通滤波电路

2. 有源高通滤波电路

高通滤波电路和低通滤波电路一样,有一阶和高阶滤波电路。将图 4.2.1 所示的有源低通滤波电路中的电阻 R 和电容 C 对调,则成为一阶有源高通滤波电路,如图 4.2.5 所示。

由 RC 电路可得

$$\dot{U}_+ = \frac{R}{R + \dfrac{1}{j\omega C}} \dot{U}_i = \frac{\dot{U}_i}{1 + \dfrac{1}{j\omega RC}}$$

根据同相比例运算电路可得

$$\dot{U}_o = \left(1 + \frac{R_F}{R_1}\right)\dot{U}_+$$

故

$$\frac{\dot{U}_o}{\dot{U}_i} = \frac{1 + \dfrac{R_F}{R_1}}{1 + \dfrac{1}{j\omega RC}} = \frac{1 + \dfrac{R_F}{R_1}}{1 - j\dfrac{\omega}{\omega_0}} \tag{4.2.6}$$

式中，$\omega_0 = \dfrac{1}{RC}$。

如果频率 ω 为变量，则该电路的传递函数为

$$A_{uf}(j\omega) = \frac{\dot{U}_o(j\omega)}{\dot{U}_i(j\omega)} = \frac{1 + \dfrac{R_F}{R_1}}{1 - j\dfrac{\omega}{\omega_0}} = \frac{A_{uf0}}{1 - j\dfrac{\omega}{\omega_0}} \tag{4.2.7}$$

其幅频特性为

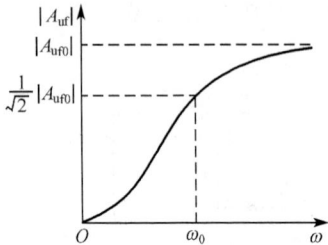

$$|A_{uf}(j\omega)| = \frac{|A_{uf0}|}{\sqrt{1 + \left(\dfrac{\omega}{\omega_0}\right)^2}} \tag{4.2.8}$$

幅角为

$$\varphi(\omega) = \arctan\frac{\omega_0}{\omega} \tag{4.2.9}$$

$\omega = 0$ 时，$|A_{uf}(j\omega)| = 0$；

$\omega = \omega_0$ 时，$|A_{uf}(j\omega)| = \dfrac{|A_{uf0}|}{\sqrt{2}}$；

$\omega = \infty$时，$|A_{uf}(j\omega)| = |A_{uf0}|$。

图 4.2.6　一阶有源高通
滤波电路幅频特性

一阶有源高通滤波电路的幅频特性，如图 4.2.6 所示。

例 4.2.1　图 4.2.7 所示为一无源的 RC 滤波电路，若 $R = 10k\Omega$，负载电阻 $R_L = 1k\Omega$，截止频率为 5Hz。试求所需电容值。如果改用图 4.2.1 所示的有源 RC 低通滤波电路，其他条件不变，所需的电容值是多少？

解　对无源滤波电路

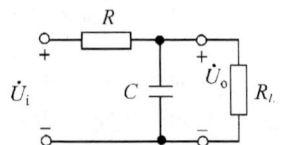

图 4.2.7　例 4.2.1 的电路

$$A_{uf} = -\frac{\dfrac{R_L}{R+R_L}}{1+j\omega R_L'C}$$

式中，R_L' 为 R 与 R_L 的并联等效电阻，截止频率

$$\omega_0 = -\frac{1}{R_L'C}$$

代入数据

$$R_L' = \frac{RR_L}{R+R_L} = \frac{10\times1}{10+1} = 909(\Omega)$$

故所需电容为

$$C = -\frac{1}{R_L'\omega_0} = \frac{1}{2\pi\times5\times909} = 35(\mu F)$$

若用图 4.2.1 所示的有源 RC 滤波电路，则所需电容为

$$C = \frac{1}{\omega_0 R} = \frac{1}{2\pi\times5\times10\times10^3} = 3.18(\mu F)$$

故其电容值不足无源滤波电路的 10%。

4.2.2　电压比较电路

1. 任意电压比较电路

电压比较电路的作用是用来比较输入电压和参考电压的，图 4.2.8(a)所示是其中的一种。U_R 是参考电压，加在同相输入端，输入电压 u_i 加在反相输入端。运算放大器工作于开环状态，由于开环电压放大倍数很高，即使输入端只有一个非常微小的差值信号，也会使输出电压饱和。因此，用作比较电路时，运算放大器工作在饱和区，即非线性区。当 $u_i < U_R$ 时，$u_o = +U_{o(sat)}$；当 $u_i > U_R$ 时，$u_o = -U_{o(sat)}$。图 4.2.8(b)是电压比较电路的传输特性。可见，在比较电路的输入端进行模拟信

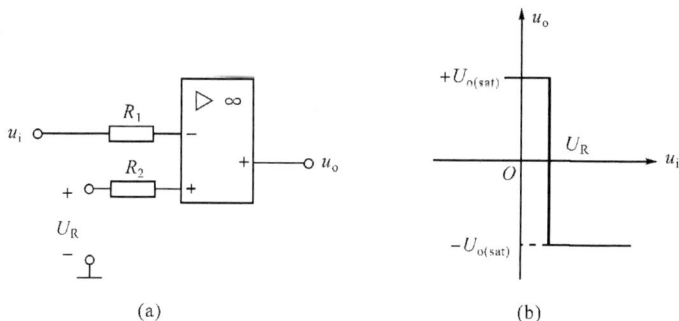

图 4.2.8　任意电压比较电路
(a)电路；(b)传输特性

号大小的比较,在输出端则以高电平或低电平(为数字信号"**1**"或"**0**")来反映结果。

2. 过零比较电路

当 $U_R = 0$ 时,即输入电压和零电平比较,称为过零比较电路,其电路和传输特性如图 4.2.9 所示。

当 u_i 为正弦波电压时,则 u_o 为矩形波电压,因为输入信号由反相输入端加入,故极性相反,波形如图 4.2.10 所示。

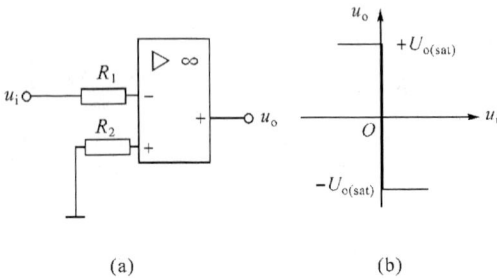

图 4.2.9　过零电压比较电路
(a)电路;(b)传输特性

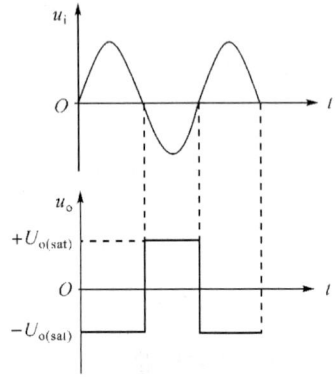

图 4.2.10　正弦波转换为矩形波

有时为了将输出电压限制在某一特定值,与接在输出端的数字电路的电平配合,可在比较电路的输出端与反相输入端之间跨接一个双向稳压管 D_Z,作双向限幅用。稳压管的稳定电压为 U_Z。电路和传输特性如图 4.2.11 所示。

输入信号 u_i 与零电平比较,输出电压 u_o 被限制在 $+U_Z$ 或 $-U_Z$。

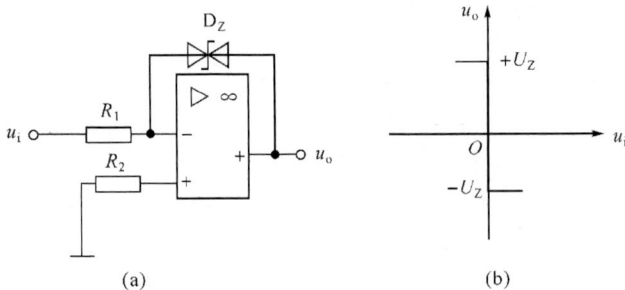

图 4.2.11　有限幅过零比较电路
(a)电路;(b)传输特性

图 4.2.12(a)是另一种有限幅的过零比较电路,输入电压加在同相输入端,反

相输入端是零电压($U_R = 0$)。比较电路的传输特性如图 4.2.12(b)所示。

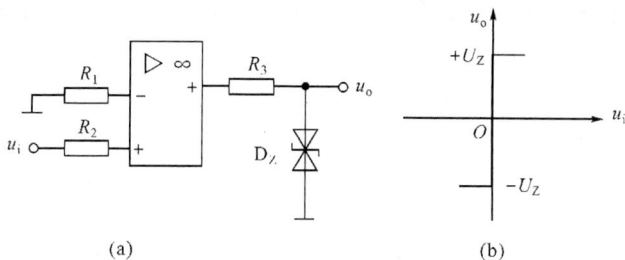

图 4.2.12　另一有限幅过零比较电路

(a)电路；(b)传输特性

3. 滞回比较电路

开环比较电路的抗干扰能力比较差。为了提高比较电路的抗干扰能力，可增加电阻组成的正反馈网络，成为滞回比较电路，如图 4.2.13(a)所示。

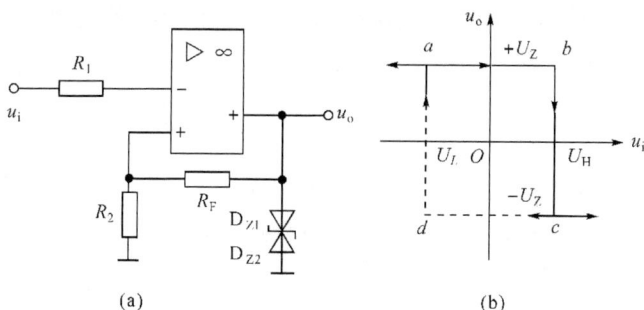

图 4.2.13　滞回比较电路

(a)电路；(b)传输特性

输入电压 u_i 加到反相输入端，输出端通过电阻 R_F 加到同相输入端，即实现正反馈。

当输出电压 $u_o = +U_{o(sat)}$ 时，有

$$u'_+ = U'_+ = \frac{R_2}{R_2 + R_F} U_{o(sat)} \tag{4.2.10}$$

当输出电压 $u_o = -U_{o(sat)}$ 时，有

$$u''_+ = U''_+ = -\frac{R_2}{R_2 + R_F} U_{o(sat)} \tag{4.2.11}$$

设某一瞬间 $u_o = +U_{o(sat)}$，当输入电压增大到 $u_i \geqslant U'_+$ 时，输入端电压转换为 $u_o = -U_{o(sat)}$，发生负向跃变。当 u_i 减小到 $u_i \leqslant U''_+$ 时，u_o 由转换为 $+U_{o(sat)}$，发生正

向跃变。如此周而复始,随着 u_i 大小的变化,输出电压 u_o 为一矩形波电压。

滞回比较电路的传输特性图 4.2.13(b)所示。由图可见,该比较电路的传输特性与磁滞回线类似。因此,这类比较电路称为滞回比较电路或施密特触发器。

滞回比较电路在波形的整形、波形的变换、幅值的鉴别等方面得到了广泛应用,其(与过零比较电路相比较)主要有以下特点。

(1) 引入正反馈后可以加速输出电压的转换过程,改善输出波形再跃变时的陡度。

(2) 回差提高了电路的抗干扰能力,输出电压一旦转换为 $+U_{o(sat)}$ 或 $-U_{o(sat)}$ 后,u_+ 随即自动变化,u_i 必须有较大的反向变化才能使输出电压转换。

4.2.3 两种转换电路

在工业控制系统中,为避免信号远距离传送时传输线阻抗的影响,需要将待传送的电压信号转换为电流信号,使其输出电流与输入电压成正比,且与传输线阻抗无关。另外,在某些微弱电流信号的测量中,为利于信号的处理与运算,需要将电流信号转换为电压信号。实现上述两种相互转换的电路,称为电压电流(U/I)或电流电压(I/U)转换电路。

1. 电压电流转换电路

基本的电压电流转换电路如图 4.2.14(a)所示。输入信号 u_i 接在运算放大器的同相输入端,输出电阻 R_L 直接反馈到反相输入端。由于 $i_d \approx 0$,$u_- \approx u_+$,且 $u_+ = u_i$,则有

$$i_L = i_1 = \frac{u_-}{R_1} = \frac{u_i}{R_1} \tag{4.2.12}$$

可见,输出信号电流 i_L 与输入电压 u_i 成正比,而与负载电阻 R_L 大小无关;由于运算放大器的输入电阻很大,故电流 i_L 的大小对信号源没有影响。

在图 4.2.14(a)所示电路中,由于负载电阻 R_L 的任何一端都不能接"地",故该电路仅适用于负载不接地的场合。为了解决此问题,可采用图 4.2.14(b)所示电路,其中利用反馈电阻 R_F 引入负反馈;利用负载电阻 R_L 和电阻 R_2 构成正反馈电路。为使电路仍然工作在线性状态,在选择电路参数时应使负反馈深度大于正反馈深度,以保证电路在总体上仍在负反馈状态下工作。在电路中负载 R_L 可接地。

由于 $i_1 = i_f$,即

$$i_1 = \frac{u_i - u_-}{R_1} = i_f = \frac{u_i - u_o}{R_F} \tag{4.2.13}$$

可得

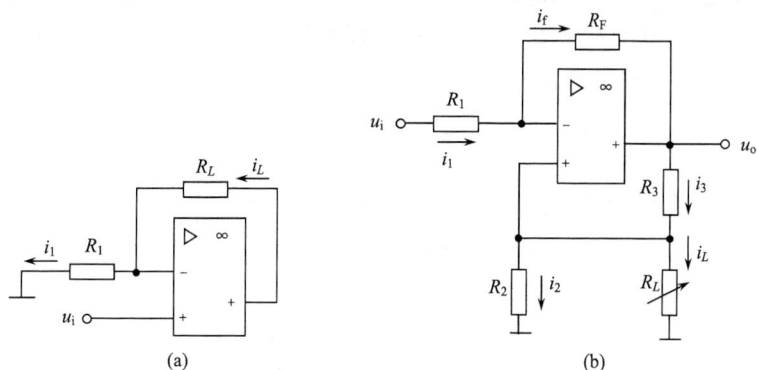

图 4.2.14　电压电流转换电路

(a)基本电路;(b)应用电路

$$u_- = \frac{u_i R_F + u_o R_1}{R_1 + R_F}$$

由于 $i_L = i_3 - i_2$,则有

$$i_L = \frac{u_o - u_+}{R_3} - \frac{u_+}{R_2} = \frac{u_o}{R_3} - u_+ \left(\frac{1}{R_2} + \frac{1}{R_3} \right) \tag{4.2.14}$$

如果 $\dfrac{R_F}{R_1} = \dfrac{R_3}{R_2}$,且 $u_+ = u_-$,则可得

$$i_L = -\frac{u_i}{R_2} \tag{4.2.15}$$

可见, i_L 的大小与输入信号 u_i 成正比,而与负载大小无关。

值得注意的是,上述电路中的负载电阻 R_L 不能开路,否则电路将处于正反馈工作状态而进入非线性工作区。

2. 电流电压转换电路

图 4.2.15 所示电路是可以实现电流电压线性转换的电路,输入电压信号加在反相输入端,输出信号经 R_F 电阻反馈到反相输入端。

由于反相端为虚地,且 $i_1 = i_f = \dfrac{u_o}{R_F}$,故

$$u_o = -R_F i_f = -R_F i_1 \tag{4.2.16}$$

可见,输出电压 u_o 与输入电流 i_1 为线性转换关系,即电流信号可以转换为电压信号。

如果输入电流 i_i 恒定不变,则该电路为一理想恒压源电路。因此,该电路可用于电阻测量。

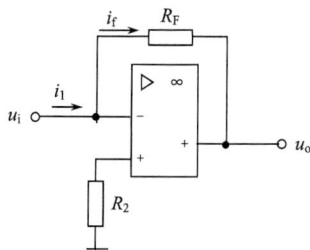

图 4.2.15　电流电压转换电路

如果在图 4.2.15 所示电路中,令 i_1 为给定值,R_F 为被测电阻,则 u_o 与 R_F 阻值成正比。例如,光电器件产生的光电流是数值很小的待测电流,通过该电路可以将其转换为电压信号进行测量。

练习与思考

4.2.1 比较电路的功能是什么?用在比较电路的集成运算放大器工作在什么区域?

4.2.2 有源滤波电路与无源滤波电路比较有什么优点?

*4.3 信号产生电路

集成运算放大器可以用来组成各种信号产生电路,如方波、三角波、锯齿波、阶梯波、正弦波等。本节主要讨论非正弦信号的产生电路。关于正弦波信号产生电路将在第 5 章专门讨论。

4.3.1 矩形波发生电路

矩形波信号又称方波信号,常用作数字电路的信号源。能够形成矩形波信号的电路称为矩形波发生器。因为矩形波中含有丰富的谐波成分,所以矩形波发生器也称为多谐振荡器。

集成运算放大器组成的多谐振荡电路,如图 4.3.1(a)所示。集成运算放大器与 R_1、R_2、R_3 和双向稳压管 D_Z 组成双向限幅的滞回电压比较电路,输出电压的幅度被限制在 $+U_Z$ 或 $-U_Z$,R_1、R_2 构成正反馈电路,R_2 上的电压 U_R 是输出电压值的一部分,则有

$$U_R = + \frac{R_2}{R_1 + R_2} U_Z \tag{4.3.1}$$

当输出为 $-U_Z$ 时,有

$$U_R = - \frac{R_2}{R_1 + R_2} U_Z \tag{4.3.2}$$

电路中电阻 R_F 和电容 C 组成充放电电路,电压 u_C 为输入信号 u_i。

当电路接通电源瞬间,电容电压 $u_C = 0$,集成运算放大器的输出处于正饱和值还是负饱和值是随机的。设输出为正饱和值时,则 $u_o = +U_Z$,同相输入端参考电压为 $+U_R$。u_o 通过 R_F 向电容 C 充电,u_C 按指数规律逐渐上升,上升速度的快慢由时间常数 $R_F C$ 决定。

当 $u_C < +U_R$ 时,$u_o = +U_Z$ 不变;当 $u_C > +U_R$(略大)时,集成运算放大器由正饱和转换为负饱和,输出电压跃变为 $-U_Z$。

当 $u_o = -U_Z$ 时,参考电压为 $-U_R$,电容 C 经过 R_F 放电,u_C 逐渐下降至 0,随

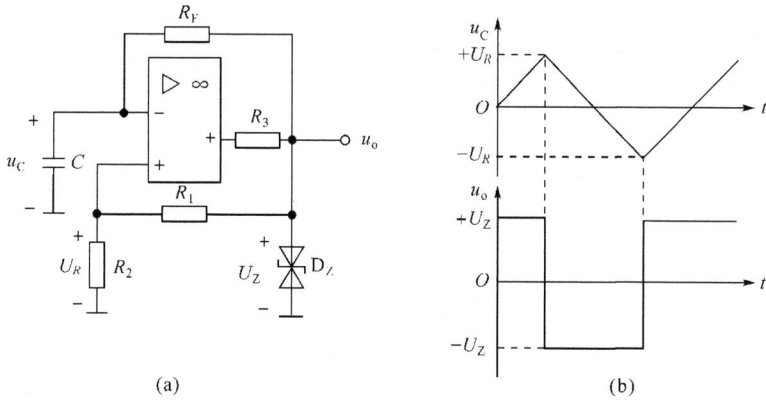

图 4.3.1 矩形波发生电路

(a)电路;(b)波形

后方向充电,u_C 同样按指数规律下降。当 u_C 下降到略小于 $-U_R$ 时,集成运算放大器则由负饱和迅速转换为正饱和,输出电压跃变为 $+U_Z$。如此周期性变化,在输出端得到矩形波电压,如图 4.3.1(b)所示。

输出矩形波的周期为

$$T = 2R_F C \ln\left(1 + \frac{2R_2}{R_1}\right) \tag{4.3.3}$$

输出电压的频率为

$$f = \frac{1}{T} = \frac{1}{2R_F C\left(1 + \dfrac{2R_2}{R_1}\right)} \tag{4.3.4}$$

显然,改变时间常数 $R_F C$,则可改变输出波形的频率。

4.3.2 三角波发生电路

三角波发生电路如图 4.3.2(a)所示。集成运算放大器 N_1 组成滞回比较电路,N_2 组成积分电路,其输入为 N_1 的输出 u_{o1}。

根据图 4.3.2(a)所示电路,利用叠加原理可得同相输入端电压为

$$u_{+1} = \frac{R_2}{R_1 + R_2}u_{o1} + \frac{R_1}{R_1 + R_2}u_o \tag{4.3.5}$$

反向输入端电压(基准电压)$u_{-1} = 0$。当 $u_{+1} > 0$ 时,$u_{o1} = +U_Z$,u_o 线性下降。则有

$$u_{+1} = \frac{R_2}{R_1 + R_2}(+U_Z) + \frac{R_1}{R_1 + R_2}u_o \tag{4.3.6}$$

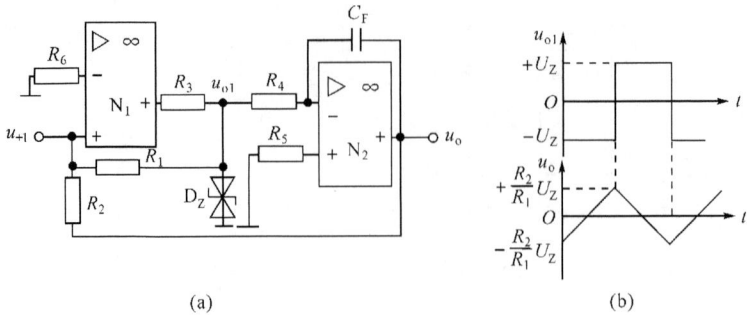

图 4.3.2　三角波发生电路

(a) 电路；(b) 波形

当 u_o 下降到使 $u_{+1}=0$ 时,有

$$u_o = -\frac{R_2}{R_1}U_Z \tag{4.3.7}$$

u_{o1} 从 $+U_Z$ 翻转为 $-U_Z$, u_o 线性上升。故有

$$u_{+1} = \frac{R_2}{R_1+R_2}(-U_Z) + \frac{R_1}{R_1+R_2}u_o \tag{4.3.8}$$

同理,当 u_o 上升到使 $u_{+1}=0$ 时,有

$$u_o = \frac{R_2}{R_1}U_Z \tag{4.3.9}$$

U_{o1} 从 $-U_Z$ 翻转为 $+U_Z$, u_o 线性下降。

如此周期性地变化,N_1 输出的是矩形波电压 u_{o1}, N_2 输出的是三角波电压 u_o,其波形如图 4.3.2(b)所示。三角波的周期和频率取决于电路的参数,即

$$T = \frac{4R_1R_4C_F}{R_2} \tag{4.3.10}$$

$$f = \frac{R_2}{4R_1R_4C_F} \tag{4.3.11}$$

因此,图 4.3.2(a)所示电路也称为矩形波-三角波发生电路。

4.3.3　锯齿波发生电路

锯齿波信号在示波器、数字仪表等电子设备中经常用到。电路结构与三角波发生电路基本相同,只是积分电路反向输入端的电阻 R_4 分为两路,使正负向积分的时间常数大小不同,因此积分的速率明显不等,所产生的输出波形就不再是三角波而是锯齿波。电路如图 4.3.3(a)所示。

当 u_{o1} 为 $+U_Z$ 时,二极管 D_1 导通,积分时间常数为 R_4C_F;当 u_{o1} 为 $-U_Z$ 时,二极管 D_2 导通,积分时间常数为 $R_4'C_F$。

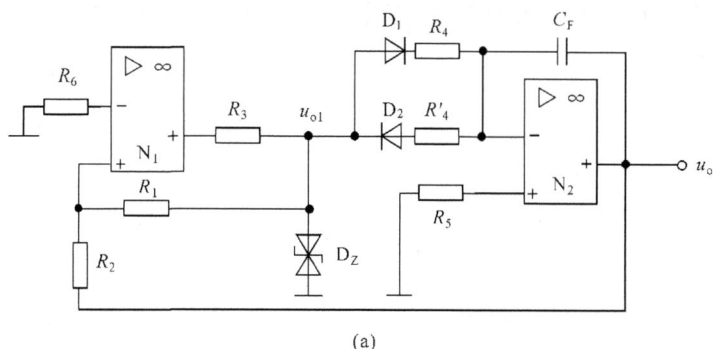

(a)

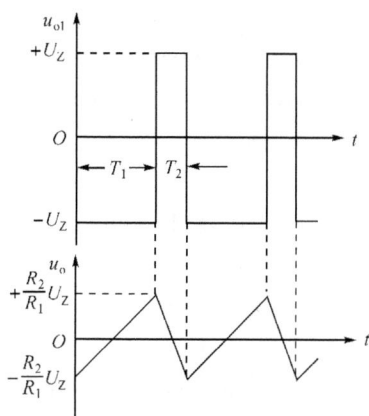

(b)

图 4.3.3　锯齿波发生电路

(a)电路;(b)波形

可见,正、负积分速率不一样,所以输出电压 u_o 为锯齿波。输出电压波形如图 4.3.3(b)所示。

4.4　集成串联型稳压电路

在第 1 章介绍了稳压管组成的稳压电路,其优点是电路结构简单,稳压性能好,内阻较小(几欧姆至几十欧姆),适合负载电流较小的场合;其缺点是输出电压取决于稳压管的型号,电压不可调节,只适用于作基准电压。串联型稳压电路可克服上述稳压电路存在的不足,因此具有广泛的应用前景。

4.4.1 运算放大器组成的串联型稳压电路

串联型稳压电路主要由调整、基准电压、采样电路和比较放大环节等四部分组成,如图4.4.1所示。

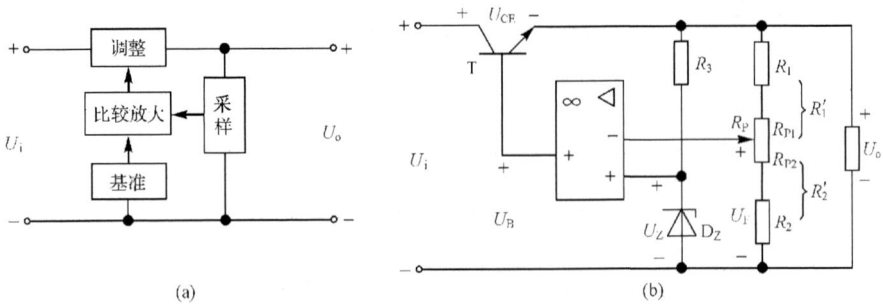

图 4.4.1 串联型稳压电路

(a)组成框图;(b)原理电路

1)采样电路

采样电路由电阻 R_1、R_P、R_2 组成,将输出电压 U_o 的一部分电压 U_F,送至比较放大电路的输入端,采样电压为

$$U_F = \frac{R'_2}{R'_1 + R'_2} U_o \qquad (4.4.1)$$

式中,$R'_1 = R_1 + R_{1P}$;$R'_2 = R_2 + R_{2P}$;R_P 为电位器的阻值。

2)基准电压

基准电压从稳压管 D_Z 和限流电阻 R_3 组成的电路中获得,即稳压管的电压 U_Z,是一个稳定性较高的直流电压,作为调整、比较的标准。

3)比较放大电路

比较放大电路由运算放大器构成,运算放大器的输出电压为

$$U_B = A_u(U_+ - U_-) = A_u(U_Z - U_F) \qquad (4.4.2)$$

运算放大器将采样电压 U_F 和基准电压 U_Z 比较产生的差值电压放大后控制调整管 T 的压降 U_{CE}。

4)调整环节

调整环节是由工作在放大区的功率管 T 组成,其基极电流 I_B 受到比较放大电路输出信号控制。只要控制调整管 T 的基极电流 I_B,就可以改变集电极电流 I_C 和集-射极电压 U_{CE},从而达到自动调整输出电压 U_o 的大小。

串联型稳压电路的工作原理如下:假设当电源电压 U 或负载电阻 R(即负载电流 I_o 变化)的变化使输出电压 U_o 升高时,取样电压 U_F 随之升高,运算放大器的

输出电压 U_B 下降,调整管 T 的电流 I_C 也减小,管压降 U_{CE} 升高,输出电压 $U_o = U_i - U_{CE}$ 下降,使得输出电压 U_o 保持不变。其自动调整过程实际上利用电阻 R_1' 引入的电压串联负反馈来实现的,即

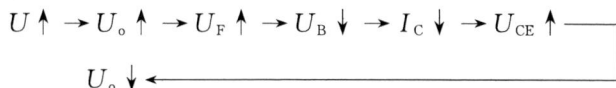

$$U \uparrow \rightarrow U_o \uparrow \rightarrow U_F \uparrow \rightarrow U_B \downarrow \rightarrow I_C \downarrow \rightarrow U_{CE} \uparrow \longrightarrow$$
$$U_o \downarrow \longleftarrow$$

同理,U 或者 I_o 的变化使得 U_o 降低时,电路同样可以调整输出电压 U_o 保持不变。

根据图 4.4.1(b)所示电路,串联型稳压电路的输出电压为

$$U_o = \left(1 + \frac{R_1'}{R_2'}\right)U_Z \tag{4.4.3}$$

从上述调整过程可以看出,改变基准电压或调整电位器,即可改变输出电压 U_o 的大小。

4.4.2　三端稳压电路

集成稳压电路是将串联型稳压电路中的调整、比较放大、基准电压、采样环节和各种联接在同一硅片上封装而成。集成稳压电路具有体积小、使用方便、工作可靠等特点,目前已得到广泛应用。这里重点介绍 W78$\times\times$和 W79$\times\times$系列三端稳压器的应用,三端稳压器的外形与管脚排列,如图 4.4.2 所示。

W78$\times\times$系列的三引线端分别为:输入端 1、输出端 2 和公共端 3。W79$\times\times$系列的三引线端分别为输入端 3、输出端 2 和公共端 1。

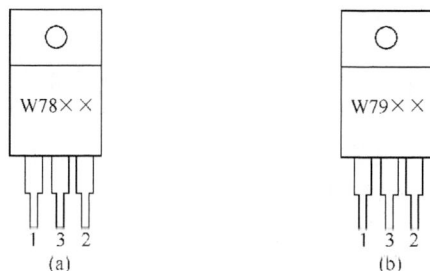

图 4.4.2　稳压器外形图
(a) W78$\times\times$系列;(b) W79$\times\times$系列

常用的三端稳压器 W78$\times\times$系列(输出正电压)和 W79$\times\times$系列(输出负电压),"$\times\times$"表示输出的电压值,可为 5V、6V、8V、10V、12V、15V、18V、24V 等几个档次,如 W7815 表示输出稳定电压为 +15V,W7915 表示输出稳定电压为 -15V。如果需要 -5V 直流电压时,则可以选择 W7905 的稳压器。W78$\times\times$和

W79××系列稳压器在加散热器的情况下,输出电流可达1.5～2.2A,最高输出电压为35V,最小输入和输出电压差为2～3V,输出电压变化率为0.1％～0.2％。

下面介绍几种三端稳压器应用电路。

1. 基本电路

W78××和W79××系列稳压器的基本应用电路,如图4.4.3所示。

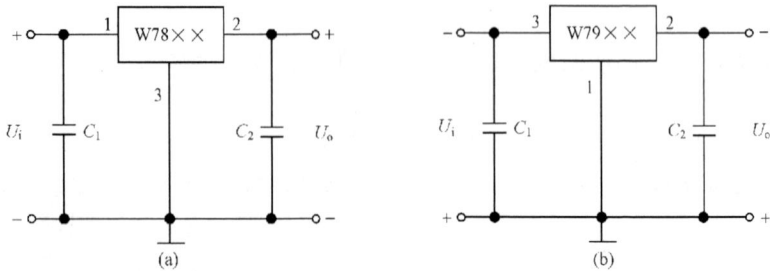

图4.4.3　三端稳压器基本应用电路

(a) W78××基本电路；(b) W79××基本电路

2. 提高输出电压电路

当实际所需电压超过稳压器的规定值时,可以外接一些元件,以提高输出电压,如图4.4.4所示。$U_{××}$为三端稳压器的固定输出电压,则实际输出电压为

$$U_{o} = U_{××} + U_{z} \qquad (4.4.4)$$

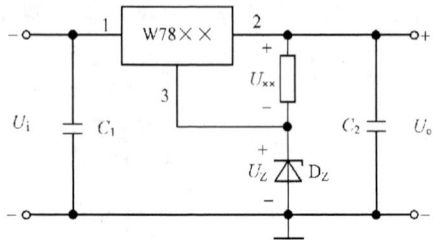

图4.4.4　提高输出电压电路

3. 扩大输出电流电路

当稳压电路所需输出电流大于2A时,可以通过外接大功率晶体管扩大输出电流,如图4.4.5所示。图中I_3为稳压器公共端电流,其值很小一般为几毫安,可以忽略不计,所以$I_1 \approx I_2$,则有

$$I_{o} \approx I_2 + I_C = I_2 + \beta I_B = I_2 + \beta(I_1 - I_B)$$

$$= (1 + \beta)I_2 - \beta \frac{U_{BE}}{R} \qquad (4.4.5)$$

可见,因为U_{BE}很小,输出电流近似扩大了β倍。

电路中的电阻R用于保证功率管只在输出电流I_o较大时才导通。

4. 输出电压可调式稳压电路

输出电压可调式稳压电路如图 4.4.6 所示,运算放大器起电压跟随器作用。电路中 $U_+ \approx U_-$,则输出电压 U_o 为

$$U_o = \left(1 + \frac{R_2}{R_1}\right)U_{\times\times} \qquad (4.4.6)$$

主要适当调节电位器 R_P,即适当调整 R_1 与 R_2 的比值,则可调节输出电压 U_o 的大小。

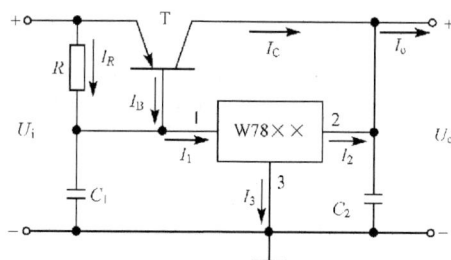

图 4.4.5　提高输出电流电路

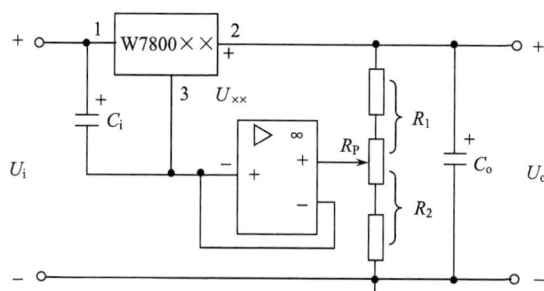

图 4.4.6　输出电压可调式稳压电路

*4.4.3　开关型稳压电路

前面介绍的各种稳压电路,无论分立元件还是三端集成稳压电路,调整管都工作在线性放大器区,亦称线性稳压电路。由于负载电流连续地流过调整管,故调整管的损耗比较大,效率很低(为 40%～60%),同时还配备笨重的散热装置。

开关稳压电路也是依靠调整管的调整作用稳定输出电压。由于其是通过控制电路使调整管处于开关状态,所以效率很高(为 80%～90%)。当然,电路结构相应也较为复杂,如图 4.4.7 所示。其主要由开关调整管 T、脉宽调制(PWM)电路和 LC 滤波电路构成。

在图 4.4.7 所示电路中,整流滤波电路的输出电压为 U_i,电压比较器反相输入电压 u_T 为发生器产生的固定频率的三角波信号,如图 4.4.8 所示。同相输入端为误差放大器输出电压 u_A,输出电压 u_B 用来控制调整管 T 的导通与截止,用其完成将 U_i 变为断续的矩形波电压 u_E。采样电压 u_F 加在误差放大器的反相输入端,基准电压 U_{RF} 加在误差放大器的同相输入端。

现在分析开关稳压电路的工作原理。

当 $u_A > u_T$ 时,u_B 为高电平,T 饱和导通,如果忽略 T 的饱和压降,则 $u_E = U_i$。

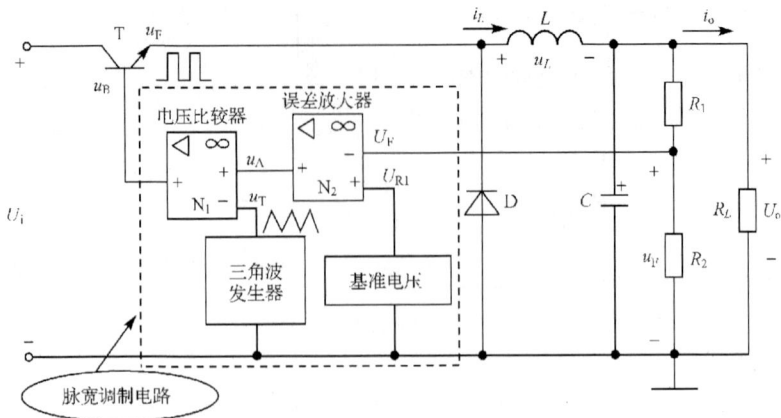

图 4.4.7　脉宽调整式开关型稳压电路原理图

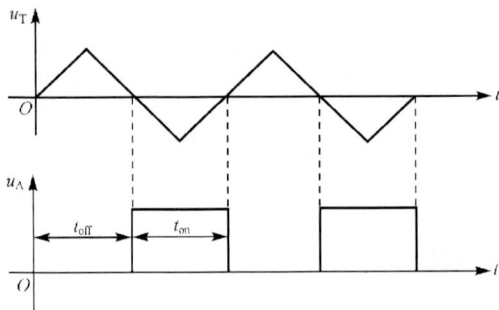

图 4.4.8　图 4.4.7 中 u_T 与 u_A 的波形

输入电压 U_i 经 T 加到二极管 D 的两端。因二极管承受反向电压而截止,负载中有电流 i_o 通过,电感 L 储存能量,同时电容器 C 充电。电路输出电压略有增加。

当 $u_A < u_T$ 时,u_B 为低电平,T 由导通变为截止,滤波电感产生自感电动势(极性如图 4.4.7 所示),使二极管 D 导通,于是电感中储存的能量通过 D 向负载 R_L 释放,使负载 R_L 中继续有电流 i_o 通过,因而该二极管 D 也称为续流二极管。此时有 $u_E = -U_D$(二极管的正向压降)。

综上所述,虽然调整管 T 处于开关工作状态,但由于二极管 D 的续流作用和 LC 的滤波作用,输出电压是比较平稳的。开关稳压电路中各点电压的波形,如图 4.4.9 所示。图中 t_{on} 为调整管 T 的导通时间,t_{off} 为调整管 T 的截止时间,开关的转换周期为 $T = t_{on} + t_{off}$。显然,在忽略滤波电感 L 的直流压降的情况下,输出电压的平均值为

$$U_o = \frac{1}{T}\int_0^{t_1} u_E \mathrm{d}t + \frac{1}{T}\int_{t_1}^T u_E \mathrm{d}t$$

$$= \frac{1}{T}(-U_D)t_{off} + \frac{1}{T}(U_1 - U_{CES})t_{on} \approx U_1 \frac{t_{on}}{T} = qU_1 \quad (4.4.7)$$

式中,q 为脉冲波形的占空比,$q = \dfrac{t_{on}}{T}$,即一个周期持续脉冲时间 t_{on} 与周期 T 之比值。

由式(4.4.7)可见,对于一定的输入电压 U_i,通过调节占空比即可调节输出电压 U_o。故称这种开关型稳压电路为脉宽调制(PWM)式开关稳压电路,脉宽调制电路如图 4.4.7(中虚框部分)所示。

因电路中引入了电压负反馈,使得电路具有自动稳压作用。当电路中输入电压 U_i 或负载电阻 R_L 变化时,电路可自动调整脉冲波形(u_B)的占空比 q,使输出电压保持稳定不变。如输入电压 U_i 增加时,其稳压过程为

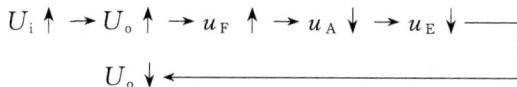

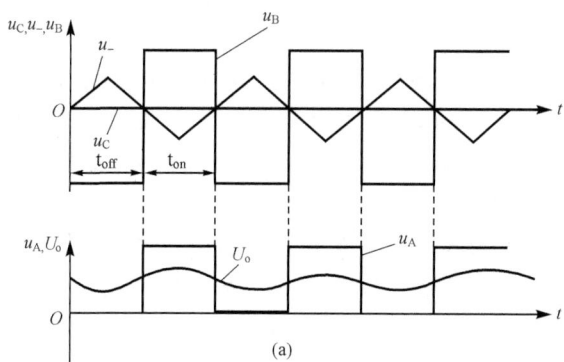

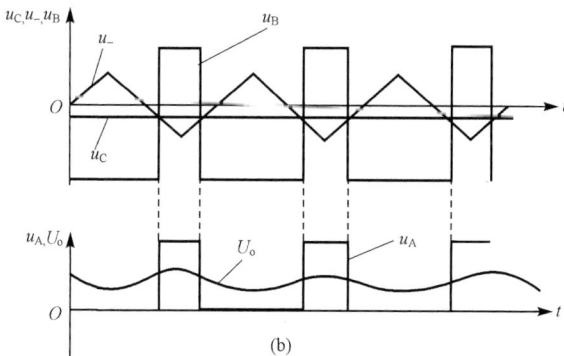

$$U_i \uparrow \rightarrow U_o \uparrow \rightarrow u_F \uparrow \rightarrow u_A \downarrow \rightarrow u_E \downarrow$$
$$U_o \downarrow \leftarrow$$

图 4.4.9　脉宽调制开关型稳压电路各点电压波形

(a)$q = 50\%$;(b)$q < 50\%$

开关型稳压电路的最佳开关频率通常为 $10\sim100\mathrm{kHz}$,频率太高,将会增加调整管 T 开关次数,从而增加 T 的管耗,降低效率。由于开关型稳压电路具有效率高、稳压范围宽、滤波效果好等优点,使得开关电源在各种仪器设备和计算机乃至家电产品中得到广泛的应用。

练习与思考

4.4.1　用两块 W78×× 可构成输出正、负电压的稳压电路吗? 如果可以请画出电路图。

4.4.2　串联型稳压电路有哪些主要环节? 调整管工作在何种状态? 电路属于何种类型的负反馈?

本 章 小 结

1. 本章重点介绍集成运算放大器的广泛应用。按其工作区分,有线性应用和非线性应用;按其功能分,有模拟运算、信号测量与处理等。

2. 集成运算放大器线性应用时,外接一定形式的负反馈电路,输出与输入成线性关系。线性模拟运算,有源滤波与电压、电流和电阻测量电路等均属于线性应用。

3. 集成运算放大器非线性应用时分为两类:一类是运算放大器处于放大状态,但外部电路有非线性元件,如限幅和精密整流电路;另一类是运算放大器工作在"开关"状态,即在正向饱和与反向饱和之间交替转换,如比较电路、任意电压比较电路、滞回比较电路等。

(1) 集成运算放大器线性应用的分析应抓住理想化条件,再加上基尔霍夫定律的灵活运用,由此来确定输出与输入的关系。各种线性运算电路的基本关系式如下。

反相比例运算

$$u_{\mathrm{o}} = -\frac{R_{\mathrm{F}}}{R_1} u_{\mathrm{i}}$$

同相比例运算

$$u_{\mathrm{o}} = \left(1 + \frac{R_{\mathrm{F}}}{R_1}\right) u_{\mathrm{i}}$$

加法运算

$$u_{\mathrm{o}} = -\left(\frac{R_{\mathrm{F}}}{R_{11}} u_{\mathrm{i1}} + \frac{R_{\mathrm{F}}}{R_{12}} u_{\mathrm{i2}}\right)$$

减法运算

$$u_{\mathrm{o}} = \left(1 + \frac{R_{\mathrm{F}}}{R_1}\right) \frac{R_3}{R_2 + R_3} u_{\mathrm{i2}} - \frac{R_{\mathrm{F}}}{R_1} u_{\mathrm{i1}}$$

积分运算

$$u_o = -\frac{1}{R_1 C_F}\int u_i \mathrm{d}t$$

微分运算

$$u_o = -R_F C_1 \frac{\mathrm{d}u_i}{\mathrm{d}t}$$

(2) 电压比较电路是将输入信号和参考电压进行比较,在两者幅值相等时,输出电压发生跃变。比较电路的输入是模拟信号,从而使运算放大器输出正向或者反向饱和值(即高电平或者低电平)。因此,比较电路中集成运算放大器都工作在非线性区。为了加快运放电路输出电压状态的转换,提高比较精度,可在电路中引入正反馈。常用的比较电路有过零比较电路、任意电压比较电路、滞回比较电路等。

(3) 有源滤波电路是利用无源 RC 滤波电路和集成运算放大器组合而成的。按其工作的频率范围,通常可分为低通、高通、带通、带阻等类型。

4. 集成稳压器具有体积小、重量轻、价格低、使用方便等优点,应用相当广泛。目前,已有集整流、滤波、稳压于一体的直流模块出售,应用时应先了解各种电路的具体特点。

习　　题

4.1　为了获得较高的电压放大倍数,而又可避免采用高值电阻 R_F,将反相比例运算电路改为习题 4.1 图所示的电路,并设 $R_F \gg R_4$。试证明:

$$A_f = \frac{u_o}{u_i} = -\frac{R_F}{R_1}\left(1+\frac{R_3}{R_4}\right)$$

4.2　在习题 4.1 图中,(1) 已知 $R_1 = 50\mathrm{k}\Omega$, $R_2 = 33\mathrm{k}\Omega$, $R_3 = 3\mathrm{k}\Omega$, $R_4 = 2\mathrm{k}\Omega$, $R_F = 100\mathrm{k}\Omega$。试求:

(1) 电压放大倍数 A_f;

(2) 如果 $R_3 = 0$,要求得到同样大的电压放大倍数,R_F 的阻值应增大到多少?

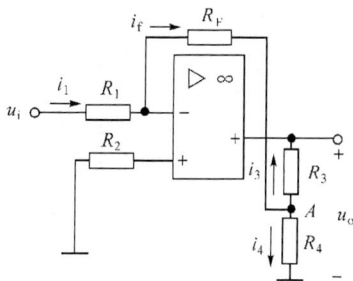

4.3　试推导出习题 4.3 图所示各运算放大电路中输出与输入的关系。

习题 4.1 图

4.4　求习题 4.4 图所示电路的 u_o 与 u_i 的运算关系式。

4.5　在习题 4.5 图中,已知 $R_F = 2R_1$, $u_i = -2\mathrm{V}$,试求输出电压 u_o。

4.6　在习题 4.6 图所示的电路中,试求 u_o 与各输入电压 u_i 的运算关系式。

4.7　如习题 4.7 图所示是利用两个运算放大器组成的具有较高输入电阻的差动放大电路。试求 u_o 与 u_{i1}、u_{i2} 的运算关系式。

4.8　电路如习题 4.8 图所示,试求输出电压 u_{o1}、u_{o3} 及 u_o。

4.9　在习题 4.9 图所示积分运算电路中,如果 $R = 10\mathrm{k}\Omega$, $C = 1\mu\mathrm{F}$, $u_i = -1\mathrm{V}$。试求:

(1) u_o 由起始值 0V 达到 +10V(设为运算放大器的最大输出电压)所需要的时间是多少?

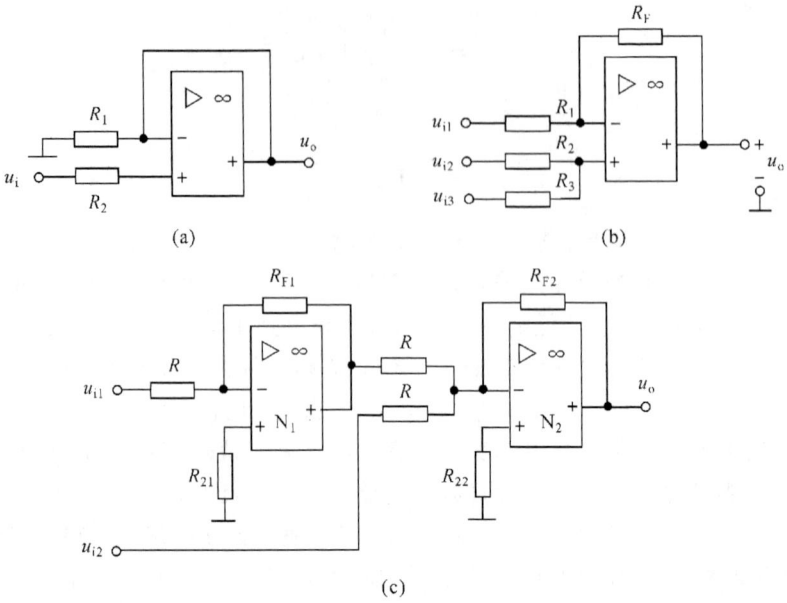

(a)　　　　　　　　　　　　　　(b)

(c)

习题 4.3 图

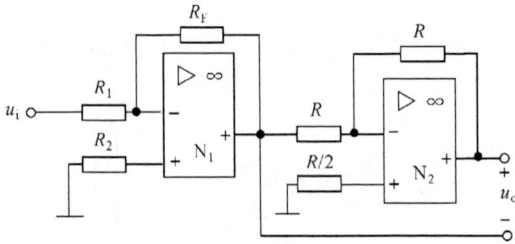

习题 4.4 图

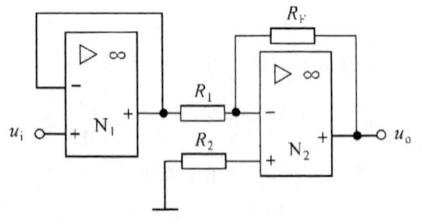

习题 4.5 图

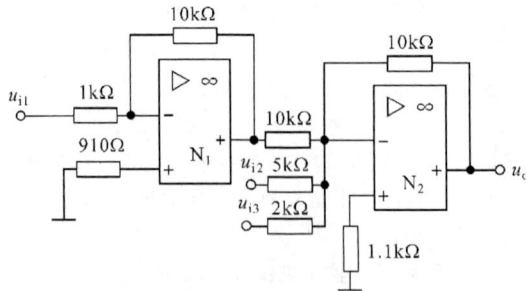

习题 4.6 图

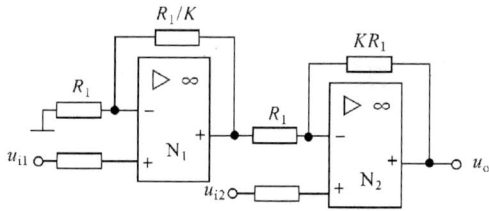

习题 4.7 图

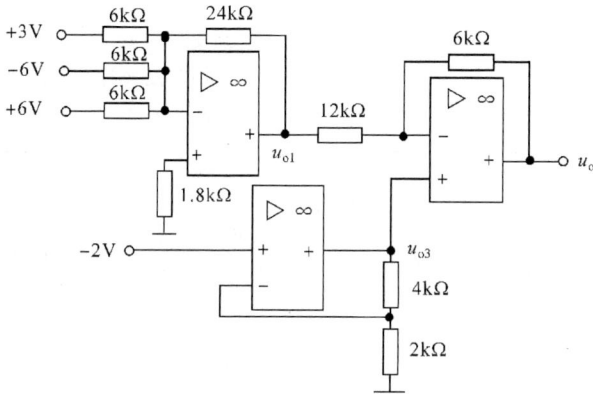

习题 4.8 图

（2）超出这一输出电压呈现什么样的变化规律？

（3）如果要把 u_o 与 u_i 保持积分运算关系的有效时间增大 10 倍,应如何改变电路参数值？

4.10　在习题 4.9 图中,试求 u_o。

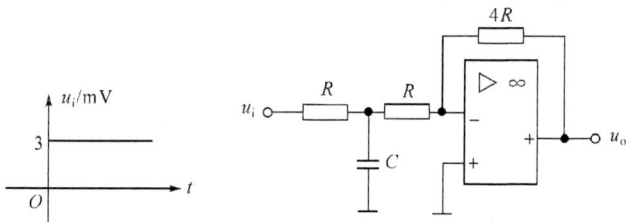

习题 4.9 图

4.11　写出习题 4.11 图所示电路 u_o 与 U_Z 的关系式,并说明其功能,当负载电阻 R_L 改变时,输出电压 u_o 有无变化？ 调节 R_F 起何作用？

4.12　写出习题 4.12 图所示电路的输出电流 i_o 与 U 的关系式,并说明其功能。当负载电阻 R_L 改变时,输出 i_o 有无变化？

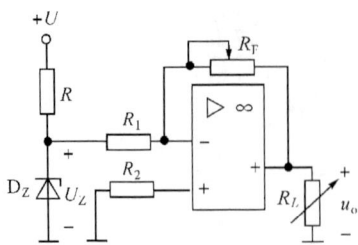 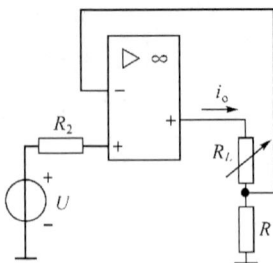

习题 4.11 图 习题 4.12 图

4.13 习题 4.13 图所示的两个电路是电压-电流变换电路,R_L 是负载电阻(一般 $R \ll R_L$)。试求负载电流 i_o 与输入电压 u_i 的关系,并说明它们各是何种类型的负反馈电路。

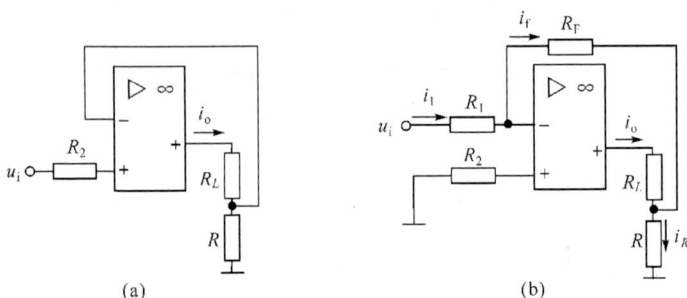

(a) (b)

习题 4.13 图

4.14 说明习题 4.14 图所示电路的功能,并求输出电压 U_o 的值(已知 D_Z 的击穿电压为 4V)。

4.15 习题 4.15 图是应用运算放大器测量电压的原理电路,共有 0.5V、1V、5V、10V、50V 五种量程,试计算电阻 $R_{11} \sim R_{15}$ 的阻值。输出端接有满量程 5V、500μA 的电压表。

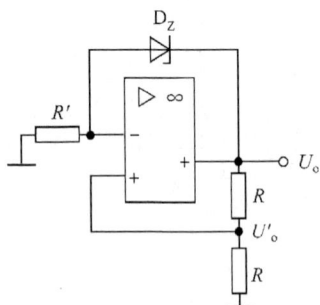 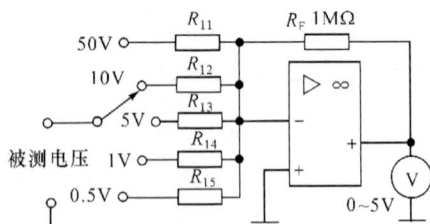

习题 4.14 图 习题 4.15 图

4.16 习题 4.16 图是应用运算放大器测量小电流的原理电路,试计算电阻 $R_{F1} \sim R_{F5}$ 的阻值。输出端接的电压表同上题。

4.17　习题 4.17 图所示是监控报警装置。如需对某一参数（如温度、压力等）进行监控时,可由传感器取得监控信号 u_i,U_R 是参考电压。当 u_i 超过正常值时,报警灯亮,试说明其工作原理。二极管 D 和电阻 R_3 在此起何作用？

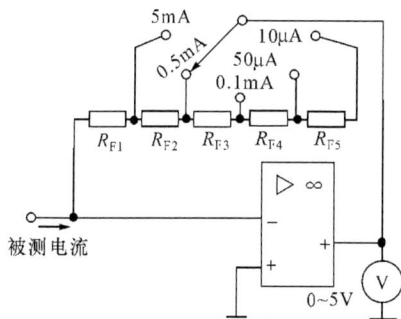

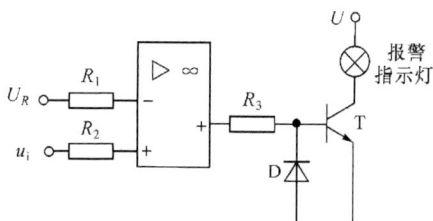

习题 4.16 图　　　　　　　　　　　　　习题 4.17 图

4.18　在习题 4.18 图所示电路中,集成运算放大器的最大输出电压为 $\pm 12\text{V}$,$u_1 = 0.04\text{V}$,$u_2 = -1\text{V}$,电路参数如图所示。试问经过多长时间输出电压产生跳变？

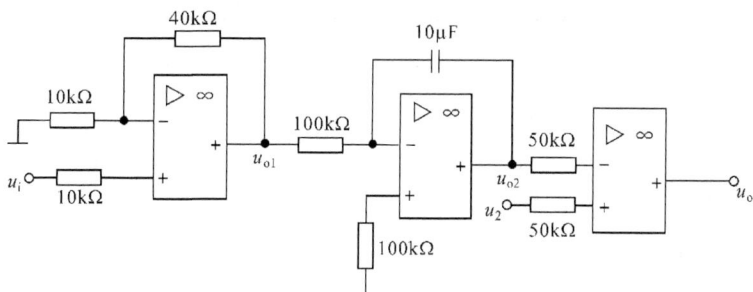

习题 4.18 图

4.19　利用 W7805 和运算放大器组成的输出电压可调的稳压电源,如习题 4.19 图所示,试计算输出电压的调节范围。

4.20　在习题 4.20 图所示电路中,已知 $I_w = 4.5\text{mA}$。当电阻 $R = 100\Omega$,$R_L = 200\Omega$ 时,试求:

(1) 负载电阻电流 I_L;

(2) 电路的输出电压 U_o。

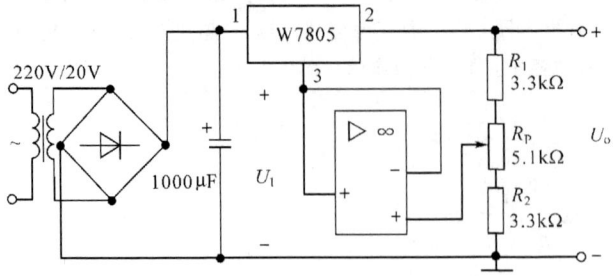

习题 4.19 图

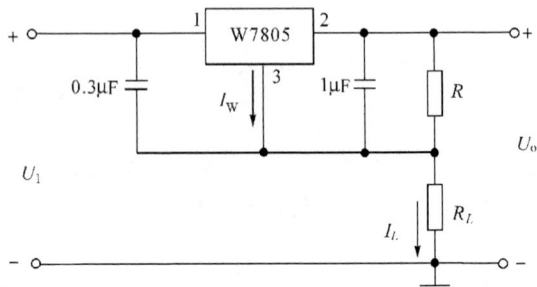

习题 4.20 图

第 5 章　正弦波振荡电路

振荡电路是用来产生一定频率和一定幅值的输出信号的电路,它不需要外接输入信号,输出端就有信号输出。它的基本构思是在放大电路中人为地接入正反馈电路来产生稳定的振荡,输出的交流电能由直流电源提供的直流电能转换而来。

根据输出信号波形的不同,振荡电路可分为正弦波振荡电路和非正弦波振荡电路。本章主要介绍 RC、RL 和石英晶体正弦波振荡电路。

5.1　正弦振荡电路的基本原理

正弦振荡电路的输出波形为正弦波,频率范围很广,从一赫兹以下到几百兆赫兹以上,都可作为交流信号源,它在电子测量、广播、通信、工业生产等技术领域中有着广泛的应用。下面先讨论它的基本原理。

5.1.1　自激振荡条件

通常,放大电路在输入端加信号的情况下,才有信号输出。如果输入端没有输入信号,输出端仍有一定幅值的交流电压输出,那么这个放大电路中发生了自激振荡。把这种依靠自激振荡,产生一定频率和幅值的输出信号的放大电路,称为振荡电路。

振荡电路的组成框图如图 5.1.1 所示,A 是基本放大电路,F 是反馈电路。当开关 S 合在位置"1"时,反馈电路不起作用,输入电压(设为正弦量)为 u_i,输出电压为 u_o。若将输出电压 u_o 通过反馈电路回送到输入端,反馈电压为 u_f,使反馈电压 $u_f = u_i$(两者大小相等、相位相同),则反馈电压 u_f 可以代替外加输入电压 u_i,即当开关 S 合在位置"2"时,输出电压 u_o 仍保持不变,此时放大电路变为振荡电路。从方框图中可以看出,振荡电路是一个无输入信号的正反馈放大电路,振荡电路的输入信号是从自己的输出端反馈回来的,即

$$u_f = u_d$$

因为放大电路的开环电压放大倍数为

$$A = \frac{\dot{U}_o}{\dot{U}_d}$$

反馈电路的反馈系数为

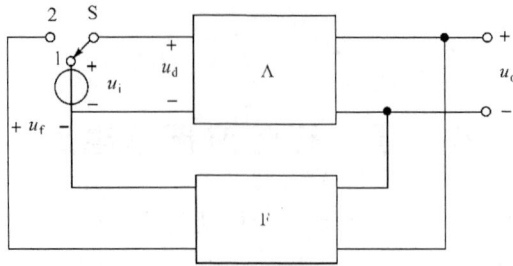

图 5.1.1　产生自激振荡的条件

$$F = \frac{\dot{U}_f}{\dot{U}_o}$$

当 $\dot{U}_f = \dot{U}_d$ 时,则

$$AF = 1 \qquad\qquad\qquad (5.1.1)$$

因此,振荡电路自激振荡的条件是:

(1) 幅值条件

$$|AF| = 1 \qquad\qquad\qquad (5.1.2)$$

即反馈电压 u_f 与所需的输入电压 u_d 大小相等。

(2) 相位条件

$$\varphi_A = \varphi_F = 2n\pi \qquad (n = 0,1,2,\cdots) \qquad (5.1.3)$$

即反馈电压 u_f 与所需的输入电压 u_d 相位相同,必须是正反馈。

振荡电路要维持稳定振荡,必须同时满足幅值条件和相位条件,两者缺一不可。正反馈是产生振荡的本质条件,如果满足幅值条件,而不满足相位条件,则不能产生自激振荡;但是,如果仅满足相位条件,而 $|AF| \neq 1$,则振荡不能稳定维持下去。如果 $|AF| < 1$,则称为减幅振荡,电路的输出信号幅度会越来越小直至停振;如果 $|AF| > 1$,则输出信号幅度会越来越大,称为增幅振荡。一般情况下,振荡电路起振时,必须使 $|AF| > 1$。

5.1.2　自激振荡的建立与稳定

实际振荡电路不需要先外加输入信号再接反馈电路。最初的起振是依靠振荡电路本身的各种电压、电流的变化,如接通电源瞬间,电流的突变、噪声等引起的电扰动信号,都是振荡电路起振时的信号源。这些信号虽然微弱,但只要满足 $|AF| > 1$ 和正反馈的条件,就可以使振荡逐步建立起来,通过放大→正反馈→再放大→再正反馈→……的不断循环,使输出电压逐渐增大。随着输入信号的增加,晶体管进入非线性区,电流放大系数 β 降低,使基本放大电路的放大倍数降低,直

到 $|AF|=1$，振荡电路自动稳定在某一振荡幅度下工作。从 $|AF|>1$ 到 $|AF|=1$ 是自激振荡的建立过程。

5.1.3　正弦振荡电路组成

起振时的信号通常为不规则的非正弦信号，包含各种不同频率、不同幅值的正弦量。为了得到单一频率的正弦输出，正弦振荡电路必须有选频网络，将所需频率的信号选出加以放大形成振荡，而将其他频率加以抑制。此外振荡电路中还包含稳幅环节，当外界条件变化引起输出信号幅值变化时，通过稳幅环节的调节，可以自动保持输出信号的幅值不变，所以正弦波振荡电路由基本放大电路、正反馈电路、选频电路和稳幅环节等组成。

根据选频电路的不同，正弦振荡电路分为 RC 振荡电路和 LC 振荡电路两种。

练习与思考

5.1.1　试说明振荡条件、振荡的建立和振荡的稳定三个过程。

5.1.2　从 $|AF|>1$ 到 $|AF|=1$ 是自激振荡的建立过程，在这个建立过程中，需减少哪个量？

5.1.3　试说明正弦振荡电路必须有选频电路的原因。

5.2　RC 正弦振荡电路

RC 正弦振荡电路的选频电路由电阻 R、电容 C 组成。常用的桥式 RC 振荡电路原理图如图 5.2.1(a)所示。电路由集成运放、R_F 和 R_1 组成的同相输入运放电路与 RC 串并联正反馈选频电路组成。

5.2.1　RC 串并联电路选频特性

将 RC 串并联电路单独画出，如图 5.2.1(b)所示。

它的输入电压为放大电路的输出电压 $\dot{U}_o$，输出电压为 $\dot{U}_f$，反馈系数 F 表示为

$$F = \frac{\dot{U}_f}{\dot{U}_o} = \frac{\dot{U}_i}{\dot{U}_o} = \frac{Z_2}{Z_1 + Z_2} = \frac{R_2 \ /\!/ \ \dfrac{1}{\mathrm{j}\omega C_2}}{R_1 + \dfrac{1}{\mathrm{j}\omega C_1} + \left(R_2 \ /\!/ \ \dfrac{1}{\mathrm{j}\omega C_2}\right)}$$

$$= \frac{1}{1 + \dfrac{R_1}{R_2} + \dfrac{C_2}{C_1} + \mathrm{j}\left(\omega R_1 C_2 - \dfrac{1}{\omega R_2 C_1}\right)} \tag{5.2.1}$$

一般选 $C_1 = C_2 = C$，$R_1 = R_2 = R$，令 $\omega_0 = 1/(RC)$，则式(5.2.1)可化简为

$$F = \cfrac{1}{3 + \mathrm{j}\left(\cfrac{\omega}{\omega_0} - \cfrac{\omega_0}{\omega}\right)}$$

当 $\omega = \omega_0$ 时,F 的幅值最大,$F = 1/3$,并且 F 的相位为零,$\varphi_F = 0$,U_o 与 U_f 同相,即

$$F = F_{\max} = \frac{1}{3} \tag{5.2.2}$$

$$\varphi_F = 0 \tag{5.2.3}$$

从以上分析可知,RC 串并联电路具有选频性。

5.2.2　RC 桥式振荡电路

具有电压串联负反馈的同相输入运放电路如图 5.2.1(a)所示,电路的输出电压 $\dot{U}_o$ 与反馈电压 $\dot{U}_f$ 同相,则 $\varphi_u = 0$,电压放大倍数为

$$A_f = \frac{\dot{U}_o}{\dot{U}_i} = 1 + \frac{R_F}{R_4}$$

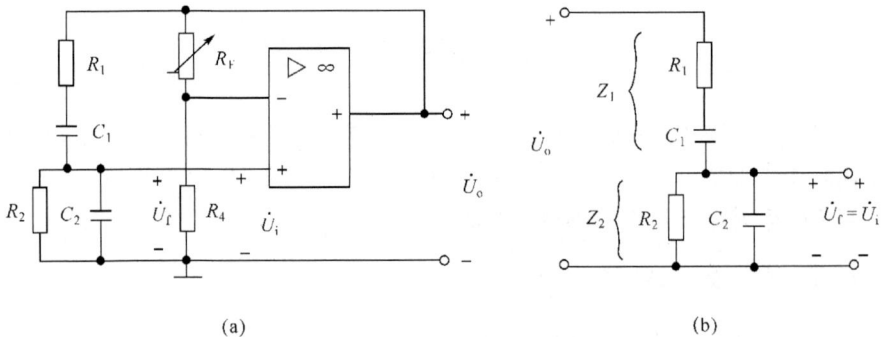

(a)　　　　　　　　　　　　　　　　　　　(b)

图 5.2.1　RC 桥式振荡电路

(a) 振荡电路原理;(b) 选频电路

显然只要 $R_F \geq 2R_4$,$A_f \geq 3$,就可以在 $f = f_0 = 1/(2\pi RC)$ 的情况下,满足自激振荡的两个条件而产生自振激荡。

由于在这种振荡电路中,R_1C_1、R_2C_2、R_F 和 R_4 分别构成电桥电路的四个桥臂,因此,亦称为 RC 桥式振荡电路。

在 RC 桥式振荡电路中,R_F 通常采用具有负温度系数的半导体热敏电阻,以稳定输出电压的值并减小波形失真。在电路刚起振时,振荡电路的输出幅度小,流过 R_F 的电流小、发热少、温度低,R_F 阻值大,负反馈较弱,易于建立振荡。当已经产生了振荡以后,R_F 因发热而阻值减小,负反馈增强,抑制振荡幅度的过快增长,

起到稳幅的作用。

图 5.2.2 是由分立元件组成的 RC 桥式振荡电路,其中两级阻容耦合放大电路工作于中频段,它的前级输入电压 u_i 与后级输出电压 u_o 也是同相的,因而 RC 串并联选频电路也构成了正反馈。

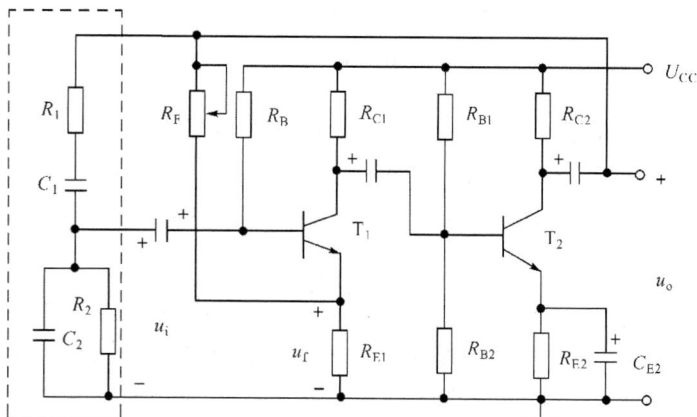

图 5.2.2　由分立元件组成的 RC 桥式振荡电路

RC 振荡电路适用于较低频率(几十千赫兹以下)的情况。

5.3　LC 正弦振荡电路

LC 正弦振荡电路的振荡频率一般较高,在几千赫兹到几百兆赫兹的范围内,通常可分为变压器反馈式、电容反馈式及电感反馈式三种。下面分别予以讨论。

5.3.1　变压器反馈式

图 5.3.1 是变压器反馈式 LC 振荡电路的基本电路,它由晶体管单管放大电路、LC 选频电路、反馈线圈 N_2 和输出高频电能给负载 R_L 的线圈 N_3 等组成。图中 R_{B1}、R_{B2} 和 R_E 是放大电路的偏置电阻,C_E 是射极旁路电容,C_1 是输入耦合电容,变压器原副绕组的同名端如图 5.3.1 中所示。

电源接通瞬间,电容 C 充电,同时产生经电感 L 放电的过程。电容器 C 中的电场能量与电感线圈 L 中的磁场能量交替转化,将在 LC 并联电路中产生一个频率固定的微弱的正弦振荡,即发生并联谐振,电路的振荡频率为 $f_0 \approx \dfrac{1}{2\pi\sqrt{LC}}$。这时线圈 N_2 将感应出同频率的信号电压 u_f,并且通过电容 C_1 反馈到晶体管基极。

如果电路的连接符合正反馈的条件,原来微弱的振荡就会迅速增长,并建立等幅振荡。

为了满足自激振荡的条件,一要适当地选择 N_1 和 N_2 的匝数比,以满足振荡的幅值条件;二要正确连接变压器的同名端,LC 并联电路在并联谐振时具有纯电阻性质,其端电压 u 与晶体管供给的集电极电流的交流基波分量 βi_b 同相,因而与 i_b 和所需输入信号电压 u_i 同相。在图 5.3.1 所示的变压器同名端中,u_f 与 u_i 同相,满足相位条件。

为了提高振荡电路的效率,与功率放大电路一样,晶体管工作于乙类、甚至甲乙类(管子导通角小于 $180°$)状态,因此集电极电流 i_C 的变化量不是正弦量。除基波分量外,还有一系列不同频率的谐波分量,但 LC 并联谐振电路具有选频特性,只有基波分量能充分满足自激振荡的条件,振荡频率为 $f_0 \approx \dfrac{1}{2\pi\sqrt{LC}}$。

振荡建立起来后,最初晶体管电流 i_C 不太大,β 值较高,$|AF| > 1$,振幅逐渐增大,当 i_C 随着增大而趋于饱和时,β 值下降,$|AF|$ 随之减小直至 $|AF| = 1$,电路维持等幅振荡。

图 5.3.2 所示是采用集成运放作为放大环节的 LC 振荡电路,振荡电路的反馈信号作为放大电路的输入信号。可以看出,基本放大电路是一个同相比例运算电路。

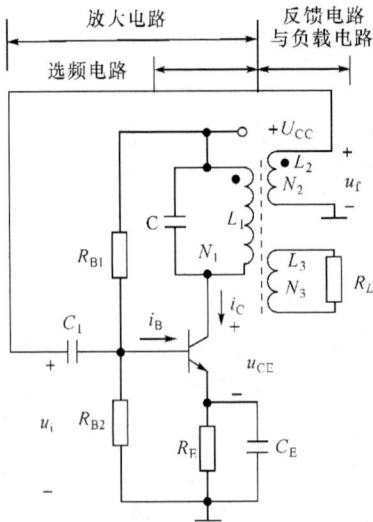

图 5.3.1　变压器反馈式 LC 振荡电路　　　　图 5.3.2　由集成运放组成的 LC 振荡电路

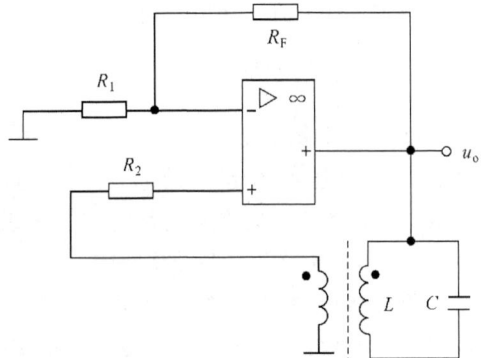

5.3.2　电容反馈式

电容反馈式 LC 振荡电路也称电容三点式振荡电路或考毕兹（colpitt）振荡电路，如图 5.3.3 所示。

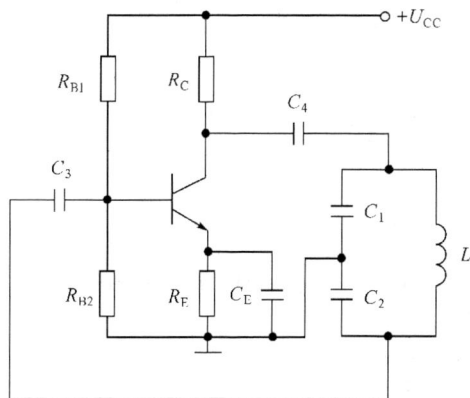

图 5.3.3　电容反馈式 LC 振荡电路

图 5.3.3 中，C_3、C_4、C_E 对交流视作短路，C_1、C_2、L 组成选频电路，其中 C_1、C_2 串联支路三点分别接在晶体管的三个极，反馈电压从 C_2 上取出，以满足正反馈条件。

该电路工作原理简述如下：当接通电源后，产生各极电流，它们均含有一系列不同频率的正弦分量。经选频回路选出所需频率，由 C_2 反馈到放大电路的输入端。经晶体管放大后，由选频电路选频，再经 C_2 上的反馈电压反馈，直至建立稳定的等幅振荡。

该电路的振荡频率为

$$f_0 \approx \frac{1}{2\pi\sqrt{L\dfrac{C_1 C_2}{C_1 + C_2}}} \tag{5.3.1}$$

为了方便调节频率并提高振荡频率的稳定性，将图 5.3.3 所示电路改进为克莱普（Clap）振荡电路，如图 5.3.4 所示。在电感 L 支路中串联一个可调小电容 C，通常取 $C_1 \gg C$、$C_2 \gg C$，因此振荡频率基本上由 LC 决定，调节 C 可以方便地调节振荡频率。

图 5.3.5 是由集成运放构成的电容三点式改进型振荡电路。电感两端电压为 u_o，反馈电压 u_f 从电容 C_2 两端取出，送到集成运放的同相输入端以满足相位条件。

图 5.3.5 中集成运放输出端的电容 C_o，一般电容值较大，对交流信号相当于

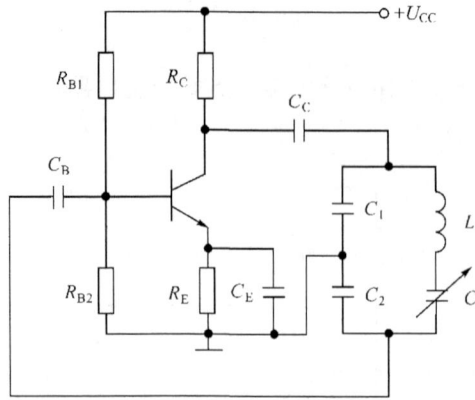

图 5.3.4　电容三点式改进型振荡电路

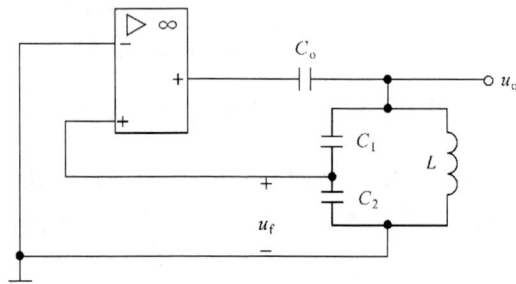

图 5.3.5　由集成运放组成的电容三点式振荡电路

短路。

在电容反馈式振荡电路中,反馈信号经过电容,频率越高,容抗越小,反馈越弱,所以输出电压谐波分量小,振荡波形好。振荡频率可达 100MHz 以上。

5.3.3　电感反馈式

电感反馈式 LC 振荡电路也称电感三点式振荡电路或哈特莱(Hartley)振荡电路,如图 5.3.6 所示。带有抽头的电感线圈的三点分别与晶体管的三个极相连, L_1、L_2 和 C 组成选频电路,电感线圈抽头两边的互感为 M,L_2 同时又是反馈线圈,它将反馈电压回送到输入端,以实现正反馈。

电感三点式 LC 振荡电路的特点是线路较为简单,欲调节振荡频率,可以把电容 C 直接换成可变电容器。缺点是电感线圈 L_1 和 L_2 上的谐波电压大,因而输出谐波成分高,输出波形不好。其振荡频率为

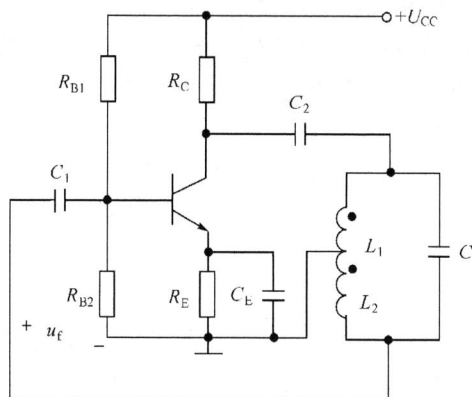

图 5.3.6　电感反馈式 LC 振荡电路

$$f_0 \approx \frac{1}{2\pi\sqrt{(L_1 + L_2 + 2M)C}} \qquad (5.3.2)$$

振荡频率一般在几十兆赫兹以下。

5.4　石英晶体正弦振荡电路

在电子设备中通常要求正弦波振荡电路输出具有一定的频率稳定度。所谓的频率稳定度是指输出频率对中心频率的偏移程度,用 $\Delta f/f_0$[①] 表示。LC 振荡电路的频率稳定度为 $10^{-4} \sim 10^{-5}$。在很多情况下难以达到输出信号对频率稳定度的要求,如通信系统中的射频振荡器、数字系统中的时钟发生器等。因此,在频率稳定度要求较高的场合,常常采用石英晶体构成的振荡电路。

5.4.1　基本结构

石英晶体是一种各向异性的结晶休(SiO_2),以一定的方位角从晶体上切下的薄片称为晶片,在晶片的两个对应表面上涂上银,并装上一对金属板,接上引线,用金属或玻璃外壳封装,就构成石英晶体振荡元件,简称为石英晶体或晶振,如图 5.4.1 所示。

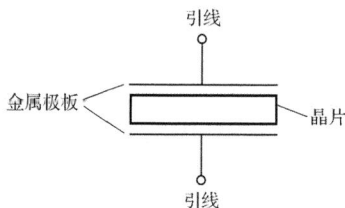

图 5.4.1　石英晶体结构

---

① $\dfrac{\Delta f}{f_0} = \dfrac{f - f_0}{f_0}$,式中 f_0 为标称频率;f 为实际频率。

　　石英晶体之所以能应用到振荡电路,是因为其具有压电效应。若给石英晶体两个极板间加上交变电压,晶片就会产生机械变形;反之,在晶片上施加机械压力,则会在晶体相应方向上产生一定的电场。当外加交变电压的频率与晶片的固有频率相等时,晶片产生的振动和电场强度最大,其称为压电谐振,它与 LC 回路的谐振现象十分相似。因此,从电路分析的角度,石英晶体可以等效为一个 LC 回路,其谐振现象可以用 LC 回路的电路参数进行等效模拟。

5.4.2　等效电路

　　石英晶体谐振现象可以用电路参数进行等效模拟,用电感、电容和电阻模拟石英晶体的物理特性,其符号和等效电路如图 5.4.2 所示。当晶体不振动时,可将晶体视为一个平板电容 C_0,称为静电电容,一般为几皮法到几十皮法。当晶体振动时,机械振动的惯性可用电感 L 等效,其一般为几十毫亨到几百毫亨。晶片的弹性可用电容 C 等效,其容量很小,一般为 $0.0002\text{pF}\sim0.1\text{pF}$。晶片因振动时摩擦而造成的损耗用电阻 R 等效,其约为 100Ω。由于晶片等效电感 L 很大,电容 C 和电阻 R 很小,所以回路的品质因数 Q 值很大,可达 $10^4\sim10^6$,故具有很高的选频能力。同时由于晶片的固有频率与切割方式、几何形状和尺寸有关,因而石英晶体的振荡频率既稳定又精确,频率稳定度可达 $10^{-11}\sim10^{-9}$。

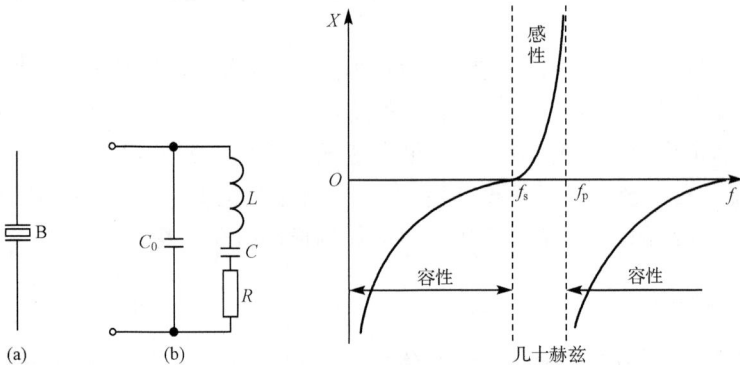

图 5.4.2　石英晶体符号和等效电路　　　　图 5.4.3　电抗-频率特性曲线
(a) 符号;(b) 等效电路

从石英晶体等效电路可知,它有两个谐振频率。

当 R、L、C 支路发生串联谐振时,其谐振频率为

$$f_s \approx \frac{1}{2\pi\sqrt{LC}} \qquad\qquad (5.4.1)$$

当 R、L、C 支路和 C_0 支路发生并联谐振时,其谐振频率为

$$f_p = \cfrac{1}{2\pi\sqrt{L\cfrac{CC_0}{C+C_0}}} \approx f_s\left(1+\frac{C}{C_0}\right) \tag{5.4.2}$$

可见,当电路发生串联谐振时,R、L、C 支路的等效阻抗最小(等于 R);当电路发生并联谐振时,石英晶体两端的阻抗最大,上述两种情况电路均呈纯阻性。根据石英晶体的等效电路,石英晶体的电抗-频率特性曲线如图 5.4.3 所示。仅在 $f_s < f < f_p$ 较小的范围内,石英晶体呈感性。当 $f < f_s$ 或者 $f > f_p$ 时,石英晶体呈容性。

值得注意的是,由于 $C \ll C_0$,根据式(5.4.1)和式(5.4.2),串联谐振频率 f_s 和并联谐振频率 f_p 在数值上比较接近,也就是说,石英晶体的感性范围较窄。

5.4.3 应用举例

利用石英晶体可构成两种正弦波振荡电路,即并联型晶体振荡电路和串联型晶体振荡电路。前者晶体工作在 f_s 和 f_p 之间,利用晶体作为一个电感与两个电容构成电容三点式振荡电路。后者工作在串联谐振频率 f_s 处,利用晶体阻抗最小且呈阻性特点构成振荡电路。

1. 并联型晶体振荡电路

并联型晶体振荡电路如图 5.4.4 所示。当 f_0 在 $f_s \sim f_p$ 的范围内时,石英晶

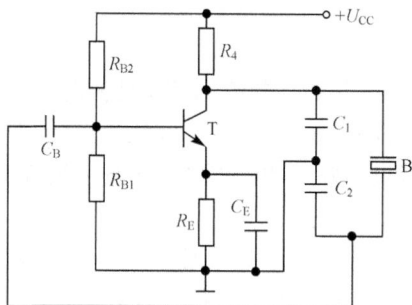

图 5.4.4 并联型晶体振荡电路

体呈感性,它与电容 C_1、C_2 组成电容三点式振荡电路。电路的谐振频率 f_0 主要由石英晶体决定,改变电容 C_1、C_2 的数值可在很小范围内微调谐振频率 f_0。

2. 串联型晶体振荡电路

串联型晶体振荡电路如图 5.4.5 所示。石英晶体与可变电阻 R 形成串联支路,将输出信号以正反馈的方式引回到输入端。当振荡频率 f_0 等于晶体串联谐振频率 f_s 时,晶体阻抗最小且呈纯阻性,也就是说,该串联支路此时引入的正

反馈最强,且相移为零,满足振荡电路所要求的相位条件。调节电路中可变电阻 R 的大小,可以改变反馈的强弱,以满足振荡电路的幅值条件,获得较好的正弦波输出。

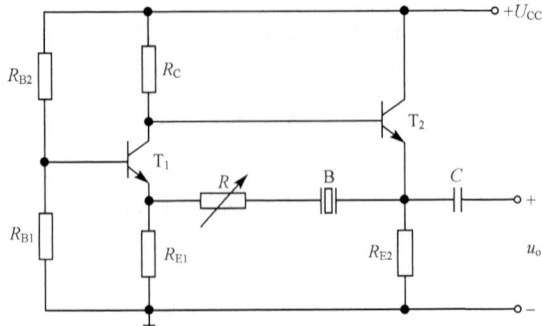

图 5.4.5　串联型晶体振荡电路

本 章 小 结

1. 振荡电路是一种把直流电能转换为交流电能的装置,主要由基本放大电路和正反馈电路组成。正弦振荡电路还必须有选频电路。要实现振荡,必须满足幅值条件和相位条件,即

$$AF = 1$$
$$\varphi_A + \varphi_F = 2n\pi \quad (n = 0, 1, 2, \cdots)$$

判断振荡电路能否产生振荡,主要看电路是否满足振荡条件。

2. LC 正弦振荡电路的选频电路是 LC 并联电路。根据正反馈电路的不同, LC 振荡电路可分为变压器反馈式、电容反馈式、电感反馈式等。 LC 振荡电路的振荡频率 f_0 主要取决于 LC 振荡回路的谐振频率。

3. RC 桥式正弦振荡电路的选频电路是 RC 串并联电路,它的振荡频率主要取决于 R 和 C。 RC 串并联电路同时也是反馈电路。

4. 振荡电路的起振是依靠电路中必然存在的微小电压、电流波动。起振的条件是 $|AF| > 1$。

5. 非正弦振荡电路依照输出波形的不同,可分为方波发生器、三角波发生器和锯齿波发生器等。与正弦波振荡电路不同,非正弦振荡电路无需选频电路。本书中所介绍的几种非正弦振荡电路的核心电路都是迟滞比较器。

习　　题

5.1　电路如习题 5.1 图所示,当同轴电位器 R_F 由 1kΩ 调到 10kΩ 时,试计算振荡频率的变化范围。

5.2 有一频率调节范围为 $10\sim100\text{kHz}$ 的 LC 振荡电路,振荡回路的电感 $L=250\mu\text{H}$,求电容 C 的变化范围。

5.3 变压器反馈式 LC 振荡电路如习题 5.3 图所示,参数如下:$L=90\mu\text{H}$,$C=240\text{pF}$,试求:

(1) 振荡频率值;

(2) 标出振荡线圈 L 与反馈线圈 L_1 在正确接法下的一对同名端。

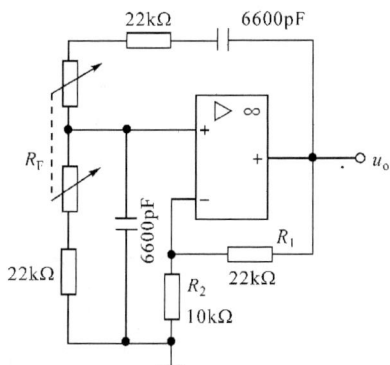

习题 5.1 图

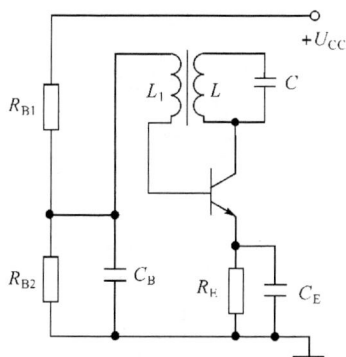

习题 5.3 图

5.4 在习题 5.4 图所示电路中,C_1 为半可变电容器,电路工作时其电容量为定值。已知 $L_{13}=100\mu\text{H}$,$C_1=20\text{pF}$,$C_3=300\text{pF}$,C_2 的变化范围为 $12\sim250\text{pF}$。试求:

(1) 振荡回路中电容的变化范围;

(2) 频率的变化范围。

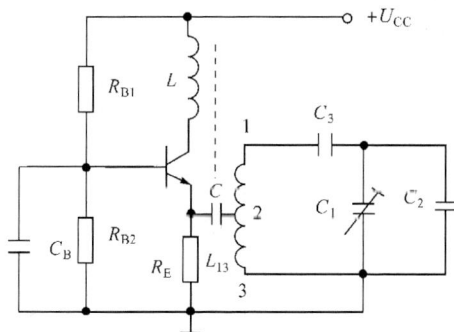

习题 5.4 图

5.5 试用相位条件判断习题 5.5 图所示各电路能否产生振荡。

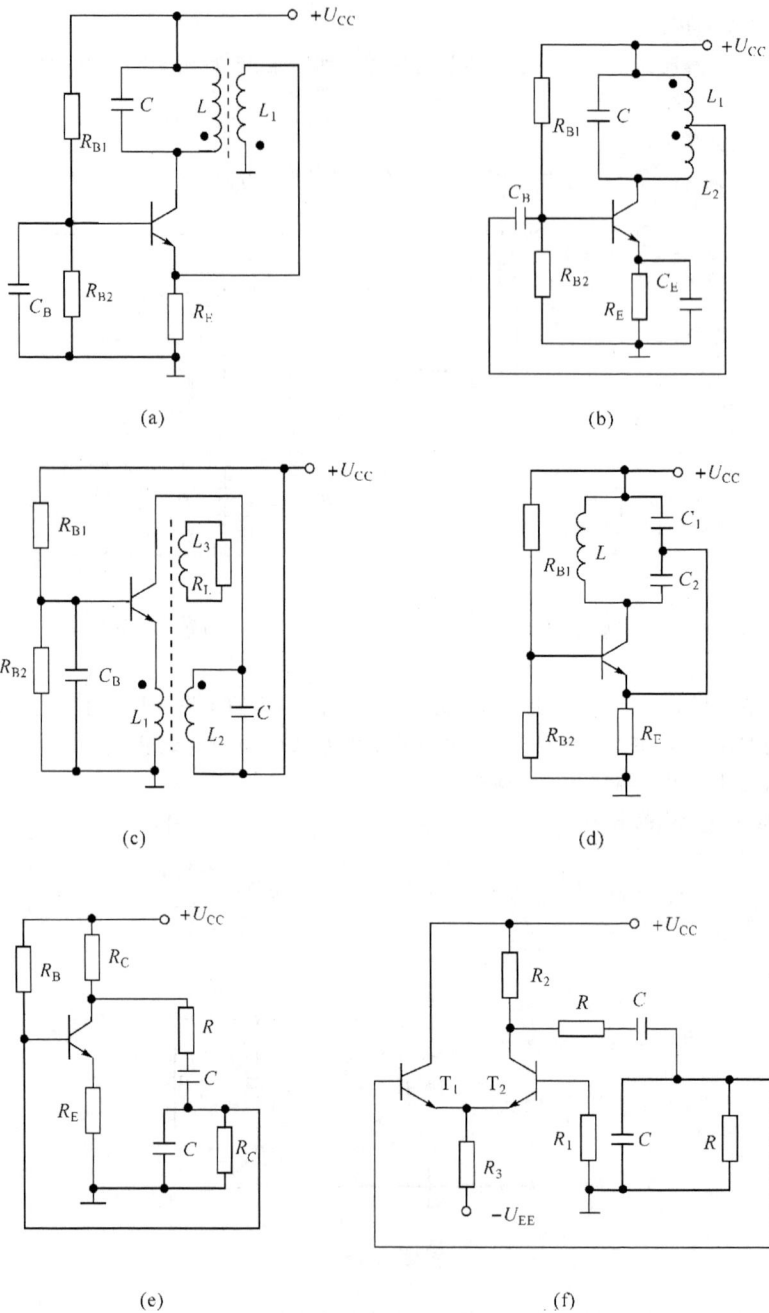

(a)

(b)

(c)

(d)

(e)

(f)

习题 5.5 图

5.6 试分析习题 5.6 图所示电路能否起振。如果能振荡判别电路属于什么类型。

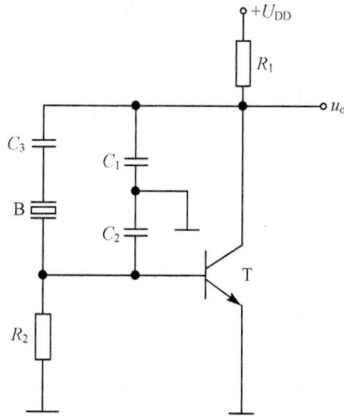

习题 5.6 图

第6章 门电路与组合逻辑电路

电子技术中用于传递和处理信号的电子电路一般可分为两大类,即模拟电子电路(简称模拟电路)和数字电子电路(简称数字电路)。模拟电路的工作信号在大小和时间上是连续变化的信号,简称模拟信号。数字电路的工作信号在大小和时间上是离散的、不连续的脉冲信号,简称数字信号。前面几章研究的是模拟电路,从本章开始主要介绍数字电路。

数字电路已广泛应用于人们生产生活的各个领域,数字仪器仪表、机床及数字控制装置、工业逻辑系统等技术都是以数字电路为基础的,数字电路和模拟电路一样重要。因此,工程技术人员需要掌握数字技术基本理论和实用知识。

本章主要介绍数字电路的基本知识、门电路和常用组合逻辑电路的工作原理等。

6.1 数字电路概述

人们在工作和生活中遇到的物理量,分为模拟量和数字量两种。

6.1.1 模拟量和数字量

1) 模拟量

这类物理量具有连续变化的特点,可以在一定范围内任意取实数值,如温度、压力、速度等。为了能用电信号的方法测量、传递、处理模拟量,可通过传感器将模拟量转换成与之成比例的电压或电流信号,这些与模拟量成比例的电压、电流信号,称为模拟信号。处理模拟信号的电路称为模拟电路。

2) 数字量

这类物理量在时间上和数值上都是离散的。即它们只发生在一系列离散时刻,同时其数值的大小和每次增减变化,都是某一数量单位的整数倍,小于这个数量单位的数值将没有任何意义。例如,当我们计数某种产品的个数时,这就是个数字量,每当有一个产品通过检测记录装置时,计数装置就加1,因此与数字量对应的电信号,称为数字信号。处理数字信号的电路称为数字电路。

6.1.2 数字电路举例

由于数字电路的信号与模拟电路的信号不同,因而数字电路的组成、工作特点及分析方法也将与模拟电路有很大的区别。

　　图 6.1.1 为一个数字测速系统原理框图,用来测量旋转物体的转速。被测物体的转轴上装有一个圆盘,圆盘上有一个小孔。光线可透过小孔照射到光电接收装置上,有光照时,光电接收装置的输出电压增大。因此被测物体每转动一周,光电接收装置就输出一个电信号。这个信号具有短暂和突发的特点,这种信号称为脉冲信号。

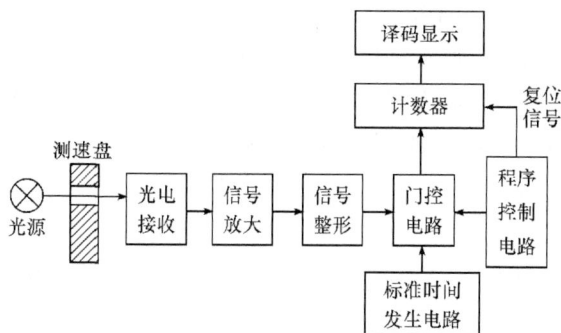

图 6.1.1　数字测速系统框图

　　由光电接收装置输出的脉冲信号,幅度与形状也不规则。要对它进行放大,且放大后的信号还要进行幅度与宽度的整齐化一,这种工作称为整形。整形后的信号通过门控电路进入计数器。门控电路由程序控制电路发出的信号控制其开关。门控电路应过一段时间打开一次,每次开通有一定的时间,如 1s 或 0.1s。只有门控电路打开时,脉冲信号才能通过该电路进入计数器。因此,进入计数器的脉冲信号数就与被测物体的转速有关。计数器计数后通过译码电路和显示电路以十进制方式将测量值显示出来。

　　数字测速系统的工作由程序控制电路控制,当读数显示一定时间之后,控制电路发出命令,将计数器内的数据清除,使显示器读数回零。然后再将门控电路打开,再次输入脉冲,测量出该时段的脉冲数并让显示装置重新显示出新测量的数据。数字测速装置不断地进行计数、显示、清除,将被测物体不同时段的转速值测试出来。

　　通过上述数字测速电路的工作,可以看出数字电路与模拟电路的工作方式有以下不同。

　　(1) 数字电路中的信号是脉冲信号,模拟电路中的信号是随时间连续变化的信号。这两种电路因信号不同,使得工作在这两种电路内的晶体管工作状态不同。模拟电路中的晶体管通常工作在线性放大区,数字电路中的晶体管经常工作在饱和区和截止区。

　　(2) 数字电路是一个逻辑控制电路,这种电路主要研究电路输入、输出间的逻辑关系。例如,在图 6.1.1 中讨论的是该电路在什么条件下应当将哪一条通道打开,打开多长时间,完成什么任务等。模拟电路的工作则是研究电路输入、输出间信号的大小、相位、保真等问题。因此数字电路的基本单元及分析方法与模拟电路有许多不同。

6.1.3 脉冲信号

脉冲信号在电信号中是指持续时间相对周期短得多的信号。图 6.1.2(a)是最常见的矩形脉冲信号。随着电子技术的发展,出现了如图 6.1.2(b)、(c)、(d)、(e)、(f)所示的新波形,这些波形都不是单一频率的正弦波。因此,广义地说,电子技术中一切非正弦信号统称为脉冲信号,其中应用最广泛的是矩形脉冲信号。实际的矩形脉冲如图 6.1.3 所示,其主要的参数有:

(1)脉冲前沿 t_r;

(2)脉冲后沿 t_f;

(3)脉冲幅度 U_m;

(4)脉冲宽度 t_p;

(5)脉冲周期 T 和脉冲频率 f,且 $f = 1/T$。

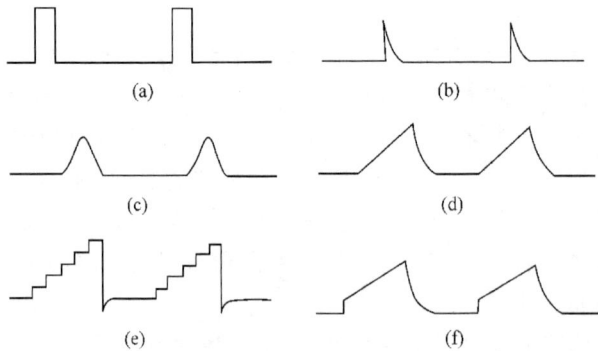

图 6.1.2　脉冲信号

(a) 方波;(b) 尖顶波;(c) 钟形波;(d) 锯齿波;(e) 阶梯波;(f) 梯形波

数字电路中,信号的幅度只取两个极限状态(高电位或低电位),不要求区分幅度的细微差异,这样就使得信号的分辨比较容易,便于处理和储存,电路抗干扰能力强,准确性高。

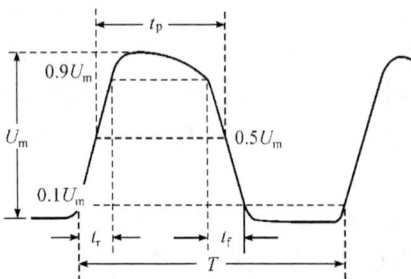

图 6.1.3　实际的矩形波

同时,由于关心的仅是电位的高低,因此常常把电位称为"电平",即电位水平,故有"高电平"和"低电平"之分。如果规定高电平为1,低电平为0,则称为正逻辑;如果规定高电平为0,低电平为1,则称为负逻辑。

　　此外,脉冲信号有正、负之分。若脉冲跃变后的值比初始值高,则为正脉冲;反之,则为负脉冲。图 6.1.4 为两种脉冲在两种规定下的变化情况。本书中一律采用正逻辑。

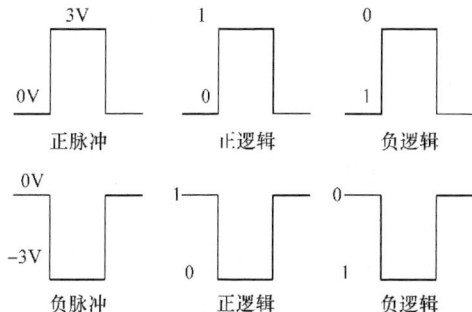

图 6.1.4　脉冲波形与逻辑约定

6.2　数字电路中数的表示方法

6.2.1　计数制

十进制数早已为人们所熟悉,其主要特点可归纳如下。

1) 数码个数

十进制数有 0、1、2、3、4、5、6、7、8、9 十个数码,基数为十。

2) 进位规律

低位是逢"十"向高位进位,即"逢十进一"。

3) 权值

一个数可由多个数码组合而成,数码在数中的位置不同,其值也不同。如 5393,个位和百位的数码虽都是 3,但个位的 3 代表"3",百位 3 却代表"300",而千位的 5 和十位的 9 则分别代表"5000"和"90",5393 这个数可以展开为

$$5393 = 5 \times 10^3 + 3 \times 10^2 + 9 \times 10^1 + 3 \times 10^0$$

式中,10^3、10^2、10^1、10^0 称为该位的"权"。上式为按"权"展开式。显然某位数的值为该位数码和它的"权"的乘积。

一般来说,n 位十进制正整数按"权"展开的表达式为

$$(N)_{10} = d_{n-1}10^{n-1} + d_{n-2}10^{n-2} + \cdots + d_1 10^1 + d_0 10^0$$

$$= \sum_{i=0}^{n-1} d_i 10^i \tag{6.2.1}$$

式中,d_i 为第 i 位的数码,可以取 0~9 中的任何一个;$10^i (i=0,1,\cdots,n-1)$ 为各对应位的"权",n 为整数的总位数。

二进制数与十进制数的区别在于其数码个数、进位规律及权值的不同。二进

制数只有两个数码 **0** 和 **1**，基数是 2，它的进位规律为"逢二进一"，n 位二进制数按"权"展开的表达式为

$$(N)_2 = d_{n-1}2^{n-1} + d_{n-2}2^{n-2} + \cdots + d_1 2^1 + d_0 2^0$$

$$= \sum_{i=0}^{n-1} d_i 2^i \qquad\qquad (6.2.2)$$

同样 d_i 为第 i 位的数码（**0** 或 **1**）；$2^i (i=0,1,\cdots,n-1)$ 为各对应位的"权"，n 为总位数。

二进制数是数字系统和计算机中主要采用的数制。

除了二进制数和十进制数以外，常用的数制还有八进制、十六进制等，这些数制也可参照式(6.2.1)或式(6.2.2)按"权"展开。表 6.2.1 列出了几种常用的数制的基数和数码，表 6.2.2 为几种进制的对照表。

表 6.2.1　计数制

数制	基数	数码
二进制数	2	0　1
八进制数	8	0　1　2　3　4　5　6　7
十进制数	10	0　1　2　3　4　5　6　7　8　9
十六进制数	16	0　1　2　3　4　5　6　7　8　9　A　B　C　D　E　F

表 6.2.2　几种常用计数制对照表

十进制数	二进制数	八进制数	十六进制数
0	**0**	0	0
1	**1**	1	1
2	**10**	2	2
3	**11**	3	3
4	**100**	4	4
5	**101**	5	5
6	**110**	6	6
7	**111**	7	7
8	**1000**	10	8
9	**1001**	11	9
10	**1010**	12	A
11	**1011**	13	B
12	**1100**	14	C
13	**1101**	15	D
14	**1110**	16	E
15	**1111**	17	F
16	**10000**	20	10
20	**10100**	24	14

6.2.2　二进制与十进制的相互转换

二进制与十进制的相互转换也很简单,如果要把二进制转换为十进制,只要用式(6.2.2)写出二进制数的按"权"展开式,然后相加,就得到等值的十进制数;如果要把十进制数转换为二进制数,只需用 2 不断去整除十进制数,直至商为 0,所有余数由下向上读取,就是所需的二进制数。

例 6.2.1　将二进制数**10110** 和 **1011011** 转换成十进制数。

解　$(10110)_2 = 1 \times 2^4 + 0 \times 2^3 + 1 \times 2^2 + 1 \times 2^1 + 0 \times 2^0$

$\qquad\qquad = 16 + 4 + 2 = (22)_{10}$

$(101101)_2 = 1 \times 2^6 + 0 \times 2^5 + 1 \times 2^4 + 1 \times 2^3 + 0 \times 2^2 + 1 \times 2^1 + 1 \times 2^0$

$\qquad\qquad = 64 + 16 + 8 + 2 + 1 = (91)_{10}$

例 6.2.2　将十进制数 10、185 转换成二进制数。

解

```
2 | 10      余0      (低位)  ↑
2 |  5      余1             |
2 |  2      余0             |
2 |  1      余1      (高位)  |
      0
```

即

$$(10)_{10} = (1010)_2$$

```
2 | 185     余1      (低位)  ↑
2 |  92     余0             |
2 |  46     余0             |
2 |  23     余1             |
2 |  11     余1             |
2 |   5     余1             |
2 |   2     余0             |
2 |   1     余1      (高位)  |
      0
```

即

$$(185)_{10} = (10111001)_2$$

6.2.3　二-十进制

如前所述,数字系统及计算机采用二进制,人们却习惯用十进制,为了便于人机联系,通常采用二-十进制,简称BCD[①]码。它用4位二进制数来表示0～9,它既具有二进制数的形式,又具有十进制数的特点。

4位二进制数的组合为$2^4 = 16$,有16个数,要用它表示10个数码,必然有6个是不用的数。采用不同的组合,可得到不同形式的BCD码,表6.2.3列出了几种BCD码,其中以8421码最为常用,它是一种加权码,从高位到低位每位的"权"依次为8、4、2、1。

表6.2.3中除8421码外,5421码和2421码也为加权码,只是每位的"权"不尽相同。而余3码和余3格雷码为无权码。余3码的特点是每一位值比8421码多3,余3格雷码的特点是每两个相邻数的二进制代码只有一位不同,因此在计数时可靠性高。

表 6.2.3　几种 BCD 码

十进制	8421 码	5421 码	2421 码	余 3 码	余 3 格雷码
0	0000	0000	0000	0011	0010
1	0001	0001	0001	0100	0110
2	0010	0010	0010	0101	0111
3	0011	0011	0011	0110	0101
4	0100	0100	0100	0111	0100
5	0101	1000	0101	1000	1100
6	0110	1001	0110	1001	1101
7	0111	1010	0111	1010	1111
8	1000	1011	1110	1011	1110
9	1001	1100	1111	1100	1010

6.3　晶体管开关作用

晶体管的输出特性曲线分为三个工作区:放大区、截止区、饱和区。改变直流偏置,晶体管就有三种工作状态(图6.3.1)。

1) 放大状态

当发射结处于正向偏置、集电结处于反向偏置时,晶体管处于放大状态,相应于特性曲线的放大区,此时$I_C = \beta I_B$,β为一常数,I_C主要受I_B控制,与U_{CE}的变化无关。

---

① 　BCD—binary cored decimal。

2) 截止状态

增大图 6.3.1(a)中的 R_B，使 U_{BE} 下降，当 U_{BE} 下降到小于死区电压时，$I_B = 0$，$I_C \approx 0$，这种状态称为截止状态，对应于特性曲线的截止区，此时 $U_{CE} = U_{CC}$。

如果将发射结零偏或反偏，晶体管将截止的更加可靠。晶体管截止时，集电结也处于反向偏置。

3) 饱和状态

在图 6.3.1(a)中，调节 R_B 使 I_B 增大，I_C 增大，则 $U_{CE} = (U_{CC} - I_C R_C)$ 下降，当 U_{CE} 下降到小于 U_{BE} 时，晶体管工作在特性曲线的饱和区称为饱和状态，相应的 U_{CE} 称为饱和压降，用 U_{CES} 表示。小功率管的 $U_{CES} \approx 0.3\text{V}$（硅管），这意味着集电结也为正向偏置。因此晶体管饱和的条件是：发射结和集电结都正偏。

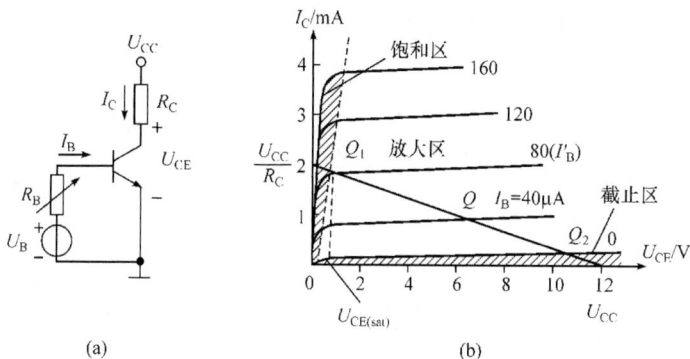

图 6.3.1　晶体管的三种工作状态

(a)电路；(b)特性曲线

饱和时，集电区失去了对基区电子的收集能力，I_C 不再随 I_B 的增加而线性增加，而主要取决于集电极的外电路，即

$$I_{CS} = \frac{U_{CC} - U_{CES}}{R_C} \approx \frac{U_{CC}}{R_C}$$

晶体管的三种工作状态的特点可归纳为表 6.3.1。

表 6.3.1　晶体管的三种工作状态

	放大状态	截止状态		饱和状态
		开始截止	可靠截止	
偏置	发射结正偏 集电结反偏	$U_{BE} <$ 死区电压	$U_{BE} < 0$	发射结正偏 集电结正偏
特点	$I_C = \beta I_B$ $U_{CE} = U_{CC} - I_C R_C$	$I_C \approx 0$ $U_{CE} \approx U_{CC}$		$I_{CS} \approx \dfrac{U_{CC}}{R_C}$ $U_{CE} = U_{CES} \approx 0$

综上所述,当晶体管截止时,$I_C \approx 0$,发射极与集电极之间电阻很大,如同一个开关的断开;当晶体管饱和时,$U_{CES} \approx 0$,发射极和集电极之间电阻很小,如同一个开关的接通。这就是晶体管的开关作用。

与二极管开关[①]相比,晶体管开关的通断是由不在开关回路中的基极控制的,因此使用方便。

在模拟电路中,晶体管常用作放大元件。在数字电路中,晶体管作为开关元件,主要工作在饱和状态和截止状态。

例 6.3.1　　在图 6.3.2 所示电路中,已知各电路参数,试分析各晶体管工作在何种状态。

解　要确定晶体管工作在何种状态,首先要判断晶体管各电极的偏置情况。

如图 6.3.2(a)所示,基极经 50kΩ 电阻与 +6V 电源相接,其电位高于发射极,发射极正偏,集电极饱和电流 I_{CS} 为

$$I_{CS} = \frac{U_{CC} - U_{CES}}{R_C} \approx \frac{U_{CC}}{R_C} = \frac{12}{1} = 12(\text{mA})$$

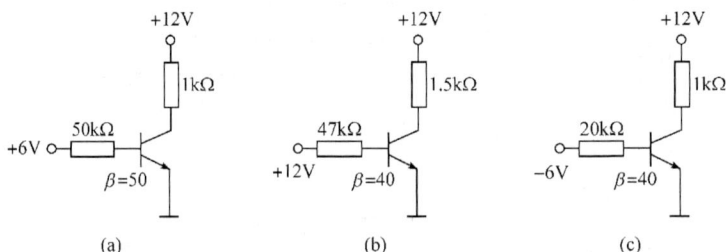

图 6.3.2　例 6.3.1 电路

(a)放大;(b)饱和;(c)截止

基极饱和电流为

$$I_{BS} = \frac{I_{CS}}{\beta} = \frac{12}{50} = 0.24(\text{mA})$$

实际基极电流可由下式求得

$$I_B = \frac{6 - U_{BE}}{R_B} = \frac{6 - 0.6}{50} = 0.108(\text{mA}) < I_{BS}$$

则晶体管工作在放大状态。

如图 6.3.2(b)所示,发射结仍为正偏,则

---

①　二极管的开关作用是依靠单向导电性实现的,开关的通断受二极管两端电压控制。

$$I_{CS} \approx \frac{U_C}{R_C} = \frac{12}{1.5} = 8(\text{mA})$$

$$I_{BS} \approx \frac{I_{CS}}{\beta} = \frac{8}{40} = 0.2(\text{mA})$$

$$I_B \approx \frac{12 - U_{BE}}{R_B} = \frac{12 - 0.6}{47} = 0.24(\text{mA}) > I_{BS}$$

则晶体管工作在饱和状态。

如图 6.3.2(c)所示,基极经 $20\text{k}\Omega$ 电阻与 -6V 电源相接,发射结反偏,故晶体管工作在截止状态。

练习与思考

6.3.1　试列举晶体管在放大、截止、饱和状态下的特点及偏置条件。

6.3.2　从工作信号和晶体管的工作状态来说明模拟电子电路和数字电子电路的区别。

6.4　逻辑门电路

"逻辑"指的是事物的前因和后果之间的关系,也称为逻辑关系。在事物只有"真"与"伪"、"是"与"否"、"有"与"无"等两种对立可能性的情况下,最基本的逻辑关系有三种:"**与**"逻辑、"**或**"逻辑、"**非**"逻辑。如果用电路的输入表示条件、输出反映结果来实现一定的逻辑关系,这种电路称为逻辑电路。基本逻辑电路有三种:**与门电路、或门电路和非门电路**。

6.4.1　基本逻辑门电路

1. "**与**"逻辑和与门

"与"逻辑又称为逻辑乘。用图 6.4.1 所示的开关电路来说明"与"逻辑的规则。图 6.4.1 中有两个串联的开关 A、B 及一个电灯 Y,显然,只有开关 A、B 全部接通,灯才会亮,开关 A 和 B 中有一个不接通,灯就不亮。A、B 的接通(条件)和灯亮(结果)之间就是"与"逻辑,可用下式表示为

$$Y = A \cdot B$$

为了分析上式的全部含义,我们假定:开关接通为 **1**,断开为 **0**,灯亮为 **1**,灯灭为 **0**,前面两句话可用以下四个式子表述为

$$\left. \begin{matrix} \mathbf{0} \cdot \mathbf{0} \\ \mathbf{0} \cdot \mathbf{1} \\ \mathbf{1} \cdot \mathbf{0} \\ \mathbf{1} \cdot \mathbf{1} \end{matrix} \right\} \to Y = A \cdot B$$

也可列表来表示,见表 6.4.1。表中把"条件"和"结果"的各种可能性对应地表示

出来,称为逻辑状态表。

实际电路中,可以用图 6.4.2(a)所示电路实现"与"逻辑,称为与门电路。图 6.4.2(b)是其逻辑符号。

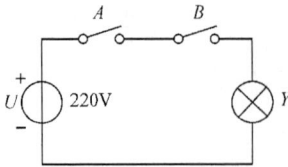

图 6.4.1　串联开关电路

表 6.4.1　"与"逻辑状态表

输入		输出
A	B	Y
0	**0**	**0**
0	**1**	**0**
1	**0**	**0**
1	**1**	**1**

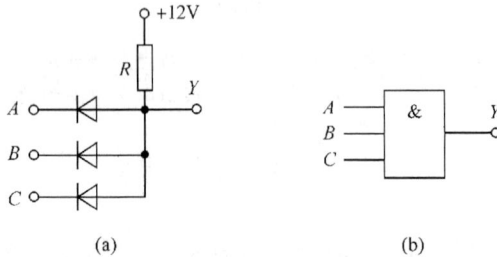

(a)　　　　　　　　　　(b)

图 6.4.2　与门电路

(a) 二极管与门;(b) 与门逻辑符号

电路工作时,二极管要导通。当 A、B、C 端均为高电位(输入均为 **1**)时,Y 端自然具有高电位,输出为 **1**;当 A、B、C 端有一个(或一个以上)加有低电位(输入为 **0**)时,该端所接二极管使 Y 端被钳制于低点平(Y 端电位只比输入端低电位高出一个二极管的管压降,仍为低电位),输出也为 **0**,用下式表示输入输出的"与"逻辑关系

$$Y = A \cdot B \cdot C$$

逻辑状态表读者可自己列出,为方便起见,与逻辑式中的点"·"可省略。

与门的逻辑功能可以概括为:有 0 出 0,全 1 出 1。

2. **"或"**逻辑和**或**门

"或"逻辑又称逻辑加,用图 6.4.3 所示的开关电路来说明。两个开关 A、B 并联,只要有一个开关接通,灯 Y 就会亮,只有 A、B 都不接通,灯才不亮。开关 A、B 的接通与灯亮之间的关系,就是**"或"**逻辑,用下式表示为

$$Y = A + B$$

逻辑状态表见表 6.4.2。

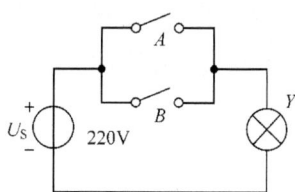

图 6.4.3　并联开关电路

表 6.4.2　"或"逻辑状态表

输入		输出
A	B	Y
0	**0**	**0**
0	**1**	**1**
1	**0**	**1**
1	**1**	**1**

图 6.4.4(a)所示为二极管**或**门电路,图 6.4.4(b)为其逻辑符号。当输入端 A、B、C 有一个(或一个以上)加有高电位(输入为 **1** 时),该端所接二极管导通,使 Y 端为高电位,输出为 **1**,其他加低电位的输入端因所接二极管承受反向电压而处于截止状态,不会影响输出端的电位;当 A、B、C 均为低电位(输入均为 **0** 时)三个二极管均导通,使输出 Y 为低电位,输出为 **0**。

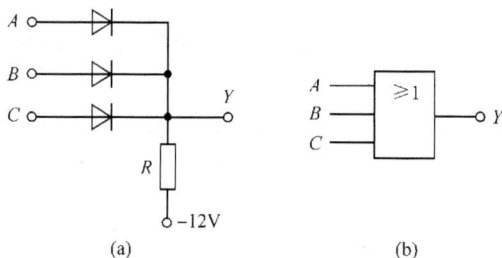

图 6.4.4　**或**门电路

(a) 二极管**或**门;(b) **或**门逻辑符号

或门的逻辑功能可以概括为:有 **1** 出 **1**,全 **0** 出 **0**。

3. "非"逻辑和**非**门

"**非**"逻辑又称为逻辑否定。在图 6.4.5 所示电路中,当开关 A 断开(**0**)时,灯 Y 亮(**1**),A 接通(**1**)时,灯灭(**0**),这就是"非"逻辑,表达式为

$$Y = \overline{A}$$

逻辑状态表见表 6.4.3。

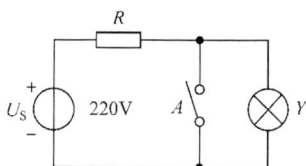

图 6.4.5　"**非**"逻辑开关电路

表 6.4.3　"非"逻辑状态表

输入	输出
A	Y
0	**1**
1	**0**

晶体管非门电路如图 6.4.6(a)所示,当 A 端加高电位、输入为 **1** 时,管子饱和导通,输出为 **0**。当 A 端为低电位、输入为 **0** 时,管子截止,输出为 **1**。

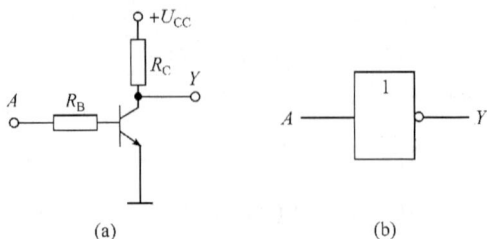

图 6.4.6　非门电路

(a) 晶体管非门;(b) 非门逻辑符号

4. 复合门电路

实际应用中,经常把三种基本逻辑门电路组合成复合门电路,以丰富逻辑电路功能。

将**与门**与**非门**串联起来就组成了**与非门**,如图 6.4.7 所示,其表达式为

$$Y = \overline{ABC}$$

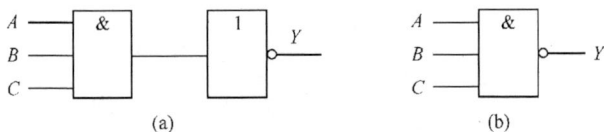

图 6.4.7　与非门

(a) 与非门的组成;(b) 逻辑符号

与非门的逻辑功能可以概括为:有 **0** 出 **1**,全 **1** 出 **0**。

将**或门**和**非门**串联起来,可构成**或非门**,如图 6.4.8 所示,逻辑表达式为

$$Y = \overline{A + B + C}$$

或非门的逻辑功能可以概括为:有 **1** 出 **0**,全 **0** 出 **1**。

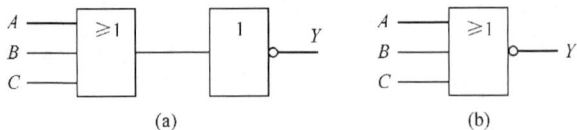

图 6.4.8　或非门

(a) 或非门的组成;(b) 逻辑符号

除以上两种复合门电路以外,常用的还有**与或非门**、**异或门**、**同或门**等,其具体

实现方法将在以后几节讨论。

6.4.2　TTL 门电路

上面讨论的门电路都是分立元件门电路,实际应用中已被淘汰,目前广泛采用的是集成门电路。我们首先介绍 TTL 门电路。

TTL 门电路是由双极型晶体管构成的集成电路,它发展早、生产工艺成熟、品种全、产量大、价格便宜,是中小规模集成电路的主流电路产品,其核心是**与非门**。

1. TTL 与非门

图 6.4.9 是典型的 TTL **与非门**电路,由 5 管 5 阻共 10 个元件组成,完成的逻辑功能是"与非"运算。即

$$Y = \overline{ABC}$$

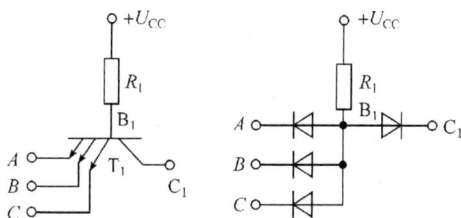

图 6.4.9 中 T_1 称为多发射极晶体管,具有"**与**"逻辑功能。它的等效电路如图 6.4.10 所示。

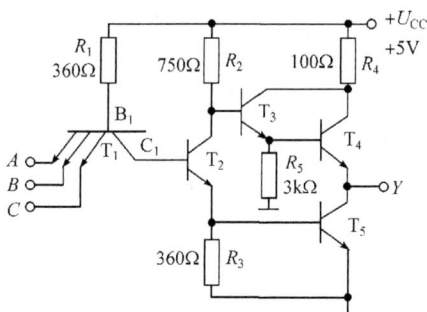

图 6.4.9　TTL **与非门**电路　　　　图 6.4.10　多发射极晶体管

电路的工作原理如下:

当输入端均为高电平 3.6V 时,T_1 管所有发射结均反偏(因为 B_1 点电位被三个PN 结钳位于 2.1V),集电结正偏,电源经 R_1 和 T_1 管的集电结向 T_2 管注入电流,T_2 管的发射极又向 T_5 注入电流,T_5 管也饱和导通,输出端 F 电位等于 T_5 管的饱和电压降 U_{CES5}(约 0.3V),输出低电平 **0**。由于 T_2 管饱和导通,其集电极电位为

$$V_{C2} = U_{CES2} + U_{BE5} = 0.3 + 0.7 = 1V = V_{B3}$$

V_{B3} 能使 T_3 管导通,并使 T_4 管基极电位为

$$V_{B4} = V_{B3} - V_{BE3} = 1 - 0.7 = 0.3V = V_{E3}$$

V_{B4} 与 V_{E3} 相等,因此 T_4 管因零偏置而截止。

当输入端有一个(或几个)是低电位(约 0.3V)时,T_1 管的基极电位因接有低电平的发射结而导通,并被钳位在 $V_{B1} = 0.3 + 0.7 = 1V$,小于上述使 T_2、T_5 饱和

导通所需要的电位值（2.1V），因此 T_2、T_5 管截止。此时 T_2 管的集电极电位（T_3 管的基极电位）接近电源电压，即 $V_{C2} = V_{B3} \approx 5V$，因此使 T_3、T_4 管导通，F 端的电位 $V_F = V_{B3} - U_{BE3} - U_{BE4} \approx 5 - 0.7 - 0.7 = 3.6V$，输出为高电平 **1** 。

综上所述，图 6.4.9 电路具有"**有 0 出 1，全 1 出 0**"的逻辑功能，即

$$Y = \overline{ABC}$$

为便于今后应用，结合上述 TTL **与非**门电路，介绍几个反映门电路性能的主要特性参数。

1）电压传输特性

反映输入电压 U_i 和输出电压 U_o 之间的关系曲线，称为电压传输特性，如图 6.4.11 所示。测试特性时，将某一输入端电压由零逐渐增大，而将其他输入端接在电源正极保持恒定高电位。

当 $U_i < 0.7V$ 时，$U_o = 3.6V$，随着 U_i 超过 1.3V 后，U_o 急剧下降至 0.3V，此后 U_i 增加，U_o 保持此电平值不变。输出由高电平转为低电平时，所对应的输入电压，称为阈值电压或门槛电压 U_T，图 6.4.11 中 U_T 约为 1.4V。

为了保证电路工作可靠，要求输入高电平 $U_{iH} > 2V$，输入低电平 $U_{iL} < 0.8V$。

2）抗干扰能力

当输入电压受到的干扰超过一定值时，会引起输出电平转换，产生逻辑错误。电路的抗干扰能力是指保持输出电平在规定范围内，允许输入干扰电压的最大范围，用噪声容限来表示。由于输入低电平和高电平时，其抗干扰能力不同，故有低电平噪声容限和高电平噪声容限。一般低电平噪声容限为 0.3 V 左右，高电平噪声容限为 1V 左右。

噪声容限电压值越大，说明抗干扰能力越强。

3）平均传输延迟时间

平均传输延迟时间 t_{pd} 用来表示门电路的转换速度。由于晶体管的导通和截止都需要一定的时间，依次输入一个脉冲 U_i 时，输出 U_o 的时间有一定的延迟，如图 6.4.12 所示。从输入脉冲上升沿 50% 处到输出脉冲下降沿 50% 处的时间称为导通延迟时间 t_{pd1}；从输入脉冲下降沿 50% 处到输出脉冲上升沿 50% 处的时间称为截止延迟时间 t_{pd2}。两者的平均传输延迟时间为

$$t_{pd} = \frac{t_{pd1} + t_{pd2}}{2}$$

t_{pd} 越小，说明门的开关速度越快。

4）扇出系数

扇出系数是指一个**与非**门能带同类门的最大数目，它表示带负载能力。对 TTL 门而言，扇出系数 $N_o \geqslant 8$。

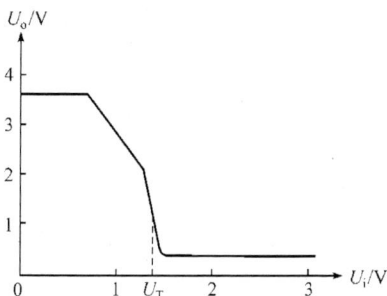

图 6.4.11　TTL 电路的电压传输特性　　　图 6.4.12　平均延迟时间

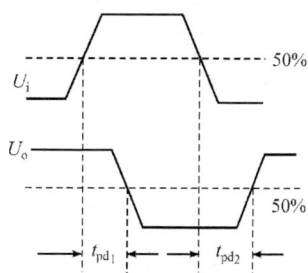

2. 其他类型的 TTL 与非门

1) 集电极开路门（OC 门）

典型的 TTL 与非门不允许两个门的输出端互连，原因在于 T_4、T_5 管组成的是推挽（拉）输出级。将图 6.4.9 中的 T_3、T_4 管去掉，使 T_5 管处于集电极开路状态，就构成 OC 门，如图 6.4.13(a) 所示，它的逻辑符号如图 6.4.13(b) 所示。

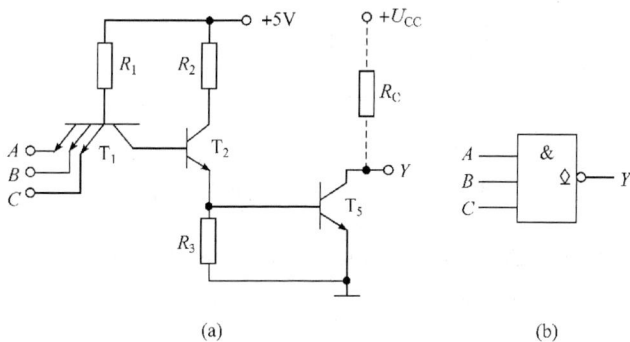

(a)　　　　　　　　　　　　　　(b)

图 6.4.13　OC 门
(a) OC 门电路；(b) 逻辑符号

OC 门除可以完成常规与非功能（输出端通过上拉电阻 R_C 接至 $+U_{CC}$，实现 $Y=\overline{ABC}$）外，还可实现线与功能。

所谓线与是把几个门的输出端接在一起，实现多个信号间的"与"逻辑，如图 6.4.14 所示。如果 Y_1 及 Y_2 中有一个是低电平，即两个门中至少有一个门的 T_5 管处于饱和导通状态，则总的输出 Y 便为低电平，只有当 Y_1 和 Y_2 都是高电平（两门的 T_5 管均截止），输出 Y 才是高电平，可见

$$Y = Y_1 Y_2$$

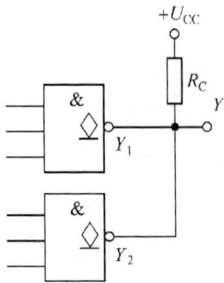

图 6.4.14　OC 门的线与功能

OC 门的缺点是工作速度不高,平均传输延迟时间较大,原因是没有 T_3、T_4 与 T_5 间的推挽(拉)作用。

2) 三态输出与非门

三态门的输出端除了出现高电平和低电平,还可以出现第三种状态——高阻状态。图 6.4.15 是 TTL 三态输出与非门电路及其逻辑符号。它只比普通 TTL 与非门上多出了一个二极管 D,并且 A、B 是输入端,C 是控制端。

当控制端 C 为高电平 **1** 时,电路只受 A、B 输入信

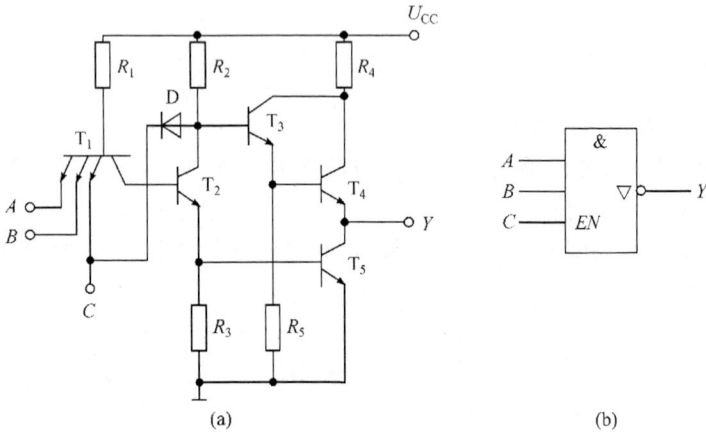

图 6.4.15　TTL 三态输出与非门

号的影响,是一个普通与非门,$Y = \overline{AB}$。当 C 为低电平 **0** 时,V_{B1} 约为 1V,使 T_2、T_5 管截止,同时由于二极管 D 的存在,使 $V_{C2} \approx 1V$,使 T_4 截止,即与 Y 端相接的两个三极管 T_4、T_5 都截止,所以输出端处于高阻状态。

改变电路结构,也可以在控制端为高电平时出现高阻状态,低电平时出现工作状态,逻辑符号如图 6.4.16 所示,图中 C 表示控制信号为低电平时,电路处于工作状态,称为"低电平有效"。

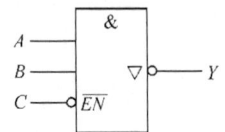

图 6.4.16　三态
输出与非门

三态门最主要的作用是构成总线(BUS)系统,如图 6.4.17 所示。它们的控制信号在时间上错开,使其中一个门工作时,其他各门处于高阻状态,避免互相影响。

与 OC 门相比,三态门的速度很高。在总线上可以是正逻辑,也可以是负逻辑。通常在计算机中被广泛应用。

6.4.3　CMOS 门电路

除了 TTL 集成门电路外,还有 MOS 集成门电路,它由绝缘栅场效应管(单极型晶体管)组成。MOS 集成门电路具有制造工艺简单、功耗低、体积小、更易于集成化等一系列优点,但传输速度相对低一些。

MOS 集成门电路类型较多,目前以由 NMOS 管和 PMOS 管组成的 CMOS 电路性能最好,本书主要介绍 CMOS 电路。

1. CMOS 非门电路

图 6.4.18 所示为 CMOS 非门电路,又称为 CMOS 反相器。PMOS 管 T_2 为负载管,NMOS 管 T_1 为驱动管,两管都为增强型,一同制作在一片硅片上。两管的栅极相连,作为输入端 A,漏极也相连,引出输出端 Y,T_1 管源极接地,T_2 管源极接电源 $+U_{DD}$。

图 6.4.17　三态输出与非门的应用

当输入端 A 为 **1**(约为 U_{DD})时 T_1 管导通,T_2 管的栅-源极电压小于开启电压绝对值,不能开启,处于截止状态。这时,T_2 管的电阻比 T_1 高得多,电源电压便主要降在 T_2 上,故输出 Y 为 **0**(约为 0 V)。

当输入端 A 为 **0** 时,T_1 截止,T_2 导通,电源主要降在 T_1 上,故输出 Y 为 **1**。

可见,电路具有"非"逻辑功能,$Y = \overline{A}$。

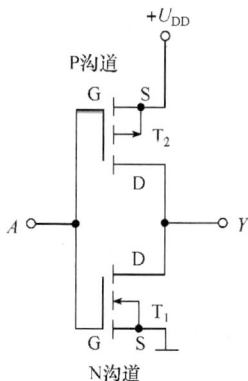

图 6.4.18　CMOS 非门电路

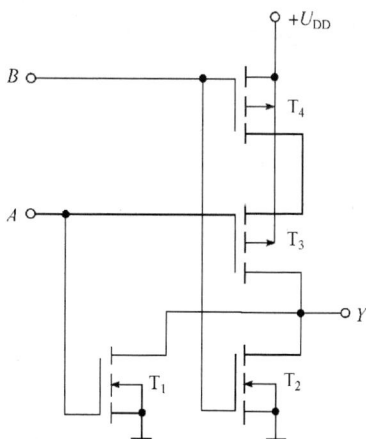

图 6.4.19　CMOS 或非门电路

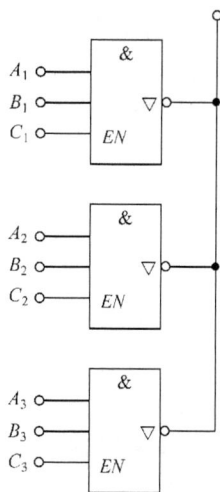

2. CMOS 或非门电路

图 6.4.19 所示为 CMOS 或非门电路。驱动管 T_1、T_2 并联,负载管 T_3、T_4 串联,负载管为 P 沟道增强型。

当 A、B 两个输入端均为 **0** 时,T_1、T_2 管截止,T_3、T_4 管导通,输出为 **1** 。当 A、B 至少有一个为 **1** 时,驱动管至少有一个导通,电源电压主要降落在负载管上,输出为 **0** 。

显然,$Y=\overline{A+B}$。

3. CMOS 电路的特点

(1) 功耗低。工作时总有管子截止、导通。而截止管的阻抗很高,故导通管的电流极微弱,因此 CMOS 电路的静态功耗极低,为 μW 级(TTL 电路每门功耗 10mW 以上)。

(2) 抗干扰能力强。一般 CMOS 电路高低电平噪声容限均在 1V 以上,故工作稳定可靠。

(3) 电源电压范围宽。TTL 电源电压为 $+5$V,而 CMOS 电源电压在 $3\sim18$V 均可正常工作,所以易于和其他电路接口。近年来,随着半导体工艺的快速发展,CMOS 电路在品种、数量、质量等方面均有突破性发展。为克服 CMOS 电路速度慢的缺点,又发展了高速 CMOS 集成电路,简称 HCMOS。HCMOS 的速度比 CMOS 高 $8\sim10$ 倍,达到标准 TTL 电路的水平,是一种较理想的、正迅速发展着的电路。

在逻辑功能上,TTL 和 CMOS 是相同的。当 CMOS 的电源电压 $U_{DD}=+5$V 时,它可以和低耗能的 TTL 兼容。本书讨论的内容对 TTL 和 CMOS 同样适用。

练习与思考

6.4.1　什么叫与门、或门、非门? 分别画出它们的逻辑符号。

6.4.2　为什么不能把两个与非门的输出端接到后级与非门的同一输入端上?

6.4.3　TTL 门电路和 CMOS 门电路各有什么特点?

6.4.4　在图 6.4.18 所示的 CMOS 非门电路中,改为 T_2 用 NMOS,T_1 用 PMOS,行不行? 为什么?

6.5　组合逻辑电路的分析与综合

用几种基本门电路可以实现基本逻辑关系,将这些逻辑门电路组合起来,构成组合逻辑电路,可以实现各种逻辑功能。

6.5.1　逻辑代数的基本运算法则与定理

逻辑代数又称布尔代数,是研究二值逻辑问题的主要数学工具,也是分析和设计各种逻辑电路的主要数学工具。和普通代数一样,用字母($A,B,C,\cdots$)表示变量,但变量的取值只有 **0** 和 **1** 两种,注意,这里 **0** 和 **1** 不是指数值的大小,而是代表逻辑上对立的两个方面。

逻辑代数的基本运算法则和定理如下。

基本运算法则

(1) $\mathbf{0} \cdot A = \mathbf{0}$；

(2) $\mathbf{1} \cdot A = A$；

(3) $A \cdot A = A$；

(4) $A \cdot \overline{A} = \mathbf{0}$；

(5) $\mathbf{0} + A = A$；

(6) $\mathbf{1} + A = \mathbf{1}$；

(7) $A + A = A$；

(8) $A + \overline{A} = \mathbf{1}$；

(9) $A = \overline{\overline{A}}$。

以上运算法则可以通过变量取值(**0**,**1**)来证明。

交换律

(10) $A + B = B + A$；

(11) $A \cdot B = B \cdot A$。

结合律

(12) $(A + B) + C = (A + C) + B = (B + C) + A$；

(13) $(A \cdot B) \cdot C = (A \cdot C) \cdot B = (B \cdot C) \cdot A$。

分配律

(14) $A \cdot (B + C) = AB + AC$；

(15) $A + BC = (A + B)(A + C)$。

证明　$(A + B)(A + C) = AA + AB + AC + BC$
$$= A + A(B + C) + BC = A(\mathbf{1} + B + C) + BC$$
$$= A + BC$$

吸收律

(16) $A + A \cdot B = A$；

(17) $A \cdot (A + B) = A$；

(18) $A + \overline{A} \cdot B = A + B$。

证明　$A + \overline{A}B = (A + \overline{A})(A + B) = \mathbf{1} \cdot (A + B) = A + B$

(19) $A \cdot (\overline{A}+B)=A \cdot B$。

证明　$A \cdot (\overline{A}+B)=A \cdot \overline{A}+A \cdot B=A \cdot B$

反演律(德·摩根定理)

(20) $\overline{A \cdot B}=\overline{A}+\overline{B}$;

(21) $\overline{A+B}=\overline{A} \cdot \overline{B}$。

证明　这个定理可以用列举逻辑变量的全部可能取值来证明。

列出逻辑状态表,见表 6.5.1。

表 6.5.1　逻辑状态表

A	B	$\overline{A}$	$\overline{B}$	$\overline{A \cdot B}$	$\overline{A}+\overline{B}$	$\overline{A+B}$	$\overline{A} \cdot \overline{B}$
0	0	1	1	1	1	1	1
0	1	1	0	1	1	0	0
1	0	0	1	1	1	0	0
1	1	0	0	0	0	0	0

从表 6.5.1 中不但可以看出反演律的成立,而且提醒我们注意以下两式:

$$\overline{A+B} \neq \overline{A}+\overline{B}; \quad \overline{A \cdot B} \neq \overline{A} \cdot \overline{B}$$

6.5.2　逻辑式的简化

一个逻辑式可以用不同的表达式表达,相应地可以画出用不同的逻辑符号表示的逻辑图。逻辑表达式越简单,相应的逻辑图越简单,因此为了设计的逻辑电路使用元件少、线路合理、工作可靠,必须对逻辑函数进行简化,以求得到最简化的逻辑表达式。

1. 公式法化简

应用逻辑代数的基本运算法则和定理,可以对任何一个逻辑函数进行化简,化简的过程就是消去函数表达式中多余字母和多余项的过程。通过下面几个例题可以初步认识和理解化简的方法。

例 6.5.1　化简下列逻辑函数:

(1) $Y_1=AB+\overline{A}C+\overline{B}C$;

(2) $Y_2=A\overline{B}+B\overline{C}+\overline{B}C+\overline{A}B$;

(3) $Y_3=ABC+ABD+\overline{A}B\overline{C}+CD+B\overline{D}$。

解　(1) $Y_1=AB+\overline{A}C+\overline{B}C$

$$=AB+(\overline{A}+\overline{B})C$$

$$= AB + \overline{ABC}（反演律，法则(20)）$$

$$= AB + C（吸收律，法则(18)）$$

(2) $Y_2 = A\overline{B} + B\overline{C} + \overline{B}C + \overline{A}B$

$$= A\overline{B} + B\overline{C} + \overline{B}C(\overline{A} + A) + \overline{A}B(\overline{C} + C)（配项）$$

$$= A\overline{B} + \overline{A}BC + B\overline{C} + \overline{A}B\,\overline{C} + \overline{A}\overline{B}C + \overline{A}BC（分配律，法则(14)）$$

$$= A\overline{B}(1 + C) + B\overline{C}(1 + \overline{A}) + \overline{A}C(\overline{B} + B)$$

$$= A\overline{B} + B\overline{C} + \overline{A}C$$

(3) $Y_3 = ABC + ABD + \overline{A}B\overline{C} + CD + B\overline{D}$

$$= ABC + \overline{A}B\overline{C} + CD + B(AD + \overline{D})$$

$$= ABC + \overline{A}B\overline{C} + CD + B\overline{D} + AB（吸收律，法则(18)）$$

$$= AB(C + 1) + \overline{A}B\overline{C} + CD + B\overline{D}$$

$$= AB + \overline{A}B\overline{C} + CD + B\overline{D}$$

$$= B(A + \overline{A}\overline{C}) + CD + B\overline{D}$$

$$= AB + B\overline{C} + CD + B\overline{D}（吸收律，法则(18)）$$

$$= AB + B(\overline{C} + \overline{D}) + CD$$

$$= AB + B\,\overline{CD} + CD（反演律，法则(20)）$$

$$= B + CD（吸收律，法则(18)）$$

利用公式法化简逻辑函数，要求必须熟练掌握基本法则和定理，并且通过大量的练习才能应用自如。由于尚无一套完整的化简方法，因此此法有较大的局限性。

2. 图解化简法（卡诺图化简法）

图解化简法又称卡诺图化简法。为了介绍这种方法，先介绍最小项的概念。

1) 最小项

最小项是指所有输入变量各种组合的乘积项（与项），这里的输入变量包括原变量和反变量。

例如，对于两个变量 A、B 来说，最小项有 $\overline{A}\overline{B}$、$\overline{A}B$、$A\overline{B}$、AB 四项；三变量 A、B、C 的最小项有 $\overline{A}\overline{B}\overline{C}$、$\overline{A}\overline{B}C$、$\overline{A}B\overline{C}$、$\overline{A}BC$、$A\overline{B}\overline{C}$、$A\overline{B}C$、$AB\overline{C}$、$ABC$ 八项。一般来说，对于 n 个逻辑变量，就有 2^n 个最小项。

任何一个逻辑函数，都可以用若干个最小项的逻辑**或**来表示，即用其最小项表达式表示，这个表达式是唯一的。

例 6.5.2　已知逻辑表达式 $Y_1 = \overline{A}B + A\overline{C}$，$Y_2 = \overline{(AB + \overline{A}B + C)\overline{A}B}$，写出它们的最小项表达式。

解　　　　　　　　$Y_1 = \overline{A}B + A\overline{C}$

$$=\overline{A}B(C+\overline{C})+A\overline{C}(B+\overline{B})$$
$$=\overline{A}BC+\overline{A}B\,\overline{C}+AB\overline{C}+A\overline{B}\,\overline{C}$$

$$Y_2=\overline{(AB+\overline{A}\overline{B}+\overline{C})\,\overline{AB}}$$
$$=\overline{AB+\overline{A}\overline{B}+\overline{C}}+\overline{AB}$$
$$=\overline{AB}\cdot\overline{\overline{A}\overline{B}}\cdot C+\overline{AB}$$
$$=(\overline{A}+\overline{B})(A+B)C+\overline{AB}$$
$$=\overline{A}BC+A\overline{B}C+\overline{A}B(\overline{C}+C)$$
$$=\overline{A}BC+A\overline{B}C+\overline{A}B\overline{C}$$

表 6.5.2　例 6.5.3 的逻辑状态表

	输入		输出
A	B	C	Y
0	0	0	1
0	0	1	0
0	1	0	0
0	1	1	1
1	0	0	1
1	0	1	0
1	1	0	0
1	1	1	1

例 6.5.3　已知逻辑状态表 6.5.2，求最小项表达式。

解　将逻辑状态表中 $Y=1$ 的各项输入变量组合进行逻辑或，得

$$Y=\overline{A}\overline{B}\overline{C}+\overline{A}BC+A\overline{B}\overline{C}+ABC$$

2）卡诺图的构成

卡诺图是在逻辑状态表的基础上，把输入变量的各种组合及对应的输出值按一定规则画出的阵列图。构图规则如下：

规则 1　卡诺图是方格图，图中每个小方块仅与一个确定的最小项相对应，既不重复，又不遗漏。因此，n 变量的卡诺图，小方块总数等于最小项总数，也为 2^n 个。

规则 2　任何"相邻"小方块对应的最小项，其变量组合只允许有一个变量的取值不同。

1～4 变量卡诺图中最小项的排列位置如图 6.5.1 所示。

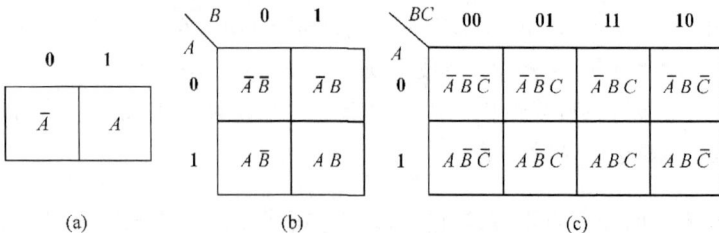

(a)　　　　　　(b)　　　　　　(c)

CD \ AB	00	01	11	10
00	$\overline{A}\,\overline{B}\,\overline{C}\,\overline{D}$	$\overline{A}\,\overline{B}\,\overline{C}D$	$\overline{A}\,\overline{B}CD$	$\overline{A}\,\overline{B}C\overline{D}$
01	$\overline{A}B\overline{C}\,\overline{D}$	$\overline{A}B\overline{C}D$	$\overline{A}BCD$	$\overline{A}BC\overline{D}$
11	$AB\overline{C}\,\overline{D}$	$AB\overline{C}D$	$ABCD$	$ABC\overline{D}$
10	$A\overline{B}\,\overline{C}\,\overline{D}$	$A\overline{B}\,\overline{C}D$	$A\overline{B}CD$	$A\overline{B}C\overline{D}$

(d)

图 6.5.1　1～4 变量卡诺图构成

　　为方便起见,可将卡诺图中的小方块加以编号。其方法是:将每一小方块所代表的输入变量组合的二进制码所对应的十进制数作为该方块的编号。图 6.5.1(c)所示的三变量卡诺图中的小方块的编号如图 6.5.2 所示。

　　3)逻辑函数在卡诺图上的表示

　　如果已知逻辑函数表达式,必须将它化成最小项表达式后,再读入卡诺图,如例 6.5.2 中函数的卡诺图如图 6.5.3 所示。读入的方法是将逻辑函数式中的各最小项所对应的方块填入 **1**,其他方块填入 **0**。

BC \ A	00	01	11	10
0	(000) 0	(001) 1	(011) 3	(010) 2
1	(100) 4	(101) 5	(111) 7	(110) 6

图 6.5.2　三变量卡诺图编号

　　如果已知逻辑状态表,则将状态表中的最小项所对应的 Y 值读入卡诺图。例 6.5.3 的逻辑状态表所对应的卡诺图如图 6.5.4 所示。

　　4)用卡诺图化简逻辑函数

　　卡诺图中代表一个最小项的小方块通常称为"0 维块",任意两个相邻的 0 维

BC \ A	00	01	11	10
0	0 (0)	0 (1)	1 (3)	1 (2)
1	1 (4)	0 (5)	1 (7)	1 (6)

(a)

BC \ A	00	01	11	10
0	0 (0)	0 (1)	1 (3)	1 (2)
1	0 (4)	1 (5)	0 (7)	0 (6)

(b)

图 6.5.3　例 6.5.2 卡诺图
(a) Y_1;(b) Y_2

块组成一个"1 维块",两个相邻的 1 维块又组成一个"2 维块",依此类推。当相邻维块合并时,由于相邻性(即存在同名但相反的变量),合并的结果因 $A+\overline{A}=1$ 而减少一个变量,维数越高的维块中变量数越少,由此达到化简的目的。

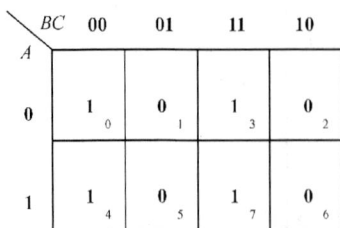

图 6.5.4　例 6.5.3 卡诺图

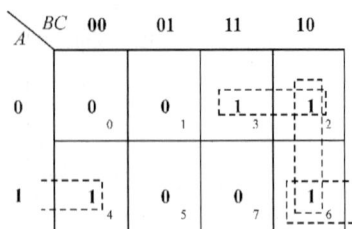

图 6.5.5　例 6.5.4 卡诺图

例 6.5.4　用卡诺图化简例 6.5.2 中的 Y_1。

解　将 Y_1 的卡诺图重新画出,如图 6.5.5 所示,从图中可以看出:0 维块方格 2、方格 3 相邻,组成一个 1 维块(用方框框出),可消去变量 C,得与项 $\overline{A}B$;方格 4、方格 6 同样相邻(只有变量 B 不同),消去 B(用方框框出),得与项 $A\overline{C}$。全部能合并的 0 维块已合并,将各个方框框出的**与项相或**,得最简与或式为

$$Y_1=\overline{A}B+A\overline{C}$$

例 6.5.5　化简函数 $Y=AB\overline{C}\,\overline{D}+A\overline{B}C\,\overline{D}+\overline{A}CD+AB\overline{D}+\overline{A}\,\overline{B}\,\overline{D}$。

解　将 Y 表示为最小项表达式

$$Y=AB\overline{C}\,\overline{D}+A\overline{B}\,\overline{C}\,\overline{D}+AB\overline{C}D+A\overline{B}\,\overline{C}D+\overline{A}\,\overline{B}\overline{C}\overline{D}+\overline{A}\,\overline{B}\,C\overline{D}+\overline{A}\,\overline{B}\,\overline{C}\overline{D}$$

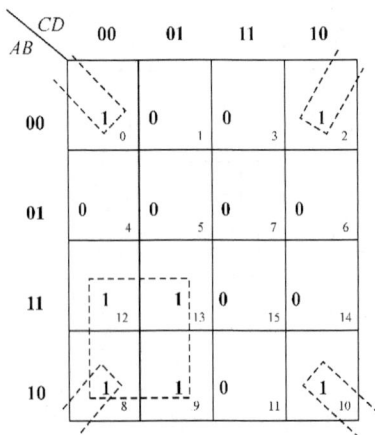

图 6.5.6　例 6.5.5 卡诺图

卡诺图如图 6.5.6 所示。从图中可以看出,方格 8、9、12、13 相邻,组成一个 2 维块,可消去变量 B、D。方块 0、2、8、10 也相邻,可消去变量 C、A。得出最简与或式为

$$Y=A\overline{C}+\overline{B}\,\overline{D}$$

用卡诺图表示逻辑函数较为直观,在函数化简中也较为方便。但对多于 5 个变量的逻辑函数,用卡诺图化简便显得较为复杂。

6.5.3　逻辑门电路组合应用

逻辑门电路的共同特点是电路某一时刻的输出状态,只取决于该时刻的输入信号,而与此时刻以前的输入信号无关,称为组合逻辑电路。

1. 组合逻辑电路的分析

根据已知逻辑电路,列出逻辑表达式,再用逻辑运算的方法,明确电路的逻辑功能,称为逻辑电路的分析。

例 6.5.6　分析图 6.5.7 所示逻辑图的逻辑功能。

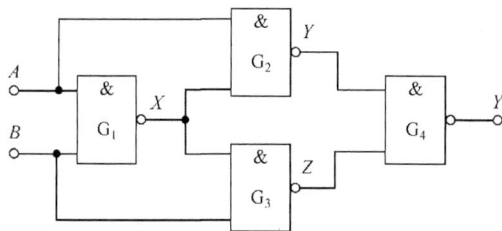

图 6.5.7　例 6.5.6 电路　　　　图 6.5.8　**异或**门的逻辑符号

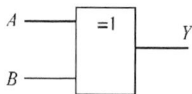

解　根据逻辑图可得

$$Y = \overline{A \, \overline{AB}} \, \overline{B \, \overline{AB}}$$

进一步化简,可得

$$Y = A \, \overline{AB} + B \, \overline{AB}$$
$$= (A + B)(\overline{AB}) = (A + B)(\overline{A} + \overline{B})$$
$$= \overline{A}B + A\overline{B}$$

由 $Y = \overline{A}B + A\overline{B}$ 可见,只有当两个变量相异($A=0$、$B=1$ 或 $A=1$、$B=0$)时,Y 才为 1,这种电路称为**异或**门电路,可简写为 $Y = A \oplus B$,其中 $\oplus$ 表示"**异或**"运算。**异或**门的逻辑符号如图 6.5.8 所示。

2. 组合逻辑电路的综合

根据给定的逻辑功能要求,设计出简化的逻辑图,称为逻辑电路的综合。一般情况下,总有多个设计方案,而最佳设计的获得,往往要经过反复、全面的考虑。下面只能通过简单的例子,说明设计步骤和方法。

例 6.5.7　设计一个三人(A、B、C)进行表决使用的电路,当多人赞成(输入为 1)时,表决结果(Y)有效(输出为 1)。

解　(1)根据要求可列出逻辑状态表 6.5.3。

表 6.5.3　例 6.5.7 逻辑状态表

输入			输出
A	B	C	Y
0	0	0	0
0	0	1	0
0	1	0	0
0	1	1	1
1	0	0	0
1	0	1	1
1	1	0	1
1	1	1	1

（2）由逻辑状态表写出逻辑表达式,取 $Y=1$ 列逻辑式。从表中第 4 行可以写出最小项 $Y=\overline{A}BC$,这个与项表明 $A=0(\overline{A}=1)$、$B=1$、$C=1$ 时,$Y=1$ 。同样,对应的 6、7、8 行也可以写出对应的最小项。表 6.5.3 还表明,只要出现上述任一行的变量组合,Y 均为 **1** ,这又是"**或**"逻辑。因此

$$Y=\overline{A}BC+A\overline{B}C+AB\overline{C}+ABC$$

（3）用卡诺图对上式进行简化,如图 6.5.9 所示。经化简后,得逻辑函数为

$$Y=AB+BC+AC=\overline{\overline{AB}\ \overline{BC}\ \overline{AC}}$$

（4）画出**与非门**实现的逻辑图,如图 6.5.10 所示。

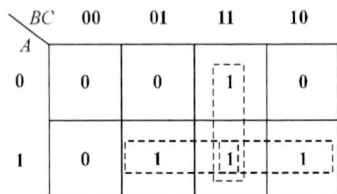

BC\A	00	01	11	10
0	0	0	1	0
1	0	1	1	1

图 6.5.9　例 6.5.7 卡诺图　　　　　图 6.5.10　例 6.5.7 逻辑图

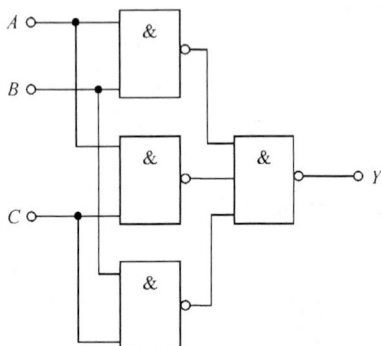

练习与思考

6.5.1　逻辑代数有哪些基本运算法则定理? 试说明它们与普通代数式的区别。

6.5.2　能否将 $AB=AC$、$A+B=A+C$ 这两个逻辑式化简为 $B=C$?

6.5.3　逻辑函数有四种表达方式:逻辑式、逻辑图、逻辑状态表、卡诺图,说明它们之间是如何转换的?

6.5.4　画出一个用 3 个**与门**和一个**或门**组成的 3 变量表决器的逻辑图。

6.6　数字集成组合逻辑电路

数字集成组合逻辑电路是数字集成电路中的一类,常用的中、小规模组合逻辑集成电路有加法器、编码器、译码器、数据选择器、数码比较器等。

对于数字集成电路,学习时应重点了解它们的逻辑符号、集成电路的功能表、特殊引出端的控制作用等方面,目的是为将来使用集成电路做准备。

6.6.1　加法器

加法器是计算机中最基本的运算单元电路。任何复杂的加法器电路中,最基

本的单元都是半加器和全加器。

1. 半加器

半加器只能对一位二进制数作算术加运算,可向高位进位,但不能输入低位的进位值。

按照两数相加的概念,可得出半加器的逻辑状态表,如表 6.6.1 所示。由表 6.6.1 可写出半加器的和 S 及向高位进位 C 的逻辑表达式。

$$S = \overline{A}B + A\overline{B} = A \oplus B$$
$$C = AB$$

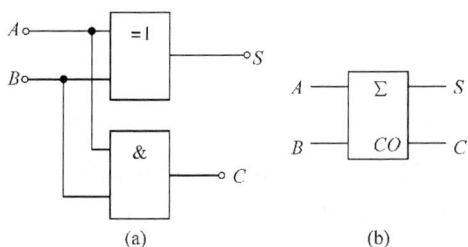

表 6.6.1　半加器的逻辑状态表

A	B	S	C
0	0	0	0
0	1	1	0
1	0	1	0
1	1	0	1

图 6.6.1　半加器

图 6.6.1(a)为用**异或**门和**与**门构成的半加器逻辑状态图,图 6.6.1(b)为半加器的逻辑符号。

2. 全加器

全加器是能输入低位进位值的 **1** 位二进制数加法运算逻辑电路。表 6.6.2 是全加器的逻辑状态表,A_i、B_i 为本位的加数和被加数,C_{i-1} 表示从低位输入的进位数,S_i 是本位的和数,C_i 为本位输出到高位的进位数。

表 6.6.2　全加器的逻辑状态表

A_i	B_i	C_{i-1}	S_i	C_i
0	0	0	0	0
0	0	1	1	0
0	1	0	1	0
0	1	1	0	1
1	0	0	1	0
1	0	1	0	1
1	1	0	0	1
1	1	1	1	1

A_i \ B_iC_{i-1}	00	01	11	10
0	0	1	0	1
1	1	0	1	0

(a)

A_i \ B_iC_{i-1}	00	01	11	10
0	0	0	1	0
1	0	1	1	1

(b)

图 6.6.2　全加器卡诺图

根据表 6.6.2，可画出全加器的卡诺图，如图 6.6.2 所示，并可由此求出**与或**式。S_i 可做进一步的推导化简为

$$S_i = \bar{A}_i\bar{B}_iC_{i-1} + \bar{A}_iB_i\bar{C}_{i-1} + A_i\bar{B}_i\bar{C}_{i-1} + A_iB_iC_{i-1}$$
$$= C_{i-1}(\bar{A}_i\bar{B}_i + A_iB_i) + \bar{C}_{i-1}(\bar{A}_iB_i + A_i\bar{B}_i)$$
$$= C_{i-1}\overline{(A_i \oplus B_i)} + \bar{C}_{i-1}(A_i \oplus B_i)$$
$$= A_i \oplus B_i \oplus C_{i-1}$$
$$C_i = A_iB_i + B_iC_{i-1} + A_iC_{i-1}$$

为了利用输出 S_i，将 C_i 适当变换为

$$C_i = \bar{A}_iB_iC_{i-1} + A_i\bar{B}_iC_{i-1} + A_iB_i$$
$$= (A_i \oplus B_i)C_{i-1} + A_iB_i$$

令 $S'_i = A_i \oplus B_i$，则 S'_i 是 A_i 和 B_i 的半加和，而 S_i 又是 S'_i 与 C_{i-1} 的半加和，因此可以把一个全加器用两个半加器和一个**或**门实现，如图 6.6.3(a)所示，图 6.6.3(b)是全加器的逻辑符号。

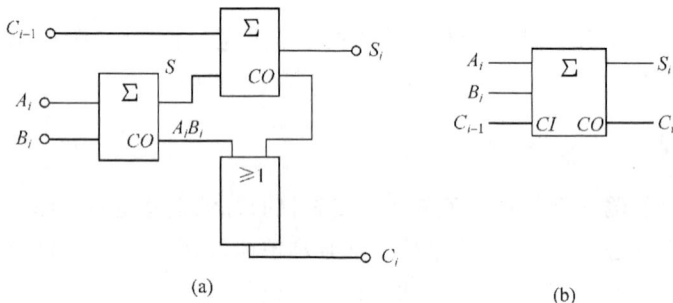

(a)　　(b)

图 6.6.3　全加器

6.6.2　编码器

编码是指用数字或某种文字和符号表示某一对象或信号的过程，如电话号码、邮政编码等，均为编码。十进制编码、某种文字和符号比较难以用电路来实现，这正是数字系统中通常用二进制编码的原因。能够实现编码逻辑功能的电路称为编码器。如计算机的输入键盘就是由编码器组成的，当每按下一个键时，编码器就将该键的含义转换为一个计算机能够识别的二进制代码，以此控制机器的操作。二进制只有 2 个数码 **0** 和 **1**，可将若干个 **0** 和 **1** 按一定规律编排起来组成不同代码(二进制数)表示某一对象或信号。1 位二进制代码有 **0** 和 **1** 两种，可表示 2 个信号；2 位二进制代码有 **00**、**01**、**10**、**11** 四种，可表示 4 个信号。则 n 位二进制代码有

2^n 种,可表示 2^n 个信号。这种二进制编码在电路上比较容易实现。

1. 二进制编码器

二进制编码器是将某特定信号编成二进制代码的逻辑电路。例如,将 8 个信号 $I_0,I_1,I_2,I_3,I_4,I_5,I_6,I_7$ 编成相应的二进制代码并输出,编码过程如下:

(1) 确定二进制代码的位数。因为有 8 个输入信号,故输出为 3 位($2^n=8,n=3$)二进制代码。这种编码器称为 8/3 线编码器。

(2) 列编码表。编码表是将待编号的 8 个信号与相应的二进制代码列成的表格,如对信号 I_i 编码时,I_i 为 1,其他信号均为 0。由此列出编码表(即功能表或状态表),如表 6.6.3 所示。

表 6.6.3　3 位二进制编码器的功能表

十进制数	输入								输出		
N	I_7	I_6	I_5	I_4	I_3	I_2	I_1	I_0	Y_2	Y_1	Y_0
0	0	0	0	0	0	0	0	1	0	0	0
1	0	0	0	0	0	0	1	0	0	0	1
2	0	0	0	0	0	1	0	0	0	1	0
3	0	0	0	0	1	0	0	0	0	1	1
4	0	0	0	1	0	0	0	0	1	0	0
5	0	0	1	0	0	0	0	0	1	0	1
6	0	1	0	0	0	0	0	0	1	1	0
7	1	0	0	0	0	0	0	0	1	1	1

(3) 列逻辑表达式。根据编码器的功能表,其逻辑表达式为

$$Y_0 = I_1 + I_3 + I_5 + I_7 = \overline{\overline{I_1}\,\overline{I_3}\,\overline{I_5}\,\overline{I_7}}$$

$$Y_1 = I_2 + I_3 + I_6 + I_7 = \overline{\overline{I_2}\,\overline{I_3}\,\overline{I_6}\,\overline{I_7}}$$

$$Y_2 = I_4 + I_5 + I_6 + I_7 = \overline{\overline{I_4}\,\overline{I_5}\,\overline{I_6}\,\overline{I_7}}$$

(4) 由逻辑式画出逻辑图。

输入信号一般不允许出现两个或两个以上同时输入。如当 $I_1=1$ 时,其余为 0,输出为 001;当 $I_6=1$ 时,其余为 0,输出为 110。则二进制代码分别表示输入信号 I_1 和 I_6。3 位二进制编码器的逻辑电路,如图 6.6.4 所示。

2. 二–十进制编码器

二–十进制编码器是将十进制的 10 个数码(0,1,2,3,4,5,6,7,8,9)编成二进

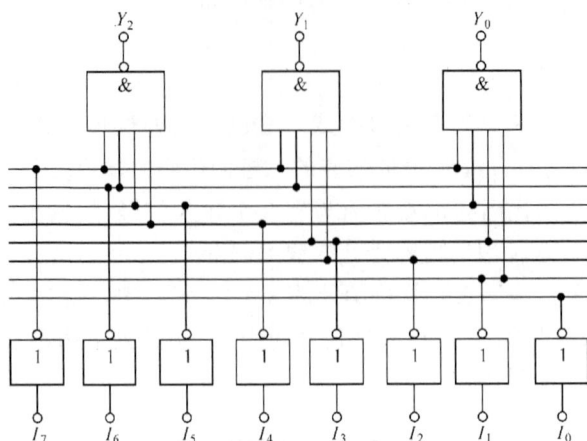

图 6.6.4　3 位二进制编码器的逻辑电路

制代码的逻辑电路。编码器输入为十进制的 10 个数码,用 $I_0 \sim I_9$ 分别代表。为用 0 和 1 两种状态表示 10 个数码,编码器的输出端(Y_0、Y_1、Y_2、Y_3),即 4 位二进制代码才能表示十进制的 10 个数码,输出对应的二进制代码称为二 - 十进制代码,简称 BCD 码。BCD 码的种类较多,常用的是 8421BCD 码,故二 - 十进制编码器也称为 8421BCD 码编码器。

根据二进制编码器的编码过程,二 - 十进制编码器的功能如表 6.6.4 所示。由表可见,二 - 十进制 8421BCD 编码器的输出逻辑表达式为

表 6.6.4　二-十进制 8421BCD 编码器的功能表

十进制数	输入										输出			
N	I_9	I_8	I_7	I_6	I_5	I_4	I_3	I_2	I_1	I_0	Y_3	Y_2	Y_1	Y_0
0	0	0	0	0	0	0	0	0	0	1	0	0	0	0
1	0	0	0	0	0	0	0	0	1	0	0	0	0	1
2	0	0	0	0	0	0	0	1	0	0	0	0	1	0
3	0	0	0	0	0	0	1	0	0	0	0	0	1	1
4	0	0	0	0	0	1	0	0	0	0	0	1	0	0
5	0	0	0	0	1	0	0	0	0	0	0	1	0	1
6	0	0	0	1	0	0	0	0	0	0	0	1	1	0
7	0	0	1	0	0	0	0	0	0	0	0	1	1	1
8	0	1	0	0	0	0	0	0	0	0	1	0	0	0
9	1	0	0	0	0	0	0	0	0	0	1	0	0	1

$$Y_0 = I_1 + I_3 + I_5 + I_7 + I_9 = \overline{\overline{I_1}\,\overline{I_3}\,\overline{I_5}\,\overline{I_7}\,\overline{I_9}}$$

$$Y_1 = I_2 + I_3 + I_6 + I_7 = \overline{\overline{I_2}\,\overline{I_3}\,\overline{I_6}\,\overline{I_7}}$$

$$Y_2 = I_4 + I_5 + I_6 + I_7 = \overline{\overline{I_4}\,\overline{I_5}\,\overline{I_6}\,\overline{I_7}}$$

$$Y_3 = I_8 + I_9 = \overline{\overline{I_8}\,\overline{I_9}}$$

8421BCD 码编码器的逻辑电路如图 6.6.5 所示。

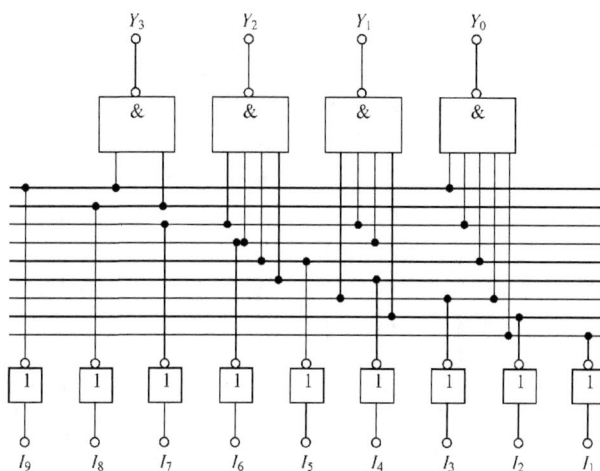

图 6.6.5　8421BCD 码编码器逻辑电路

TTL 电路十进制编码器 74LS147 的外引线排列和逻辑符号,如图 6.6.6 所示。其有 $\overline{I_1} \sim \overline{I_9}$ 共 9 个信号输入端,对应 1~9 有 9 个数码。当所有输入端无信号输入时,对应着十进制的数码 0。这种编码器采用输入信号为 0 电平时编码,编码器的 4 个输出端 $\overline{Y_3} \sim \overline{Y_0}$,用 8421 码的反码形式反映输入信号的情况。所谓反码

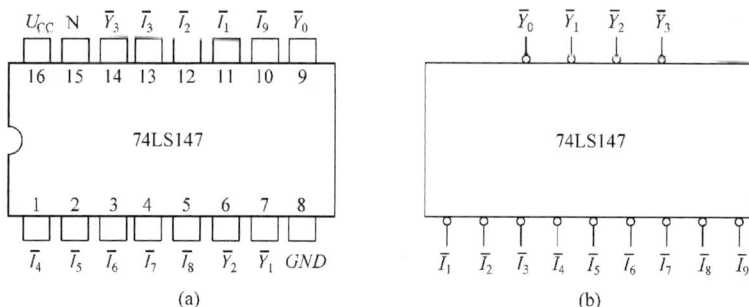

图 6.6.6　集成编码器 74LS147 的引线排列和逻辑符号

(a)引脚排列;(b)逻辑符号

是指原定输出为 **1** 时,现在输出为 **0**。例如,当输入端 $\overline{I}_5$ 为低电平 **0** 时,编码器的 4 个输出端显示的不是与十进制 5 对应的 **0101**,而是 **0101** 的反码,即输出端 $\overline{Y}_3 = 1, \overline{Y}_2 = 0, \overline{Y}_1 = 1, \overline{Y}_0 = 0$,其功能如表 6.6.5 所示。值得注意的是,表中符号 × 表示输入端电平可为任意值,即为 **0**、**1** 均可。

表 6.6.5　集成编码器 74LS147 功能表

十进制数	输入(低电平)									输出(8421 反码)			
	$\overline{I}_1$	$\overline{I}_2$	$\overline{I}_3$	$\overline{I}_4$	$\overline{I}_5$	$\overline{I}_6$	$\overline{I}_7$	$\overline{I}_8$	$\overline{I}_9$	$\overline{Y}_3$	$\overline{Y}_2$	$\overline{Y}_1$	$\overline{Y}_0$
0	1	1	1	1	1	1	1	1	1	1	1	1	1
1	×	×	×	×	×	×	×	×	0	1	1	1	0
2	×	×	×	×	×	×	×	0	1	1	1	0	1
3	×	×	×	×	×	×	0	1	1	1	1	0	0
4	×	×	×	×	×	0	1	1	1	1	0	1	1
5	×	×	×	×	0	1	1	1	1	1	0	1	0
6	×	×	×	0	1	1	1	1	1	1	0	0	1
7	×	×	0	1	1	1	1	1	1	1	0	0	0
8	×	0	1	1	1	1	1	1	1	0	1	1	1
9	0	1	1	1	1	1	1	1	1	0	1	1	0

74LS147 数字集成十进制编码器习惯上又称为 BCD 输出 10/4 线优先编码器,但实际上该集成电路只有 9 个输入端,这 9 个输入端 $\overline{I}_1 \sim \overline{I}_9$ 全部为高电平时,输出 $\overline{Y}_3 \sim \overline{Y}_0$ 对应为十进制数码 **0** 的 8421 编码的反码。

74LS147 用作键盘编码器(将按键表示的十进制数转换为相应的二进制数码送至系统)的逻辑电路,如图 6.6.7 所示。由于编码器的输入信号是低电平有效,需将按键的一端接地,另一端通过上拉电阻连接编码器的输入端。编码器的输出信号也是低电平有效,故需经反相器输出。当按下某个键,输入相应的一个十进制数。如按下 I_5 键,输入 5,即 $\overline{I}_5 = 1$,输出为 $Y_3 Y_2 Y_1 Y_0 = $ **0101**。按下 I_0 键,则 $Y_3 Y_2 Y_1 Y_0 = $ **0000**。

6.6.3　译码器与数码显示

译码是编码的逆过程,它是将编码时赋予代码的特定含义"翻译"出来,即将二进制代码(输入)按其编码时的原意译成对应的信号或十进制数码(输出)。常用的译码器有二进制译码器、二-十进制译码器和显示译码器等。

1. 二进制译码器

二进制译码器是将二进制代码按原意译成相对应输出信号的逻辑电路。设输

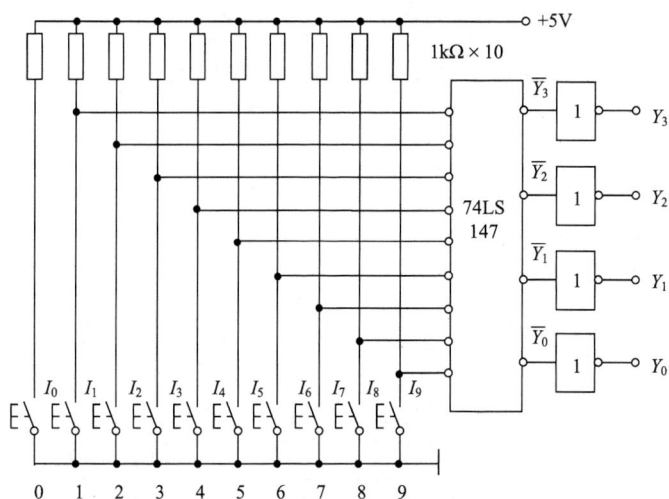

图 6.6.7　10 键 8421 码编码器逻辑电路

入为 3 位二进制代码 $A_2A_1A_0$，输出为 8 个信号 $\overline{Y}_0 \sim \overline{Y}_7$，每个输出代表输入的一种组合，并设 $A_2A_1A_0 = 000$ 时，$\overline{Y}_0 = 0$，其余输出为 1；$A_2A_1A_0 = 001$ 时，$\overline{Y}_1 = 0$，其余输出为 1，依次类推，$A_2A_1A_0 = 111$ 时，$\overline{Y}_7 = 0$，其余输出为 1。二进制译码器的功能如表 6.6.6 所示。其逻辑式为

表 6.6.6　3 位二进制译码器的功能表

输　入						输　出							
S_1	$\overline{S}_2$	$\overline{S}_3$	A_2	A_1	A_0	$\overline{Y}_7$	$\overline{Y}_6$	$\overline{Y}_5$	$\overline{Y}_4$	$\overline{Y}_3$	$\overline{Y}_2$	$\overline{Y}_1$	$\overline{Y}_0$
0	×	×	×	×	×	1	1	1	1	1	1	1	1
×	1	×	×	×	×	1	1	1	1	1	1	1	1
×	×	1	×	×	×	1	1	1	1	1	1	1	1
1	0	0	0	0	0	1	1	1	1	1	1	1	0
1	0	0	0	0	1	1	1	1	1	1	1	0	1
1	0	0	0	1	0	1	1	1	1	1	0	1	1
1	0	0	0	1	1	1	1	1	1	0	1	1	1
1	0	0	1	0	0	1	1	1	0	1	1	1	1
1	0	0	1	0	1	1	1	0	1	1	1	1	1
1	0	0	1	1	0	1	0	1	1	1	1	1	1
1	0	0	1	1	1	0	1	1	1	1	1	1	1

$$\overline{Y}_0 = \overline{\overline{A}_2 \overline{A}_1 \overline{A}_0} \quad \overline{Y}_1 = \overline{\overline{A}_2 \overline{A}_1 A_0}$$

$$\overline{Y}_2 = \overline{\overline{A}_2 A_1 \overline{A}_0} \quad \overline{Y}_3 = \overline{\overline{A}_2 A_1 A_0}$$

$$\overline{Y}_4 = \overline{A_2 \overline{A}_1 \overline{A}_0} \quad \overline{Y}_5 = \overline{A_2 \overline{A}_1 A_0}$$

$$\overline{Y}_6 = \overline{A_2 A_1 \overline{A}_0} \quad \overline{Y}_7 = \overline{A_2 A_1 A_0}$$

根据逻辑式用**与非门**实现 3 位二进制译码器的逻辑电路,如图 6.6.8 所示。

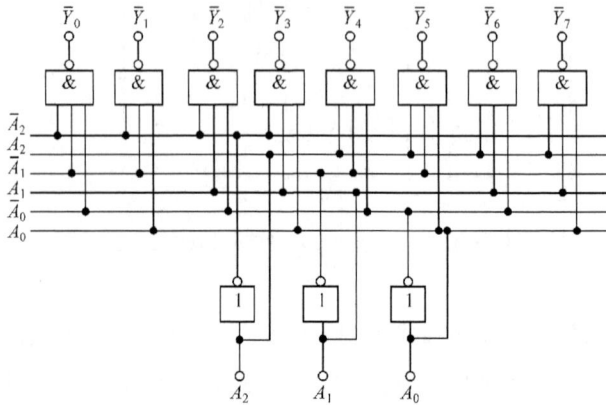

图 6.6.8　3 位二进制译码器

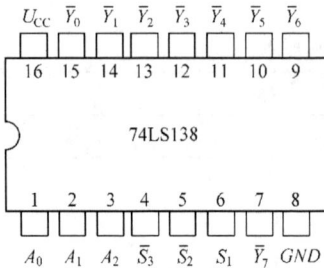

图 6.6.9　74LS138 型译码器的引脚排列

这种有 3 个输入代码,8 个输出信号的 3 位二进制译码器称为 3/8 线译码器。最常用的 3/8 线译码器是 74LS138 型集成译码器,其逻辑符号如图 6.6.9 所示。

该译码器除输入、输出端外,还有一个使能端 S_1 和两个控制端 $\overline{S}_3$,$\overline{S}_2$。S_1 高电平有效,$\overline{S}_3$ 和 $\overline{S}_2$ 低电平有效。当 $S_1 = 1, \overline{S}_3 + \overline{S}_2 = 0$ 时,译码器处于工作状态;$S_1 = 0$ 或 $\overline{S}_3 + \overline{S}_2 = 1$ 时,无论输入端 $A_2 A_1 A_0$ 处于何种状态,译码器处于禁止状态。

二进制译码器除 3/8 线译码器外,还有 2/4 线和 4/16 线等译码器。

译码器的使能端为其功能扩展和实现逻辑函数提供了方便。在实现逻辑函数应注意的是,由于 n 变量译码器的输出包含 n 个地址变量的全部最小项,所以只要在输出端加上**或门**或者**与非门**,就可以实现变量不大于 n 的组合逻辑函数。如果译码器输出为高电平有效,则需要加**或**门;如果译码器输出为低电平有效,则需要加**与非门**。

　　例 6.6.1　用 74LS138 型译码器实现逻辑函数 $Y=\overline{A}\,\overline{B}\,\overline{C}+\overline{A}BC+AB$。

　　解　将立逻辑函数式用最小项表示,即

$$Y=\overline{A}\,\overline{B}\,\overline{C}+\overline{A}BC+AB=\overline{A}\,\overline{B}\,\overline{C}+\overline{A}BC+AB\overline{C}+ABC$$

根据表 6.6.5,有

$$\overline{Y}_0=\overline{\overline{A}\,\overline{B}\,\overline{C}}\quad \overline{Y}_3=\overline{\overline{A}BC}$$

$$\overline{Y}_6=\overline{AB\overline{C}}\quad \overline{Y}_7=\overline{ABC}$$

由此可得

$$Y=\overline{Y}+\overline{Y}_3+\overline{Y}_6+\overline{Y}_7=\overline{\overline{Y}\cdot\overline{Y}_3\cdot\overline{Y}_6\cdot\overline{Y}_7}$$

　　用 74LS138 型译码器实现逻辑函数的逻辑电路,如图 6.6.10 所示。

　　2. 二-十进制译码器

　　二-十进制译码器是将二-十进制代码译成 10 个数字信号的逻辑电路。设输入为十进制的 4 位二进制编码（BCD码）,即 $A_3A_2A_1A_0$,输出为与 10 个十进制相对应的 10 个信号,即 $\overline{Y}_0\sim\overline{Y}_9$。由于 4 位二进制数共有 $2^4=16$ 种组合,BCD 代码只使用 10 种组合,故其余 6 种组合称为伪码。最常用的二-十进制译码器是 8421BCD 码译码器,其有 4 个输

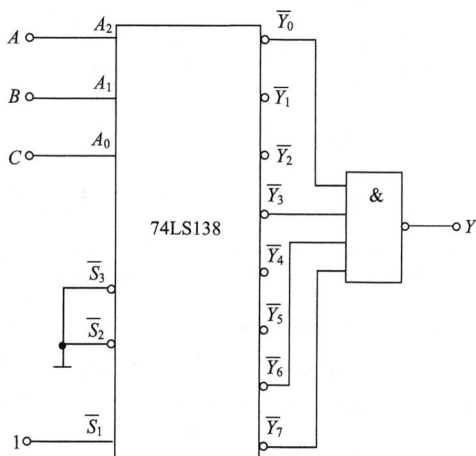

图 6.6.10　例 6.6.1 的逻辑电路

入线,10 个输出线,所以又称 4/10 线译码器。二-十进制译码器的功能,如表 6.6.7 所示。

表 6.6.7　**8421BCD 码译码器的功能表**

输　入				输　出									
A_3	A_2	A_1	A_0	$\overline{Y}_9$	$\overline{Y}_8$	$\overline{Y}_7$	$\overline{Y}_6$	$\overline{Y}_5$	$\overline{Y}_4$	$\overline{Y}_3$	$\overline{Y}_2$	$\overline{Y}_1$	$\overline{Y}_0$
0	0	0	0	1	1	1	1	1	1	1	1	1	0
0	0	0	1	1	1	1	1	1	1	1	1	0	1
0	0	1	0	1	1	1	1	1	1	1	0	1	1
0	0	1	1	1	1	1	1	1	1	0	1	1	1
0	1	0	0	1	1	1	1	1	0	1	1	1	1

输　入				输　出									
A_3	A_2	A_1	A_0	$\overline{Y}_9$	$\overline{Y}_8$	$\overline{Y}_7$	$\overline{Y}_6$	$\overline{Y}_5$	$\overline{Y}_4$	$\overline{Y}_3$	$\overline{Y}_2$	$\overline{Y}_1$	$\overline{Y}_0$
0	1	0	1	1	1	1	1	0	1	1	1	1	1
0	1	1	0	1	1	1	0	1	1	1	1	1	1
0	1	1	1	1	1	0	1	1	1	1	1	1	1
1	0	0	0	1	0	1	1	1	1	1	1	1	1
1	0	0	1	0	1	1	1	1	1	1	1	1	1

当出现伪码时(即出现 **1010～1111** 6 种情况时),输出可全为 **0**(称拒绝伪码);也可不全为 **0**,出现不仅一个输出端为 **1** 的情况(非拒伪译码器)。使用哪种译码器,可视具体要求而定。请读者根据逻辑功能,用**与非门**画出二-十进制译码器的逻辑电路图。

3. 七段字符显示器

数字测量仪表和各种数字系统通常需要将十进制数码直观地显示出来。因此,数字显示电路是数字系统不可缺少的重要部分。数字显示电路通常由计数器(对脉冲个数进行计数,输出 BCD 码)、译码器和显示器等部分组成,如图 6.6.11 所示。为了直观地显示十进制数码,目前广泛采用七段字符显示器,也称七段数码管。这种字符显示器是由七段可发光的线段拼合而成的。利用其不同的组合方式显示"0～9"的十进制数码,如图 6.6.12 所示。七段字符显示器主要有半导体数码管和液晶显示器等。

图 6.6.11　数字显示电路组成框图

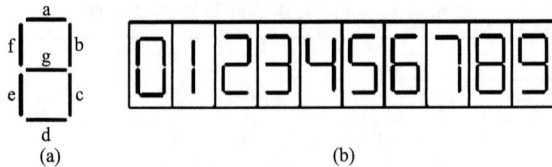

图 6.6.12　七段数字显示器发光段组合图
(a)分段布置图;(b)段组合图

1) 半导体数码管

半导体数码管是将 7 个发光二极管按一定形状封装在一起的半导体器件,又称 LED 数码管，其结构如图 6.6.13 所示。图中 DP 为小数点，将十进制数代码分为 a,b,c,d,e,f,g 7 个字段。选择不同的字段发光，可显示不同的字段。如 a，b,c,d,g 字段亮时，显示出"3"；a,c,d,e,f,g 字段亮时，显示出"6"。

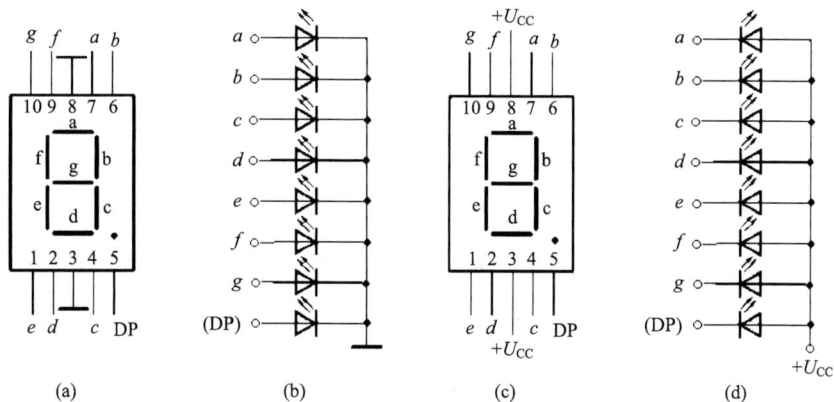

图 6.6.13　LED 数码管两种接法

(a)共阴极；(b)共阴极内部接线；(c)共阳极；(d)共阳极内部接线

LED 数码管中的 7 个发光二极管有共阴极和共阳极两种不同接法。对共阴极接法，某一字段接高电平时发光，反之不发光；而对共阳极接法，某一字段接低电平时发光，反之不发光。使用 LED 数码管时，每个字段的发光二极管串有约100Ω的限流电阻。

2）液晶显示器

液晶是有一种具有液体的流动性和连续性，以及晶体的光学特性的有机化合物。液晶的透明度和呈现的颜色受外加电场影响，利用这一特点可制作成一种新型的字符显示器，称为液晶显示器（LCD）。

LCD 的发光原理是，当没有外加电场时，液晶分子按一定方向整体排列，如图 6.6.14(a)所示。这时液晶为透明状态，射入的光线大部分由反射电极反射回来，液晶本身不发光，故显示器呈现白色。当电极上加入电压后，液晶分子因电离而产生正离子，正离子在电场的作用下运动，并碰撞其他液晶分子，破坏了液晶分子的整体排列，使液晶呈现混浊状态。此时射入光线散射后仅有少量反射回来，使外光源透光率改变（调制），故显示器呈暗灰色，则完成电与光的转换，称该现象为动态散射效应。当外加电场消失后，液晶分子又恢复到整齐排列状态。人们将七段透明的正面电极排列成段"8"形，而背面电极呈"日"字形，只要选择不同的电极组合加以正电压，便可显示出各种数码的字形或其他符号。

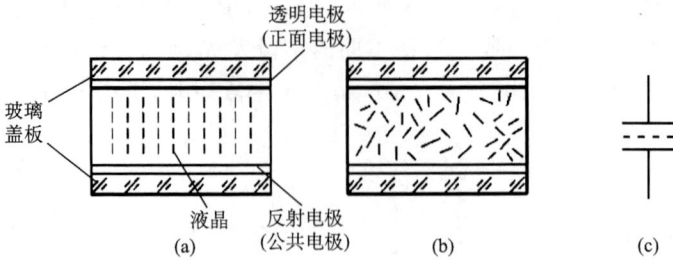

图 6.6.14　LCD 结构与符号

(a)未加电场;(b)加电场后;(c)符号

为增加液晶分子受离子撞击的机会(频率),并提高其寿命,通常要求在 LCD 的两个电极上加 $50\sim500\,\mathrm{Hz}$ 的交变电压(通常是从计数器分频电路获得的对称方波),交变电压通常可用**异或门**进行控制,如图 6.6.15(a)所示。输入电压 u_I 为对称方波电压。当 $A=0$ 时,LCD 的端电压 $u_\mathrm{L}=0$,LCD 不工作,呈白色;当 $A=1$ 时,$u_\mathrm{L}=2u_\mathrm{I}$,LCD 工作,呈暗灰色。则各点电压波形如图 6.6.15(b)所示。

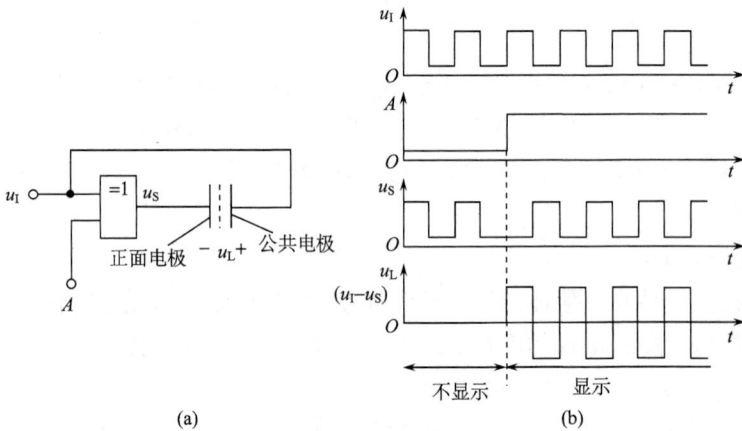

图 6.6.15　用**异或**门驱动 LCD

(a)电路;(b)电压波形

4. 七段显示译码器

七段显示译码器是将输入的二−十进制代码(如 8421 码)译成对应于数码管的 7 个字段信号驱动数码管,以显示出相应的十进制数码。LED 数码管和 LCD 都可用 TTL 或 CMOS 集成电路直接驱动。

1) LED 七段数码显示译码器

驱动共阴极七段 LED 数码显示的 74LS48 型译码器,如图 6.6.16 所示。其 4 个输入端 A_3,A_2,A_1,A_0 输入 8421 代码,输出端 a,b,c,d,e,f,g 分别接 7 个

LED 的阳极。译码器某一端为高电平,与之相应的 LED 通电发光,显示出与 8421 代码相应的 0～9 数码之一。74LS48 译码器与七段 LED 数码管连接,如图 6.6.17 所示。

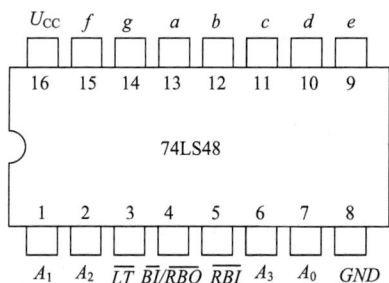

图 6.6.16　74LS48 型译码器的引脚排列

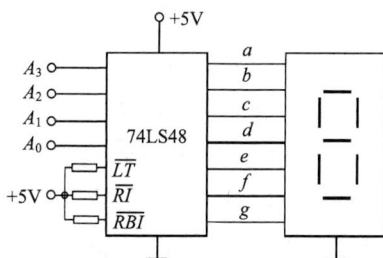

图 6.6.17　74LS48 显示译码器电路

共阴极七段显示译码电路的逻辑状态如表 6.6.8 所示。根据功能表可以画出译码电路的逻辑图。

表 6.6.8　共阴极七段显示译码电路功能表

十进制数	输入				输出							字形
	A_3	A_2	A_1	A_0	a	b	c	d	e	f	g	
0	0	0	0	0	1	1	1	1	1	1	0	0
1	0	0	0	1	0	1	1	0	0	0	0	1
2	0	0	1	0	1	1	0	1	1	0	1	2
3	0	0	1	1	1	1	1	1	0	0	1	3
4	0	1	0	0	0	1	1	0	0	1	1	4
5	0	1	0	1	1	0	1	1	0	1	1	5
6	0	1	1	0	1	0	1	1	1	1	1	6
7	0	1	1	1	1	1	1	0	0	0	0	7
8	1	0	0	0	1	1	1	1	1	1	1	8
9	1	0	0	1	1	1	1	1	0	1	1	9

74LS48 除 4 个输入端和 7 个输出端外,还有灯测试输入端 $\overline{LT}$,灭灯输入端 $\overline{RI}$,灭零输入端 $\overline{RBI}$ 和灭零输出端 $\overline{RBO}$。灭零输出端 $\overline{RBO}$ 与灭灯输入端 $\overline{RI}$ 共用一个引脚。各控制端的作用如下。

灯测试输入端 $\overline{LT}$,用来检查数码管的七段显示器各字段是否正常工作。当

$\overline{LT}=0$ 时，译码器输出 $a\sim g$ 均为 $\mathbf{1}$，使各段 LED 均通电，则显示出"8"字形，从而说明显示器工作正常。

灭灯输入端 $\overline{RI}$，其作用是无条件的。当 $\overline{RI}=\mathbf{0}$ 时，不论 $\overline{LT}$ 和 $A_3 A_2 A_1 A_0$ 输入代码如何，输出端 $a\sim g$ 均为 $\mathbf{0}$，显示器熄灭。

灭零输入端 $\overline{RBI}$，其作用是有条件的。只有输入的 4 位代码 $A_3 A_2 A_1 A_0=\mathbf{0000}$，且 $\overline{RBI}=\mathbf{0}$ 时，输出端 $a\sim g$ 才会均为 $\mathbf{0}$，显示器熄灭。如果 $\overline{RBI}=\mathbf{1}$，但 $A_3 A_2 A_1 A_0=\mathbf{0000}$，此时显示器不会熄灭，显示的数码与 $A_3 A_2 A_1 A_0 4$ 位代码对应。

灭零输出端 $\overline{RBO}$，与 $\overline{RI}$（灭灯输入）是同一个引脚，当该引脚无输入信号时，可得到一个输出信号，输出信号是 $\mathbf{1}$ 还是 $\mathbf{0}$，取决于 $A_3 A_2 A_1 A_0$ 的输入和 $\overline{RBI}$（灭零输入）。当 $A_3 A_2 A_1 A_0=\mathbf{0000}$ 和 $\overline{RBI}=\mathbf{0}$ 时，$\overline{RBO}$ 输出为 $\mathbf{0}$；如果 $A_3 A_2 A_1 A_0\neq \mathbf{0000}$，或 $\overline{RBI}\neq \mathbf{0}$，这时 $\overline{RBO}$ 输出为 $\mathbf{1}$。

2) LCD 七段数码显示译码器

常用 LCD 七段数码显示译码器有 74HC/HCT4543 等集成器件，HC 为 COMS 工作电平，HCT 为 TTL 工作电平。这些器件也可用于共阴极或共阳极 LED 七段数码管的显示译码器。74HC4543 型译码器的外引脚排列，如图 6.6.18 所示。其逻辑状态如表 6.6.9 所示。74HC4543 与 LCD 组成的七段数码显示译码器电路，如图 6.6.19 所示。

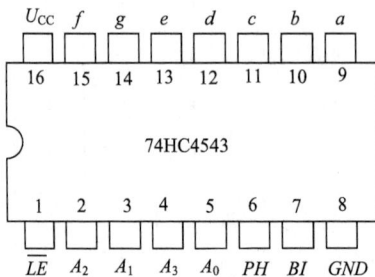

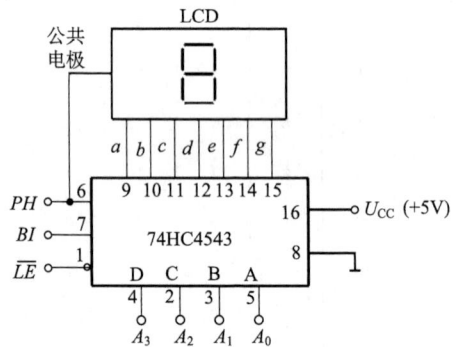

图 6.6.18　74HC4543 型译码器的引脚排列　　图 6.6.19　74HC4543 显示译码器电路

从表 6.6.9 可见，其功能与前述 LED 七段数码显示译码器电路的功能基本大同小异。不同之处在于 PH 为显示方式控制端：当 $PH=\mathbf{0}$ 时，用于驱动共阴极 LED 数码管，此时译码器对应输出为高电平；当 $PH=\mathbf{1}$ 时，用于驱动共阳极 LED 数码管，对应输出为低电平。如果用于 LCD 驱动时，应从 PH 端加 $30\sim300$ Hz 的方波信号，则输出有反相的方波，且 PH 端的方波与 LCD 公共电极相连，因而可驱动其段码显示。

表 6.6.9 74HC4543 七段 LCD 显示译码电路的功能表

BI	$\overline{LE}$	PH	$A_3 A_2 A_1 A_0$	功能($a \sim g$)
1	$\times$	*	$\times$	消隐
0	1	*	$0000 \sim 1001$	显示 0～9
0	1	*	$1010 \sim 1111$	不显示
0	0	*	$\times$	锁存

6.6.4 数据选择器

数据选择是指经过选择,把多个通道的数据传送到唯一的公共数据通道上去。实现数据选择功能的逻辑电路称为数据选择器。

由**与**、**或**、**非**门构成的数据选择器,如图 6.6.20 所示。该电路可以从 4 个输入的数字信号 $D_3 \sim D_0$ 中任选一个信号输出,因此称为 4 选 1 数据选择器。其中 $D_3 \sim D_0$ 为数据输入端,Y 是输出端,A_1 和 A_0 是选择端,$\overline{S}$ 是选通端或称使能端,低电平有效。

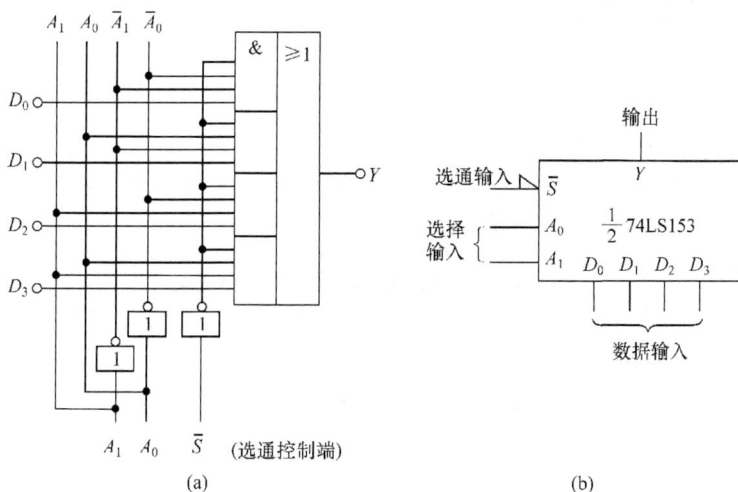

图 6.6.20 4 选 1 数据选择器
(a)逻辑电路;(b)符号

由逻辑图可写出逻辑式为

$$Y = (D_0 \overline{A}_1 \overline{A}_0 + D_1 \overline{A}_1 A_0 + D_2 A_1 \overline{A}_0 + D_3 A_1 A_0)\overline{S}$$

集成数据选择器 74LS153 中封装了两个 4 选 1 数据选择电路,其功能表如表 6.6.10 所示。

表 6.6.10　74LS153 数据选择器功能表

输入		使能	输出
A_1	A_0	$\overline{S}$	Y
×	×	1	0
0	0	0	D_0
0	1	0	D_1
1	0	0	D_2
1	1	0	D_3

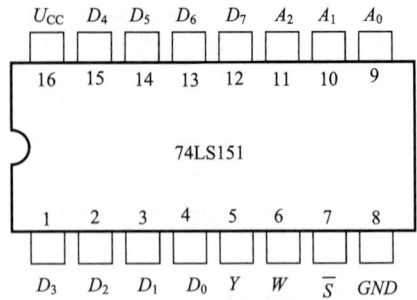

图 6.6.21　74LS151 集成 8 选 1
数据选择器引脚图

　　74LS151 是 8 选 1 集成数据选择器,它有 3 个地址输入端 $A_2 A_1 A_0$,可选择 $D_0 \sim D_7$ 8 个数据,具有两个互补输出端 Y 和反相输出端 W,输入使能端 $\overline{S}$ 为低电平有效。74LS151 型数据选择器的引脚排列,如图 6.6.21 所示。功能表如表6.6.11 所示。

　　输出 Y 的表达式为

$$Y = \sum_{i=0}^{7} m_i D_i \overline{S}$$

式中,m_i 为 $A_2 A_1 A_0$ 的最小项。

　　例如,当 $A_2 A_1 A_0 = 010$ 时,根据最小项性质,只有 m_2 为 **1**,其余各项为 **0**,故得 $Y = D_2$,即只有 D_2 传送到输出端。

表 6.6.11　74LS151 数据选择器功能表

输　　　入			使　能	输　　出
A_2	A_1	A_0	$\overline{S}$	Y
×	×	×	1	0
0	0	0	0	D_0
0	0	1	0	D_1
0	1	0	0	D_2
0	1	1	0	D_3
1	0	0	0	D_4
1	0	1	0	D_5
1	1	0	0	D_6
1	1	1	0	D_7

例 6.6.2　用 74LS151 8 选 1 数据选择器实现逻辑函数式 $Y=AB+BC+CA$。

解　将该逻辑式用最小项可表示为

$$Y = AB + BC + CA = \overline{A}BC + A\overline{B}C + AB\overline{C} + ABC$$

将输入变量 A、B、C 分别对应地接到数据选择器的选择端 A_2、A_1、A_0。由表 6.6.10 可知,将数据输入端 D_3、D_5、D_6、D_7 接"**1**",其余输入端接"**0**",即可实现输出 Y,电路如图 6.6.22 所示。

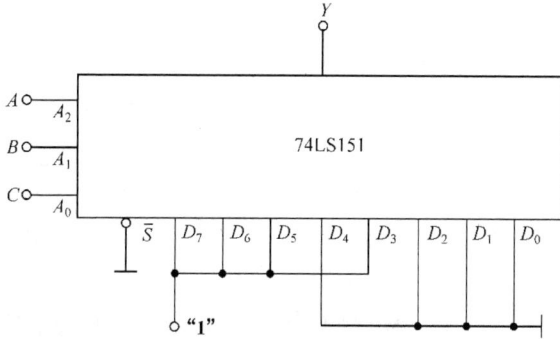

图 6.6.22　例 6.6.2 的电路

*6.6.5　数值比较器

数值比较器又称数码比较器,比较器能对 2 个位数相同的二进制数 A、B 进行比较。A、B 相比的结果有三种:$A>B$、$A<B$、$A=B$。为此数值比较器在输出端设置三个标志,以便判别比较结果是哪一种。1 位二进制数 a_i 与 b_i 进行比较时的功能如表 6.6.12 所示。

根据功能表 6.6.12 可以得到 $Y_>$、$Y_<$ 和 $Y_=$ 的逻辑式分别为

$$Y_> = a_i \overline{b_i}$$

$$Y_< = \overline{a_i} b_i$$

$$Y_= = \overline{a_i}\,\overline{b_i} + a_i b_i$$

表 6.6.12　1 位数值比较器功能表

a_i	b_i	$Y_>(a_i>b_i)$	$Y_<(a_i<b_i)$	$Y_=(a_i=b_i)$
0	**0**	**0**	**0**	**1**
0	**1**	**0**	**1**	**0**
1	**0**	**1**	**0**	**0**
1	**1**	**0**	**0**	**1**

根据逻辑式可得逻辑电路图,如图 6.6.23 所示。

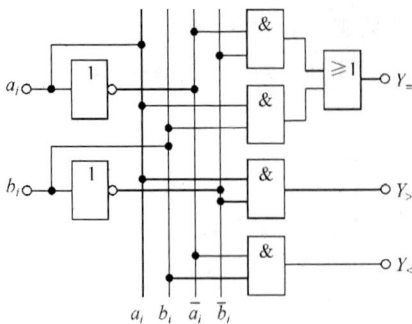

图 6.6.23　1 位二进制数值
比较器逻辑电路

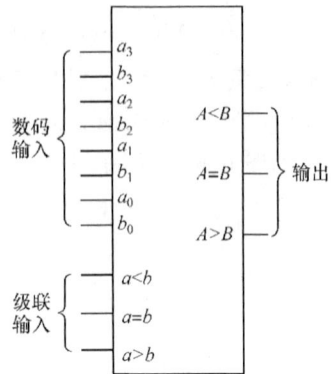

图 6.6.24　4 位数值比较
器的逻辑符号

当多位二进制数进行比较时,首先比较最高位,如果两者不等,即可判出大小;如果最高位相等则比次高位,依次类推。数字集成数值比较器可对 4 位二进制数进行比较,如 74LS85 或 CC14585(CMOS 电路)。4 位数值比较器的逻辑符号如图 6.6.24 所示。

级联输入用于超过 4 位二进制的数值比较时,如 8 位二进制数进行比较时,使用两块 74LS85,其接线方法如图 6.6.25 所示。

74LS85 的 4 位数值比较器的功能如表 6.6.13 所示。

表 6.6.13　4 位数值比较器的功能表

数码输入				级联输入			输出		
$a_3 b_3$	$a_2 b_2$	$a_1 b_1$	$a_0 b_0$	$a>b$	$a<b$	$a=b$	$A>B$	$A<B$	$A=B$
$a_3 > b_3$	×	×	×	×	×	×	1	0	0
$a_3 < b_3$	×	×	×	×	×	×	0	1	0
$a_3 = b_3$	$a_2 > b_2$	×	×	×	×	×	1	0	0
$a_3 = b_3$	$a_2 < b_2$	×	×	×	×	×	0	1	0
$a_3 = b_3$	$a_2 = b_2$	$a_1 > b_1$	×	×	×	×	1	0	0
$a_3 = b_3$	$a_2 = b_2$	$a_1 < b_1$	×	×	×	×	0	1	0
$a_3 = b_3$	$a_2 = b_2$	$a_1 = b_1$	$a_0 > b_0$	×	×	×	1	0	0
$a_3 = b_3$	$a_2 = b_2$	$a_1 = b_1$	$a_0 < b_0$	×	×	×	0	1	0
$a_3 = b_3$	$a_2 = b_2$	$a_1 = b_1$	$a_0 = b_0$	1	0	0	1	0	0
$a_3 = b_3$	$a_2 = b_2$	$a_1 = b_1$	$a_0 = b_0$	0	1	0	0	1	0
$a_3 = b_3$	$a_2 = b_2$	$a_1 = b_1$	$a_0 = b_0$	0	0	1	0	0	1

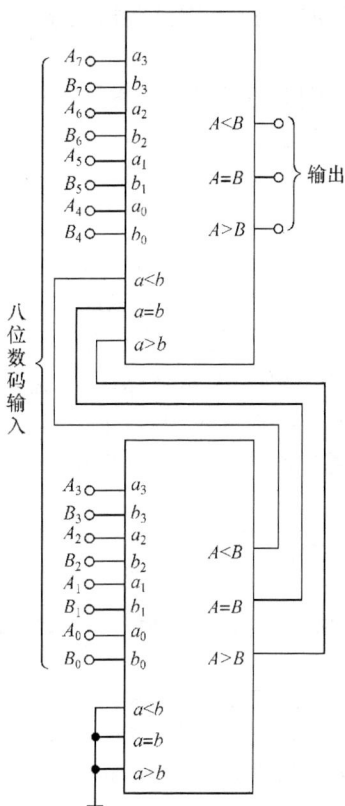

图 6.6.25 由两块 4 位数比较器组成的 8 位数值比较器接线
（级联输入端使用）

由功能表可以看出：若 $a_3a_2a_1a_0 = b_3b_2b_1b_0$ 时，比较器的比较结果由级联输入决定，即取决于低 4 位的比较结果。

本 章 小 结

1. 数字电路是传递和处理脉冲信号（数字信号）的电路，电路中的晶体管工作在开关状态（饱和导通或截止）。

2. 数字电路中的信息是用二进制数码 **0** 和 **1** 表示的。二进制数可以和十进制数相互转换。为了方便人机联系，用四位二进制数表示一位十进制数，称为 BCD 码。BCD 码有很多，最常用的是 8421BCD 码。

3. 逻辑门是组成数字电路的基本单元。**与门、或门、非门**分别实现**与逻辑、或逻辑、非逻辑**。现在广泛应用的是集成电路复合逻辑门。本章介绍了 TTL **与非**门、三态门、OC 门、CMOS **非**门及**或非**门。使用集成逻辑门时，要了解它们的主要参数和基本特点。

数字电路中广泛应用集成三态门,它的输出状态除 **0**、**1** 外,还有第三态——高阻态。

4. 逻辑代数是分析和设计数字电路的数学工具,是变换和化简逻辑函数的依据。对于逻辑代数的基本运算法则和定理要正确理解并加以记忆。

逻辑函数可以用逻辑表达式、逻辑状态表、卡诺图和逻辑图来表示。四种方法是相通的,可以相互转换。

5. 组合逻辑电路是由各种逻辑门组成的,它的特点是无记忆功能,即输出信号只取决于当时的输入信号。分析组合逻辑电路时,可先逐级写出输出的逻辑表达式,再化简为最简与或式,以便分析其逻辑功能。反之,若给定逻辑功能,要求画出电路图时,可先根据逻辑功能列出逻辑状态表,再化简,然后画出逻辑图。

6. 半加器、全加器、编码器、译码器、七段字型显示器、数据选择器、数值比较器等都是广泛应用的组合逻辑电路,本章对它们作了分析和介绍,以便了解它们的工作原理。

习　题

6.1　在习题 6.1 图所示电路中,已知晶体管的 $\beta = 50$,试分析开关 S 分别置于 1、2、3 位置时,管子各工作在何种状态?

6.2　习题 6.2 图所示电路为晶体管非门。试求:

(1) 设 $R_1 = 3\text{k}\Omega$,$R_2 = 20\text{k}\Omega$,晶体管的 β 值最少是多少才能满足饱和条件?

(2) 设 $\beta = 30$,$R_2 = 30\text{k}\Omega$,R_1 的阻值最大应该是多少才能满足饱和条件?

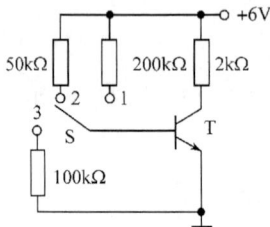

习题 6.1 图

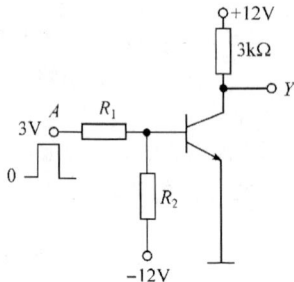

习题 6.2 图

6.3　已知输入信号 A、B、C、D 的波形如习题 6.3 图(a)所示,试画出习题 6.3 图(b)、(c)、(d)、(e)、(f)、(g)所示门电路的输出波形。

6.4　将下列二进制数转换为十进制数:$(110101)_2$;$(10101011)_2$。

6.5　将下列 8421BCD 代码转换为十进制数:$(10010101)_{\text{BCD}}$;$(100001111000)_{\text{BCD}}$。

6.6　将下列 8421BCD 代码转换为二进制数:$(110000010)_{\text{BCD}}$;$(100101100011)_{\text{BCD}}$。

6.7　门电路除了能完成一定的逻辑功能,还可以作为控制元件以控制信号的流通。如果与门的两个输入端中,A 为信号输入端,B 为控制端。A 的信号波形如习题 6.7 图所示,当控制端 $B=1$ 和 $B=0$ 时,试画出输出波形。如果是**与非门**、**或门**、**或非门**则又如何?分别画出输出

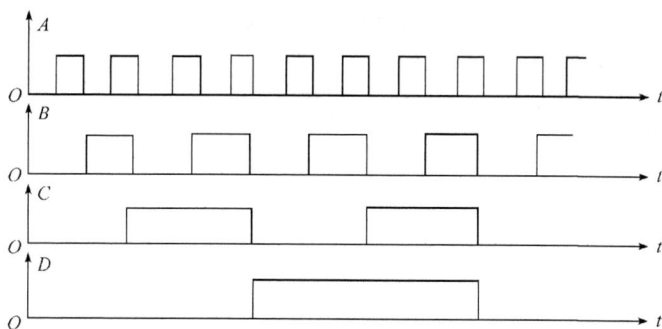

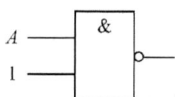 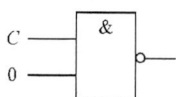 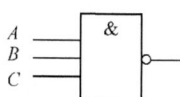

(b)　　　　　　　　(c)　　　　　　　　(d)

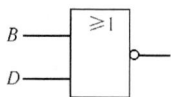 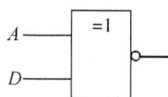 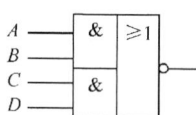

(e)　　　　　　　　(f)　　　　　　　　(g)

习题 6.3 图

波形,总结上述四种电路的控制作用。

6.8　习题 6.8 图所示电路的逻辑功能是什么?

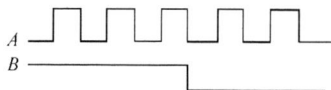　　　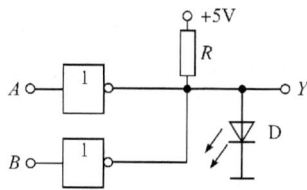

习题 6.7 图　　　　　　　习题 6.8 图

6.9　对下列函数指出当变量(A、B、C…)取哪些组合时,Y 的值为"**1**"。

(1) $Y=AB+AC$　　　　　　　　(2) $Y=\overline{A+B\overline{C}}(A+B)$

6.10　用基本运算法则和定理证明下列等式。

(1) $A\overline{B}+BD+\overline{A}D+DC=A\overline{B}+D$　　(2) $BC+D+\overline{D}(\overline{B}+\overline{C})(DA+B)=B+D$

(3) $AB+A\overline{B}+\overline{AB}+\overline{A}\overline{B}=1$　　(4) $A\overline{B}+B\overline{C}+C\overline{A}=\overline{A}B+\overline{B}C+\overline{C}A$

6.11　将下列各式化简为最简逻辑表达式,列出真值表,并画出其逻辑电路图。

(1) $Y=\overline{\overline{AC\ AC}}+\overline{A}BC+\overline{B}C+AB\overline{C}$

(2) $Y=A(A+B+C)+B(A+B+C)+C(A+B+C)$

(3) $Y=(A+B)(\overline{A}+B)\overline{B}$

6.12　证明下列各等式。

(1) $AB+\overline{A}BCD(E+F)=AB$ 　　　　(2) $A\oplus\overline{B}=\overline{A\oplus B}=\overline{A}\oplus B$

6.13　试用卡诺图化简下列各式为最简与、或表达式。

(1) $Y=AB+\overline{A}BC+\overline{A}B\overline{C}$ 　　　　(2) $Y=\overline{B}\overline{C}A\overline{D}+\overline{A}B\overline{C}D+\overline{A}BCD+A\overline{B}CD$

(3) $Y=A+\overline{A}B+\overline{A}\overline{B}C+\overline{A}B\overline{C}$ 　　　(4) $Y=\overline{A}B\overline{D}+A\overline{B}C+ABD+\overline{A}B\overline{C}D+\overline{A}BCD$

6.14　写出习题 6.14 图所示两图的逻辑式。

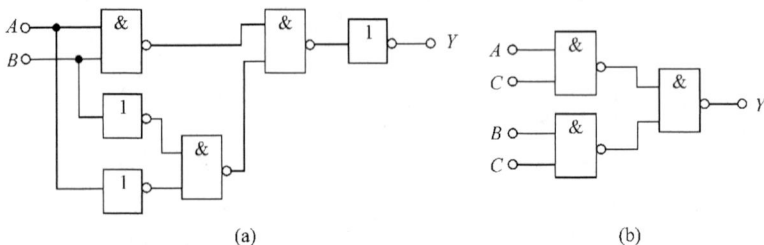

习题 6.14 图

6.15　用**与非门**实现以下逻辑关系,并画出逻辑图。

(1) $Y=AB+\overline{A}C$ 　　　　　　(2) $Y=A+B+\overline{C}$

(3) $Y=\overline{A}B+(\overline{A}+B)\overline{C}$ 　　　(4) $Y=AB+A\overline{C}+\overline{A}B\overline{C}$

6.16　试化简 $Y=AD+\overline{C}D+\overline{A}C+\overline{B}C+CD$,并用 74LS20 双 4 输入**与非门**组成电路。

6.17　习题 6.17 图是两处控制照明灯电路。单刀双投开关 A 装在一处,B 装在另一处,两处都可以开闭电灯。设 $Y=1$ 表示灯亮,$Y=0$ 表示灯灭;$A=1$ 表示开关向上扳,$A=0$ 表示向下扳,B 亦如此,试写出灯亮的逻辑式。

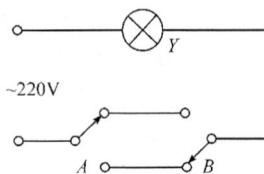

习题 6.17 图

6.18　用**与非门**设计如下电路,要求:

(1) 三变量非一致电路;

(2) 四变量的奇数检测电路(四变量中有奇数个"**1**"时电路输出为1)。

6.19　设有两个一位二进制数 A、B 进行比较的数字电路,其逻辑状态见下表。试写出各输出端的逻辑式,并画出逻辑电路图。

一位数字比较器的逻辑状态表

输　　入		输　　出		
A	B	$Y_1(A>B)$	$Y_2(A<B)$	$Y_3(A=B)$
0	0	0	0	1
0	1	0	1	0
1	0	1	0	0
1	1	0	0	1

6.20　试设计用**与非门**组成的半加器。

6.21　习题 6.21 图是一个密码锁控制电路。开锁条件是：拨对密码；钥匙插入锁眼将开关 S 闭合。当两个条件同时满足时，开关信号为"**1**"，将锁打开。否则，报警信号为"**1**"，接通警铃。试分析密码 $ABCD$ 是多少？

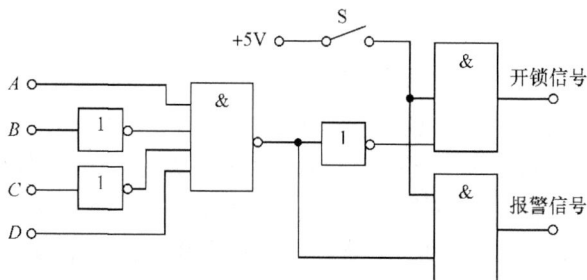

习题 6.21 图

6.22　习题 6.22 图是一智力竞赛抢答电路，供四组使用。每一路由 TTL 四输入**与非门**，指示灯（发光二极管），抢答开关 S 组成。**与非门** G_5 以及由其输出端接出的晶体管电路与电铃电路共用，当 G_5 输出为高电平时，电铃响。试问：

（1）当抢答开关 S 在如图所示位置，指示灯是否发亮？电铃能否响？

（2）分析 A 组扳动抢答开关 S_1（用接地点扳到＋6V 时）的情况，此后其他各组再扳动各自的抢答开关是否仍起作用？

（3）试画出接在 G_5 输出端的晶体管电路和电铃电路。

6.23　试用 74LS151 型 8 选 1 数据选择器实现逻辑函数式 $Y = A\overline{B} + AC$。

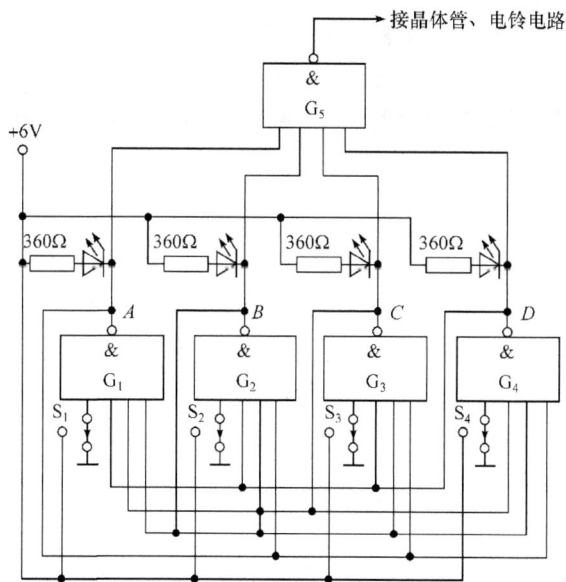

习题 6.22 图

第7章　触发器与时序逻辑电路

数字电路按其逻辑功能的不同可分为两大类,一类即第 6 章所讲述的组合逻辑电路,简称组合电路。组合电路的特点是,任一时刻的输出信号,只取决于当时的输入信号,而与电路原来所处的状态无关。另一类是时序逻辑电路,简称时序电路。在时序电路中,任一时刻的输出信号,不仅与当时的输入信号有关,还和电路原来的状态有关,也就是说,时序电路能够保留原来的输入信号对其造成的影响,即具有记忆功能。

门电路是组合电路的基本单元;而触发器是时序电路的基本单元。本章首先讨论几种由集成与非门构成的双稳态触发器;然后讨论由双稳态触发器组成的各种寄存器、计数器;接着介绍单稳态触发器、多谐振荡器和 555 定时器;最后举出几个时序电路的应用实例。

7.1　双稳态触发器

触发器是存储信息的逻辑器件,也是构成时序逻辑电路的基本单元。按其稳定工作状态可分为双稳态触发器、单稳态触发器和无稳态触发器(多谐振荡器)等。所谓的双稳态触发器,是指触发器有两个稳定状态(0 态和 1 态)。当输入信号和时钟信号改变时,触发器的状态将发生改变。双稳态触发器按其逻辑功能可分为 RS 触发器、JK 触发器、D 触发器和 T 触发器等;按其结构可分为主从型触发器和维持阻塞型触发器等。

7.1.1　RS 触发器

1. 基本 RS 触发器

基本 RS 触发器是由两个与非门 G_A 和 G_B 交叉联接而组成,如图 7.1.1 所示。其有两个输入端 $\overline{R}_D$ 和 $\overline{S}_D$,$\overline{R}_D$ 称为直接复位端或直接置 0 端,$\overline{S}_D$ 称为直接置位端或直接置 1 端。有两个互补的输出端 Q 和 $\overline{Q}$,如果 $Q=1$,$\overline{Q}=0$,称置位状态(1 态);反之,如果 $Q=0$,$\overline{Q}=1$,则称复位状态(0 态)。通常称 Q 端的逻辑值为触发器的状态。

$\overline{R}_D$ 和 $\overline{S}_D$ 平时规定接高电位,即处于 1 态;当加负脉冲信号后,由 1 态变为 0 态。

可按与非逻辑关系分四种情况分析触发器的状态转换和逻辑关系。设 Q_n 为触发器原来的状态,称为原态;Q_{n+1} 为加触发信号(正、负脉冲或时钟脉冲)后新的状态,称为新态或次态。

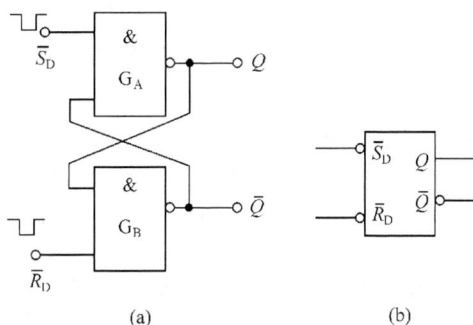

图 7.1.1　基本 RS 触发器
(a)逻辑电路;(b)逻辑符号

1) $\overline{S}_D = 1, \overline{R}_D = 0$

当 G_B 门 $\overline{R}_D$ 端加负脉冲后,$\overline{R}_D = 0$,按与非逻辑关系,$\overline{Q} = 1$;反馈到 G_A 门,故 $Q = 0$;再反馈到 G_B 门,即使负脉冲消失,$\overline{R}_D = 1$ 时,仍有 $\overline{Q} = 1$。因此,无论触发器原状态为 0 态或 1 态,经触发后均翻转(触发器状态的变化称为翻转)为 0 态或保持 0 态。

2) $\overline{S}_D = 0, \overline{R}_D = 1$

当 G_A 门 $\overline{S}_D$ 端为负脉冲,即 $\overline{S}_D = 0$ 时,有 $Q = 1$,反馈到 G_B 门,其两个输入端全为 1,则 $\overline{Q} = 0$。因此,在 $\overline{S}_D$ 端加负脉冲后,故 Q 端由 0 翻转为 1。如果设触发器的初始状态为 1 态,则输出保持 1 态不变。

3) $\overline{S}_D = 1, \overline{R}_D = 1$

当 $\overline{S}_D = \overline{R}_D = 1$ 时,则 $\overline{S}_D$ 端和 $\overline{R}_D$ 端均未加负脉冲,触发器保持原态不变。

4) $\overline{S}_D = 0, \overline{R}_D = 0$

当 $\overline{S}_D$ 和 $\overline{R}_D$ 都为 0,即同时加负脉冲时,则 G_A 和 G_B 门输出端都为 1,达不到 Q 和 $\overline{Q}$ 的状态相反的逻辑要求。当 $\overline{S}_D$ 和 $\overline{R}_D$ 端的负脉冲消失后,触发器将由各种偶然因素决定其最终状态。这种"竞争"状态在使用中应禁止出现,一旦使用中无法避免这种输入状态,应改用其他类型的触发器。

基本 RS 触发器的逻辑状态如表 7.1.1 所示。设初始状态为 0 态,即 $Q = 0$ 时的波形图(也称时序图),如图 7.1.2 所示。

基本 RS 触发器的状态转换过程,如图 7.1.3 所示。图中圆圈分别代表触发器的两个稳定状态,箭头表示在输入信号作用下状态转换的方向,箭头旁的标注表示状态转换的条件。可见,若触发器当前稳定状态为 $Q_n=0$,则在输入信号 $\overline{R}_D=1$,$\overline{S}_D=0$ 的条件下,触发器转换至下一状态 $Q_{n+1}=1$。若输入信号在 $\overline{S}_D=1$,$\overline{R}_D=0$ 或 1 条件下,则触发器状态维持在 0;若触发器当前状态稳定在 $Q_{n+1}=1$,则在输入信号 $\overline{S}_D=1$,$\overline{R}_D=0$ 的作用下,触发器的状态转换为 $Q_{n+1}=0$;若输入信号为 $\overline{R}_D=1$,$\overline{S}_D=1$ 或 0,触发器状态维持在 1。其与表 7.1.1 所描述的功能是一致的。所谓的状态转换图是反映时序逻辑电路状态转换规律和输入输出取值关系的图形。图中箭尾表示"原态",箭头表示"次态"。因此,状态图也是分析和设计时序逻辑电路的重要工具之一。

表 7.1.1　基本 RS 触发器的状态表

$\overline{S}_D$	$\overline{R}_D$	Q_{n+1}	功能
1	0	0	置 0
0	1	1	置 1
1	1	Q_n	保持
0	0	不定	禁用

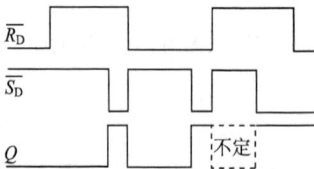

图 7.1.2　基本 RS 触发器波形图　　　图 7.1.3　基本 RS 触发器状态转换图

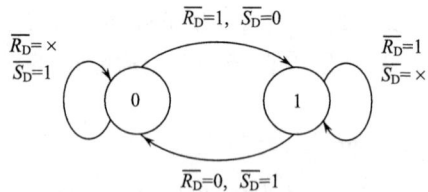

2. 钟控 RS 触发器

数字系统中所使用的触发器,有时需要用一正脉冲控制触发器的翻转,这种正脉冲也称为时钟脉冲 CP(clock pulse,也简写为 C)。通过引导电路实现时钟脉冲对输入端 R 和 S 的控制,故称为钟控 RS 触发器,如图 7.1.4 所示。$\overline{S}_D$ 和 $\overline{R}_D$ 用于预置触发器的初始状态,工作过程中处于高电平,对电路的工作(触发器状态)无影响。

当时钟脉冲 $C=0$ 时,无论输入端 R 和 S 的电平如何变化,引导电路中 G_C 门和 G_D 门均被封锁,输出均为 1,触发器保持原状态不变,即 $Q_{n+1}=Q_n$。只有当时钟脉冲 $C=1$ 时,引导电路中的 G_C 门和 G_D 门才打开,触发器才按 R 和 S 端的输入状态来决定触发器的输出状态。时钟脉冲结束后,触发器的输出状态不变。RS

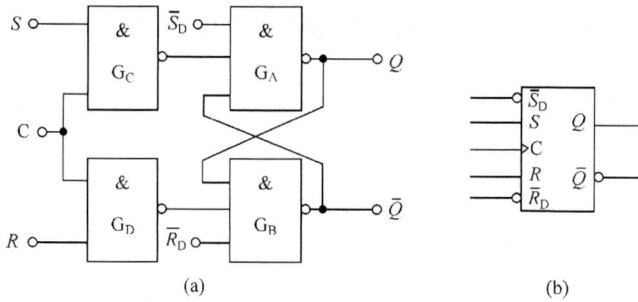

图 7.1.4　可控 RS 触发器

(a)逻辑电路；(b)逻辑符号

触发器的逻辑功能如下：

(1) 当 $R=0, S=1$ 时，$Q_{n+1}=1$，触发器置 **1**；

(2) 当 $R=1, S=0$ 时，$Q_{n+1}=0$，触发器置 **0**；

(3) 当 $R=0, S=0$ 时，$Q_{n+1}=Q_n$，触发器保持原状态不变；

(4) 当 $R=1, S=1$ 时，$Q_{n+1}=\overline{Q}_{n=1}=1$，触发器状态不定(禁止状态)。

钟控 RS 触发器的逻辑状态，如表 7.1.2 所示。设初始状态为 **0** 时触发器的波形图，如图 7.1.5 所示。钟控 RS 触发器的逻辑状态转换过程，如图 7.1.6 所示。

表 7.1.2　可控 RS 触发器的状态表

S	R	Q_{n+1}	功能
0	**0**	Q_n	保持
0	**1**	**0**	置 0
1	**0**	**1**	置 1
1	**1**	不定	禁用

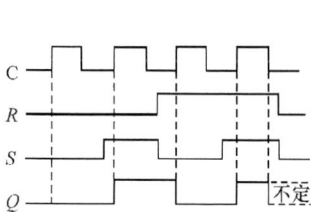

图 7.1.5　钟控 RS 触发器波形图

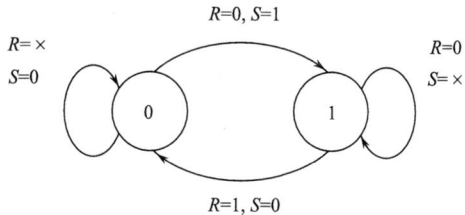

图 7.1.6　钟控 RS 触发器状态转换图

钟控 RS 触发器的状态转换受时钟脉冲的控制，但存在的问题有：时钟脉冲不能过宽，否则出现空翻现象，即在一个时钟脉冲期间触发器翻转一次以上；不允许出现 R 和

S 同时为 **1** 的输入状态。因此,在实际应用中普遍采用 JK 触发器和 D 触发器。

7.1.2　*JK* 触发器

常用的 JK 触发器由两个钟控 RS 触发器串联而成。前级触发器 F_1 称为主触发器,后级触发器 F_2 称为从触发器。时钟脉冲直接控制主触发器翻转,又经过非门反相后控制从触发器翻转,这就是"主从型"名称的由来。主、从触发器的时钟脉冲信号 C 恰好相反,其逻辑电路和逻辑符号如图 7.1.7 所示。J 和 K 是信号的输入端,且分别与 Q 和 $\bar{Q}$ 构成与逻辑关系,成为主触发器的 S 端和 R 端,即有 $S=J\bar{Q}$, $R=KQ$。从触发器的 S 和 R 端为主触发器的输出端。

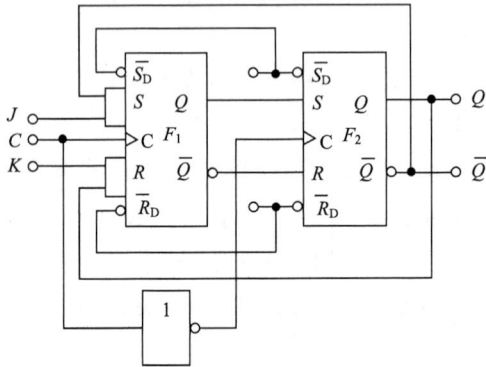

图 7.1.7　JK 触发器的逻辑电路

主从型 JK 触发器在时钟脉冲触发后,触发器的逻辑功能如下:

(1) 当 $J=0$, $K=0$ 时,C 脉冲下降沿到来时,$Q_{n+1}=Q_n$,保持原状态;

(2) 当 $J=0$, $K=1$ 时,C 脉冲下降沿到来时,$Q_{n+1}=0$,置 **0** 状态;

(3) 当 $J=1$, $K=0$ 时,C 脉冲下降沿到来时,$Q_{n+1}=0$,置 **1** 状态;

(4) 当 $J=1$, $K=1$ 时,C 脉冲下降沿到来时,$Q_{n+1}=\bar{Q}_n$,具有计数功能。

主从型 JK 触发器的逻辑状态表和逻辑符号,如图 7.1.8 所示。

J	K	Q_{n+1}	功能
0	**0**	Q_n	不变
0	**1**	**0**	置0
1	**0**	**1**	置1
1	**1**	$\bar{Q}_n$	计数

(a)

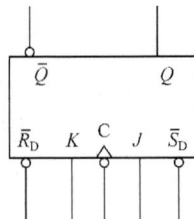

(b)

图 7.1.8　主从型 JK 触发器的状态表和逻辑符号

(a)状态表;(b)逻辑符号

　　值得注意的是,主从型 JK 触发器在 C＝1 时,主触发器需要保持 C 上升沿作用后的状态不变;由于主从型触发器具有在 C 从 **1** 下跳到 **0** 时触发的特点,即具有在时钟脉冲下降沿触发,故在 C 输入端靠近方框处有一小圆圈"○"。

　　JK 触发器的工作波形如图 7.1.9 所示。其逻辑状态转换过程如图 7.1.10 所示。由于 JK 触发器逻辑功能较强,且工作可靠,因而应用十分广泛。为了扩大使用范围,JK 触发器常常做成多输入结构,如图 7.1.11 所示。各输入端之间为**与逻辑关系**,即 $J＝J_1J_2J_3$,$K＝K_1K_2K_3$。

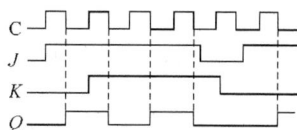

图 7.1.9　主从型 JK
触发器波形图

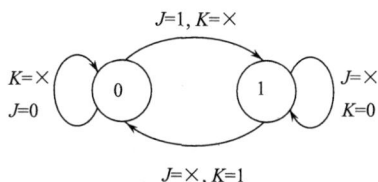

图 7.1.10　主从型 JK 触发
器状态转换图

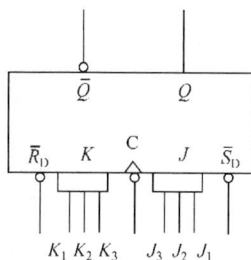

图 7.1.11　多输入端 JK 触发
器逻辑符号

　　例 7.1.1　主从型 JK 触发器输入波形如图 7.1.12 所示,设触发器初始状态为 0 态,试画出输出端 Q 的波形。

　　解　根据 JK 触发器的状态表,在 t_1 时刻(第 1 个时钟脉冲的下降沿),$J＝1$、$K＝0$,使触发器的状态翻转为 1。在 t_2 时刻,$J＝K＝1$,又使触发器的状态翻转为 **0**。其余类推,即可得出的 Q 端波形图,如图 7.1.12 所示。

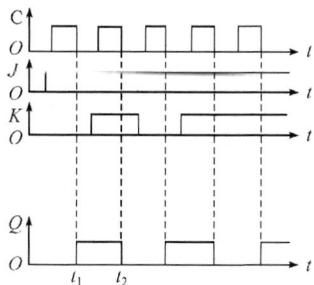

图 7.1.12　例 7.1.1 的波形图

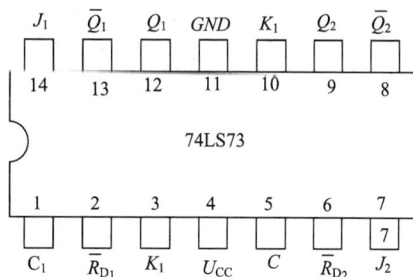

图 7.1.13　74LS73 型双 JK 触发器的引线排列

常用的集成 JK 触发器产品为 74LS73,如图 7.1.13 所示。它是把两个 JK 触发器制作在同一块芯片中,故有双 JK 触发器之称。

7.1.3　D 触发器

触发器的结构类型除上述介绍的主从型外,常用的还有边沿触发器。所谓的边沿触发器,是指触发器的次状态仅取决于 C 的边沿(上升沿或下降沿)到达时刻输入信号的状态,而与此边沿时刻以前或以后的输入状态无关。这种触发器具有较高的可靠性和抗干扰能力。目前,国产的 D 触发器就是一种边沿触发器,且多为维持阻塞型 D 触发器,其在脉冲 C 的上升沿触发。维持阻塞型 D 触发器的逻辑电路如图 7.1.14 所示。D 触发器由六个与非门组成,其中 G_1 和 G_2 门为基本 RS 触发器,G_3 和 G_4 门构成时钟控制电路,G_5 和 G_6 门构成数据输入电路。维持阻塞型 D 触发器的逻辑符号、工作波形图、状态表和状态转换过程如图 7.1.15 所示。

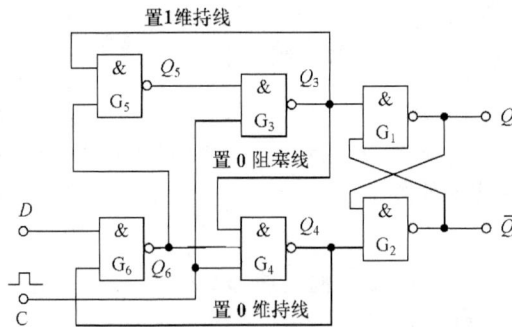

图 7.1.14　维持阻塞型 D 触发器逻辑电路

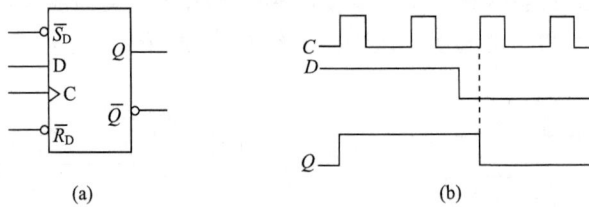

(a)　　　　　　　　　　　　　　　(b)

D_n	Q_{n+1}	功能
0	0	置 0
1	1	置 1

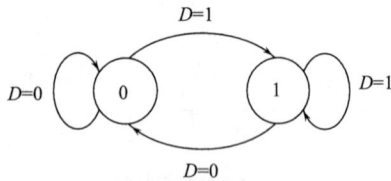

(c)　　　　　　　　　　　　　　　(d)

图 7.1.15　维持阻塞型 D 触发器

(a) 逻辑符号;(b) 工作波形图;(c) 状态表;(d)状态转换图

D 触发器具有时钟脉冲上升沿触发的特点,其逻辑功能为输出端 Q 的状态随输入端 D 的状态而变化,但其总比输入端状态的变化晚一步,即某个时钟脉冲来到之后,Q 的状态和该脉冲来到之前的 D 的状态相同,即有 $Q_{n+1}=D$。

要注意的是,为与下降沿触发区别,故在逻辑符号时钟脉冲 C 的输入端靠近方框处不加小圆圈"○"。

7.1.4　触发器逻辑功能的转换

在触发器的实际应用中可根据需要,将某种逻辑功能的触发器经过适当的改接,或者附加适当的门电路,使其转换为另一种触发器,且转换后并不改变电路的触发方式。

1. JK 触发器转换为 D 触发器

在 JK 触发器的 J 和 K 两个输入端附加一个**非门**,使触发器的输入端 J、K 总处于相反状态,即 $K=\overline{J}$,逻辑电路如图 7.1.16(a)所示。当 $J=1$,即 $D=1$,$K=0$ 时,在时钟脉冲 C 的下降沿到来时,$Q=1$;当 $J=0$,即 $D=0$,$K=1$ 时,在时钟脉冲 C 的下降沿到来时,$Q=0$。

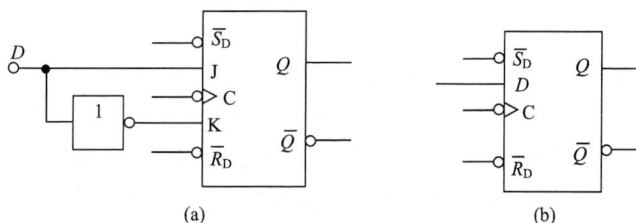

图 7.1.16　JK 触发器转换为 D 触发器

(a)逻辑电路;(b) 逻辑符号

2. JK 触发器转换为 T 触发器

如果将 JK 触发器的 J 和 K 直接连接在一起,输入端符号改用 T 表示,就构成了 T 触发器,如图 7.1.17 所示。当 $T=0$ 时,时钟脉冲下降沿到来时触发器状态保持不变;当 $T=1$ 时,相当于 JK 触发器中 $J=K=1$ 的情况,每来一个时钟脉冲,触发器就翻转一次,则触发器具有计数功能。则有 $Q_{n+1}=\overline{Q_n}$。

3. D 触发器转换为 T' 触发器

如果将 D 触发器的 D 端与 $\overline{Q}$ 端相联接,则 D 触发器被转换为 T' 触发器,如图 7.1.18 所示。其逻辑功能是每来一个时钟脉冲,触发器翻转一次,具有计数功能。即有 $Q_{n+1}=\overline{Q_n}$。

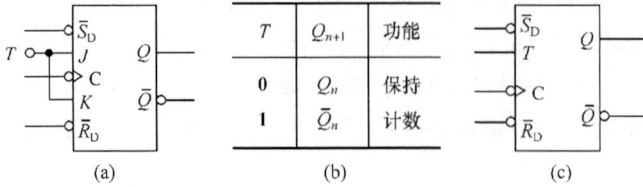

图 7.1.17 JK 触发器转换为 T 触发器

(a) 逻辑图；(b) 状态表；(c) 逻辑符号

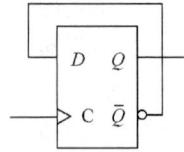

图 7.1.18 D 触发器
转换为 T′ 触发器

练习与思考

7.1.1 在基本 RS 触发器中,是如何定义 0 状态和 1 状态的? 这两种状态为什么能在置 1 或置 0 脉冲消失后仍保持不变?

7.1.2 钟控 RS 触发器与基本 RS 触发器相比有何异同点?

7.1.3 主从型 JK 触发器有何较完善的逻辑功能? 维持阻塞型 D 触发器有何突出的特点?

7.1.4 试述基本 RS、钟控 RS、JK、D、T 等触发器的逻辑功能,并默写其状态表。

7.2 寄 存 器

寄存器用来暂时存放参与运算的数据和结果,其主要由触发器和控制输入输出的组合逻辑电路组成。因为触发器有 0、1 两个稳定的状态,所以一个触发器可以寄存 1 位二进制数,如果要存放 n 位二进制数据或二进制编码时,则需用 n 个触发器组合而成,即寄存数据的位数和触发器的个数是相等的。常用的寄存器有 4 位、8 位和 16 位等。寄存器按存放和取出数码的方式,可分为并行和串行两种;按功能可分为数码寄存器和移位寄存器,移位寄存器不仅有寄存数码的功能,而且有使数码移位（左移或右移）的功能。

7.2.1 数码寄存器

数码寄存器只有寄存数码和清除原有数码的功能。数码寄存器主要由 RS、JK 和 D 触发器等组成。

1. 用 RS 触发器构成的数码寄存器

基本 RS 触发器和 4 个与非门组成的 4 位数码寄数器如图 7.2.1 所示。为控制数码的输入和输出,必要时应适当附加一些组合逻辑电路,方可构成完整的寄存器。这里需要指出的是,因各触发器的框内 $\overline{Q}$ 端与外部没有连接,为方便起见可在图中不用画出。现在分析图 7.2.1 所示 4 位数码寄存器的工作过程。

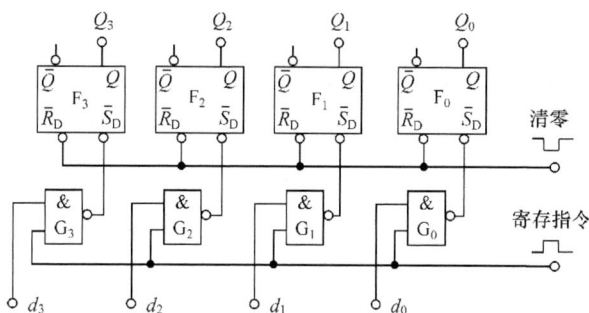

图 7.2.1　4 位数码寄存器

　　寄存器在接收数码之前,先在每个触发器的复位端 $(\overline{R}_D)$ 加一负脉冲,使每位触发器都处于 **0** 态(即清零)。设输入数码 $d_3d_2d_1d_0$ 为"**1011**",其分别加在寄存器的数码相应输入端。当寄存器收到寄存指令(正脉冲信号)时,由于 d_0、d_1、d_3 为 **1**,则与非门 G_0、G_1、G_3 有负脉冲输出,使触发器 F_0、F_1、F_3 置 **1**。d_2 为 **0**,则 G_2 输出为 **1**,使 F_2 保持为 **0** 态。则将输入数码存入寄存器之中。

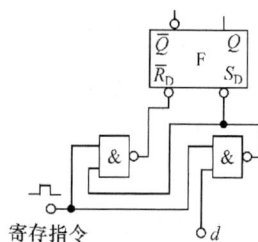

图 7.2.2　单拍 1 位数码寄存器

　　4 位数码寄存器的结构虽然简单,但操作过程必须分两步进行。接收数码清零操作必不可少,否则接收会出现错误。需要分两步才能完成存放数码过程的寄存器,也称为双拍寄存器。

　　为省去清零操作,则可在上述寄存器中每位触发器的输入端再增加一个控制门,如图 7.2.2 所示。因不论输入端数码 d 是 **0** 还是 **1**,当接收到寄存命令后,触发器的状态始终反映输入数码。这种一步就能完成存数过程的寄存器,称为单拍寄存器。

2. 用 D 触发器构成的数码寄存器

　　如前所述,D 触发器的输入端除时钟脉冲端外,只有一个信号输入端。当时钟脉冲有效时,触发器的输出状态 Q 就能反映输入状态 D。因此,用 D 触发器组成数码寄存器十分简单,而且只需一步就能完成存放数码过程。

　　由 4 个维持阻塞型 D 触发器组成一个 4 位数码寄存器的逻辑电路,如图 7.2.3 所示。寄存指令从每位触发器的时钟脉冲端加入。每位触发器的复位端 $\overline{R}_D$ 并接在一起,以便在需要时将寄存器清零。

7.2.2　移位寄存器

　　移位寄存器不但可以存放数码,且具有移位功能。所谓的移位,就是每来一个

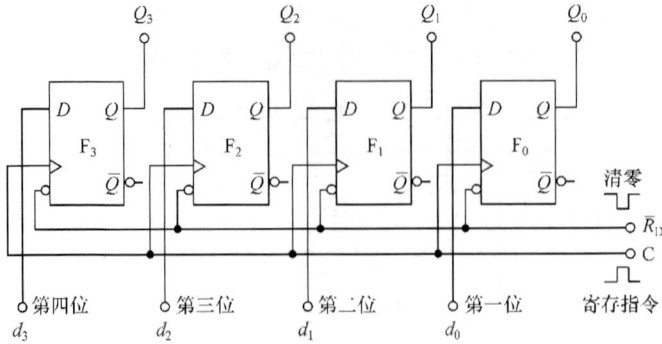

图 7.2.3　由 D 触发器构成的 4 位数码寄存器

移位正脉冲(时钟脉冲),触发器的状态向右或向左移动 1 位,也就是指寄存器寄存的数码可在移位脉冲的控制下依次进行移位。移位寄存器按移位功能不同,可分为单向移位寄存器和双向移位寄存器。移位寄存器在计算机的 CPU 中应用非常广泛。

1. 单向移位寄存器

单向移位寄存器是指具有右移(即数码由高位移向低位)或左移(数码由低位移向高位)功能的移位寄存器。D 触发器组成的 4 位右移移位寄存器如图 7.2.4 所示。每个触发器的输出端接到相邻右边触发器的 D 输入端。数码数据 A 从最左边一位触发器的 D 端依次串行输入,移位脉冲并接于各 D 触发器的 C 端。

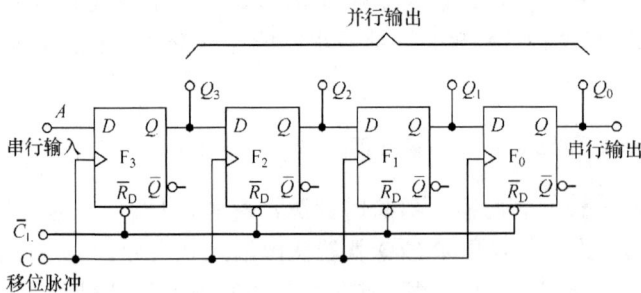

图 7.2.4　4 位右移寄存器

现在分析 4 位右移寄存器的工作过程。

(1) 清零:在 $\overline{R}_D$ 端加一负脉冲 $\overline{C}_L$,将各触发器的输出 Q_3、Q_2、Q_1、Q_0 置 0。

(2) 将数码移位输入:将数码 A(如 **0101**)从低位开始依次串行从 D_3 端输入,此时各位触发器的输入状态为 $D_3D_2D_1D_0 =$ **1000**。

在第 1 个 C 脉冲作用下,各触发器翻转成 $Q_3Q_2Q_1Q_0=1000$,最低位数码 **1** 移入 F_3,次低位的数码 **0** 送到 D_3,这时的输入状态为 $D_3D_2D_1D_0=0100$。

第 2 个 C 作用后,各触发器的输出状态为 $Q_3Q_2Q_1Q_0=0100$,这时,最低位数码 **1** 移到 F_2,次低位数码 **0** 移到 F_3,第 3 位数码 **1** 送到 D_3 端。

以此类推,每来一个 C 脉冲,数码就右移 1 位,经 4 个 C 作用后,**0101** 恰好全部移入寄存器中,图 7.2.4 所示寄存器的右移波形如图 7.2.5 所示。寄存器中数码右移过程如表 7.2.1 所示。

表 7.2.1　移位寄存器中数码的右移过程

串行输入数码	移位寄存器中数码				移位脉冲
$A=D_3$	Q_3	Q_2	Q_1	Q_0	C
1	**0**	**0**	**0**	**0**	0
0	**1**	**0**	**0**	**0**	1
1	**0**	**1**	**0**	**0**	2
0	**1**	**0**	**1**	**0**	3
0	**0**	**1**	**0**	**1**	4

(3) 输出:移位寄存器中已经串行存放的数码可以采用两种方式输出,从 4 位触发器的 $Q_3Q_2Q_1Q_0$ 端可同时将 4 位数码 **0101** 输出,称为并行数码输出;也可以从最右边的一个触发器的输出端 Q_0 串行输出,即来一个 C 脉冲,就输出 1 位数码,4 个移位脉冲作用后,4 位数码 **0101** 从低位依次由 Q_0 端串行移出。

总之,这是一个串行输入,串行或并行输出的右移移位寄存器。

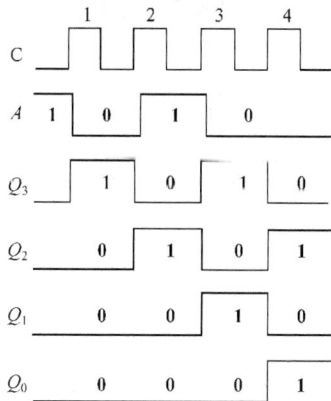

图 7.2.5　图 7.2.4 所示寄存器的波形图

　　串行左移寄存器和串行右移寄存器的工作原理相同,只是连接顺序颠倒,如图 7.2.6 所示。该电路还可由 d_3、d_2、d_1、d_0 端并行输入数据。

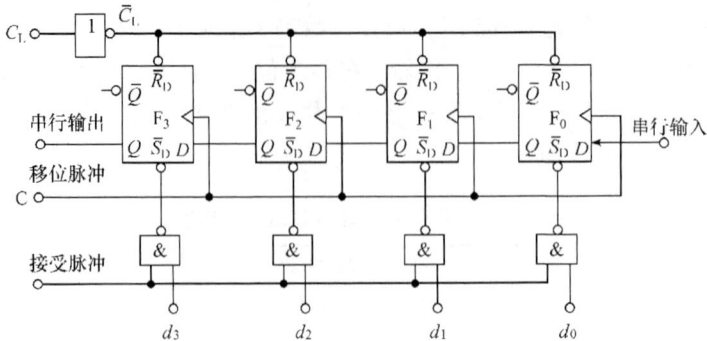

图 7.2.6　4 位左移寄存器

2. 双向移位寄存器

　　在某些应用场合,要求寄存器中存放的数码根据需要,具有向右或向左移位功能,这种寄存器成为双向移位寄存器。由 4 个 D 触发器和若干个起控制作用的逻辑门组成的双向移位寄存器,如图 7.2.7 所示。其中 M 为左、右移位控制信号。

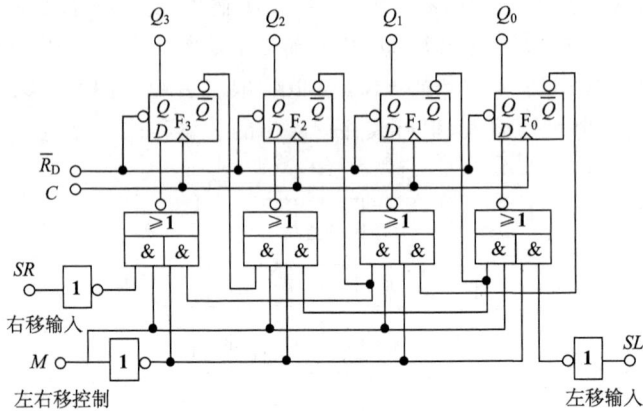

图 7.2.7　双向移位寄存器

　　当 $M=1$ 时,每个与或非门左侧的与门被打开,使高位触发器的输出端 $\overline{Q}$ 的信号经相应的与或非门反相后,送入低位触发器的输入端 D,而最高位触发器 F_3 从右移输入端 SR 接收新的输入信号。F_3 中原来所存数码移入 F_2 中,而 F_2 所存数码移入 F_1 中,F_1 的数码移入 F_0,这就实现了右移位。

　　当 $M=0$ 时,每个与或非门右侧的与门被打开,使低位触发器输出端 $\overline{Q}$ 的信号经相应**与或非门**反相后，送入高位触发器的输入端 D。而最低位触发器 F_0 从左移输入端 SL 接收新的输入信号，F_0 中原来所存数码移入 F_1 中，F_1 的数码移入 F_2 中，F_2 的数码移入 F_3 中，从而实现了左移位。这说明该电路具有双向移位功能。此种寄存器还具有多种输出方式：从 $Q_3 \sim Q_0$ 并行输出；从 Q_0 右移串行输出；从 Q_3 左移串行输出等。

　　例 7.2.1　　某移位寄存器的逻辑电路如图 7.2.8 所示。试分析其工作原理，并说明是左移位还是右移位。

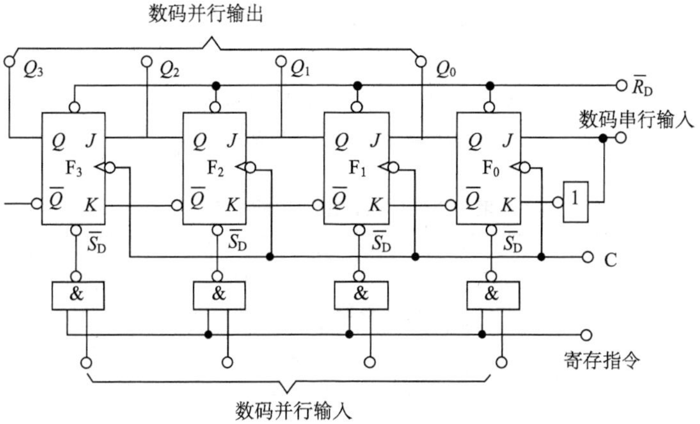

图 7.2.8　例 7.2.1 的逻辑图

　　解　该寄存器由 4 位 JK 触发器组成，待寄存数码可以并行输入，也可以串行输入。当寄存器清零后，一旦寄存指令（正脉冲）到达，即可将并行输入的数码经 4 个**与非门**从每位触发器的 $\overline{S}_D$ 端送到 $Q_0 \sim Q_3$ 端。随后，每来一移位脉冲，各位数码同时从低位触发器向高位触发器移动一位，故为左移位寄存器。寄存的数码可从 Q_3 端串行输出，也可同时从 $Q_0 \sim Q_3$ 端并行输出。

　　如果待寄存的数码从 F_0 的 J 端（D）串行输入，在移位脉冲作用下，数码将从低位触发器向高位触发器逐位移动，同样可以串行输出或并行输出。

7.2.3　集成寄存器

　　实际应用中通常不是选用单个的触发器和逻辑门组成的寄存器，而是直接选用具有各种功能的集成寄存器芯片。常用的中规模集成电路 74LS194 就是一种具有左移、右移、清 0、数据并入、并出、串入、串出等多种功能的双向 4 位移位寄存器，74LS194 的外引线排列和逻辑符号，如图 7.2.9 所示。其中 D_{SR} 为数码右移串行输入端，D_{SL} 为数码左移串行输入端，$D_0 D_1 D_2 D_3$ 为数码并行输入端，M_1 和 M_0 为移位寄存器工作方式控制端，$\overline{CR}$ 为清零端，C 为时钟脉冲端，$Q_0 Q_1 Q_2 Q_3$ 为并行输出端,74LS194 的逻辑功能如表 7.2.2 所示。表中的"×"表示任意状态,"↑"表示所加计数脉冲的上升沿。

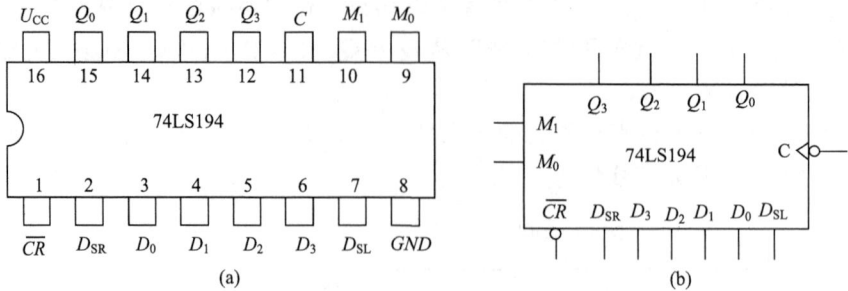

图 7.2.9　74LS194 的引线排列和逻辑符号

(a)引线排列；(b)逻辑符号

表 7.2.2　74LS194 逻辑功能

$\overline{CR}$	C	M_1	M_0	功　　能
0	×	×	×	Q_0,Q_1,Q_2,Q_3 清 0
1	↑	0	0	保持
1	↑	0	1	右移：$D_{SR} \rightarrow Q_0 \rightarrow Q_1 \rightarrow Q_2 \rightarrow Q_3$
1	↑	1	0	左移：$D_{SL} \rightarrow Q_3 \rightarrow Q_2 \rightarrow Q_1 \rightarrow Q_0$
1	↑	1	1	并入：$Q_0 Q_1 Q_2 Q_3 = D_0 D_1 D_2 D_3$

例 7.2.2　用 74LS194 构成的 4 位脉冲分配器(又称环形计数器)如图 7.2.10 所示。试分析工作原理,并画出其工作波形。

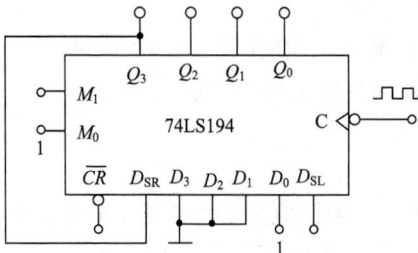

图 7.2.10　例 7.2.2 的电路

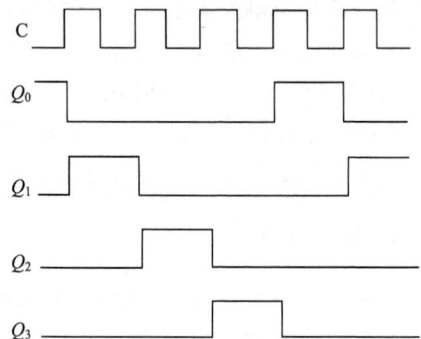

图 7.2.11　例 7.2.2 工作波形图

解　工作前首先在 M_1 端加预置正脉冲,使 $M_1 M_0 = 11$,寄存器处于并行输入状态,$D_0 D_1 D_2 D_3$ 的数码 **1000** 在 C 移位脉冲作用下并行存入 $Q_0 Q_1 Q_2 Q_3$。预置脉冲过后,$M_1M_0 = 01$,寄存器处于右移状态,然后每来一个移位脉冲,$Q_0Q_1Q_2Q_3$ 循环右移 1 位,右移工作波形图如图 7.2.11 所示。从 $Q_0Q_1Q_2Q_3$ 每端均可输出脉冲,但彼此相隔 C 移位脉冲的一个周期时间。

　　另一种自起动脉冲分配器(即扭环形计数器)的电路如图 7.2.12 所示。工作时首先用 $\overline{CR}$ 端清 **0**,然后在 C 移位脉冲作用下,从 $Q_0Q_1Q_2Q_3$ 可依次输出系列脉冲,工作波形图如图 7.2.13 所示。

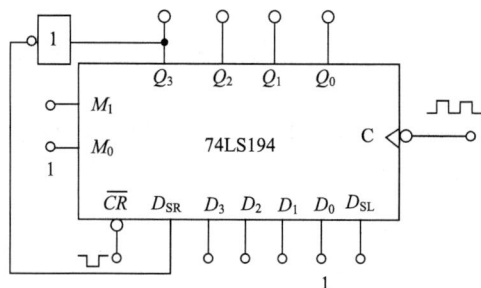

图 7.2.12　自起动脉冲分配器电路

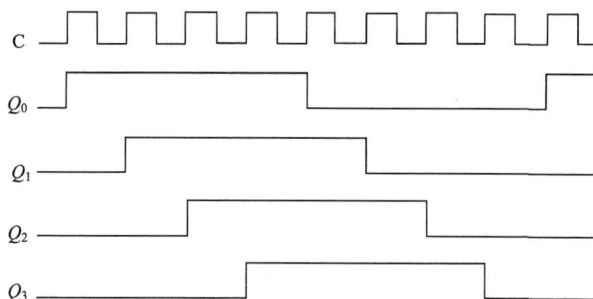

图 7.2.13　图 7.2.12 的工作波形

练习与思考

　　7.2.1　解释下列名词:数码寄存器、移位寄存器、串行输入、并行输入、串行输出、并行输出。

　　7.2.2　已学过的各类触发器中,哪些能用作移位寄存器?

　　7.2.3　试画出由 JK 触发器组成的 4 位右移移位寄存器。

　　7.2.4　数码寄存器的数据被取走以后,寄存器的内容是否变化?移位寄存器的数据被取走以后,寄存器的内容变化吗?

　　7.2.5　如果将 8 位移位寄存器的首尾相连组成循环移位寄存器,试问经过几个移位脉冲寄存器的内容才能重复出现?

7.3　计　数　器

计数器是数字系统中应用较为广泛的一种时序电路。所谓计数,就是累计(累加或累减)输入脉冲的个数。除了计数功能,计数器还可用于分频、时序控制等其他方面。

根据计数脉冲引入方式不同,分为同步计数器和异步计数器。根据计数器在计数过程中数字的增减趋势,可分为加法计数器(累加)、减法计数器(累减)和可逆计数器(既可累加又可累减)。根据计数器的计数模值(数值)不同,又可分为二进制计数器、十进制计数器和任意进制计数器。N 进制计数器的模值为 N,即每经过 N 次计数,计数器的状态变化循环一周。

7.3.1　二进制计数器

二进制计数器是按二进制的规律累计输入脉冲的数目。根据计数功能,二进制计数器可分为二进制加法计数器和二进制减法计数器。二进制计数器是构成其他进制计数器的基础。由于双稳态触发器有 1 和 0 两个状态,所以一个双稳态触发器可以表示 1 位二进制数,要构成 n 位二进制计数器,需用 n 个具有计数功能的触发器。

1. 异步二进制加法计数器

二进制加法运算的规则是"逢二进一"。即 $0+1=1,1+1=10$。当本位是 1,再加 1 时,本位变为 0,向高位进位(即高位加 1)。也就是说,每当本位从 1 变为 0 时,便向相邻高位进位,使高位加 1。

所谓异步,是指计数脉冲不是同时加到各触发器的 C 端,而是加到最低位触发器的 C 端,其他位触发器由相邻低位触发器输出的进位脉冲来触发。因而,各触发器状态变化的时间先后不一,即各触发器不是同时翻转。

例如,欲设计一个 4 位二进制加法计数器,其状态如表 7.3.1 所示。可见,每来一个计数脉冲,最低位的触发器都要翻转;而高位触发器则在相邻的低位触发器从 1 变为 0 进位时才翻转。如果采用主从型 JK 触发器,则需用 4 个触发器方可组成 4 位异步二进制加法计数器,如图 7.3.1 所示。为使主从型 JK 触发器具有计数功能,故每个触发器的 J,K 端悬空(相当于 1),高位触发器的进位脉冲从相邻的低位触发器的 Q 端输出,接入其 C 端,这符合主从型触发器在输入脉冲的下降沿触发的特点。下面介绍电路的工作原理。

开始计数前,先将计数器清零,使各触发器的 Q 端处于 **0** 态(低电平)。第 1

表 7.3.1　二进制加法计数器的状态表

计数脉冲数 (C)	二 　进　制　数				十进制数
	Q_3	Q_2	Q_1	Q_0	
0	0	0	0	0	0
1	0	0	0	1	1
2	0	0	1	0	2
3	0	0	1	1	3
4	0	1	0	0	4
5	0	1	0	1	5
6	0	1	1	0	6
7	0	1	1	1	7
8	1	0	0	0	8
9	1	0	0	1	9
10	1	0	1	0	10
11	1	0	1	1	11
12	1	1	0	0	12
13	1	1	0	1	13
14	1	1	1	0	14
15	1	1	1	1	15
16	0	0	0	0	0

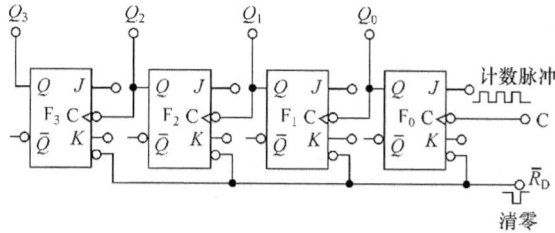

图 7.3.1　主从型 JK 触发器组成的 4 位异步二进制加法计数器

个时钟脉冲（计数脉冲）C 到来后，最低位触发器 F_0 的 Q_0 由 **0** 变 **1**，这一正跳变（上升沿）不会使触发器 F_1 翻转。所以，第 1 个计数脉冲到来后，计数器各触发器状态变为 $Q_3Q_2Q_1Q_0 = $ **0001**，即表示计入了一个脉冲。

第 2 个计数脉冲到来后，Q_0 由 **1** 又变为 **0**，这一负跳变（下降沿）作为触发器 F_1 的时钟脉冲，使得 F_1 翻转，即 Q_1 端由 **0** 变为 **1**，F_1 的翻转并不会引起 F_2 翻转，因为作为 F_2 时钟脉冲的 Q_1 产生的不是下降沿而是上升沿。因此，第 2 个计数脉冲到来之后，计数器的各触发器状态变为 $Q_3Q_2Q_1Q_0 = $ **0010**，表示累计输入了两个脉冲。

第 3 个计数脉冲到达时，F_0 又会翻转，Q_0 由 0 又变为 1，F_1 不翻转，故计数器状态变为 $Q_3Q_2Q_1Q_0 = 0011\cdots$。随着计数脉冲不断输入，计数器的各位触发器 Q 端状态按二进制加法计数的规律作相应变化，变化的波形如图 7.3.2 所示。

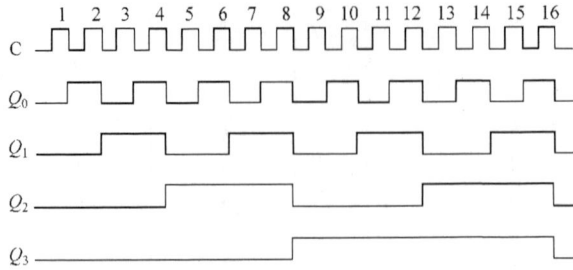

图 7.3.2 4 位异步二进制加法计数器波形

计数器中各触发器的 Q 端为 1 时，代表的脉冲数是不同的。$Q_0 = 1$ 表示有 1 个脉冲，$Q_1 = 1$ 表示有 2 个脉冲，$Q_2 = 1$ 表示有 4 个脉冲，$Q_3 = 1$ 表示有 8 个脉冲。所以，4 位二进制计数器共可计入 $8+4+2+1 = 15$ 个脉冲，当第 16 个计数脉冲到来后，各触发器 Q 端状态全变为 0，同时由 Q_3 端向第 5 位触发器（如果有的话）输出一个进位脉冲，由于现在只有 4 个触发器，这一进位脉冲将丢失，这称为计数器的溢出。n 位二进制加法计数器所能记录的最大十进制数为 $2^n - 1$，当第 2^n 个计数脉冲到来时，它将产生溢出，它的各位触发器也将全部翻转成 0 态。

可见，图 7.3.1 所示计数器内各触发器 Q 端状态变化情况符合表 7.3.1。所以，它实现了 4 位二进制加法计数的功能。

2. 同步二进制加法计数器

异步计数器线路连接简单，由于计数脉冲仅加到最低位触发器的 C 端，而不是同时加到各触发器的 C 端，因而其工作速度较慢。如果要提高工作速度，可以采用同步计数器。同步计数器工作时，计数脉冲则同时加到各触发器 C 端。因此同步计数器的逻辑电路要比异步计数器复杂。用 4 个主从型 JK 触发器组成的 4 位同步二进制加法计数器，如图 7.3.3 所示。

根据表 7.3.1 可得各位触发器 J、K 端逻辑关系式（又称为触发器的驱动方程）。

F_0：每来一个计数脉冲就翻转一次，$J_0 = K_0 = 1$。

F_1：在 $Q_0 = 1$ 时，再来一个脉冲才翻转，$J_1 = K_1 = Q_0$。

F_2：在 $Q_1 = Q_0 = 1$ 时，再来一个脉冲才翻转，$J_2 = K_2 = Q_1Q_0$。

F_3：在 $Q_2 = Q_1 = Q_0 = 1$ 时，再来一个脉冲才翻转，$J_3 = K_3 = Q_2Q_1Q_0$。

4 位二进制加法计数器也称十六进制加法计数器，因为当输入第 16 个计数脉

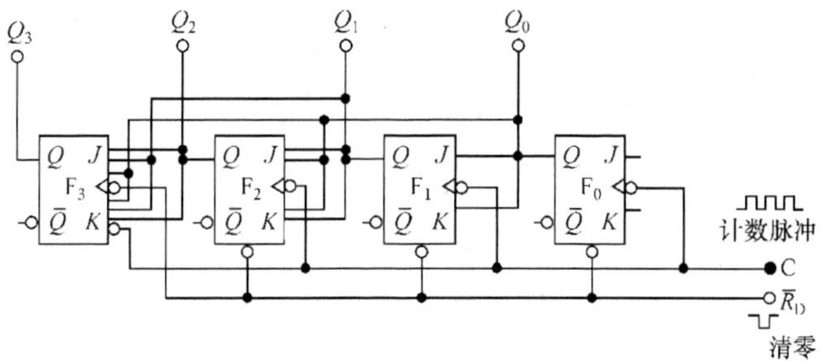

图 7.3.3 主从型 JK 触发器组成的 4 位同步二进制加法计数器

冲后,计数器状态将从"**1111**"翻转为初始状态"**0000**",同时产生进位输出,如果只用 4 个触发器,则计数器出现溢出。所以,4 位二进制加法计数器能够表示的最大十进制数是 $2^4-1=15$。n 位二进制加法计数器能够表示的最大十进制数是 2^n-1。

二进制计数器不仅能够进行二进制加法计数,还能对计数脉冲进行分频。所谓分频,是指将脉冲频率降低某个整数 n 倍,频率降低了 n 倍称为 n 分频。根据二进制加法计数器工作波形图,可见每经过 1 位触发器,输出脉冲的周期增大一倍,所以 n 位二进制加法计数器就是 2^n 分频器。

主从型 JK 触发器组成的 4 位同步二进制加法计数器的波形图与异步计数器相同(图 7.3.2)。由于计数脉冲同时加到各位触发器的 C 端,触发器的状态变换和计数脉冲同步,这也是"同步"名称的由来。其与"异步"区别在于同步计数器的速度较快。

3. 二进制减法计数器

二进制减法运算的规则是 **10**－**1**＝**01**,本位由 **0→1**,并且从高位借 1 位,借位脉冲使高位触发器翻转。二进制减法计数器的功能是计数器的数值随计数脉冲的增加而递减。例如,4 位二进制减法计数器的状态如表 7.3.2 所示。由表可见,随着计数脉冲数的递增,计数器的数值依次递减。另外还要注意的是:减法计数器开始计数前不是先清零,而是先置数。二进制减法与加法运算的区别在于,当 **0** 减 **1** 时,必须向相邻高位借 **1**。当计数器的本位触发器由 **0** 翻转为 **1** 时,将向相邻高位触发器发出借位脉冲,并使该触发器翻转。

表 7.3.2 中是将各位全置 **1**,使计数器的初始状态为"**1111**",即表示的最大数值为 15,第 15 个计数脉冲来到后,计数器减至 0。若再来第 16 个计数脉冲时,计数器将恢复"**1111**"状态。

表 7.3.2　4 位二进制减法计数器的状态表

计数脉冲数(C)	Q_3	Q_2	Q_1	Q_0	十进制数
0	1	1	1	1	15
1	1	1	1	0	14
2	1	1	0	1	13
3	1	1	0	0	12
4	1	0	1	1	11
5	1	0	1	0	10
6	1	0	0	1	9
7	1	0	0	0	8
8	0	1	1	1	7
9	0	1	1	0	6
10	0	1	0	1	5
11	0	1	0	0	4
12	0	0	1	1	3
13	0	0	1	0	2
14	0	0	0	1	1
15	0	0	0	0	0
16	1	1	1	1	15

　　根据表 7.3.2 可得同步二进制减法计数器的各位触发器 J,K 端逻辑关系式（驱动方程）分别为

$$F_0:\quad J_0 = K_0 = 1$$

$$F_1:\quad J_1 = K_1 = \overline{Q_0}$$

$$F_2:\quad J_2 = K_2 = \overline{Q_1}\,\overline{Q_0}$$

$$F_3:\quad J_3 = K_3 = \overline{Q_2}\,\overline{Q_1}\,\overline{Q_0}$$

　　主从型 JK 触发器组成的 4 位同步二进制减法计数器的逻辑电路，如图 7.3.4 所示。其实只要将图 7.3.3 中各 J、K 端从接前级的 Q 端改为接 $\overline{Q}$ 端，即可得到 4 位同步减法计数器。二进制减法计数器的工作波形如图 7.3.5 所示。

　　值得注意的是：将同步二进制加法计数器和同步二进制减法计数器组合在一起，可方便构成同步二进制可逆计数器。这里不再赘述，读者可自行画出其逻辑电路和分析。

7.3.2　十进制计数器

　　实际工作中人们习惯使用十进制数，而不是二进制数。因此，在数字系统中应

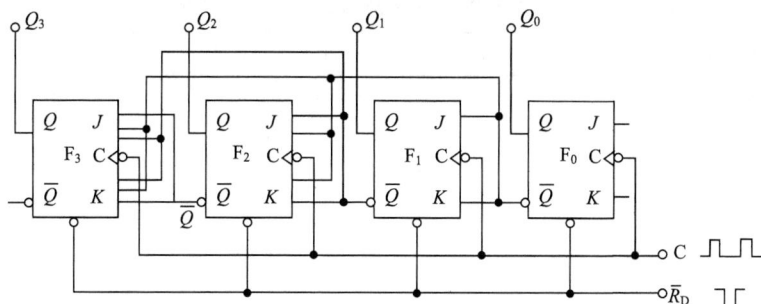

图 7.3.4   4 位同步二进制减法计数器

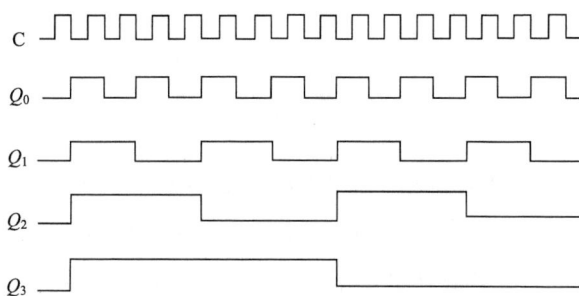

图 7.3.5   4 位同步二进制减法计数器工作波形图

用较为广泛的是二-十进制计数器。所谓二-十进制计数器,就是用 4 位二进制数代表十进制的每位数。

在第 6 章中,已介绍过常用的 8421BCD 编码方式,它是取 4 位二进制数前面的 **0000~1001** 表示十进制 0~9 的 10 个数码,而去掉后面 **1010~1111** 的 6 个数。当计数到 9,即 4 个触发器的状态为 **1001** 时,再来 1 个脉冲,则 4 个触发器的状态不像二进制加法计数器那样翻转成 **1010**。而是必须翻转为 **0000**。这是十进制加法计数器与 4 位二进制加法计数器不同之处。经过 10 个脉冲循坏一次。8421BCD 码十进制加法计数器的状态如表 7.3.3 所示。

1. 同步十进制加法计数器

在二进制同步加法计数器中,当第 10 个计数脉冲来到时,4 个触发器状态由 **1001** 变为 **1010**。而在十进制加法计数器中,当第 10 个计数脉冲来到时,4 个触发器状态由 **1001** 复位为 **0000**,即要求第 2 位触发器 F_1 不得翻转,仍保持 0 态,第 4 位触发器 F_3 必须由 **1** 态翻转为 **0**。如果用 4 个主从型 JK 触发器组成同步十进制加法计数器,观察表 7.3.3,可得各触发器的工作过程和驱动方程。

表 7.3.3　　8421BCD 码十进制加法计数器的状态表

计数脉冲数 (C)	二　进　制　数				十进制数
	Q_3	Q_2	Q_1	Q_0	
0	0	0	0	0	0
1	0	0	0	1	1
2	0	0	1	0	2
3	0	0	1	1	3
4	0	1	0	0	4
5	0	1	0	1	5
6	0	1	1	0	6
7	0	1	1	1	7
8	1	0	0	0	8
9	1	0	0	1	9
10	0	0	0	0	进位

F_0：每来一个计数脉冲翻转一次，故 $J_0 = K_0 = 1$。

F_1：在 $Q_0 = 1$ 且 $Q_3 = 0(\overline{Q}_3 = 1)$ 时，再来一个计数脉冲翻转；在 $Q_0 = 1$，$Q_3 = 1$ $(\overline{Q}_3 = 0)$ 时，再来一个计数脉冲仍保持原状态 0 不翻转。故 $J_1 = Q_0 \overline{Q}_3$，$K_1 = Q_0$。

F_3：在 $Q_2 = Q_1 = Q_0 = 1$ 时，再来一个计数脉冲翻转（由 0 翻转为 1），第 10 计数脉冲来到后时，则由 1 翻转为 0。故 $J_3 = Q_2 Q_1 Q_0$，$K_3 = Q_0$。

根据上述分析各触发器的工作过程和驱动方程，4 位同步十进制加法计数器的逻辑电路，如图 7.3.6 所示。比较同步二进制加法计数器（图 7.3.3），在十进制同步计数器中只是触发器 F_1 的 J 端和触发器 F_3 的 K 端的逻辑关系不同。同步十进制加法计数器的工作波形如图 7.3.7 所示。

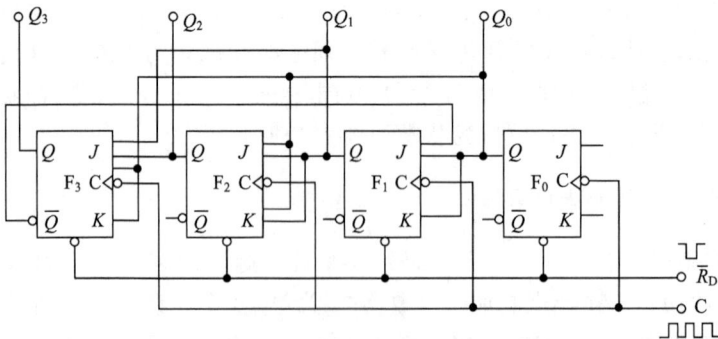

图 7.3.6　4 位同步十进制加法计数器逻辑电路

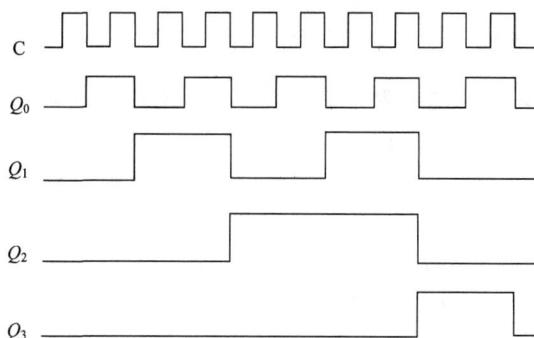

图 7.3.7 4 位同步十进制加法计数器工作波形图

2. 异步十进制加法计数器

根据十进制计数器状态表(表 7.3.3)和工作规律,即当第 10 个计数脉冲来到时 4 个触发器的状态由 **1010** 复位为 **0000**,如果用 4 个 JK 触发器构成异步十进制加法计数器,只要当 $Q_3Q_2Q_1Q_0$ 中使 Q_3 和 Q_1 同时为 **1** 时,则各触发器即可复位为 **0**。因此,只需将 Q_3 和 Q_1 同时引入到一个**与非门**的输入端,**与非门**的输出端连接到各触发器的复位端 $\overline{R}_D$,故 $\overline{R}_D = \overline{Q_3Q_1}$。因此,当 $Q_3 = Q_1 = 1$,$\overline{R}_D = 0$ 时,4 个触发器被强制清零复位。所以,当第 10 个计数脉冲来到后,计数器复位为 **0000**。这种复位方法称为反馈清零法(将在 7.3.4 节介绍)。

4 个主从型 JK 触发器组成的 4 位异步十进制加法计数器的逻辑电路如图 7.3.8 所示。该计数器的工作波形与图 7.3.7 相同。

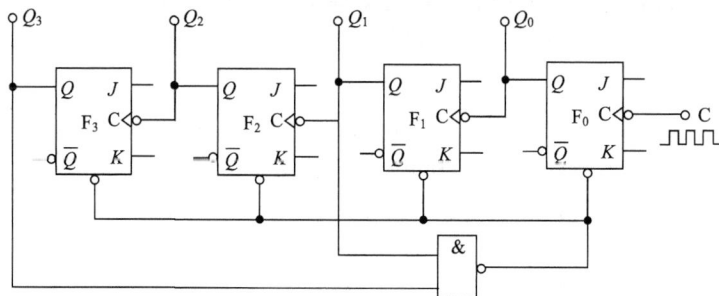

图 7.3.8 4 位异步十进制加法计数器逻辑电路

十进制计数器也可构成减法计数器、可逆计数器和其他编码形式的十进制计数器。如果读者感兴趣,可以阅读相关的参考书籍。

7.3.3 任意进制计数器

在数字系统中除了二进制和十进制计数器,还经常用到任意进制的计数器。所谓任意进制计数器,是指 N 进制计数器,即每来 N 个计数脉冲,计数器的状态循环一次。这些计数器若采用 8421BCD 码方式,则其构成方法与十进制计数器类似,即通过改变各触发器的连线或附加一些控制门,使计数器跳过二进制计数器的某些状态。分析的方法是:对于同步计数器,由于计数脉冲连接到每个触发器的 C 端,触发器的状态翻转与否可以由驱动方程判断;对于异步计数器,还应同时考虑各触发器的 C 计数脉冲是否出现。下面通过具体计数器电路进行分析。

例 7.3.1 分析图 7.3.9 所示逻辑电路的逻辑功能,说明其用途。设初始状态为"000"。

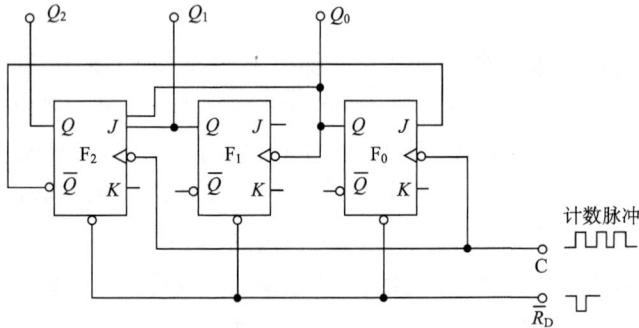

图 7.3.9 例 7.3.1 的逻辑电路

解 (1)由图可得出各位触发器 J、K 端的驱动方程为

$$J_0 = \overline{Q_2} \qquad K_0 = 1$$
$$J_1 = 1 \qquad K_1 = 1$$
$$J_2 = Q_0 Q_1 \qquad K_2 = 1$$

(2)当初始状态为 $Q_2 Q_1 Q_0 = 000$ 时,各触发器 J、K 端和 C 端的电平为

$$J_0 = 1 \qquad K_0 = 1 \qquad C_0 = C = 0$$
$$J_1 = 1 \qquad K_1 = 1 \qquad C_1 = Q_0 = 0$$
$$J_2 = 0 \qquad K_2 = 1 \qquad C_2 = C = 0$$

(3)根据 JK 触发器的状态表得出各触发器的下一状态,即 001。其中第 2 位触发器 F_1 只在 Q_0 的状态从 1 变为 0 时才能翻转。而后再以 001 分析下一状态,这时触发器 F_0 和 F_1 都翻转,得出 010。一直分析到恢复 000 为止。根据分析过程中列出状态表,如表 7.3.4 所示。该计数器的工作波形如图 7.3.10 所示。

表 7.3.4　五进制计数器状态表

C	Q_2	Q_1	Q_0
0	**0**	**0**	**0**
1	**0**	**0**	**1**
2	**0**	**1**	**0**
3	**0**	**1**	**1**
4	**1**	**0**	**0**
5	**0**	**0**	**0**

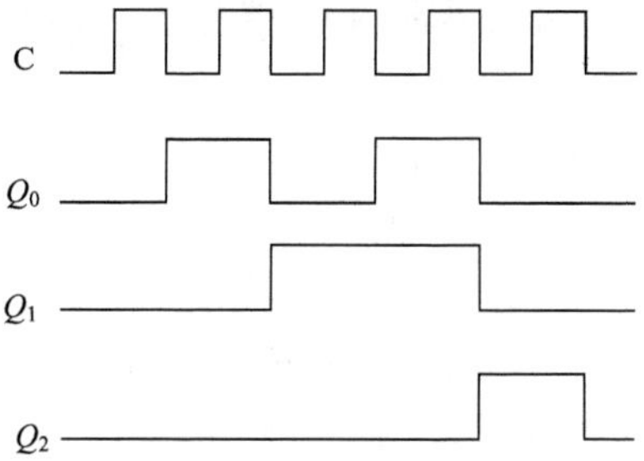

图 7.3.10　例 7.3.1 的工作波形图

　　根据上述分析可见,图 7.3.9 所示逻辑电路经过 5 个脉冲循环一次,所以该逻辑电路是一个异步五进制加法计数器。

7.3.4　集成计数器

　　随着电子技术的发展,时序逻辑器件组成的各种集成计数器,已经在数字系统中得以广泛应用。因此,有必要了解集成计数器的功能和使用方法。下面介绍几种常用的集成计数器。

1. 异步二–五–十进制计数器(74LS290)

　　74LS290 异步加法计数器由 4 个 JK 触发器和 2 个**与非门**电路组成,如图 7.3.11 所示。其中,$R_{0(1)}$ 和 $R_{0(2)}$ 为清零输入端;$S_{9(1)}$ 和 $S_{9(2)}$ 为置 9 输入端;C_0 和

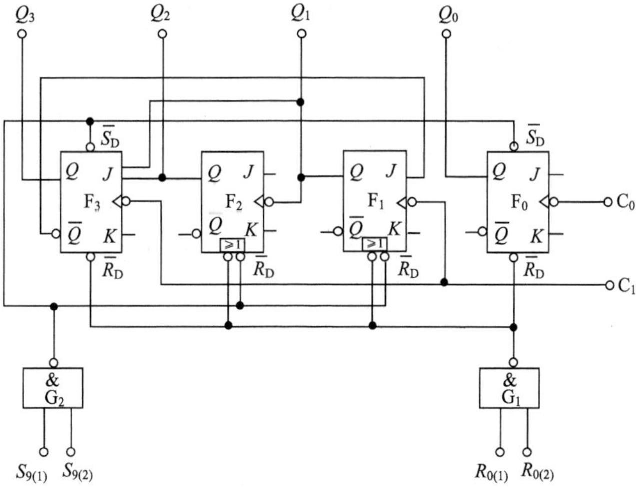

图 7.3.11　74LS290 计数器逻辑电路

C_1 分别为计数脉冲输入端。

下面按二进制、五进制、十进制三种情况分析 74LS290 计数器工作情况。

(1) 计数脉冲由 C_0 端输入,从 Q_0 输出,触发器 F_0 构成二进制计数器。

(2) 计数脉冲由 C_1 端输入,从 Q_3,Q_2,Q_1 端输出,则触发器 F_1,F_2 和 F_3 构成异步五进制计数器。

(3) 如果将 Q_0 端与触发器 F_1 的 C_1 端连接,计数脉冲由 C_0 端输入。从 Q_3,Q_2,Q_1,Q_0 端输出,则可构成 8421BCD 码异步十进制计数器。

74LS290 型二-五-十进制计数器逻辑功能,如表 7.3.5 所示。其逻辑符号和外引线排列,如图 7.3.12 所示。

表 7.3.5　74LS290 的功能表

$R_{0(1)}$	$R_{0(2)}$	$S_{9(1)}$	$S_{9(2)}$	Q_3 Q_2 Q_1 Q_0
1	1	0	×	0　0　0　0
		×	0	
×	×	1	1	1　0　0　1
×	0	×	0	计　数
0	×	0	×	计　数
0	×	×	0	计　数
×	0	0	×	计　数

(×表示任意态)

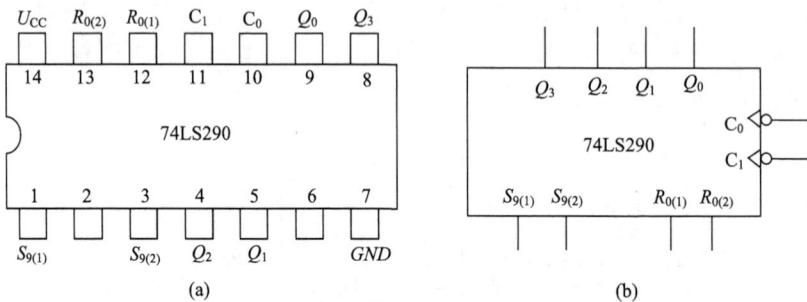

图 7.3.12　74LS290 的引线排列和逻辑符号

(a)引线排列; (b)逻辑符号

根据表 7.3.5 可分析图 7.3.11 所示逻辑电路所具有的功能。

(1) 直接清零:当 $R_{0(1)}$ 和 $R_{0(2)}$ 均为高电平,$S_{9(1)}$ 和 $S_{9(2)}$ 中至少有一个为低电平时,与非门 G_1 输出为低电平,使得所有触发器清零,即 $Q_3Q_2Q_1Q_0 = 0000$。

(2) 直接置9:当 $S_{9(1)}$ 和 $S_{9(2)}$ 均为高电平,与非门 G_2 输出为低电平时,触发器被置9,即 $Q_3Q_2Q_1Q_0 = 1001$。

（3）计数：当 $S_{9(1)}$，$S_{9(2)}$ 置 9 端和 $R_{0(1)}$，$R_{0(2)}$ 清零端分别至少有一个为低电平时，与非门 G_1 和 G_2 输出均为低电平，逻辑电路处于计数状态。

74LS290 型二-五-十进制计数器的 $S_{9(1)}$，$S_{9(2)}$ 和 $R_{0(1)}$，$R_{0(2)}$ 均为异步控制端，即控制信号到达后，不需要等待计数脉冲 C 便可直接控制操作。如果控制端为同步控制端，则控制信号到达后，还需要等待计数脉冲 C 也到达时，方可进行相应的控制操作。

2. 4 位同步二进制计数器（74LS161）

74LS161 由 4 个 JK 触发器和相应的门控电路构成，触发器在计数脉冲 C 的上升沿触发。该计数器是一个具有异步清零、置数、计数、保持等功能的 4 位同步二进制加法计数器。74LS161 计数器的逻辑符号和外引线排列，如图 7.3.13 所示。图中 $\overline{LD}$ 为预置数控制端，D_3，D_2，D_1 和 D_0 为预置数输入端，CT_P 和 CT_T 为工作状态控制端，$\overline{CR}$ 为清零端，Q_3，Q_2，Q_1 和 Q_0 为输出端，CO 为进位输出端，其逻辑表达式为 $CO = CT_T Q_3 Q_2 Q_1 Q_0$。逻辑功能如表 7.3.6 所示。根据逻辑功能表，可获得 74LS161 计数器的功能。

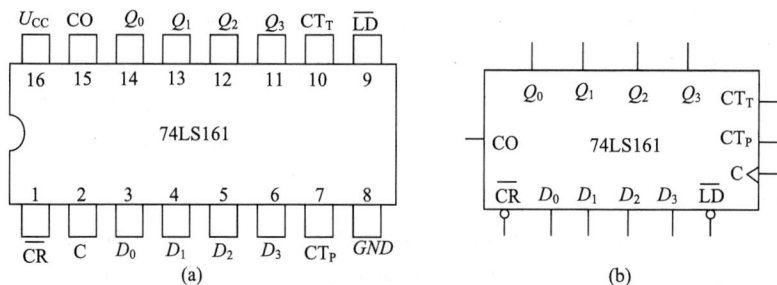

图 7.3.13　74LS161 的引线排列和逻辑符号
(a)引线排列；(b)逻辑符号

表 7.3.6　74LS161 的逻辑功能表

输入									输出			
$\overline{CR}$	$\overline{LD}$	CT_P	CT_T	CP	D_0	D_1	D_2	D_3	$Q_{0(n+1)}$	$Q_{1(n+1)}$	$Q_{2(n+1)}$	$Q_{3(n+1)}$
0	×	×	×	×	×	×	×	×	0	0	0	0
1	0	×	×	↑	d_0	d_1	d_2	d_3	d_0	d_1	d_2	d_3
1	1	1	1	↑	×	×	×	×	计	数		
1	1	0	×	×	×	×	×	×	保	持		
1	1	×	0	×	×	×	×	×	保	持		

(1) 异步清零：当 $\overline{CR}=0$ 时，$Q_3\,Q_2\,Q_1\,Q_0=0000$，计数器清零。

(2) 同步置数：当 $\overline{LD}=0$，$\overline{CR}=1$ 时，在置数输入端 D_3,D_2,D_1 和 D_0 端预置外加数据，当计数脉冲 C 上升沿到来时，预置数据将被同步置到输出端 Q_3,Q_2,Q_1 和 Q_0 端。

(3) 计数：当 $CT_P=CT_T=1$，$\overline{LD}=\overline{CR}=1$ 时，在计数脉冲 C 的上升沿，电路按二进制加法计数。当 $D_3D_2D_1D_0=1111$ 时，进位端 CO=1，再来一个 C 后，输出端复位为零，即 $D_3D_2D_1D_0=0000$，进位端 CO 也复位，输出一个进位脉冲。

(4) 保持：当 $\overline{LD}=\overline{CR}=1$，$CT_P$ 和 CT_T 中至少有一个为 0 时，计数器处于保持状态。

值得注意的是，74LS161 的清零控制端 $\overline{CR}$ 和 74LS290 的清零控制端均为异步控制，即控制信号到达后直接清零，不需等计数脉冲 C。而 74LS161 的置数控制端 $\overline{LD}$ 为同步控制，即控制信号到达后，还需要等待计数脉冲 C 上升沿到达时，方可进行置数操作。

3. 4 位同步十进制可逆计数器(74LS192)

74LS192 由 4 个 D 触发器和相应的门控电路构成，触发器在计数脉冲 C 的上升沿触发。该计数器是一个具有双时钟脉冲输入、异步清零、置数、加减计数等功能的 4 位同步十进制可逆计数器。74LS192 计数器的外引线排列和逻辑符号如图 7.3.14 所示。图中 $\overline{LD}$ 为预置数控制端，CP_U 为加法计数脉冲输入端，CP_D 为减法计数脉冲输入端，$\overline{C}_U$ 为加法计数时进位输出端(低电平有效)，$\overline{C}_D$ 为减法计数时借位输出端(低电平有效)，CR 为异步清零端(高电平有效)，$D_1\sim D_4$ 为并行数据输入端，$Q_0\sim Q_3$ 为数据输出端。逻辑功能如表 7.3.7 所示。根据逻辑功能表，可获得 74LS192 计数器的功能。

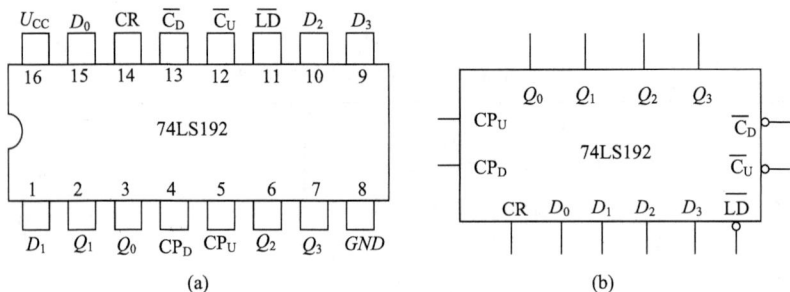

图 7.3.14　74LS192 的引线排列和逻辑符号

(a)引线排列；(b)逻辑符号

表 7.3.7　74LS192 的逻辑功能表

输 入								输 出			
CR	$\overline{LD}$	CP_U	CP_D	D_0	D_1	D_2	D_3	$Q_{0(n+1)}$	$Q_{1(n+1)}$	$Q_{2(n+1)}$	$Q_{3(n+1)}$
1	×	×	×	×	×	×	×	0	0	0	0
0	0	×	×	d_0	d_1	d_2	d_3	d_0	d_1	d_2	d_3
0	1	↑	1	×	×	×	×	加 计 数			
0	1	1	↑	×	×	×	×	减 计 数			

（1）异步清零：当 CR＝**1** 时，$Q_3 Q_2 Q_1 Q_0$＝**0000**。

（2）异步置数：当 CR＝**0**，$\overline{LD}$＝**0** 时，$Q_3 Q_2 Q_1 Q_0 = D_3 D_2 D_1 D_0$。

（3）保持：当 CR＝**0**，$\overline{LD}$＝**1**，且 $CP_U = CP_D = $**1** 时，$Q_{3(n+1)} \ Q_{2(n+1)} \ Q_{1(n+1)} \ Q_{0(n+1)} = Q_{3(n)} Q_{2(n)} Q_{1(n)} Q_{0(n)}$，即计数器处于保持状态。

（4）加计数：当 CR＝**0**，$\overline{LD}$＝**1**，$CP_D = $**1** 时，从 CP_U 端输入计数脉冲，$Q_3 Q_2 Q_1 Q_0$ 按加法规律计数。

（5）减计数：当 CR＝**0**，$\overline{LD}$＝**1**，$CP_U = $**1** 时，从 CP_D 端输入计数脉冲，$Q_3 Q_2 Q_1 Q_0$ 按减法规律计数。

前面介绍了几种集成计数器芯片，通过对集成计数器芯片外部采用不同的连接方式，可以构成任意（N）进制计数电路。采用集成计数器芯片构成任意（N）进制计数器通常有两种方法，即反馈清零法和反馈置数法。

反馈清零法（也称反馈归零法或反馈置零法）是利用集成计数器芯片的清零功能，截取计数过程中的某一个中间状态作反馈清零数码，控制芯片清零端使计数器的输出状态清零（归零），重新开始（循环）计数，构成模值 N 小于原计数芯片的 N 进制计数器。这里应注意以下两点。

（1）确定清零数码与计数芯片的清零方式有关：采用异步清零方式的计数芯片，以 N 作为清零数码，其有效循环状态为 $0 \sim N$；采用同步清零方式的计数芯片，以 $N-1$ 作为清零数码，其有效循环状态为 $0 \sim N-1$。

（2）选择适当反馈引导门（译码门）与计数芯片清零电平有关：有效清零电平为低电平，引导门应选择有效输出低电平的**与非门**；相反，则应选择**与门**。

反馈置数法的原理与反馈清零法相类似，区别在于反馈置数法利用集成计数芯片置数端的置数功能，使计数器状态在某最大数码和最小数码之间循环，从而构成模值 N 小于原计数芯片的 N 进制计数器。同步置数芯片不存在过渡状态的规律与反馈清零法相同。

例 7.3.2　试用 74LS290 芯片分别构成六进制和七进制计数器。

解　（1）将 74LS290 的 Q_0 端与 C_1 相连，先构成 8421BCD 码的十进制计数器

（Q_0 端与 C_1 端相接）。由于"6"的 8421BCD 码为 **0110**，计数器从 **0000** 开始计数，当第 5 个计数脉冲 C_0 来到后，状态变为 **0101**。当第 6 个计数脉冲来到后，状态为 **0110**。此时只要将 Q_2 和 Q_1 端分别反馈到 $R_{0(2)}$ 和 $R_{0(1)}$ 清零端，就可强迫计数器清零，状态 **0110** 转瞬即逝，显示不出来，立即回到 **0000**。这样经过 6 个计数脉冲循环一次的计数器，即为六进制计数器，其逻辑电路如图 7.3.15(a) 所示。

（2）同样，先构成 8421BCD 码的十进制计数器。由于"7"的 8421BCD 码为 **0111**，从 **0000** 开始计数，当计数器在第 7 个计数脉冲来到后，计数器状态迅速变为 **0111**。强迫计数器状态从 **0111** 转换为 **0000**，要将 Q_2，Q_1 和 Q_0 反馈到计数芯片的清零端 $R_{0(1)}$ 和 $R_{0(2)}$。因清零端 $R_{0(1)}$ 和 $R_{0(2)}$ 有效清零电平为高电平，故选用与门作为引导门，Q_2，Q_1 和 Q_0 为与门的三个输入端，与门的输出端连接 $R_{0(1)}$ 和 $R_{0(2)}$。当计数器出现状态 **0111** 时，与门输出清零信号，迫使计数器状态返回到 **0000**。七进制计数器的逻辑电路如图 7.3.15(b) 所示。

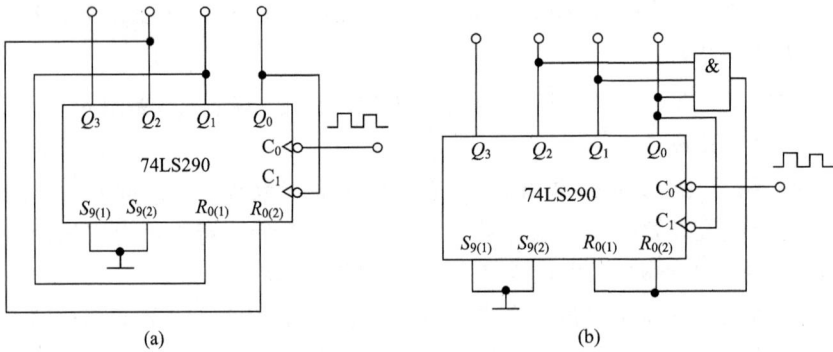

(a)　　　　　　　　　　　(b)

图 7.3.15　例 7.3.2 的电路
(a) 六进制计数器逻辑电路；(b) 七进制计数器逻辑电路

例 7.3.3　试用 74LS290 芯片构成八十四进制计数器。

解　由于"84"大于 10，要构成八十四进制需要两片 74LS290，先将两片连接成一百进制计数器，再利用异步清零功能将一百进制改接为八十四进制计数器。具体方法是将个位芯片的 Q_3 连接到 10 位片的 CP_U 端，因为当低位芯片 $Q_3Q_2Q_1Q_0$ 从 **1001** 变为 **0000** 时，Q_3 端出现一个下降沿，故将该端作为 10 位芯片的计数脉冲。另外，由于 84 的 8421BCD 码为 **10000100**，故将 Q_7 端连接到两片的 $R_{0(1)}$ 端，Q_2 端连接到两片的 $R_{0(2)}$ 端。当 84 个计数脉冲下降沿之后，因 **10000100** 的出现而满足两片 74LS290 清零要求。八十四进制计数器的逻辑电路如图 7.3.16 所示。

例 7.3.4　试用同步置数法将 74LS161 构成十进制加法计数器。

解　将预置数据输入端 $D_3D_2D_1D_0 =$ **0000**，当第 9 个计数脉冲到来后，

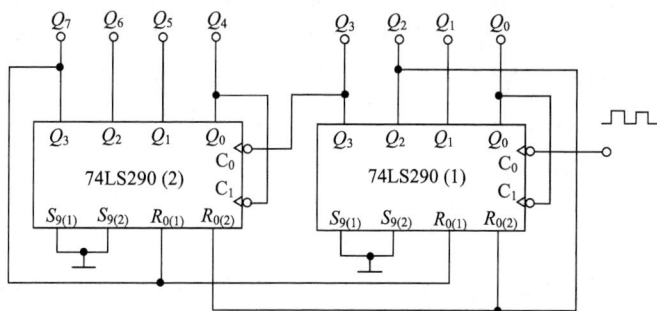

图 7.3.16 例 7.3.3 的电路

$Q_3Q_2Q_1Q_0 = \mathbf{1001}$，$Q_3Q_0$ 端输出通过**与非门**送至 $\overline{LD}$ 端，即 $\overline{LD}=\mathbf{0}$；当第 10 个计数脉冲来到后，$D_3D_2D_1D_0$ 预置的 $\mathbf{0000}$ 送到 $Q_3Q_2Q_1Q_0$ 端，计数器复零。十进制计数器的逻辑电路如图 7.3.17(a) 所示。

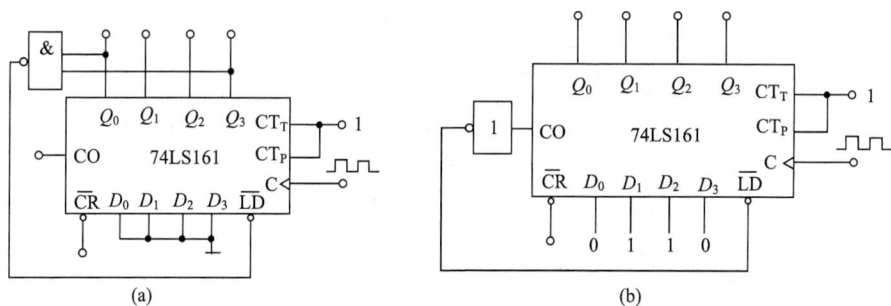

图 7.3.17 例 7.3.4 的电路

(a) 用前 10 个状态；(b) 用后 10 个状态

图 7.3.17(a) 所示的十进制计数器的状态的变化规律为 $Q_3Q_2Q_1Q_0 = \mathbf{0000}\sim$ $\mathbf{1001}$，即为原十六进制计数器的前 10 个状态构成的十进制计数器。也可用后 10 个状态构成十进制计数器，这就需将 74LS161 的初始状态设为 $16-10=6$(二进制码为 $\mathbf{0110}$)，进位输出 CO 求非后送至 $\overline{LD}$ 端即可，其逻辑电路如图 7.3.17(b) 所示。当计数脉冲在 $\mathbf{1111}$ 状态时，$\overline{LD}=\mathbf{0}$，准备好了置数条件，当下一个计数脉冲来到后，就可使 $Q_3Q_2Q_1Q_0$ 变为 $\mathbf{0110}$，从而跳过 $\mathbf{0000}\sim\mathbf{0101}$ 的 6 个状态，实现十进制计数。

例 7.3.5 试用 74LS161 构成六十进制加法计数器。

解 (1)74LS161 是 4 位二进制同步加法计数器，单片只能实现最大计数为十六进制。由于 $16<60<256$，构成六十进制计数器需要两片 74LS161。可先将两片 74LS161 级联构成 (256) 二百五十六进制，然后利用反馈清零法或反馈置数法

将其改接成六十进制计数器。74LS161级联的原则是将低位芯片的进位输出端连接到高位芯片的 CT_T 和 CT_P 端，计数脉冲同时送至各位芯片的 C 端，当低位芯片未计满数时，其 CO=0，高位芯片的 $CT_T=CT_P=0$，尽管有计数脉冲送至高位芯片，其仍处于保持状态而不会计数；当低位芯片计满数时，其 $Q_3Q_2Q_1Q_0=1111$，则有进位输出，此时高位芯片的 $CT_T=CT_P=1$，做好计数准备，待下一个计数脉冲来到后。低位芯片的状态变为 0000，高位芯片增加一个计数值，相当于低位向高位进位。

(2) 可采用反馈清零法或反馈置数法，将二百五十六进制计数器改接成六十进制计数器。如果采用反馈清零法，则计数器的末状态为 60，高位芯片计数到 3 (0011)时，低位芯片所计数为 $16×3=48$，之后低位芯片继续计数到 12(1100)，其二进制码为 00111100，只要将所有输出为 1 的端子作为与非门的输入端，与非门的输出再送至两个芯片 $\overline{LD}$ 端，即 $\overline{LD}=0$，将两片计数器同时清零。采用反馈清零法将两片 74LS161 构成的六十进制计数器逻辑电路，如图 7.3.18 所示。

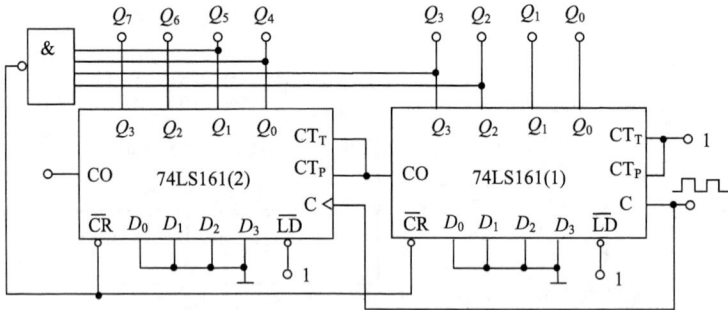

图 7.3.18　例 7.3.5 的电路

同样，也可用反馈置数法构成六十进制计数器，请读者自行分析设计逻辑电路。

练习与思考

7.3.1　何为 BCD 码计数器？4 个触发器组成的 BCD 码计数器能计几位数？n(n 为 4 的倍数)个触发器组成的 BCD 计数器能计几个数？

7.3.2　二进制计数器皆有 2 分频、4 分频等分频功能，如果要进行十分频应如何实现？

7.3.3　同步计数器和异步计数器应如何区别？在计数速度上有无差异？

7.3.4　74LS290 能按 4 位二进制计数器使用吗？为什么？

7.4　单稳态触发器

单稳态触发器与双稳态触发器不同，它有下列特点。

(1) 它有一个稳定状态和一个暂稳(定)状态。

(2) 在外来触发脉冲的作用下,能够由稳定状态翻转到暂稳状态。

(3) 暂稳状态维持一段时间后,将自动返回到稳定状态。而暂稳状态时间的长短仅取决于电路本身的参数,与触发脉冲无关。

在数字电路中,单稳态触发器一般用于整形(把不规则的波形转换成宽度、幅度都相等的脉冲)、定时(变换成一定时间宽度的矩形波)和延时(将输入信号延迟一定的时间之后输出)等。

单稳态触发器的电路结构很多,分为微分型、积分型等。下面先以积分型为例分析其工作原理。

7.4.1 CMOS 积分型单稳态触发器

图 7.4.1 是 CMOS 积分型单稳态触发器。门 G_1 和门 G_2 是 CMOS"**或非**"门,R 和 C 构成积分型延时环节。输入的触发脉冲同时加到门 G_1 和门 G_2。其工作原理如下。

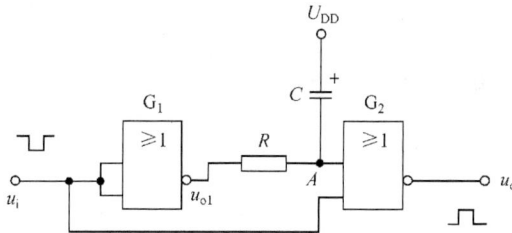

图 7.4.1 CMOS 积分型单稳态触发器

1. 稳定状态

当触发负脉冲未输入时,u_i 为 **1**(约为 U_{DD}),u_{o1} 为 **0**(约为 0V),u_A 为 **0**,故门 G_2 输出 u_o 为 **0**,这是稳定状态。

2. 暂稳状态

当输入负脉冲时,u_i 变为 **0**,故 u_{o1} 变为 **1**。由于电容电压不能跃变,u_A 仍为 **0**。这时门 G_2 的两个输入端全为 **0**,故其输出 u_o 变为 **1**。但这种状态不能保持下去,因为电容 C 要通过电阻 R 和门 G_1 负载管的导通电阻 R_0 放电,u_A 逐渐上升,当升至 MOS 管的开启电压 $U_{GS(th)}$ 时(输入负脉冲尚未消失),u_o 又变为 **0**,暂稳状态结束,输出一个矩形脉冲,其宽度(暂稳状态持续时间)为

$$t_p = (R + R_0)C\ln\left(\frac{U_{DD}}{U_{DD} - U_{GS(th)}}\right) \tag{7.4.1}$$

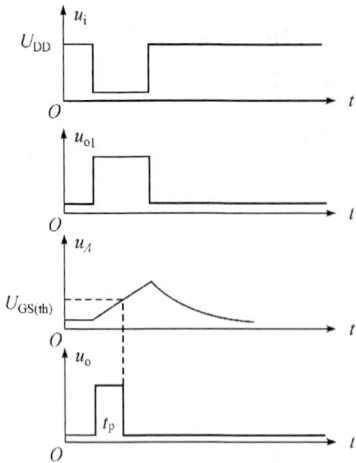

图 7.4.2　CMOS 积分型单稳态
触发器波形图

3. 恢复过程

当输入负脉冲尚未消失时,电容 C 继续放电。当负脉冲消失时,即 u_i 由 **0** 变为 **1** 时,u_{o1} 立即由 **1** 变为 **0**,这时电容 C 又充电(通过电阻 R 和门 G_1 驱动管的导通电阻),电路恢复到稳定状态。图 7.4.2 是 CMOS 积分型单稳态触发器的波形图。

这种电路要求触发负脉冲的宽度应大于输出脉冲的宽度 t_p。

7.4.2　集成单稳态触发器

集成单稳态触发器种类很多,下面以 74LS123 为例加以介绍,其外引线排列和接线图如图 7.4.3 所示,其中 $1A$、$1B$ 分别为负脉冲(下降沿)和正脉冲(上升沿)触发端,$1Q$ 和 $1\bar{Q}$ 分别输出一定宽度的正脉冲和负脉冲,$1\overline{CLR}$ 为清零端,也可作为触发端使用,其功能表如表 7.4.1 所示。

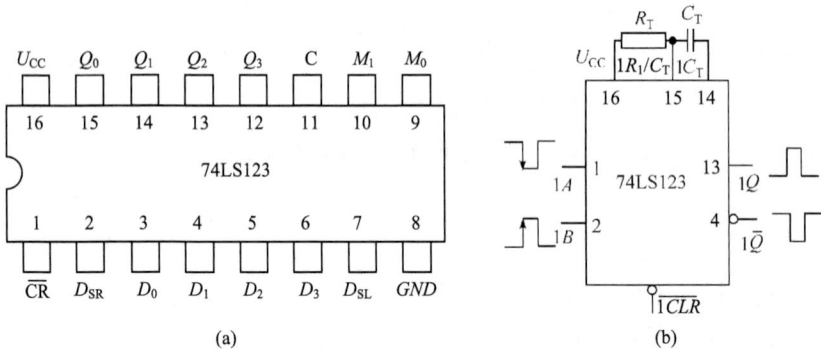

图 7.4.3　单稳态触发器 74LS123 的外引线排列和接线图
(a) 外引线排列;(b) 接线图

输出脉冲的宽度 t_W 由外接电阻 R_T 和电容 C_T 决定,即

$$t_W = 0.45 R_T C_T \tag{7.4.2}$$

这种触发器除可通过调节外接电阻 R_T 和电容 C_T 来改变脉冲宽度外,还具有重复触发功能。重复触发就是在一个触发信号作用后,单稳电路进入暂稳状态,在它即将恢复到原状态前通过在 A 端或 B 端再加触发脉冲,再次进行触发,可使单稳态触发器仍保持在暂稳状态下,触发脉冲的重复作用可延长输出脉冲的宽度,具

有这种功能的单稳态触发器称为可再触发式单稳。

表 7.4.1　74LS123 功能表

输　　入			输　　出		说明
$\overline{CLR}$	A	B	Q	$\overline{Q}$	
0	×	×	**0**	**1**	稳态
×	×	**0**	**0**	**1**	
×	**1**	×	**0**	**1**	
1	**0**	↑	⊓	⊔	触发
↑	**0**	**1**	⊓	⊔	
1	↓	**1**	⊓	⊔	

7.5　无稳态触发器

无稳态触发器没有稳定状态,无需外加触发脉冲就能输出一定频率的矩形脉冲(自激振荡)。因为矩形脉冲含有丰富的谐波,故无稳态触发器常称为多谐振荡器。它一般用作矩形波发生器,触发器和时序电路中的时钟脉冲一般就是由多谐振荡器产生的。

多谐振荡器的电路结构也较多,下面先介绍常用的 RC 环形多谐振荡器。

图 7.5.1 是 RC 环形多谐振荡器的电路和波形,它由三级非门联成环形,故称为环形振荡器。R 和 C 组成延时环节;R_S 是限流电阻,其值仅有 100Ω 左右。下面在振荡器已进入稳定振荡的情况下来说明其工作原理。

1. 第一个暂稳状态($t_1 \sim t_2$)

在 t_1 时刻,设 u_{i1} 即 u_o 由 0 变为 1,于是 u_{o1} 即 u_{i2} 由 1 变为 0,u_{o2} 由 0 变为 1。因为 R_S 很小,可近似认为 u_{i3} 就是门 G_3 的输入电压。由于电容电压不能跃变,故 u_{i3} 必定跟随 u_{i2} 发生负跳变。这个低电平保持 u_o 为 1,以维持暂稳状态。

在暂稳状态期间,u_{o2}(高电平)通过电阻 R 对电容 C 充电,并使 u_{i3} 逐渐上升。在 t_2 时刻,u_{i3} 上升到门槛电压 U_T(TTL 约为 1.4V),使 $u_o(u_{i1})$ 由 1 变为 0,$u_{o1}(u_{i2})$ 由 0 变为 1,u_{o2} 由 1 变为 0。同样,由于电容电压不能跃变,所以 u_{i3} 跟随 u_{i2} 发生正跳变。这个高电平保持 u_o 为 0。到此第一个暂稳状态结束,进入第二个暂稳状态。

2. 第二个暂稳状态($t_2 \sim t_3$)

在 t_2 时刻,u_{o2} 变为低电平,电容 C 开始放电。随着放电的进行,u_{i3} 逐渐下降,在 t_3 时刻降至 U_T,使 $u_o(u_{i1})$ 又由 0 变到 1,第二个暂稳状态结束,返回到第一个

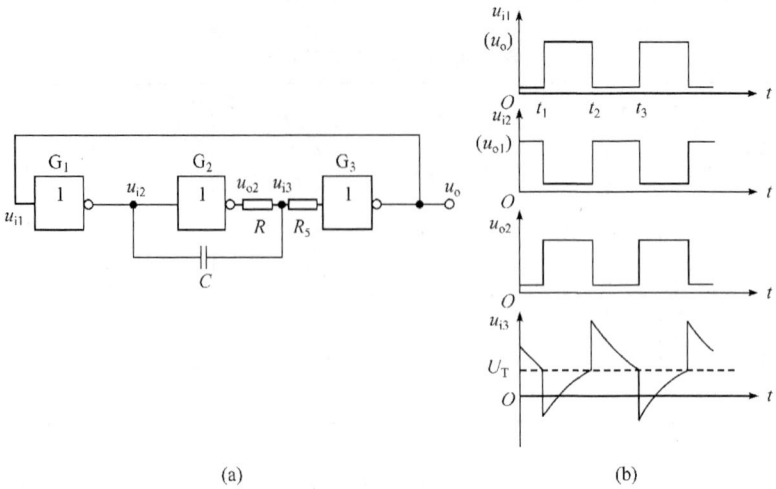

图 7.5.1 RC 环形多谐振荡器

(a) 电路图；(b) 波形图

暂稳状态，又开始重复前面的过程。

由上述分析可知，造成触发器自动翻转的原因是电容 C 的充放电，这和单稳态触发器从暂稳状态自动翻转回去是一样的。由于充放电的时间常数不同，所以两个暂稳状态的脉冲宽度也不同。如果采用的是 TTL 与非门电路，经过估算，振荡周期为

$$T \approx 2.2RC \tag{7.5.1}$$

7.6 555 定时器与应用

555 定时器是一种将模拟功能和逻辑功能集成在一起的中规模集成器件。以这种集成定时器为基础，外部配上少量的电阻、电容元件，便可组成单稳态触发器、多谐振荡器、施密特触发器等，这些触发器往往是数字系统中不可缺少的器件。数字系统中会经常遇到脉冲的产生、整形、延时等问题，实现这些作用的单元电路就是单稳态触发器、多谐振荡器等。本节首先介绍 555 集成芯片的内部结构和原理，再介绍由 555 定时器组成的单稳态触发器和多谐振荡器。

7.6.1 555 定时器

图 7.6.1(a)是 555 定时器的原理电路图。图中标注的阿拉伯数字为器件外引线的编号，如图 7.6.1(b)所示。该电路由五部分组成。

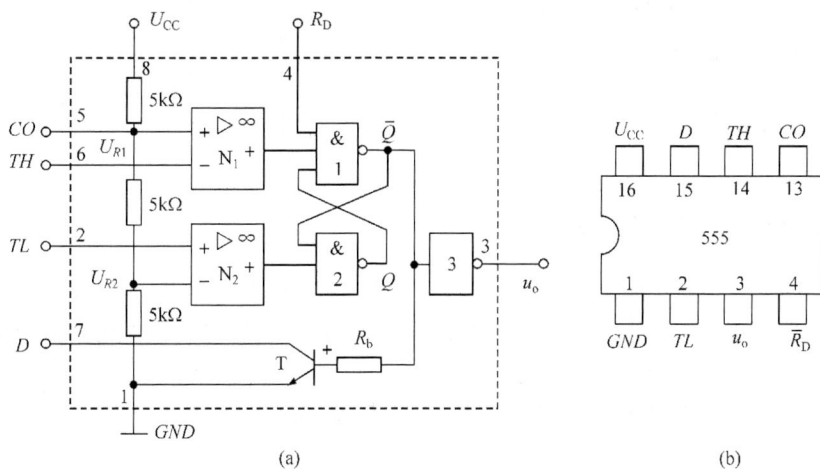

图 7.6.1　555 定时器

(a) 原理电路图；(b) 外引线排列

1. 阻值相等的三个电阻组成分压器

它由三个 $5k\Omega$ 电阻串联而成，对电源 U_{CC} 实现分压(因为比较器的输入电阻近似为无穷大，所以比较器的两个输入端都不取用电流)。在控制电压 CO 端悬空时，分压器为比较器 N_1 提供参考电位 $U_{R1} = 2U_{CC}/3$，为 N_2 提供参考电位 $U_{R2} = U_{CC}/3$。

如果 CO 端 5 外接固定电位 u_C，将会使 $U_{R1} = u_C$，$U_{R2} = u_C/2$。当改变 u_C 时，就能改变 N_1 和 N_2 的参考电位。

实际应用中为了减少干扰，当 CO 端 5 不外接固定电位时，并不让它真正悬空，而是通过一小去耦电容接地，以防止干扰信号。

2. 两个电压比较器 N_1 和 N_2

阈值端 $6(TH)$ 和触发端 $2(TL)$ 的外加输入信号和两参考电位比较，以决定比较器的输出状态。当阈值端输入的信号大于 $2U_{CC}/3$ 时，比较器 N_1 输出低电平；当触发端加入的触发信号小于 $U_{CC}/3$ 时，比较器 N_2 输出低电平。反之，两比较器输出高电平。

3. 基本 RS 触发器

基本 RS 触发器由与非门 1 和 2 组成。其状态受比较器 N_1 和 N_2 的输出端控制，若 N_1 输出端是低电平，则将触发器置 0，若 N_2 输出端是低电平，则将触发器置 1。触发器有一个直接复位端 R_D，可以从外部加入负脉冲并直接使触发器置

0。平时 R_D 保持高电平。

4. 放电晶体管 T

T 的状态受基本 RS 触发器的 $\overline{Q}$ 端控制：当 $\overline{Q}=0$ 时 T 截止，$\overline{Q}=1$ 时 T 导通。

5. 输出缓冲级（与非门 3）

输出缓冲级接在基本 RS 触发器的 $\overline{Q}$ 端，它的输出就是整个定时器的输出。缓冲级的作用是隔离负载对定时器的影响，提高定时器的带负载能力，并且能提供与 TTL 电路一致的电平。

总结上述关系，可得出 555 定时器的功能，如表 7.6.1 所示。

表 7.6.1　555 定时器功能表

$\overline{R}_D$	TH	TL	Q	$\overline{Q}$	u_o	T
0	$\times$	$\times$	**0**	**1**	**0**	导通
1	$>2U_{CC}/3$	$>U_{CC}/3$	**0**	**1**	**0**	导通
1	$<2U_{CC}/3$	$<U_{CC}/3$	**1**	**0**	**1**	截止
1	$<2U_{CC}/3$	$>U_{CC}/3$	保持原状态			

7.6.2　由 555 定时器构成的单稳态触发器

单稳态触发器的电路如图 7.6.2 所示。触发信号 u_i 从 TL 端加入，将晶体管 T 及外接电阻 R 组成的反相器输出端 D 接至 TH 端，并且在这一点对地接入电容 C，即构成了单稳态触发器。其工作原理如下。

（1）稳态：触发信号 u_i 是高电平，因为 $u_i > U_{CC}/3$（N_2 的 u_{R2}），故比较器 N_2 输出高电平，工作波形如图 7.6.3 所示。

电路开始接通时电源 U_{CC} 经 R 对电容 C 充电，当电容电压 $u_C \geq 2U_{CC}/3$ 时，N_1 的 TH 端电位大于等于 $2U_{CC}/3$，比较器 N_1 输出低电平。这个低电平使基本 RS 触发器置 0，即 $Q=0$，$\overline{Q}=1$。

因为 $\overline{Q}=1$，所以 $u_o=0$。同时 $\overline{Q}$ 经过电阻 R_b 加至晶体管 T 的基极，使其饱和导通，电容 C 通过 T 迅速放电，故 $TH=D=0$（低电平）。然后，比较器 N_1 和 N_2 输出高电平，基本触发器保持稳态不变。

（2）暂稳态：u_i 从高电平转为低电平，从而使 N_2 的输出端是低电平。而 N_1 输入不变，其输出端仍为高电平。于是，基本 RS 触发器被置 1，即 $Q=1$，$\overline{Q}=0$。

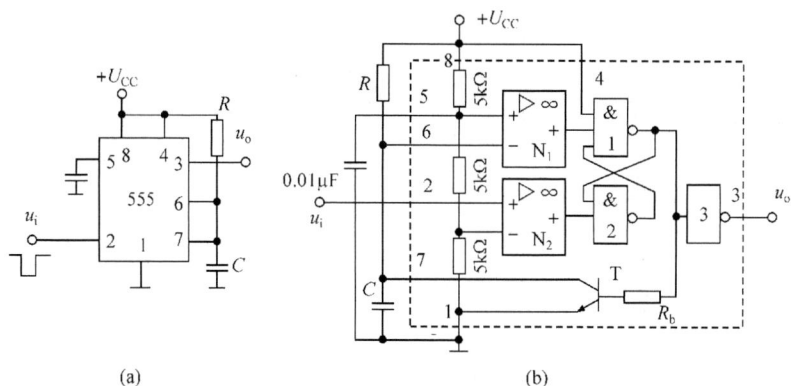

图 7.6.2　用 555 定时器组成的单稳态触发器

(a) 外接线图；(b) 画有内部线路的外接线图

从而使输出端 u_o 从低电平转为高电平，电路转入暂稳态。

由于 $\overline{Q}=0$，T 截止，电源又开始对电容充电。当 u_C 按指数规律上升到 $u_C \geqslant 2U_{CC}/3$ 时，比较器 N_1 又将输出低电平（在此刻之前 u_i 已变为高电平），使触发器再次翻转，暂稳态过程结束，电路又回到原来的稳态，重复上述过程。

暂稳态的维持时间就是电容 C 从零电位充电到 $2U_{CC}/3$ 所需的时间。电容 C 通过电阻 R 充电的暂态过程电压表达式为

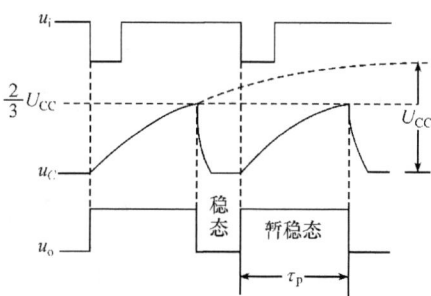

图 7.6.3　单稳态触发器工作波形

$$u_C = U_{CC}(1 - e^{-t/\tau}) \tag{7.6.1}$$

式中，$\tau = RC$。

把 $u_C = 2U_{CC}/3$ 代入上式，得输出脉冲宽度为

$$\tau_p = RC\ln3 \approx 1.1RC \tag{7.6.2}$$

τ_p 可在几微秒至几分钟的范围内变化。

例 7.6.1　试分析图 7.6.4(a) 所示脉宽调制器电路的工作原理。

解　555 按单稳态方式工作，给电压控制端 5 外加电压 u_R，如图 7.6.4(b) 所示，使比较器 N_1 的参考电位不是恒定的 $2U_{CC}/3$，而是一个三角波形。在连续的负脉冲 u_i 触发下，随着 u_R 的增大，电容 C_T 充电时间 T_1 增加，输出电压 u_o 的脉冲加宽。当 u_R 达到最大值时，u_o 脉冲最宽，然后随着 u_R 降低，u_o 脉冲宽度又

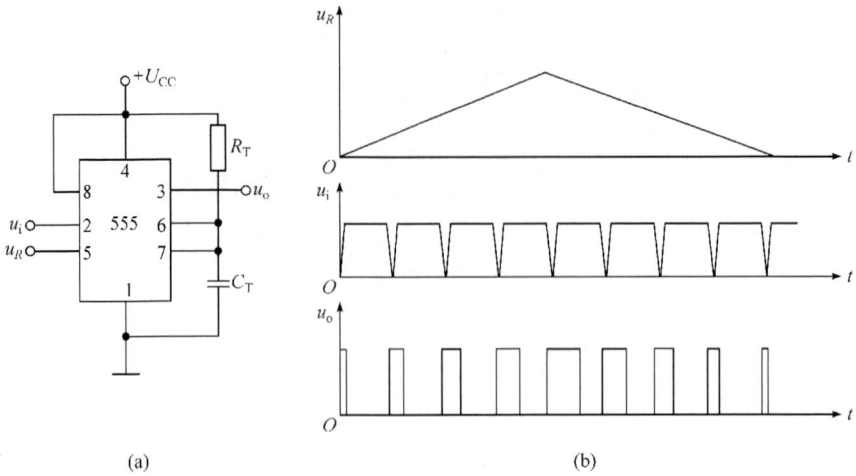

图 7.6.4　例 7.6.1 电路和波形

(a) 电路图；(b) 波形

逐渐减小。输出电压 u_o 的脉宽受基准电压 u_R 的控制，这种电路称为脉宽调制器。

7.6.3　由 555 定时器构成的多谐振荡器

电路如图 7.6.5 所示，其中 R_1、R_2 和 C 是外接的定时元件，TH（6 端）和 TL（2 端）接在 R_2 与 C 之间，D（7 端）接在 R_1 和 R_2 之间，其工作原理如下：

在接通电源时，$u_C = 0$（设电容 C 原先未充电），此时，$TH = TL < U_{CC}/3$，于是基本 RS 触发器翻转为 1 态，即 u_o 是高电平。由于 $\overline{Q} = 0$，故晶体管 T 截止，电源 U_{CC} 经 R_1、R_2 对 C 充电，这是第一个暂稳状态。当 u_C（TH 和 TL）$\geqslant 2U_{CC}/3$ 时，比较器 N_1 输出低电平，N_2 输出高电平，基本 RS 触发器被置 0。这一方面使 u_o 变为低电平；另一方面 $\overline{Q} = 1$，使晶体管 T 饱和导通，电容 C 经 R_2 和 T 放电，u_C 按指数规律下降，这是电路的另一个暂稳态。当 u_C（TL）$< U_{CC}/3$ 时，比较器 N_2 输出低电平，使基本 RS 触发器又翻转为 1 态，u_o 上跳为高电平，同时 T 又截止，电容 C 又开始充电，电路又返回到第一个暂稳态。重复上述过程，则在输出端产生矩形波。

矩形波的周期取决于电容充放电时间常数。充电时间常数为 $(R_1 + R_2)C$，放电时间常数为 R_2C。改变充放电时间常数，便可改变矩形波振荡频率。以上振荡过程如图 7.6.6 所示。输出矩形波的周期为

$$T = T_1 + T_2 = 0.7(R_1 + 2R_2)C \tag{7.6.3}$$

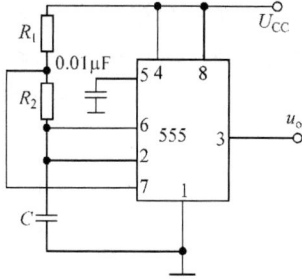

图 7.6.5　由 555 定时器组
成的多谐振荡器

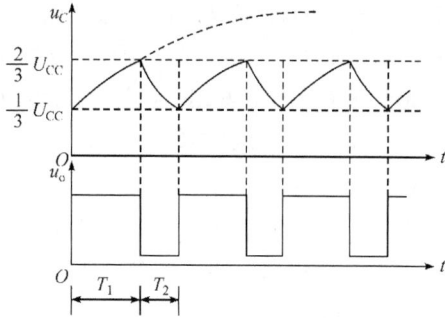

图 7.6.6　多谐振荡器的工作波形

例 7.6.2　试分析图 7.6.7 所示"叮咚"门铃电路的工作原理。

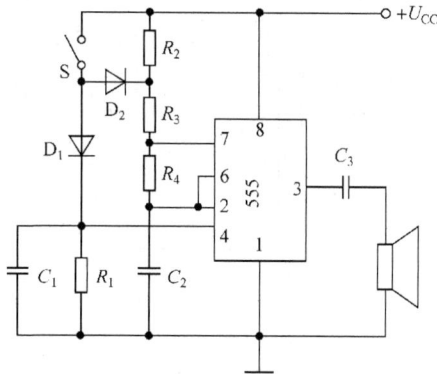

图 7.6.7　例 7.6.2 电路

解　图中 555 接成多谐振荡器,当按钮 S 断开时,电容 C_1 未被充电,4 端处于低电平、555 复 0,扬声器不发声。当按下 S(闭合),电流通过二极管 D_1 给 C_1 快速充电,当 4 端达到高电平时,555 开始振荡,振荡的充电时间常数是 $(R_3+R_4)C_2$,放电时间常数是 R_4C_2,扬声器发出"叮叮"的声音。放开 S(断开)时,电容 C_1 经 R_1 缓慢放电,4 端处于高电平,555 仍维持振荡,但充电电路串入 R_2 使振荡频率降低,扬声器发出"咚咚"的声音,直到 C_1 放电到低电平后,555 停止振荡。

*7.7　应 用 举 例

7.7.1　抢答电路

在智力竞赛中,参赛者通过按动按钮进行抢答。图 7.7.1 是二片双 JK 触发器 74LS78 和一片四输入双与门 74LS21 组成的四人抢答电路,芯片的外引线排列分别如图 7.7.2(a)和(b)所示。开始工作时,按下清零($\overline{CLR}$)按钮 S,所有 Q 均为 **0** ,四个发光二极管 $LED_1 \sim LED_4$ 全灭。所有 $\overline{Q}$ 均为 **1** ,与门 G_1 输出 **1** ,打开与门 G_2 ,时钟脉冲 C 作用在触发器的时钟输入 CLK 端。由于所有的 J、K 均为 **0** ,所以所有的 Q 端一直保持 **0** 不变。当四人抢答按钮中 $S_1 \sim S_4$ 的任何一个如 S_2 首先按下,对应的 $J_2 = 1$,使 $Q_2 = 1$,LED_2 发光。$\overline{Q}_2 = 0$,G_1 输出为 **0** ,关闭与门 G_2 ,触发器的 CLK 端均为 **0** ,使各触发器 Q 端的状态不再改变。直到按下清零按钮 S,才可进行下一轮抢答。

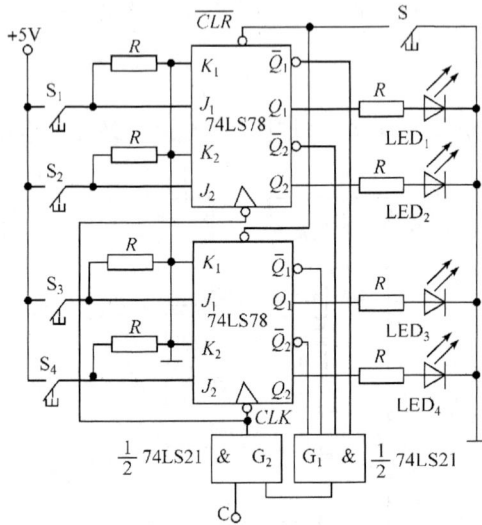

图 7.7.1　四人抢答电路

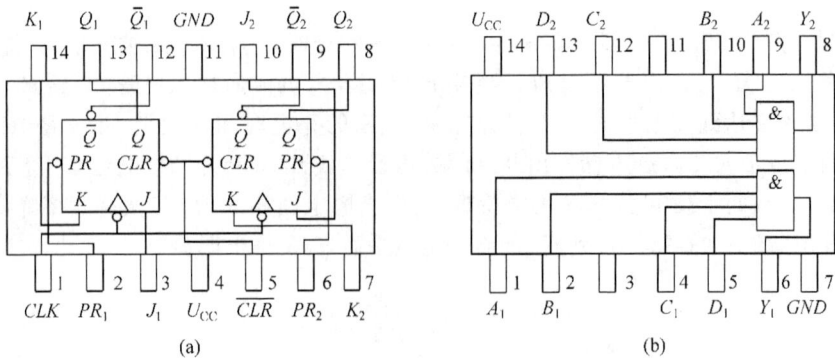

(a)　　　　　　　　　　　　　(b)

图 7.7.2　74LS78 和 74LS21 的外引线排列

(a) 74LS78;(b) 74LS21

7.7.2 8 路彩灯控制器

彩灯控制器由编码器、驱动器和显示器(彩灯)组成,图 7.7.3 是一个 8 路彩灯控制器的电路图。编码器根据彩灯显示花型和节拍送出 8 位状态编码信号,并通过驱动器使彩灯按规律亮灭。假如 8 路彩灯花型规定为由中间向两边对称地逐次点亮,全亮后仍由中间向两边对称地逐次熄灭,其状态编码表如表 7.7.1 所示。编码器用两片双向移位寄存器 74LS194 实现,均接为自启动脉冲分配器(扭环形计数器),其中 D_1 为右移方式,D_2 为左移方式。工作时首先用清零脉冲使寄存器全部清零,然后在节拍脉冲 CLK 的控制下,各 Q 按表 7.7.1 所示的状态变化,每 8 个节拍重复一次。当 Q 为 **1** 时,经驱动器反向,共阳极发光二极管(彩灯)亮;反之,Q 为 **0**时发光二极管灭。每个灯发光时间的长短由节拍脉冲 CLK 的频率控制。

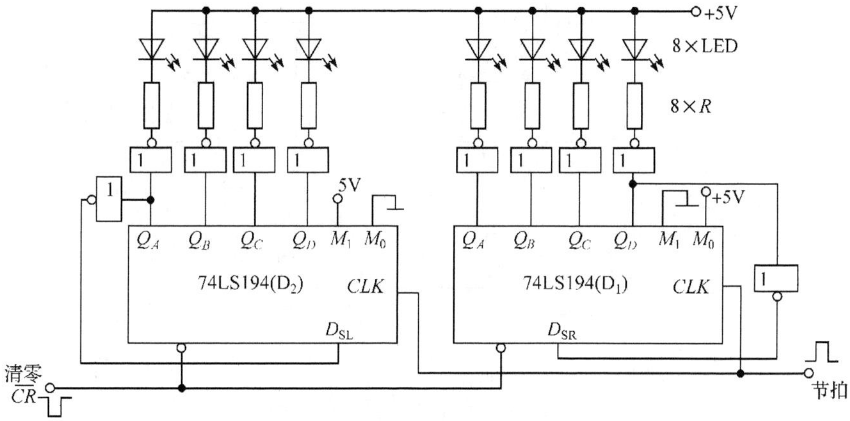

图 7.7.3 8 路彩灯控制器的电路图

表 7.7.1 状态编码表

节拍脉冲 CLK	寄存器 D_1				寄存器 D_2			
	Q_D	Q_C	Q_B	Q_A	Q_D	Q_C	Q_B	Q_A
0	**0**	**0**	**0**	**0**	**0**	**0**	**0**	**0**
1	**0**	**0**	**0**	**1**	**1**	**0**	**0**	**0**
2	**0**	**0**	**1**	**1**	**1**	**1**	**0**	**0**
3	**0**	**1**	**1**	**1**	**1**	**1**	**1**	**0**
4	**1**	**1**	**1**	**1**	**1**	**1**	**1**	**1**
5	**1**	**1**	**1**	**0**	**0**	**1**	**1**	**1**
6	**1**	**1**	**0**	**0**	**0**	**0**	**1**	**1**
7	**1**	**0**	**0**	**0**	**0**	**0**	**0**	**1**
8	**0**	**0**	**0**	**0**	**0**	**0**	**0**	**0**

7.7.3 数字电子钟

图 7.7.4 是数字电子钟的原理电路,它由下列三部分组成。

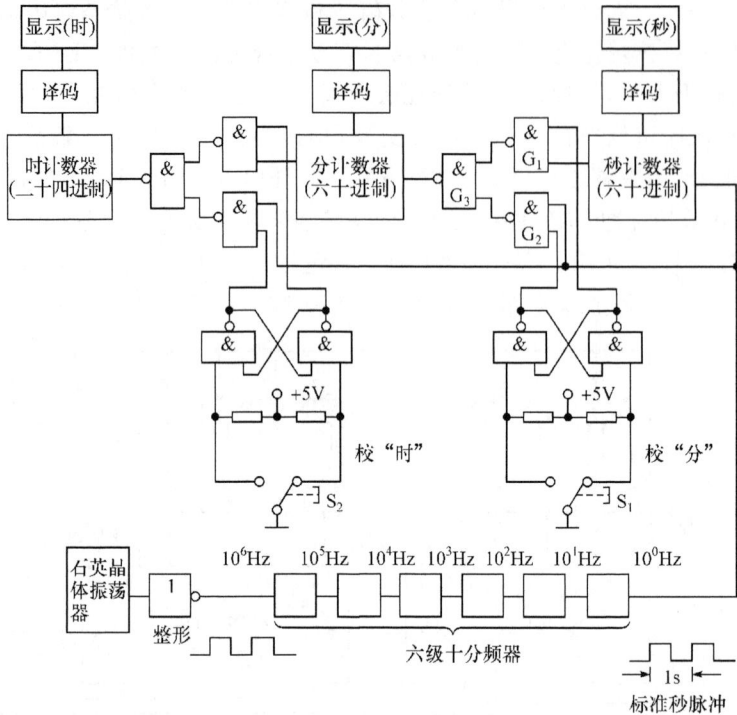

图 7.7.4 数字电子钟原理电路

1. 标准秒脉冲发生电路

这部分电路由石英晶体振荡器和十分频器组成。石英晶体的振荡频率极为稳定,因而用它构成的多谐振荡器产生矩形波脉冲的频率稳定性很高。为了进一步改善输出波形,在其输出端再接一个**非门**,作整形用。如果石英晶体振荡器的振荡频率为 1MHz(10^6Hz),则经六级十分频后,输出脉冲的频率为 1Hz,即周期为 1s。此脉冲即为标准秒脉冲。

2. 时、分、秒计数、译码、显示电路

这部分包括两个六十进制计数器、一个二十四进制计数器以及相应的译码显示器。标准秒脉冲进入秒计数器进行六十分频(经过六十个脉冲)后,得出分脉冲;分脉冲进入分计数器再经六十分频得出时脉冲;时脉冲再进入时计数器。时、分、秒各计数器的计数经译码显示,最大显示值为 23 小时 59 分 59 秒,在输入一个秒脉冲后,显示复零。

3. 时、分校准电路

校"时"和校"分"的校准电路是相同的,现以校"分"电路来说明时间的校准。

(1) 在正常计时时,与非门 G_1 的上一个输入端为 **1**,将它打开,使秒计数器输出的分脉冲加到 G_1 的下一输入端,并经 G_3 进入分计数器。而此时 G_2 由于一个输入端为 **0**,因此被关闭,校准用的秒脉冲进不去。

(2) 在校"分"时,按下开关 S_1,使得校"分"电路基本 RS 触发器的左侧与非门输入端接地,情况与(1)相反。G_1 被关闭,G_2 打开,标准秒脉冲计数器直接进入分计数器进行快速校"分"。

同理,在校"时"时,按下开关 S_2,标准秒脉冲计数器直接进入时计数器进行快速校"时"。

本 章 小 结

1. 触发器是时序电路的基本单元,按其稳态可分为双稳态触发器、单稳态触发器和无稳态触发器(多谐振荡器)。其中双稳态触发器应用最广泛(通常将双稳态触发器简称为触发器)。

双稳态触发器具有两个稳定工作状态,在触发脉冲作用下可以从一个稳态翻转到另一个稳态,它还具有记忆(或称存储)的功能。双稳态触发器按其逻辑功能可分为 RS 触发器、JK 触发器、D 触发器、T 触发器和 T' 触发器等。读者应主要掌握各种触发器的逻辑符号及其逻辑功能,并能根据其功能和输入波形画出其输出波形,还要注意它们的翻转时刻是在时钟脉冲的上升沿还是下降沿。

2. 寄存器是暂存数码的数字部件,主要由具有记忆功能的双稳态触发器构成。一个可存放 N 位二进制数码的寄存器需要 N 个触发器。寄存器按其功能可分为数码寄存器和移位寄存器,后者具有将所存数码左移或右移的功能,可以串行输入或输出数码,前者只能并行输入或输出数码。读者要会分析寄存器的工作原理,能用触发器构成较简单的寄存器,并了解集成寄存器的功能和用法。

3. 计数器是累计输入脉冲数目的部件,主要由双稳态触发器构成。计数器按计数制可分为二进制、十进制和其他进制的计数器,按功能可分为加法计数、减法计数和既可加又可减的可逆计数三种计数器,按其中各触发器翻转是否同步还可分为异步计数器、同步计数器和混合式计数器。

根据给定的计数电路,运用逻辑功能表示方法的灵活转换,去分析各种计数器的逻辑功能和工作特点,是学习计数器的基本要求和应该掌握的方法。随着集成电路的发展,中规模集成计数器得到了广泛应用,利用集成计数器,可使用反馈置 **0** 法构成 N 进制计数器,十分灵活和方便。要学会选用集成计数器来构成所需的

N 进制计数器。

4. 555 定时器是将模拟电路和数字电路集成在一起的一种专用集成电路,用途广泛。读者应掌握其外部功能,并了解其工作原理和应用。

5. 单稳态触发器是有一个稳态和一个暂稳态的触发器,可用于整形、定时或延时等。本章介绍了一种 CMOS 积分型单稳态触发器和用 555 定时器构成的单稳电路,读者应了解其工作原理和电路特点。

6. 多谐振荡器即无稳态触发器,用来产生矩形波,可以由 RC 元件和与非门构成,也可以由 RC 元件和 555 定时器构成,读者应了解其工作原理和用途。

习　题

7.1　基本 RS 触发器的 $\overline{R}_D$ 和 $\overline{S}_D$ 端波形如习题 7.1 图所示。试画出 Q 端的输出波形(设初始状态为 **0** 和 **1** 两种情况)。

7.2　钟控 RS 触发器的 C、S 和 R 端波形如习题 7.2 图所示。试画出 Q 端的输出波形(设初始状态为 **0** 和 **1** 两种情况)。

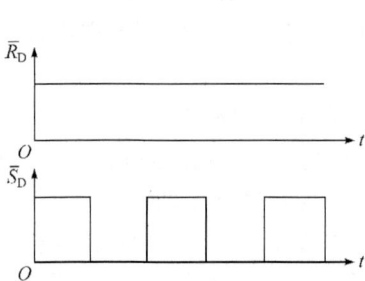

习题 7.1 图

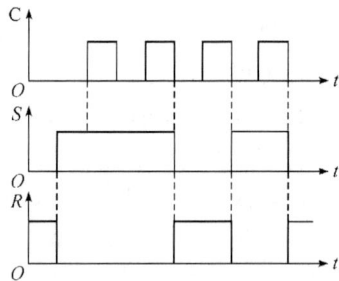

习题 7.2 图

7.3　试用 4 个维持阻塞型 D 触发器组成一个 4 位右移移位寄存器。设原存数为"**1101**",待输入数为"**1001**",试说明移位寄存器的工作原理。

7.4　试用 4 个 D 触发器(上升沿触发)组成一个 4 位二进制异步加法计数器。

7.5　主从型 JK 触发器的 J、K 和 C 端的波形,如习题 7.5 图所示。试画出 Q 端的输出波形(设初始状态为 **0**)。

7.6　习题 7.6 图所示各触发器的时钟脉冲 C 端波形如习题 7.2 图所示。试分别画出各触发器输出端 Q 的波形(设各触发器的初始状态为 **0**)。

7.7　D 触发器的 D 端和 C 端所加波形如习题 7.7 图所示。试分别画出主从型 D 触发器和维持阻塞型 D 触发器 Q 端的输出波形(设初始状态为 **0**)。

7.8　习题 7.8 图所示逻辑图中时钟脉冲 C 的波形如习题 7.2 图所示。试画出 Q_1 和 Q_2 端的波形;如果 C 的频率为 400Hz,那么 Q_1 和 Q_2 波形的频率各为多少(设初始状态 $Q_1 = Q_2 = 0$)?

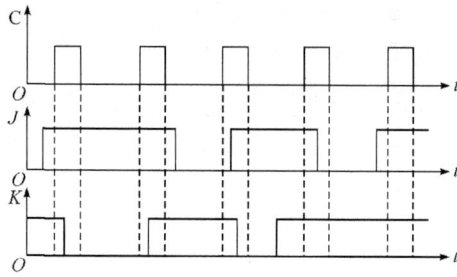

习题 7.5 图

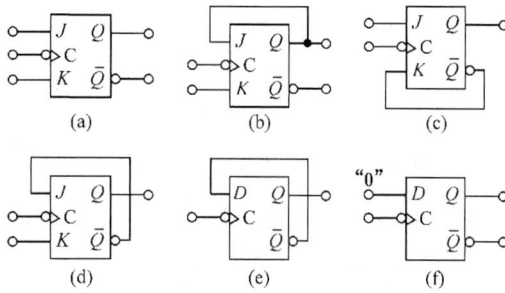

习题 7.6 图

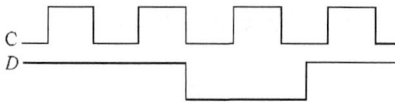

习题 7.7 图

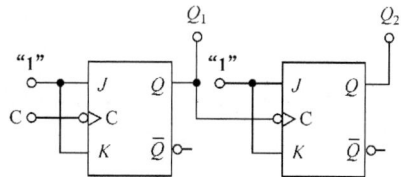

习题 7.8 图

7.9　根据习题 7.9 图的逻辑图及相应的 C、R_D 和 D 端的波形,试画出 Q_1 端和 Q_2 端的输出波形(设初始状态 $Q_1 = Q_2 = 0$)。

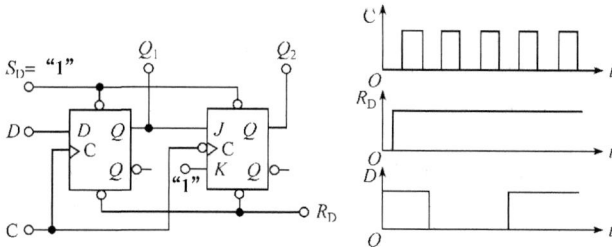

习题 7.9 图

7.10 由 JK 触发器组成的移位寄存器,如习题 7.10 图所示。试列出输入数码 **1001** 的状态表,并画出各 Q 的波形图(设各触发器的初态为 **0**)。

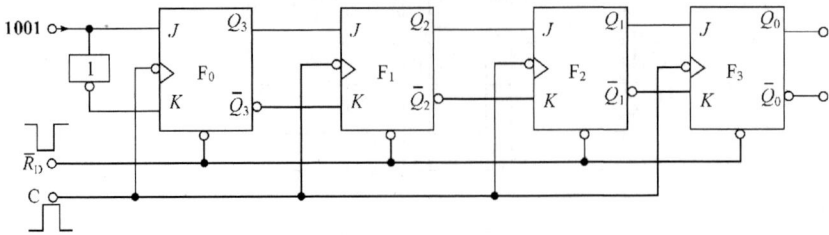

习题 7.10 图

7.11 习题 7.11 图所示电路已知 C 脉冲,要求列出各触发器 Q 的状态表,并画出波形图(设初始状态 $Q_0Q_1Q_2Q_3 = \mathbf{0001}$)。

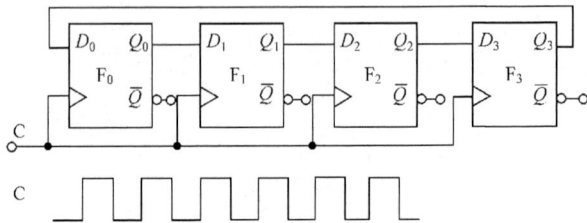

习题 7.11 图

7.12 习题 7.12 图所示电路中已知 C 脉冲。要求列出状态表,并画出各 Q 的波形图(设初始状态 $Q_0Q_1Q_2Q_3 = \mathbf{0001}$)。

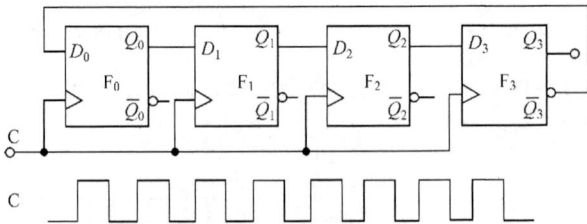

习题 7.12 图

7.13 试用主从型 JK 触发器组成 2 位二进制同步减法计数器。

7.14 试用 3 个 D 触发器(上升沿触发)组成一个八进制异步减法计数器,并画出 C、Q_0、Q_1、Q_2 的波形图。

7.15 试列出习题 7.15 图所示计数器的状态表,从而说明它是一个几进制计数器。

7.16 习题 7.16 图所示为两片 74LS290 构成的计数电路。试分析该电路是多少进制计数器。

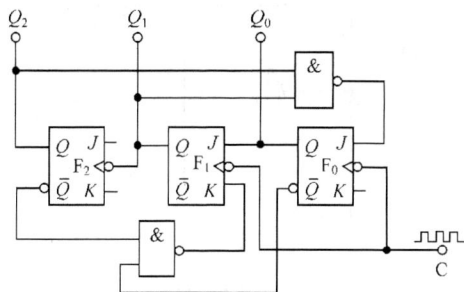

习题 7.15 图

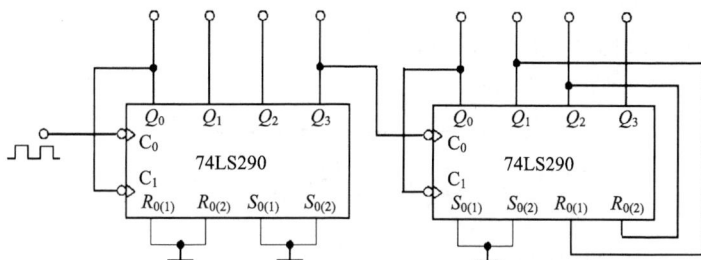

习题 7.16 图

7.17　试用两片 74LS290 型计数器构成二十四进制计数器。

7.18　习题 7.18 图所示是用 74LS161 构成的计数电路。试根据其功能(表 7.3.6)分析各电路的逻辑功能。

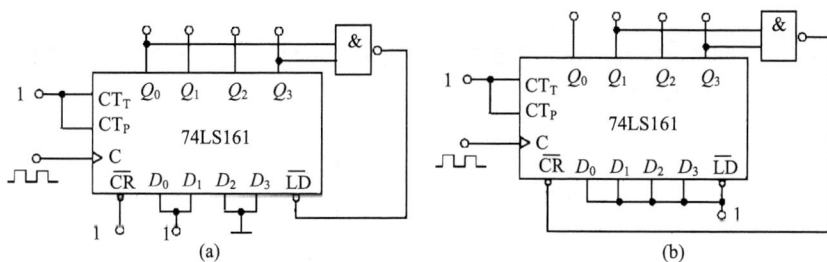

习题 7.18 图

7.19　习题 7.19 图是一个简易触摸开关电路,当手摸金属片时,555 定时器的 2 端得到一个负脉冲,发光二极管亮,经过一定时间,发光二极管熄灭。试说明其工作原理,并问发光二极管能亮多长时间(输出端电路稍加改变也可接门铃、短时用照明灯、厨房排烟风扇等)?

7.20　习题 7.20 图是一个防盗报警电路,a、b 两端被一细铜丝接通,此铜丝置于认为盗窃者必经之处。当盗窃者闯入室内将铜丝碰断后,扬声器即发出报警声(扬声器电压为 1.2V,通

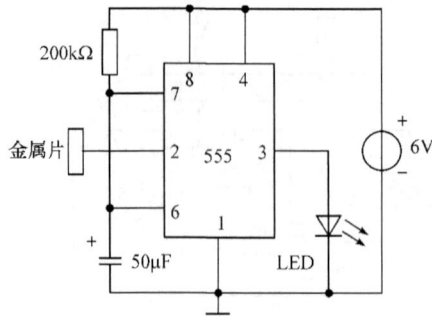

习题 7.19 图

过电流为 40mA)。要求：

(1)指出 555 定时器组成的是何种电路；

(2)说明本报警电路的工作原理。

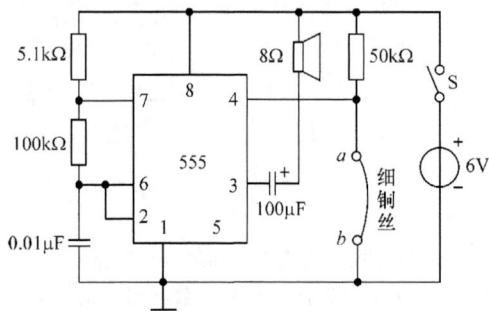

习题 7.20 图

7.21 电子门铃电路如习题 7.21 图所示,图中 S 为按钮。由 555 定时器构成多谐振荡器的情况来解释本电路的工作原理。

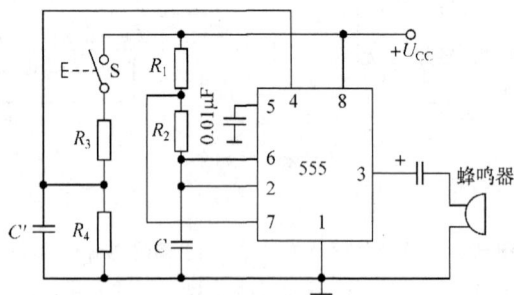

习题 7.21 图

第8章　半导体存储器与可编程逻辑器件

半导体存储器是一种用来存放大量二进制信息(或称为二值的数据)的大规模集成电路(LSI)。它可以用来存放不同程序的操作指令及各种需要计算、处理的数据。具有集成度高、体积小、容量大、可靠性高、价格低、工作速度快、外围电路简单且易于接口、便于自动化批量生产等特点,因此在微型计算机和数字系统中,得到了广泛应用。

半导体存储器按信息的存入(写入)、取出(读出)操作,可分为只读存储器(ROM[①])和随机存取存储器(RAM[②])两大类。按构成存储器的元件,可分为双极型存储器和单极型 MOS 存储器。双极型存储器速度快,但功耗大;单极型 MOS 存储器速度较慢,但功耗小,集成度高。

可编程逻辑器件(PLD[③])是一种可由用户编程执行一定逻辑功能的大规模集成电路,其具有通用性强、使用灵活、工作可靠、易于编程和保密性好等特点。

本章主要分析 ROM 和 RAM 的基本结构和工作原理,其次简要介绍 PLD 的结构原理和主要类型。

8.1　只读存储器

ROM 是一种结构最简单的半导体存储器,其存放的数据、表格、函数和运算程序等信息是固定不变的。存储器工作时只能读出信息,不能随时写入信息,故称为只读存储器。ROM 所存储的信息是生产厂家在制造时一次性写入的,不能用常规方法写入或更改已存入的信息。

8.1.1　ROM 结构

ROM 的结构框图,如图 8.1.1 所示。ROM 由存储矩阵、地址译码器、读出电路等部分组成。

存储矩阵是存储器的主体,含有大量的存储单元,每个存储单元只能存储一位二进制数码"1"或"0"。地址译码器有 K 条输入线 $A_0 \sim A_{K-1}$(称为地址线);与地

---

① ROM—read only memory。

② RAM—random access memory。

③ PLD—programmable logic devices。

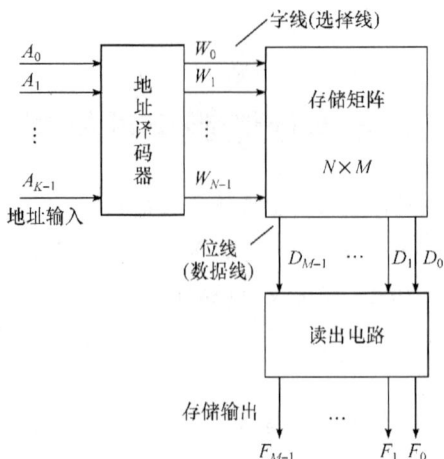

图 8.1.1 ROM 结构框图

址译码器对应有 $N=2^K$ 条地址输出线,即 $W_0,W_1,\cdots,W_{N-1}$,也称为字单元的地址选择线,简称字线。它们分别对应存储矩阵的一个行;存储矩阵中存放着由二进制组成的一组信息,称为一个字。当地址译码电路选中某一字时,该字的 M 位同时读出,M 称为字长。输出线 $F_0 \sim F_{M-1}$ 称为输出信息的数据线,简称位线。若存储矩阵有 N 条字线和 M 条位线,则存储矩阵是一个 $N \times M$ 阶矩阵,存储器的存储容量(存储单元数)是 $N \times M$ 位。存储容量越大,存储的信息量越多,存储的功能就越强。因此,存储容量是存储器的一个主要技术指标。

8.1.2 ROM 工作原理

图 8.1.2 所示是一个 4×4 二极管 ROM 的电路图。字线 W 和位线 F 的每个交叉点(注意不是结点)是一个存储单元。交叉点处接有二极管相当于存储信息 "1",没有接二极管时相当于存储信息 "0"。如字线 W_0 与位线 F 有四个交叉点,其中只有两处接有二极管。当字线 W_0 为高电平(其余字线均为低电平)时,两个二极管导通,位线 F_2 和 F_0 为 "1",则在接有二极管的交叉点存储 "1",另外两个没有接二极管的交叉点的位线的 F_3 和 F_1 为 "0"。存储单元存储 "1" 还是存储 "0",完全取决于 ROM 的存储需要。在设计和制造时已完全确定,不能改变,而且信息存入后,即使断开电源,所存储的信息也不会消失,这种 ROM 被称为固定存储器。

在图 8.1.2 所示 ROM 电路中,地址译码器输出的四个地址的逻辑式分别为

$$W_0 = \overline{A}\,\overline{B}$$

$$W_1 = \overline{A}B$$

$$W_2 = A\overline{B}$$

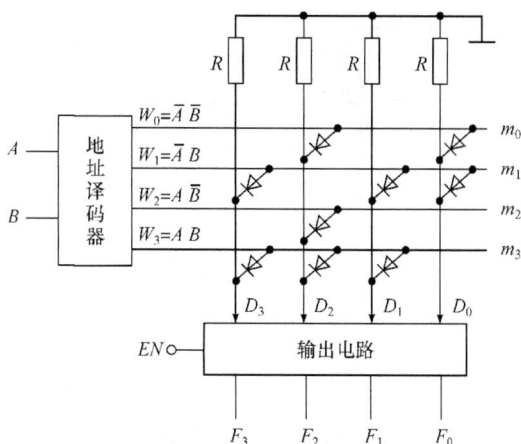

图 8.1.2　4×4 二极管 ROM 电路

$$W_3 = AB$$

当输入地址代码 AB 分别为 **00**、**01**、**10**、**11** 四种组合时，字线 W_0、W_1、W_2、W_3 分别为"**1**"。即四条字线中只能有一条为高电平，如表 8.1.1 所示。例如，当地址代码 $A=1$，$B=0$ 时，$W_2 = A\bar{B} = 1$，字线 W_2 被选中，W_2 为高电平"**1**"，其他 3 条字线 W_0、W_1、W_3 未被选中，均为低电平"**0**"。由此分析出此时的输出数据为 $D_3 D_2 D_1 D_0 = \mathbf{0100}$。因此，当地址代码 $AB = \mathbf{10}$ 时，译码器使字线 $W_2 = 1$，并将存储矩阵中相对应的字单元（**0100**）调了出来。

表 8.1.1　图 8.1.2 ROM 存储内容

地址输入	字输出			
$A\ B$	D_3	D_2	D_1	D_0
0 0	**0**	**1**	**0**	**1**
0 1	**1**	**0**	**1**	**1**
1 0	**0**	**1**	**0**	**0**
1 1	**1**	**1**	**1**	**0**

由此可见，在对应的存储单元中存入"**1**"还是"**0**"，是由接入或不接入二极管决定的。若在相应的位置接入二极管，则存入"**1**"，否则存入"**0**"。

对图 8.1.2 简化后得图 8.1.3 所示的 ROM 存储矩阵阵列图，有二极管的存储单元用一个黑点"·"表示。由图 8.1.3 可见，ROM 地址译码器和存储矩阵间逻辑关系变得简洁而直观。

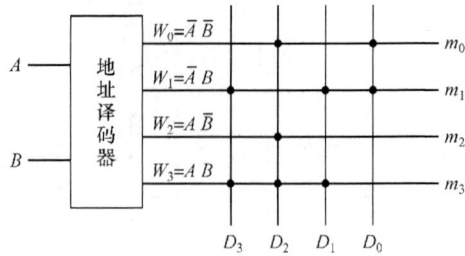

图 8.1.3　简化 ROM 存储矩阵阵列图

实际电路中也可以采用双极型三极管或 MOS 型场效应管代替二极管,特别是 MOS-ROM 应用相当广泛。图 8.1.4 所示是由 NMOS 型场效应管构成的存储矩阵,其中每个存储单元存储的二进制数码也是以该单元有无管子来表示的。

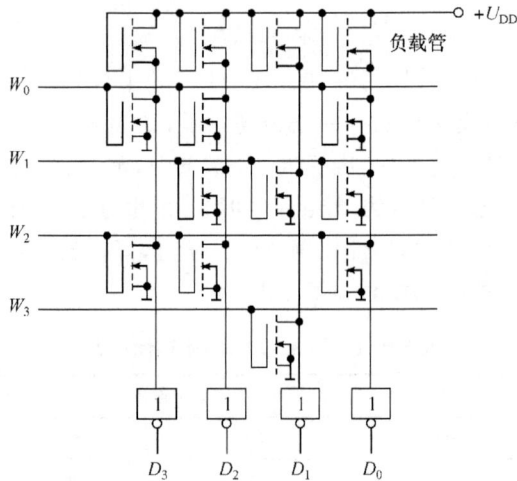

图 8.1.4　NMOS 型存储矩阵

在图 8.1.4 所示电路中,若 $W_0 \sim W_3$ 中某字线被选中则输出高电平,并使接在这条字线上所有 NMOS 管导通,管子的漏极所接的位线为低电平,经过反相器后,使得数据输出端为"**1**"。

只读存储器可分为:固定 ROM、可编程 ROM(简称为 PROM[①])、可擦除可编程的 ROM(简称为 EPROM[②]),有关内容将在 8.3 节进行介绍。

---

① PROM—programmable read-only memory。

② EPROM—erasable programmable read-only memory。

练习与思考

8.1.1　ROM 主要有哪几种类型？各有何特点？

8.1.2　只读存储器 ROM 是由哪几个主要部分构成的？

8.1.3　ROM 的存储矩阵是如何构成的？其容量怎么表示？

8.2　随机存取存储器

随机存取存储器（RAM）的存储内容能随时被写入（存入）或读出（取出），RAM 在计算机中主要用来存放用户程序及运算结果等，其优点是读/写方便，使用和扩展灵活；缺点是数据容易丢失，即存储的内容随着电源的断电而消失，不利于数据长期保存。再次使用时，必须将外部存储器信息（如磁盘或硬盘）再次写入 RAM 中。

RAM 根据存储单元电路的工作原理可分为静态 RAM 和动态 RAM。本节主要介绍由 MOS 管组成的静态 RAM。

8.2.1　RAM 结构

RAM 的电路结构与 ROM 相似，基本结构如图 8.2.1 所示。但由于 RAM 不仅能读出，而且能写入，除了与 ROM 一样需有地址译码器，RAM 还需要读/写控制电路来控制读/写过程。信息通过输入/输出线进行交换。此外，存储器的存储单元必须具备能将信息写入、存储和读出的功能。所以存储单元通常是由具有记忆功能的电路和相应的控制门电路组成。故 RAM 与 ROM 电路存储单元结构不同。

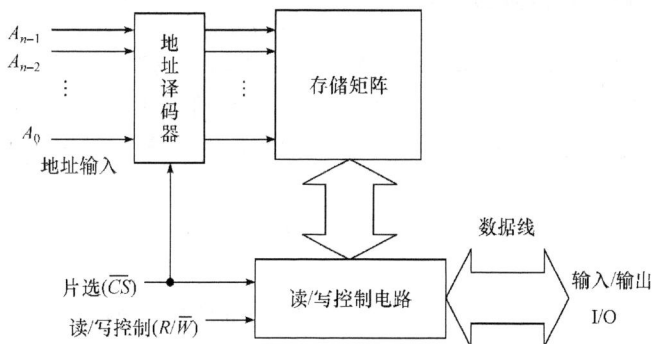

图 8.2.1　RAM 结构框图

8.2.2 RAM 工作原理

RAM 的工作原理可以用图 8.2.1 进行说明。

RAM 的存储矩阵由许多存储单元构成,每个存储单元存放一位二进制数码,即"1"或"0"。RAM 存储单元的数据不是预先固定的,而是取决于外部输入的信息,这是与 ROM 存储单元不同之处。若要一直保存这些信息,RAM 存储单元必须由具有记忆功能的电路(如双稳态触发器等)构成。

地址译码器是一种 N 取一译码器,一个地址码对应一条选择线。当某条选择线被选中时,与该条选择线相联系的存储单元与数据线相通,以实现读出或者写入数据。

当存储矩阵中某一存储单元被选中时,可采用高电平或者低电平作为读/写的控制信号。当读/写控制端 $R/\overline{W}=1$ 时,执行读操作,RAM 将存储矩阵中的内容送至数据输入/输出($D_3 \sim D_0$)端;当 $R/\overline{W}=0$ 时,执行写操作,RAM 将 $D_3 \sim D_0$ 端上的输入数据写入存储矩阵中。为了避免读/写在同一时间内同时被送入 RAM 芯片,可把分开的输入线和输出线合用一条双向数据线,利用读/写控制信号和读/写控制电路,通过 I/O 线读出或者写入数据。

由于 RAM 的存储量有限,实际工作中通常采用多片 RAM 组成一个大容量的存储器。但在访问存储器时,每次只能与其中一片或多片 RAM 进行信息交换,这种信息交换由片选线控制。使用时片选信号 $\overline{CS}=0$ 的一片 RAM 允许工作,其余各片 $\overline{CS}=1$,存储器禁止工作。因此,只有 $\overline{CS}=0$ 的 RAM 的输入/输出端与外部总线交换信息,其余各片 RAM 的输入/输出端均处于高阻状态,并不与总线交换信息。

8.2.3 2114 型静态 RAM 及其扩展

RAM 分为双极型和 MOS 型两种,MOS 型 RAM 按工作模式又可分为动态 RAM(DRAM[①])和静态 RAM(SRAM[②])。DRAM 集成度高,功耗也小,容量大,使用时需要增加复杂的印刷电路。小容量的存储器大多使用 SRAM。下面主要介绍静态 RAM2114。

1. RAM2114 简介

RAM2114 是 NMOS 型静态 RAM,其存储容量为 1024 字×4 位(简称 1k×4),它的外引脚排列如图 8.2.2 所示。

---

① DRAM—dynamic RAM。

② SRAM—static RAM。

　　RAM2114 具有一个片选端 $\overline{CS}$ 和一个读/写控制端 $R/\overline{W}$，以及 4 个输入/输出端 $D_3 \sim D_0$。10 根地址线端 $A_9 \sim A_0$（$2^{10}=1024$）。电源电压 U_{CC} 为 5V。当片选端 $\overline{CS}$ 为高电平（$\overline{CS}=1$）时，芯片内部数据线与外部数据 I/O 端相互隔离，此时芯片既不能写入，也不能读出。当 $\overline{CS}$ 为低电平（$\overline{CS}=0$）且 $R/\overline{W}=0$ 时，数据可以通过 $D_3 \sim D_0$ 写入存储器。当 $\overline{CS}=0$，而 $R/\overline{W}=1$ 时，内部数据可由 $D_3 \sim D_0$ 读出。

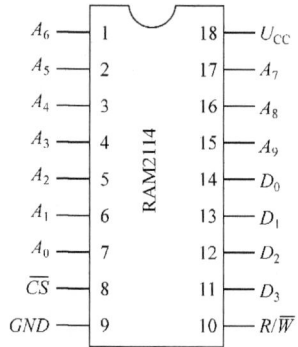

图 8.2.2　RAM2114 外引线排列图

2. RAM 存储容量扩展

　　在计算机和数字电路实际系统中，往往需要存储器有较大的存储容量。因此，可以根据需要将多片 RAM 组合在一起构成更大容量的存储器，这就是 RAM 的扩展，它分为位数扩展和字数扩展两种情况。

　　1）位数扩展

　　位数扩展的方法是将几片 RAM 的地址端、读/写控制端和片选端均对应地并联在一起，这样数据输入/输出端的总位数就得到了扩展。扩展后输入/输出端的总位数等于几片 RAM 的位数之和。图 8.2.3 是将两片 RAM2114 扩展为 1024 字×8位的连接线图。图中 RAM2114（Ⅰ）、RAM2114（Ⅱ）的 $D_3 \sim D_0$ 分别为高 4 位数据端和低 4 位数据端，即 RAM2114（Ⅰ）的 $D_3 \sim D_0$ 存储数据的高 4 位，RAM2114（Ⅱ）的 $D_3 \sim D_0$ 存储数据的低 4 位。

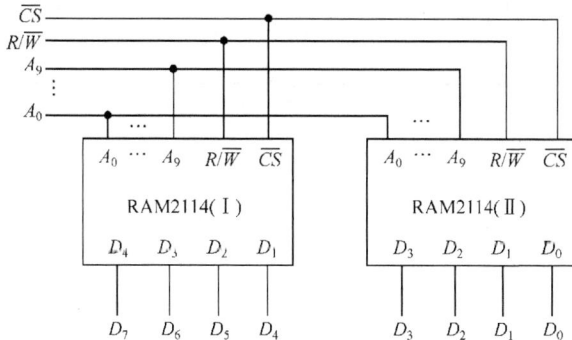

图 8.2.3　RAM2114 位数扩展

　　2）字数扩展

　　字数扩展的方法是将几片 RAM 的读/写控制端、数据输入/输出端、地址端对应并联，再通过一个译码器控制各 RAM 芯片的片选端。图 8.2.4 是用 4 片 RAM2114 组成的字数扩展电路。2/4 线译码器 CT74LS139 的两位数码输入线 A_{11} 和 A_{10} 作为高位和次高位，与 RAM 的 $A_9 \sim A_0$ 十位地址码输入线合到一起，共有 $A_{11} \sim A_0$ 十二

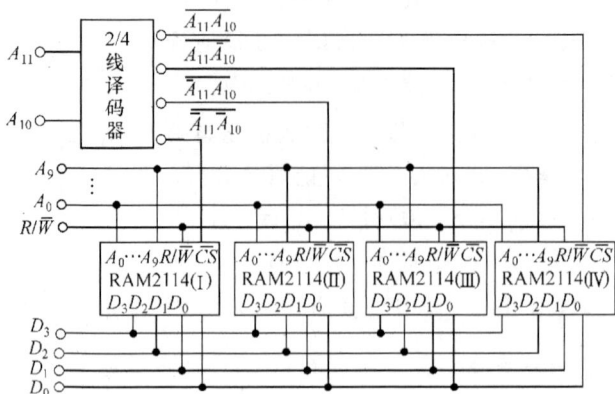

图 8.2.4   RAM2114 字数扩展

位地址码输入线,组成 4096 字×4 位的 RAM($2^{12}=4096$),简称 4k×4。

译码器 74LS139 的输出的 $\overline{A}_{11}\overline{A}_{10}$、$\overline{A}_{11}A_{10}$、$A_{11}\overline{A}_{10}$、$A_{11}A_{10}$ 分别为 4 片 RAM2114 的片选端,第 Ⅰ、Ⅱ、Ⅲ 和 Ⅳ 芯片的工作方式可由 A_{11} 和 A_{10} 的组合分别选择,见表 8.2.1。被选中的 RAM2114 芯片的相应存储单元即可进行读/写操作。

表 8.2.1   各 RAM2114 片选端状态

$A_{11}A_{10}$	$\overline{CS}(\mathrm{I})$ $\overline{A}_{11}\overline{A}_{10}$	$\overline{CS}(\mathrm{II})$ $\overline{A}_{11}A_{10}$	$\overline{CS}(\mathrm{III})$ $A_{11}\overline{A}_{10}$	$\overline{CS}(\mathrm{IV})$ $A_{11}A_{10}$	选中芯片
0 0	0	1	1	1	Ⅰ
0 1	1	0	1	1	Ⅱ
1 0	1	1	0	1	Ⅲ
1 1	1	1	1	0	Ⅳ

练习与思考

8.2.1   ROM 和 RAM 的主要区别是什么? 它们各适用于什么场合?

8.2.2   随机存取存储器 RAM 由哪几个主要部分组成?

8.2.3   如何扩展 RAM 的位数和字数?

8.3   可编程逻辑器件

可编程逻辑器件(PLD)是 20 世纪 80 年代发展起来的专用集成电路,是指由用户自行定义功能的逻辑器件。PLD 的核心部分是由两个逻辑门阵列(**与阵列**和**或阵列**)组成,如图 8.3.1 所示。在实际应用时,PLD 最终的逻辑结构和功能由用户编程决定。

可编程逻辑器件 PLD 常用的逻辑符号,如图 8.3.2 所示。在图 8.3.2(a)中,多

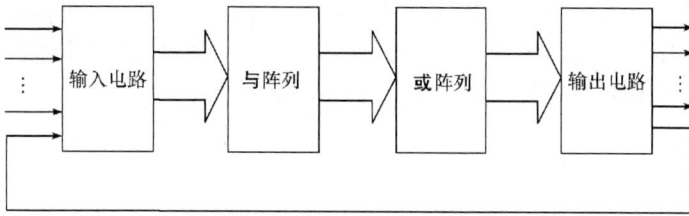

图 8.3.1　PLD 基本结构框图

个输入端**与**门只用一根输入线表示,称为乘积线。输入变量 A、B、C 的输入线和乘积线的交叉点上有三种情况:

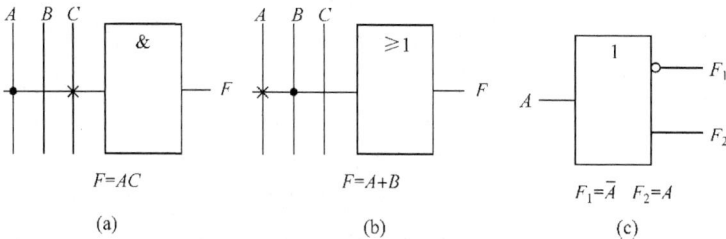

图 8.3.2　PLD 阵列逻辑符号

(a) 三输入**与**门;(b) 三输入**或**门;(c) 缓冲器

(1) 黑点"●"表示该点为固定连接点。芯片出厂时该点已被确定,用户不能改变。与该点对应的变量 A 是**与**门的输入变量。

(2) 叉点"×"表示该点为用户可定义的编程点。芯片出厂时该点是接通的,用户编程时可根据需要将其断开(擦除)或使其继续保持接通。如果需要将其断开,则将"×"擦去,对应变量 C 就不是**与**门的输入量;否则 C 为**与**门的输入量。

(3) 既无黑点"●"也无叉点"×",则表示该点是断开的或是编程时已擦除的,其对应的变量 B 不是**与**门的输入量。

可编程逻辑器件 PLD 有很多种不同的结构,但常用的主要有可编程只读存储器(PROM)、可编程逻辑阵列(PLA[①])、可编程阵列逻辑(PAL[②])和通用阵列逻辑(GAL[③])4 种。

8.3.1　可编程只读存储器

ROM 是一个**与**、**或**逻辑阵列结构。当产品制造完毕,存储内容就已完全确

[①]　PLA——programmable logic array。

[②]　PAL——programmable array logic。

[③]　GAL——general array logic。

定,用户不能再更改。而可编程只读存储器则不同,在制造时,使存储矩阵(或阵列)中所有存储单元的内容全为"**1**"(或"**0**"),用户可根据自己的需要自行确定存储单元的内容,将某些单元按一定的方式改写为"**0**"(或"**1**")。

1. 可编程 ROM(PROM)

用户只能编程(写入)一次,编程后再不能修改,这种 PROM 也称为一次编程型只读存储器。

图 8.3.3 所示是包括二极管和熔断丝的 PROM 存储单元。存储矩阵中所有熔丝都处于接通状态,即存储单元存入"**1**"。若使用时需要对某些单元改写为"**0**",则只要给这些单元通以足够大的电流,使熔丝断开即可。由图可见,PROM 的熔断丝被熔断后不能恢复,而且只能熔断一次,一旦编程完毕就不能再进行修改,所以称为一次编程型只读存储器。

PROM 常用阵列如图 8.3.4 所示。其由一个固定的**与阵列**(地址译码器)和一个可编程的**或阵列**(存储矩阵)构成。黑点"**●**"表示固定连接点,交叉点"**×**"表示用户可编程点。在画一次编程型 PROM 的阵列图时,可以将不能编程的地址译码器用方框表示,存储矩阵输出端的**或**门符号也不必画出来,这样就可以使绘制的 PROM 阵列图更加简便。

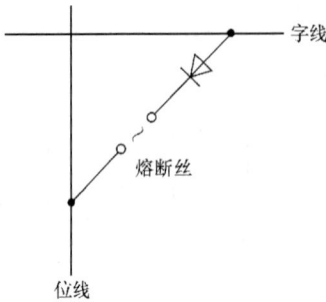

图 8.3.3　二极管和熔断丝
构成的存储单元

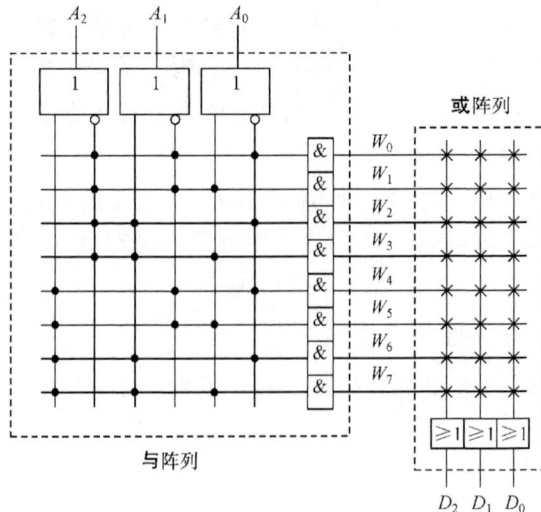

图 8.3.4　PROM 阵列图

例 8.3.1　用 PROM 构成一个码型转换器,将 4 位二进制码 $A_3A_2A_1A_0$ 转换为循环码 $D_3D_2D_1D_0$。

解　设 A_3、A_2、A_1、A_0 为输入变量,D_3、D_2、D_1、D_0 为输出变量。列出 D_3、D_2、D_1、D_0 的真值表,见表 8.3.1。

表 8.3.1　二进制码转换为循环码的真值表

二进制码				数据字	循环码			
A_3	A_2	A_1	A_0	W_i	D_3	D_2	D_1	D_0
0	0	0	0	W_0	0	0	0	0
0	0	0	1	W_1	0	0	0	1
0	0	1	0	W_2	0	0	1	1
0	0	1	1	W_3	0	0	1	0
0	1	0	0	W_4	0	1	1	0
0	1	0	1	W_5	0	1	1	1
0	1	1	0	W_6	0	1	0	1
0	1	1	1	W_7	0	1	0	0
1	0	0	0	W_8	1	1	0	0
1	0	0	1	W_9	1	1	0	1
1	0	1	0	W_{10}	1	1	1	1
1	0	1	1	W_{11}	1	1	1	0
1	1	0	0	W_{12}	1	0	1	0
1	1	0	1	W_{13}	1	0	1	1
1	1	1	0	W_{14}	1	0	0	1
1	1	1	1	W_{15}	1	0	0	0

选用输入地址和输出数据都为 4 位的 16×4 位 PROM 来实现这个码型的转换。未编程 16×4 位 PROM 的阵列结构如图 8.3.5(a)所示。

对可编程的存储矩阵(或矩阵)进行编程,按真值表中 $D_3D_2D_1D_0$ 的逻辑值,熔断应存"0"的单元中的熔断丝。输入二进制码 $A_3A_2A_1A_0 = 0001$(地址)时,字线 W_1 为高电平,要求输出循环码 $D_3D_2D_1D_0 = 0001$,D_0 为 1,应保留 W_1 线与 Y_0 线交叉点的"×"。而 D_3、D_2、D_1 应为 0,所以去掉 W_1 线与 Y_3、Y_2、Y_1 线交叉点上的"×"，即熔断这个单元的熔丝，如图 8.3.5(b)所示，实际这个**或**阵列图就是真值表中 $D_3D_2D_1D_0$ 的翻版。

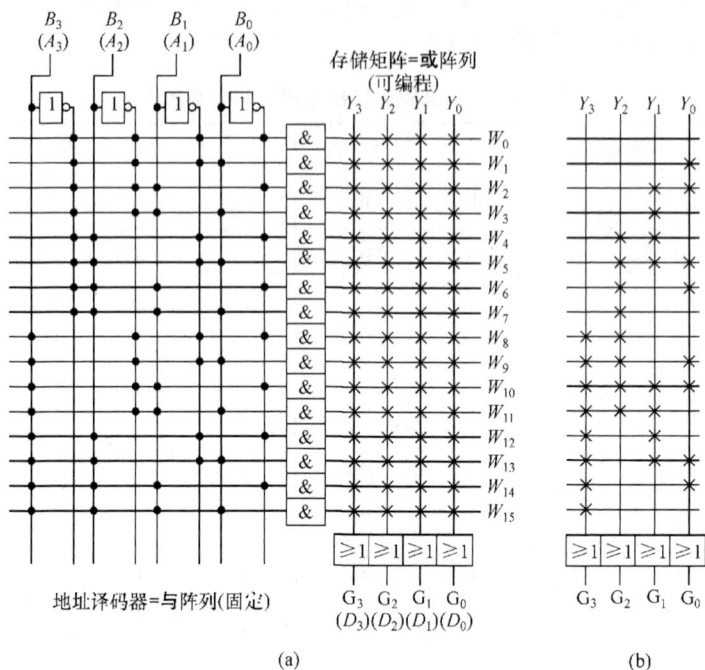

图 8.3.5　用 PROM 实现二进制码到循环码转换

(a) 未编程 16×4 位 PROM；(b) 编程后的**或**阵列

2. 可擦除可编程 ROM

可擦除可编程的只读存储器也是由用户根据需要将信息代码写入存储单元内。与 PROM 不同的是，如果要重新改变信息，只需用紫外线（X 射线）或用电擦除原先存入的信息后，再进行重新写入新的内容。对可用紫外线擦除的只读存储器简称为 EPROM。

2716～275512 系列的 EPROM 集成芯片，除了存储容量和编程高电压等参数不同，其他都基本相同，因此只介绍 2716 型 EPROM，其外部引线如图 8.3.6 所示。2716 的主要参数

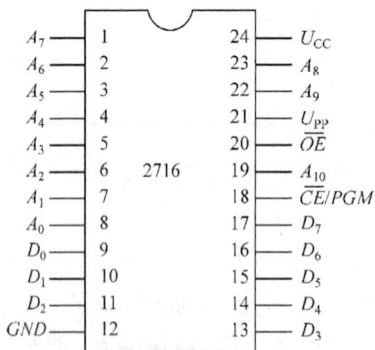

图 8.3.6　2716 外引线排列图

为：电源电压 $U_{CC}=+5V$，编程高电压 $U_{PP}=$

25V,工作电流最大值 100mA,维持电流最大值 25mA,最大读取时间 450ms,存储容量 2k×8 位。

2716 的 $A_0 \sim A_{10}$ 为外引地址线,$D_0 \sim D_7$ 为数据线,$\overline{CE}/PGM$、$\overline{OE}$ 为控制线,U_{CC}、U_{PP} 为电源和 GND 为接地端。

2716 有 5 种工作方式,如表 8.3.2 所示。

表 8.3.2　EPROM2716 的工作方式

工作方式	$\overline{CE}/PGM$	$\overline{OE}$	U_{PP}	输出 D
读出	0	0	+5V	数据输出
维持	1	×	+5V	高阻浮置
编程	⎍	1	+25V	数据写入
编程禁止	0	1	+25V	高阻浮置
编程检验	0	0	+25V	数据输出

注意表中下面 3 种工作方式是为用户编程使用的,用户一般用计算机、编程器和有关软件自动编程。

3. 电可擦除可编程 ROM(EEPROM[①])

EEPROM 只需在高电压脉冲或在工作电压下就可以进行擦除,而不需要借助紫外线照射,所以比 EPROM 更灵活方便,而且还有字擦除(只擦除一个或一些字)功能。

EEPROM 集成芯片 2815、2817(2k×8 位)等都需要高电压脉冲擦除写入的内容,一般需用专用补偿器来完成;而 2816A(2k×8 位)、2864(8k×8 位)等集成芯片由于内部设置了升压电路,使得擦除、写入、读出都可在+5V 电源下进行,不需要编程器,而是在用户系统中通过读/写控制端($R/\overline{W}$)的逻辑电平来控制。当 $R/\overline{W}=0$ 时,进行改写操作;当 $R/\overline{W}=1$ 时,执行读操作。这种在线改写操作非常方便,其与 RAM 的读/写操作类似,但断电后不会丢失数据。

一般 EEPROM 集成芯片允许擦写 100～10000 次,擦写共需时间 20ms 左右,数据可保持 5～10 年,因此其应用范围日渐广泛。

8.3.2　可编程逻辑阵列

PLA 由可编程**与**阵列(形成选通字线)和可编程**或**阵列(形成选通位线)组成,

---

① EEPROM—electric erasable programmable read-only memory。

其基本结构如图 8.3.7 所示。PLA 与 PROM 的结构相似,不同之处在于地址译码器仅选择需要的最小项译出,使得译码器矩阵大幅度压缩。

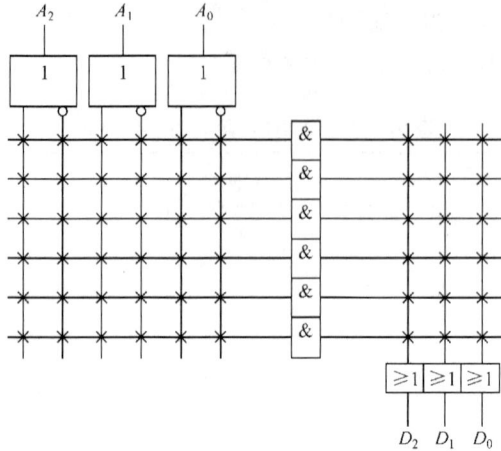

图 8.3.7　PLA 阵列图

例 8.3.2　试用 PLA 和 PROM 实现多输出组合逻辑函数,其中 $F_0 = B\overline{C} + \overline{A}B$,$F_1 = AB + \overline{A}\overline{B}$,$F_2 = ABC + A\overline{B}C + B\overline{C}$。

解　(1)用 PROM 实现

因为 PROM 是完全地址译码器,其**与**阵列是固定的全部最小项,因此首先要将 F_0、F_1、F_2 各式用最小项形式写出,即

$$F_0 = B\overline{C} + \overline{A}B = AB\overline{C} + \overline{A}B\overline{C} + \overline{A}BC$$

$$F_1 = AB + \overline{A}\overline{B} = ABC + AB\overline{C} + \overline{A}\overline{B}C + \overline{A}\overline{B}\overline{C}$$

$$F_2 = ABC + A\overline{B}C + B\overline{C} = ABC + A\overline{B}C + AB\overline{C} + \overline{A}B\overline{C}$$

根据最小项逻辑函数式可得产生其逻辑函数的 PROM 编程阵列,如图 8.3.8 所示。

(2)用 PLA 实现

由于 PAL 地址译码器的**与**阵列也可以编程,因此首先要将 F_0、F_1、F_2 各式化简,然后再对化简式进行**与**阵列和**或**阵列编程,即

$$F_0 = B\overline{C} + \overline{A}B$$

$$F_1 = AB + \overline{A}\overline{B}$$

$$F_2 = ABC + A\overline{B}C + B\overline{C} = AC + B\overline{C}$$

根据上述化简逻辑式,用 PLA 实现编程阵列结构,如图 8.3.9 所示。

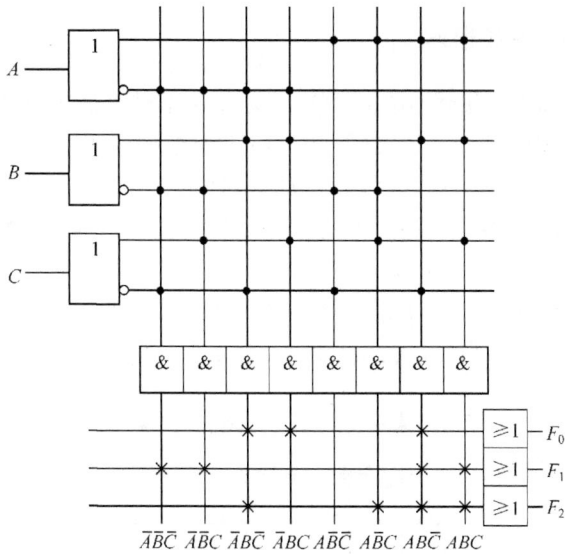

图 8.3.8　编程后的 PROM 阵列图

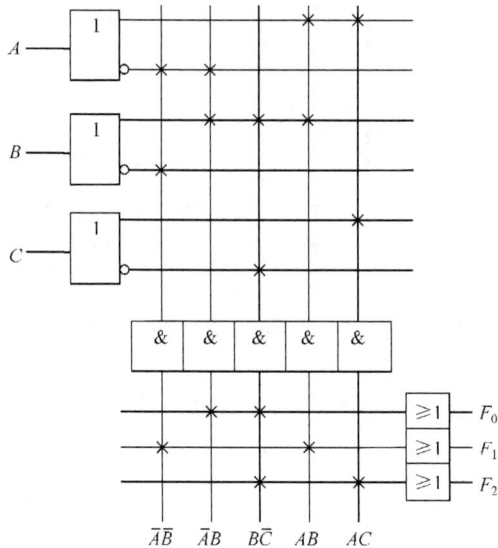

图 8.3.9　编程后的 PLA 阵列图

由例 8.3.2 可见,PROM 的**与**阵列字线是以最小项的形式出现的,而 PLA 的**与**阵列字线是以化简的逻辑函数式中存在的**与**项数确定的。显然,化简后的逻辑函数式的**与**项数要比最小项的数量少。因此,用 PLA 实现的**与**阵列和**或**阵列要更为方便。

8.3.3　可编程阵列逻辑器件

PAL 是 20 世纪 70 年代末在 PROM 和 PLA 基础上发展起来的,是一种低密度、一次性可编程逻辑器件。PAL 的基本门阵列结构与 PLA 基本门阵列结构相似,但 PAL 是一种**与**阵列可以编程,而**或**阵列是固定的逻辑器件,即每个输出是若干个乘积项之和,其中乘积项包含的变量可以编程选择,PAL 的数据输入/输出端和乘积项的数目是在出厂时就固定好的。

图 8.3.10 所示为每个输出乘积项是 2 个 PAL 的结构图,典型的逻辑函数要求有 3 或 4 个乘积项,PAL 现有产品中,乘积项最多可达 8 个。

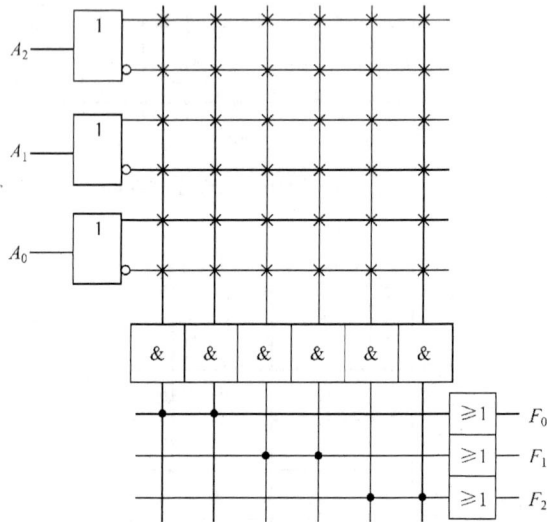

图 8.3.10　输出乘积项为 2 的 PAL 结构图

例 8.3.3　试用 PAL 实现例 8.3.2 中多输出组合逻辑函数。

解　由于**与**阵列是可以编程的,则 F_0、F_1、F_2 的简化逻辑函数式如例 8.3.2 解所示。

根据简化逻辑函数式,对**或**阵列进行编程选择,编程后的 PAL 阵列结构,如图 8.3.11所示。

可见,PAL 在逻辑设计和运用时比 PROM 提供了更高的性能和效率,而且 PAL 比 PLA 具有更多的软件支持和操作方便的编程器。由于 PAL 速度快,功耗低,以及多种结构类型,因而获得了广泛的应用。

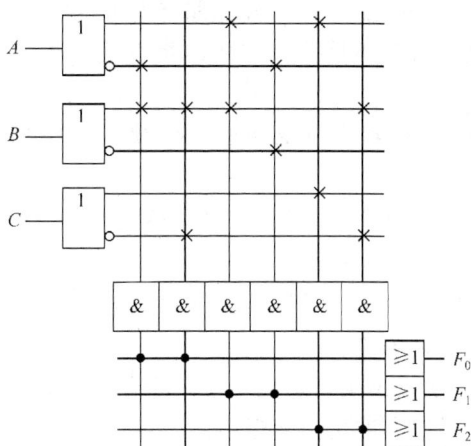

图 8.3.11　编程后的 PAL 结构图

8.3.4　通用阵列逻辑

GAL 是继 PAL 之后在 20 世纪 80 年代中期推出的一种低密度可编程逻辑器件。GAL 器件可分为两大类：一类与 PAL 相似，其与阵列可编程，而或阵列固定连接。这一类目前较多，如 GAL16V8、GAL20V8、ispGAL16Z8；另一类与 PLA 相同，其与、或阵列均可编程，如 GAL39V18。

GAL 与 PAL 不同之处在于：PAL 为一次编程；GAL 可以多次重复编程，重复的次数大于 100 次（类似于 EEPROM），它可以进行多次电擦除，而且具有很强的编程输出级，可以灵活地改变工作模式。GAL 既可用作组合逻辑器件，也可用作时序逻辑器件。GAL 的输出引脚既可作为输出端，也可配置成输入端。此外，GAL 还可设置加密位，以防他人对阵列组态模式及信息进行非法复制。

GAL 丰富灵活的逻辑功能，为复杂的逻辑设计提供了极为有利的方便条件。因此，GAL 器件已成为开发、研制、实现数字系统的理想器件，应用越来越广泛。

练习与思考

8.3.1　可编程逻辑器件(PLD)基本结构中的核心部分是什么？

8.3.2　试比较说明 ROM、PROM、EPROM、EEPROM 器件在结构和功能上有何区别。

8.3.3　说明 GAL 和 PAL 器件有何差异。

本 章 小 结

1. 半导体存储器包括只读存储器（ROM）和随机存储器（RAM）两大类，一般用作计算机的内存。ROM 只能读出信息，其存储的是固定信息；RAM 既可以读出信息,也可以写入信息。从逻辑电路结构的角度看,ROM 是**与**门阵列(地址译码器)和**或**门阵列(存储矩阵)构成的组合逻辑电路。RAM 是一种时序逻辑电路。

2. 只读存储器按功能可分为 ROM、PROM、EPROM 和 EEPROM 多种。ROM 存储信息是固定不变的,出厂后用户不能修改;PROM 在制造时,使所有存储单元的内容完全为"**1**"或"**0**",用户使用时根据需要可以修改一次;EPROM 中的内容可以通过紫外线照射等方法擦去,而后用户再重新写入新内容,可以修改多次;EEPROM 与 EPROM 一样可以进行多次修改和重新写入,其采用高电压擦除,因而是一种可快速擦除器件。

3. RAM 器件可随机读出某指定地址单元中的信息,也可以随时将信息写入到指定的地址单元中,读/写相当方便,但电路一旦失电,所有的信息将随之丢失。

4. 可编程逻辑器件(PLD)是指采用阵列逻辑技术生产的可编程器件,主要包括 PROM、PLA、PAL 和 GAL 四种基本类型。它们有一个相同的基本结构,即由**与**门阵列和**或**门阵列组成。PROM、PLA、PAL 是一次编程器件,GAL 是可以重复编程器件。

(1) PROM 是将所有输入变量全译码生成全部最小项,每个输出是相应最小项的和。适用于输入变量少而乘积项多的逻辑函数。

(2) PLA 是**与**门阵列和**或**门阵列,均可编程,每个输出则是最简逻辑表达式。适用于输入变量多而乘积项少的逻辑函数。

(3) PAL 和 GAL 是**与**门阵列编程,**或**门阵列固定,可以对所有输入变量部分译码输出有限个乘积项,每个输出是有限个乘积项之和。PAL 和 PLA 也适用于输入变量多而乘积项少的逻辑函数。GAL 是第二代 PLA,其输出结构可以变化,具有更大的灵活性。

习　　题

8.1　有一个存储器,其地址线为 $A_{11} \sim A_0$,输出数据位线有 8 根为 $D_7 \sim D_0$。试问存储容量多大?

8.2　试问存储容量为 512×8 位的 RAM 有多少位地址输入线、字线和位线?

8.3　已知 ROM 如习题 8.3 图所示,试列表说明 ROM 存储的内容。

8.4　试用 ROM 产生一组与或逻辑函数,画出 ROM 的阵列图,并列表说明 ROM 存储的内容。逻辑函数为

$$F_0 = AB + BC, \quad F_1 = A\bar{B} + \bar{A}B,$$

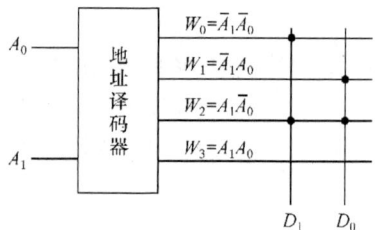

习题 8.3 图

$$F_2 = AB + BC + CA$$

8.5　试采用 4 片 2114(1024×4 位的 RAM)和 3/8 线译码器 74LS138 组成 4096×4 位的 RAM,并画出其连线图和外加地址译码器的电路图。

8.6　试用 PROM 产生一组逻辑函数

$$F_0 = \overline{A}C, \quad F_1 = AB\overline{C}, \quad F_2 = A\overline{B}\overline{C}D + \overline{A}BCD + BC\overline{D}$$

并画出 PROM 编程阵列图。

8.7　习题 8.7 图为已编程的 PLA 阵列图,试写出所实现的逻辑函数。

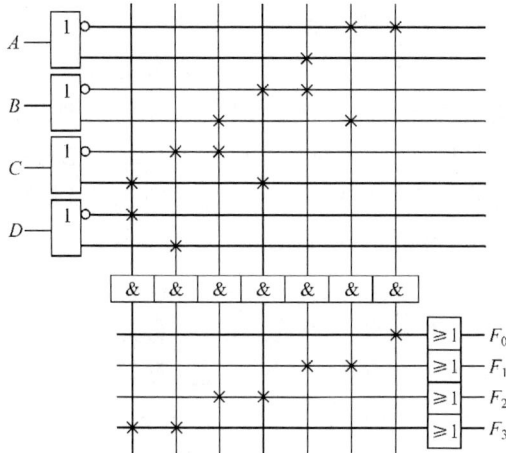

习题 8.7 图

第9章　模拟量与数字量的转换

当计算机用于过程控制、数据采集等系统中时,如图 9.0.1 所示,被控对象的参数往往是连续变化的物理量,如温度、压力、流量、位移量等,通常连续量也称为模拟量。为了能够用计算机处理模拟量,就必须把模拟量转换成相应的数字量才能送到计算机中进行算术和逻辑运算。同时,只有把处理后得到的数字量再转换成相应的模拟量才能实现对参数的测量和控制。将前一种从模拟量到数字量的转换称为模/数转换,简写成 A/D 转换。完成这种功能的电路称为模/数转换器,简称 ADC[①]。将后一种从数字量到模拟量的转换称为数/模转换,简写成 D/A 转换。相应的电路称为数/模转换器,简称 DAC[②]。

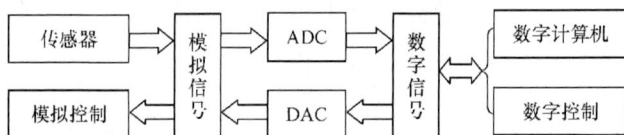

图 9.0.1　DAC 和 ADC 转换系统框图

转换器的种类很多,仅对 DAC 和 ADC 的转换原理、集成电路转换器的结构和使用方法等作以简单介绍,使读者对此有初步的了解,为今后进一步学习打下基础。

9.1　数/模转换器

由于数/模转换器 DAC 的工作原理比模/数转换器 ADC 的简单,而且在某些 ADC 中需要用到 DAC 作为内部的反馈部件,所以首先介绍 DAC。DAC 是将输入的数字量转换为模拟量的电路。DAC 有多种形式,如权电阻 DAC、T 型电阻网络 DAC、权电流 DAC 和倒 T 型电阻 DAC 等。本节主要介绍用得较多的 T 型电阻网络 DAC。

---

① ADC—analog digital converter。

② DAC—digital analog converter。

9.1.1 T 形电阻网络 DAC

下面以 4 位转换器的电路为例说明其工作原理。电路如图 9.1.1 所示。

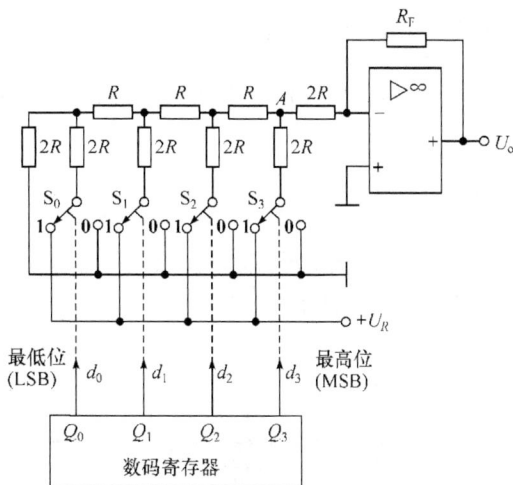

图 9.1.1 T 形电阻网络 DAC

1. 电路组成

R-$2R$ T 形电阻网络数/模转换器是由模拟开关、R-$2R$ 电阻网络、运算放大器、基准电压等组成。图 9.1.1 中 U_R 是基准电压；S_3、S_2、S_1、S_0 是各位的电子开关；d_3、d_2、d_1、d_0 是输入的数字量，分别控制电子开关 S_3、S_2、S_1、S_0，当某一位数字量 $d_i=1$ 时，对应的电子开关 S_i 接到 U_R 电源上。当 $d_i=0$ 时，S_i 接"地"。

T 形电阻网络的作用是将数字量的信号电压转换成模拟量的信号电流，它的输出端接到运算放大器的反相输入端。运算放大器接成反相比例运算电路，它将模拟信号电流变换为模拟信号电压输出。基准电压（或称参考电压）作为模拟量的最大输出电压，即转换器的最大输出电压通常以 U_R 为极限。

2. 输出电压与输入二进制数字量的关系

T 形电阻网络的输出电压是利用戴维南定理和叠加原理进行计算，即分别算出每个电子开关单独接基准电压时的输出电压，然后利用叠加原理求得总的输出电压。

当只有 $d_0=1$ 时，即 $d_3d_2d_1d_0=0001$，其电路如图 9.1.2(a)所示。应用戴维南定理将 $00'$ 左边部分等效为电压为 $\dfrac{U_R}{2}$ 的电源与电阻 R 串联的电路。然后再分

别在 $11'$，$22'$，$33'$ 处计算它们左边部分的等效电路，其等效电源的电压依次被除以

2，即 $\dfrac{U_R}{4}$，$\dfrac{U_R}{8}$，$\dfrac{U_R}{16}$，而等效电源的内阻均为 R。由此可得出最后的等效电路，如

图 9.1.2（b）所示 。可见，只有 $d_0 = 1$ 时的网络开路电压，即为等效电源电压 $\dfrac{U_R}{2^4} d_0$。

同理，再分别对 $d_1 = 1$，$d_2 = 1$，$d_3 = 1$，其余为 **0** 时重复上述计算过程，得出的网络

开路电压各为 $\dfrac{U_R}{2^3} d_1$，$\dfrac{U_R}{2^2} d_2$，$\dfrac{U_R}{2^1} d_3$。

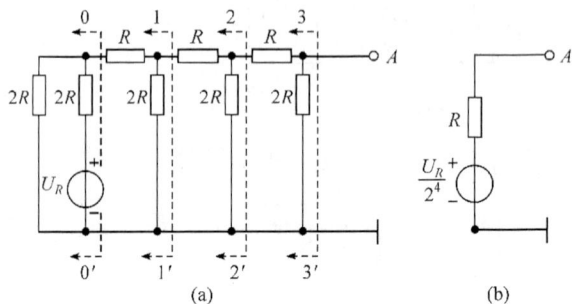

图 9.1.2　计算 T 形电阻网络的输出电压

应用叠加原理将这四个电压分量叠加，得出 T 形电阻网络开路时的输出电压 U_A，即等效电源电压 U_E：

$$U_A = U_E = \frac{U_R}{2^1} d_3 + \frac{U_R}{2^2} d_2 + \frac{U_R}{2^3} d_1 + \frac{U_R}{2^4} d_0$$

$$= \frac{U_R}{2^4} (d_3 \times 2^3 + d_2 \times 2^2 + d_1 \times 2^1 + d_0 \times 2^0) \tag{9.1.1}$$

其等效电路如图 9.1.3 所示。

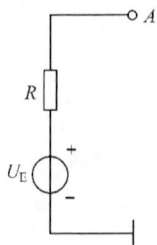

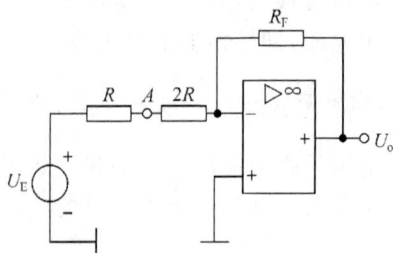

图 9.1.3　T 形电阻网络　　　　图 9.1.4　T 形电阻网络与运算放大器
　　的等效电路　　　　　　　　连接的等效电路

　　在图 9.1.1 中,T 形电阻网络的输出端经 $2R$ 接到运算放大器的反相输入端,其等效电路如图 9.1.4 所示。

　　运算放大器输出的模拟电压为

$$U_{\circ} = -\frac{R_{F}}{3R}U_{E}$$

$$= -\frac{R_{F}U_{R}}{3R \times 2^{4}}(d_{3} \times 2^{3} + d_{2} \times 2^{2} + d_{1} \times 2^{1} + d_{0} \times 2^{0}) \qquad (9.1.2)$$

如果输入的是 n 位二进制数,则

$$U_{\circ} = -\frac{R_{F}U_{R}}{3R \times 2^{n}}(d_{n-1} \times 2^{n-1} + d_{n-2} \times 2^{n-2} + \cdots + d_{0} \times 2^{0}) \qquad (9.1.3)$$

式中,$\dfrac{R_{F}U_{R}}{3R \times 2^{n}}$ 为常数量,由电路本身决定。

　　由此可见,每位二进制数码在输出端产生的电压与该位的权成正比。因而输出电压 $U_{\circ}$ 正比于输入的数字量,可以实现数字量到模拟量的转换。

9.1.2　倒 T 形电阻网络 DAC

　　T 形电阻网络数/模转换器虽然转换速度较快,电阻值只有 R 和 $2R$ 两种,且对电阻的精度要求也不很高。但由于在动态过程中,开关的通断会产生尖脉冲,特别是当输入数字信号的频率很高时,T 形网络的传输损耗增大,输入数字信号传到运算放大器的时间不同(低位传输时间长),这会在运算放大器输出端产生很大的尖峰。这些都将影响电路的转换精度和转换速度。为了进一步提高电路的转换速度,可采用如图 9.1.5 所示的倒 T 形电阻网络 DAC。

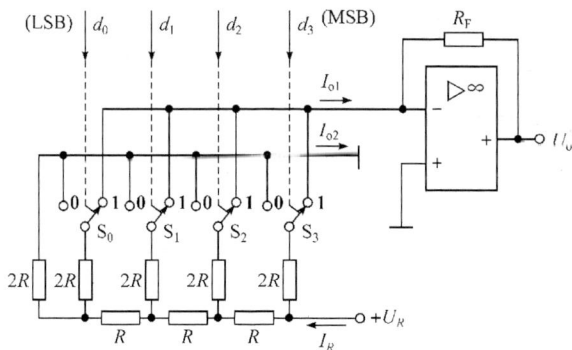

图 9.1.5　倒 T 形电阻网络 DAC

　　由图 9.1.5 可见,倒 T 形电阻网络 DAC 与 T 形网络 DAC 相比,不同之处在于两者电子开关接入的位置不一样。倒 T 形电阻网络 DAC 是将电子开关与电阻网络的位置对调,把电子开关 S_K 接在运算放大器的输入端。开关仍由一组二进制数码来控制。当 $d_K = 1$ 时,S_K 接到运算放大器的输入端。当 $d_K = 0$ 时,S_K 接 "地"。由于运算放大器的"虚地"特性,a 点与地等电位,这样不管电子开关 S_K 是否接通,电阻网络中各处的电流都是恒定的,即电阻网络中的电流与开关的状态无关,从而消除了尖脉冲。数字信号各位同时到达运算放大器,因而也不存在传输时间差的问题,克服了 T 形网络 DAC 的缺点。

　　根据电阻网络中各支路电流恒定不变这一特点,可以画出其等效电路如图 9.1.6 所示。从等效电路图看出,不论从哪一个节点往左看,其等效电阻都是 R。从参考电压端输入的电流为

$$I_R = \frac{U_R}{R}$$

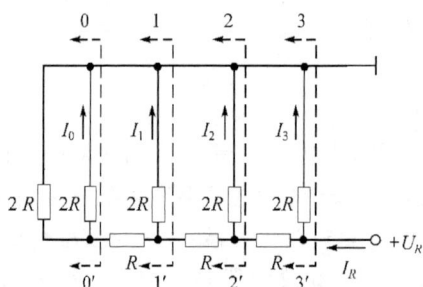

图 9.1.6　计算倒 T 形电阻网络输出电流

而后根据分流公式得出各支路电流分别为

$$I_3 = \frac{1}{2} I_R = \frac{U_R}{R \times 2^1}$$

$$I_2 = \frac{1}{4} I_R = \frac{U_R}{R \times 2^2}$$

$$I_1 = \frac{1}{8} I_R = \frac{U_R}{R \times 2^3}$$

$$I_0 = \frac{1}{16} I_R = \frac{U_R}{R \times 2^4}$$

由此可得出电阻网络的输出电流为

$$I_0 = \frac{U_R}{R \times 2^4}(d_3 \times 2^3 + d_2 \times 2^2 + d_1 \times 2^1 + d_0 \times 2^0)$$

运算放大器输出的模拟电压 U_o 为

$$U_o = -R_F I_o$$

$$= -\frac{R_F U_R}{R \times 2^4}(d_3 \times 2^3 + d_2 \times 2^2 + d_1 \times 2^1 + d_0 \times 2^0)$$

如果输入的是 n 位二进制数,则

$$U_o = -\frac{R_F U_R}{R \times 2^n}(d_{n-1} \times 2^{n-1} + d_{n-2} \times 2^{n-2} + \cdots + d_0 \times 2^0)$$

9.1.3　集成电路 DAC

DAC 集成电路芯片种类很多,按输入的二进制数可分为 8 位、10 位、12 位和 16 位等。例如,10 位转换器 DA7520,采用倒 T 形电阻网络,其模拟开关为 CMOS 型,集成运算放大器外接。DA7520 的外引线排列及连接电路,如图 9.1.7 所示。

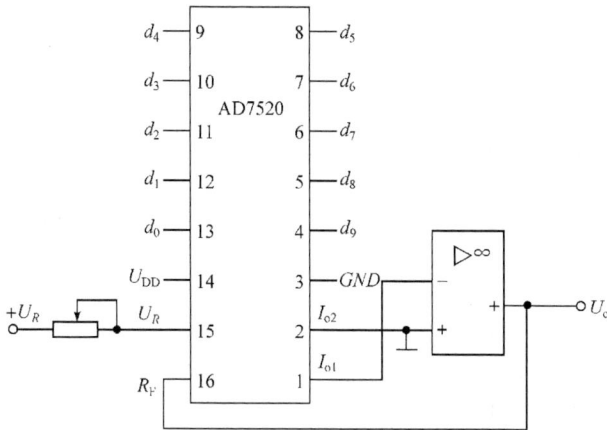

图 9.1.7　DA7520 外引线排列及连接电路

DA7520 的 16 个引脚功能如下。

引脚 1 为模拟电流 I_{o1} 的输出端,连接外接运算放大器的反相输入端;

引脚 2 为模拟电流 I_{o2} 的输出端,一般接"地";

引脚 3 为接"地"端;

引脚 4～13 为 10 位数字量的输入端;

引脚 14 为 CMOS 模拟开关的 $+U_{DD}$ 电源接线端;

引脚 15 为参考电源接线端,U_R 可为正值或负值;

引脚 16 为芯片内电阻 R 的引出端,即运算放大器的反馈电阻 R_F,另一端与 I_{o1} 连接。

DA7520 输入数字量与输出模拟量的关系,如表 9.1.1 所示,其中 $2^n = 2^{10} = 1024$。

9.1.4　主要参数

使用各种型号的集成 DAC 时,应注意各种主要的技术参数。

1. 分辨率

分辨率是用来描述对输出量微小的敏感程度,指最小输出电压(对应的输入进

表 9.1.1   DA7520 输入数字量与输出模拟量关系

输 入 数 字 量										输出模拟量
d_9	d_8	d_7	d_6	d_5	d_4	d_3	d_2	d_1	d_0	U_o
0	0	0	0	0	0	0	0	0	0	0
0	0	0	0	0	0	0	0	0	1	$-\dfrac{1}{1024}U_R$
				⋮						⋮
0	1	1	1	1	1	1	1	1	1	$-\dfrac{511}{1024}U_R$
1	0	0	0	0	0	0	0	0	0	$-\dfrac{512}{1024}U_R$
1	0	0	0	0	0	0	0	0	1	$-\dfrac{513}{1024}U_R$
				⋮						⋮
1	1	1	1	1	1	1	1	1	0	$-\dfrac{1022}{1024}U_R$
1	1	1	1	1	1	1	1	1	1	$-\dfrac{1023}{1024}U_R$

制数为 **1**)与最大输出电压(对应的输入进制数的所有位全为**1**)之比。例如,10 位 DAC 的分辨率为

$$\frac{1}{2^{10}-1}=\frac{1}{1023}\approx 0.001$$

2. 线性度

通常用非线性误差的大小表示 DAC 的线性度。产生非线性误差有两种原因,主要是各位模拟开关导通压降、电阻网络各电阻 R 值不完全相等。

3. 输出电压(或电流)的建立时间

从输入数字信号起,到输出电压(或电流)到达稳定值所需的时间称为建立时间。如果输出的是电流(电流型 DAC),其建立时间相当快,一般不超过 $1\mu s$。如果输出的是电压(电压型 DAC),其建立时间主要取决于运算放大器所需的时间。

4. 电源抑制比

在高质量的 DAC 中,要求模拟开关电路和运算放大器的电源电压发生变化时,对输出电压的影响非常小。输出电压的变化与相对应的电源电压变化之比,称为电源抑制比。

除以上主要参数外,还有精度、温度系数、功率消耗等技术指标,使用时可以查阅有关技术手册,这里不再一一介绍。

9.2　模/数转换器

模/数转换器 ADC 按其工作原理可分为直接和间接两大类。直接 ADC 是将输入的模拟量直接转换为数字量,间接 ADC 是将输入的模拟量先转换成为某种中间量(如时间、频率等),然后再将中间量转换为所需的数字量。目前,用得较多的是逐次逼近 ADC 和双积分式 ADC,前者属于直接 ADC,后者属于间接 ADC。下面将介绍这两种 ADC。

9.2.1　逐次逼近 ADC

逐次逼近 ADC 是一种常用的模/数转换方式,其转化速度比双积分式 ADC 要快得多,每分钟采样高达几十万次。

逐次逼近型 ADC 的转换过程与用天平称物体重量的过程相似。假设砝码重量依次有:16g、8g、4g、2g、1g,并假设物体重 30g,称重过程如下。

(1) 先在天平上加 16g 砝码,经天平比较结果,30g>16g,16g 砝码保留;

(2) 再加上 8g,(8g+16g)<30g,8g 砝码保留;

(3) 再加上 4g,(8g+4g+16g)<30g,4g 砝码保留;

(4) 再加上 2g,(8g+4g+16g+2g)=30g,2g 砝码保留称重完成。

逐次逼近型 ADC 被转换的电压相当于天平所称的物体重量,而所转换的数字量相当于在天平上逐次添加砝码所保留下来的砝码重量。

下面结合图 9.2.1 所示的具体电路图来说明逐次逼近的过程。电路由下列几部分组成。

1. 逐次逼近寄存器

它由四个 RS 触发器 F_3、F_2、F_1、F_0 组成,其输出是四位二进制数 $d_3d_2d_1d_0$。

2. 顺序脉冲发生器

它输出的是 Q_4、Q_3、Q_2、Q_1、Q_0 5 个在时间上有一定先后顺序的顺序脉冲。依次右移位,Q_4 端接 F_3 的 S 端及 3 个或门的输入端,Q_3、Q_2、Q_1、Q_0 分别接 4 个控制与门的输入端,其中 Q_3、Q_2、Q_1 还分别接 F_2、F_1、F_0 的 S 端。

3. DAC

其输入来自逐次逼近寄存器,输出电压 U_A 是正值,送到电压比较器的同相输入端。

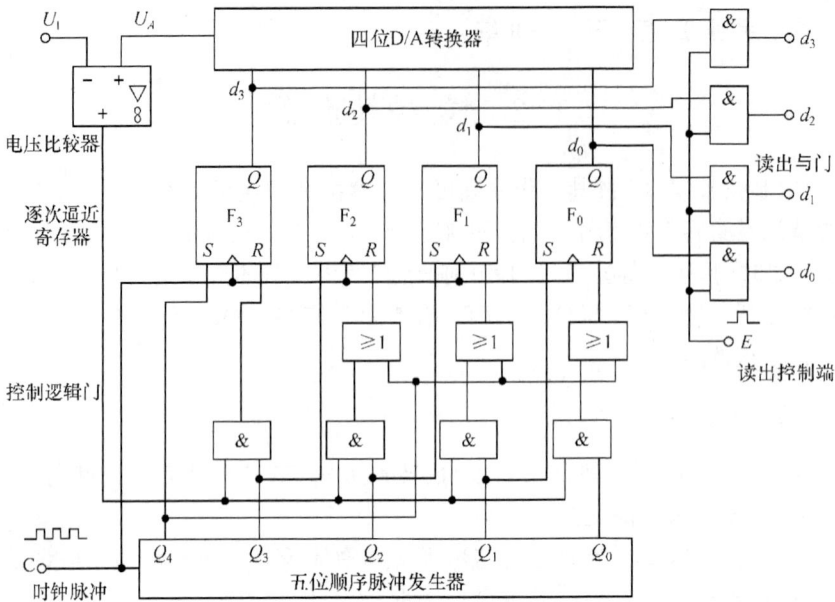

图 9.2.1　四位逐次逼近型 ADC 原理电路

4. 电压比较器

它用来比较输入电压 U_I（加在反相输入端）与 U_A 的大小以确定输出端电位的高低。若 $U_I < U_A$，则输出为 **1**，若 $U_I \geqslant U_A$ 则输出为 **0**，输出端接 4 个控制**与**门的输入端。

5. 控制逻辑门

四个**与**门和三个**或**门用来控制逐次逼近寄存器的输出。

6. 读出与门

当读出控制端 $E = 0$ 时，**与**门封闭，当 $E = 1$ 时，四个**与**门打开，输出 $d_3 d_2 d_1 d_0$ 即为转换器的二进制数。

现分析输入模拟电压 $U_I = 5.52\text{V}$，DAC 参考电压 $U_R = +8\text{V}$ 的转化过程。

（1）转换开始前，将 F_3、F_2、F_1、F_0 清零，并使顺序脉冲为 $Q_4 Q_3 Q_2 Q_1 Q_0 = $ **10000** 状态。

（2）当第一个转换时钟脉冲 C 的上升沿到来时，使逐次逼近寄存器的输出 $d_3 d_2 d_1 d_0 = $ **1000**，加在 DAC 上，此时 DAC 的输出电压为

$$U_A = \frac{U_R}{2^4}(d_3 \times 2^3 + d_2 \times 2^2 + d_1 \times 2^1 + d_0 \times 2^0)$$

$$= \frac{8}{16} \times 8 = 4(\text{V})$$

因 $U_A < U_I$，故比较器的输出为 **0**。同时，顺序脉冲右移一位，变为 $Q_4Q_3Q_2Q_1Q_0 = $**01000**状态。

（3）当第二个转换时钟脉冲 C 的上升沿到来时，使逐次逼近寄存器的输出 $d_3d_2d_1d_0 = $**1100**，ADC 的输出电压 $U_A = \frac{8}{16} \times 12 = 6\text{V}, U_A > U_I$，故比较器的输出为 1。同时，顺序脉冲右移一位，变为 $Q_4Q_3Q_2Q_1Q_0 = $**00100** 状态。

（4）当第三个转换时钟脉冲 C 的上升沿到来时，使逐次逼近寄存器的输出 $d_3d_2d_1d_0 = $**1010**，ADC 输出电压 $U_A = \frac{8}{16} \times 10 = 5\text{V}, U_A < U_I$，比较器的输出为**0**。同时，$Q_4Q_3Q_2Q_1Q_0 = $**00010** 状态。

（5）当第四个转换时钟脉冲 C 的上升沿到来时，使逐次逼近寄存器的输出 $d_3d_2d_1d_0 = $**1010**，ADC 输出电压 $U_A = \frac{8}{16} \times 11 = 5.5\text{V}, U_A \approx U_I$，比较器的输出为 **0**。同时，$Q_4Q_3Q_2Q_1Q_0 = $**00001** 状态。

（6）当第五个转换时钟脉冲 C 的上升沿到来时，使逐次逼近寄存器的输出 $d_3d_2d_1d_0 = $**1011**，保持不变，此即为转化结果。此时，若在 E 端输入一个 E 脉冲，即 $E = 1$，则四个读出与门同时打开，$d_3d_2d_1d_0$ 得以输出，同时，$Q_4Q_3Q_2Q_1Q_0 = $**10000**，返回原始状态。

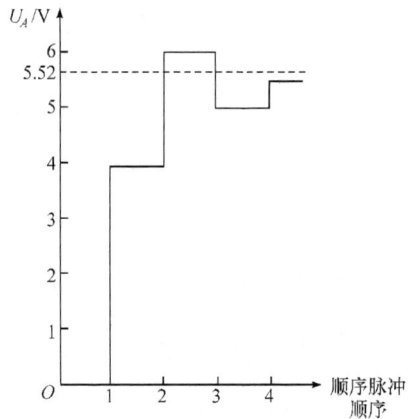

图 9.2.2　U_A 逼近 U_I 的波形

这样就完成了一次转换，转换过程如表 9.2.1 和图 9.2.2 所示。

表 9.2.1　4 位逐次逼近型 ADC 的转换过程

逼近次数	d_3 d_2 d_1 d_0	U_A/V	比较结果	该位数码"**1**"是保留还是除去
1	**1** **0** **0** **0**	4	$U_A < U_I$	保留
2	**1** **1** **0** **0**	6	$U_A > U_I$	除去
3	**1** **0** **1** **0**	5	$U_A < U_I$	保留
4	**1** **0** **1** **1**	5.5	$U_A \approx U_I$	保留

* 9.2.2　双积分式 ADC

图 9.2.3 是双积分式 A/D 转化器的原理图,它由积分器、检零比较器、时钟脉冲控制门、计数器和定时器以及双向电子开关组成。它的基本工作原理是将一段时间内的模拟电压经过两次积分,变换成与输入模拟电压成正比的时间间隔,然后再用计数器测出这段时间间隔相当于多少个时钟脉冲周期,计数结果就是正比于输入模拟电压的数字量。

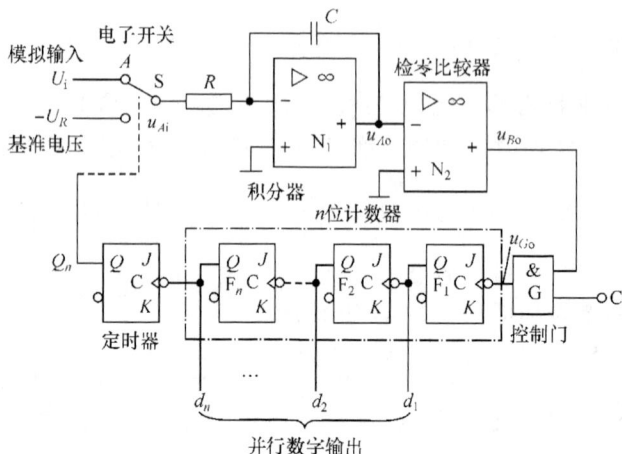

图 9.2.3　双积分式 ADC

双积分式 ADC 工作波形如图 9.2.4 所示,其工作过程可分为以下两个阶段。

1. 采样阶段

转换之前,控制电路首先将计数器、定时器清零,积分电容器 C 完全放电,电子开关 S 与 A 端接通,将输入模拟电压 U_i(设为正值)接入积分器的反相输入端。积分器从初始状态($u_{Ao}=0$)开始对 U_i 积分,其输出电压为

$$u_{Ao} = -\frac{1}{\tau}\int_0^t U_i \mathrm{d}t = -\frac{U_i}{RC}t \tag{9.2.1}$$

由式(9.2.1)可见,u_{Ao} 以固定的斜率倾斜下降,如图 9.2.4 (c)所示。积分器的输出电压 u_{Ao} 送入检零比较器,由于 u_{Ao} 始终小于零,检零比较器的输出电压 u_{Bo} 保持为一正值,即 $u_{Bo}=1$。因此,在积分开始时,与门 G 便被打开,时钟脉冲 CP 得以通行而使计数器开始计数。当计数器计到 2^n 个时钟,即计数器内容达最大值时,计数器翻转成零状态,定时器置位输出为 1,它作用于电子开关而将基准电压 U_R 接通。至此,采样阶段终止,这段时间便是积分器的第一次积分时间 T_1。在此

期间,送入计数器的时钟脉冲数为 $N_1 = 2^n$,故 $T_1 = N_1 T_C = 2^n T_C$,式中,T_C 是时钟脉冲周期。计数器的位数和时钟脉冲的周期取决于转换器的结构,因此,第一阶段积分的时间间隔 T_1 为一常数。第一阶段积分结束时,积分器的输出电压为

$$U_{Ao} = -\frac{1}{RC}\int_0^{T_1} U_i \mathrm{d}t = -\frac{U_i}{RC}T_1$$

$$= -\frac{U_i}{RC}N_1 T_C = -\frac{2^n T_C}{RC}U_R$$

$$(9.2.2)$$

2. 比较阶段

第一次积分结束时,电子开关将基准电压 U_R 接通,此时积分器开始第二次积分,它的初始值是 U_R,计数器重新从 0 开始计数。由于基准电压为负值,积分器的输出电压将从 U_{Ao} 开始以固定的斜率上升到零伏为止,如图 9.2.4 (c)右边部分所示。当 $u_{Ao} \geqslant 0$ 时,检零比较器 $U_{Bo} = 0$,G 门被封锁,计数器便停止

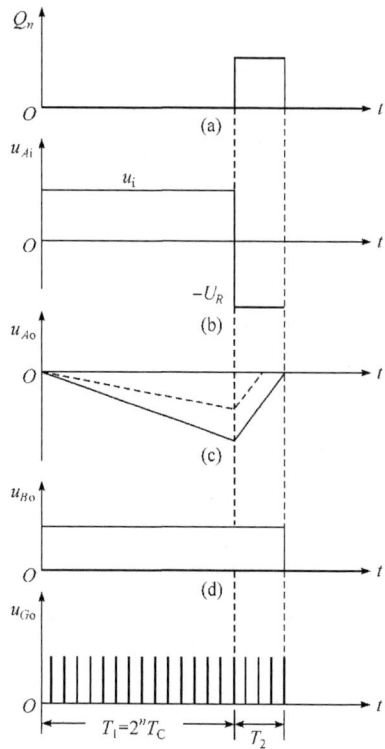

图 9.2.4　双积分式 ADC 工作波形图

计数,比较阶段结束,此时计数值为 N,第二阶段积分的时间间隔为

$$T_2 = N T_C \tag{9.2.3}$$

积分器的输出电压为

$$U'_{Ao} = U_{Ao} - \frac{1}{RC}\int_{T_1}^t (-U_R)\mathrm{d}t$$

$$= U_{Ao} + \frac{t - T_1}{RC}U_R \tag{9.2.4}$$

当 $t = T_1 + T_3$ 时,将 $U'_{Ao} = 0$ 代入式(9.2.4)叫得

$$U_{Ao} = -\frac{T_2}{RC}U_R = -\frac{N T_C}{RC}U_R \tag{9.2.5}$$

U_{Ao} 既是第一阶段积分的终了值,也是第二阶段积分的初始值。

根据式 (9.2.2)和式(9.2.5)有

$$-\frac{2^n T_C}{RC}U_i = -\frac{N T_C}{RC}U_R$$

所以

$$U_i = \frac{U_R}{2^n} N \qquad (9.2.6)$$

由此可见,输入的模拟电压 U_i 与二进制的脉冲数 N 成正比,这个数值就是转换器输出的数字量。如果 U_i 减小,N 也随之减小,如图 9.2.4(c)中的虚线所示。脉冲数 N 可通过译码器和数码管显示出来。

双积分式模/数转换器的输入电压不仅可以为正,也可以为负。当输入电压为负时,基准电压应该为正,检零比较器应该从"+"端输入,"−"端接地。这种转换器的优点是抗干扰能力强,由于输入电压经过两次积分,且使用同一积分电路,故 R、C 等参数的变动对转换结果没有影响。这种转换电路在测量仪表(如数字电压表)中被广泛采用。

9.2.3 集成电路 ADC

目前集成电路的 ADC 种类很多,如 AD571、ADC0802、ADC0804、ADC0809等。下面以 ADC0809 为例介绍集成电路 ADC 的结构和使用方法。

ADC0809 是美国 NSC 公司生产的 CMOS 8 位逐次逼近型 ADC,其结构框图和引线排列图分别如图 9.2.5 和图 9.2.6 所示。

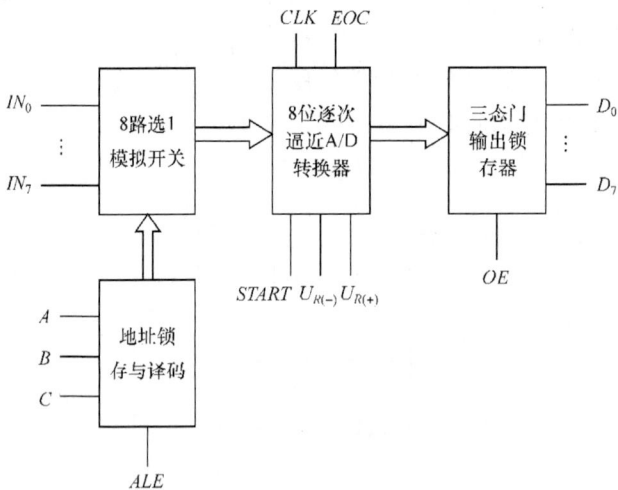

图 9.2.5　ADC0809 结构框图

ADC0809 采用双列直插式 28 根引线封装,8 路模拟开关用以转换 $IN_0 \sim IN_7$ 8 路模拟输入信号,选通哪一路受地址锁存与译码器控制。当地址锁存允许信号 ALE 为高电平时,A、B、C 3 位地址信号经 3/8 译码器译码后,可得到一个控制信号,它加到多路模拟开关上,选择某一路模拟信号进入比较器,被选中的通道即开始进行模/数转换。

ADC0809 工作程序如下:送入模拟信号给出地址码,当地址锁存命令 *ALE* 高电平输入后将模拟信号采集到 ADC 内。当启动命令 *START* 到来后 ADC 对模拟信号进行转换,经过一定的转换时间之后转换结束,转换结果置于三态输出门的输入端等待输出。当转换器发出转换结束命令 *EOC* 时,其电位由低电平变为高电平。输出允许命令 *OE* 到来后,转换器将 8 位数字信号通过三态门输出。

ADC0809 各引脚功能如下:

$IN_0 \sim IN_7$:为 8 通道模拟量输入端。由 8 选 1 选择器选择其中某一通道输入到 ADC 的电压比较器进行转换。

A、*B*、*C*:为 8 选 1 模拟量选择器的地址选择线输入端。输入的三个地址信号共有八种组合,以便选择相应的输入模拟量,见表 9.2.2。

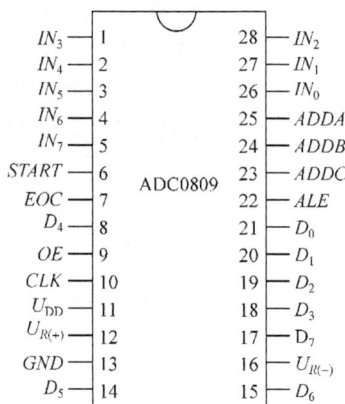

图 9.2.6　ADC0809 的引线排列图

表 9.2.2　8 选 1 模拟量选通表

选择			输出
C	*B*	*A*	
0	0	0	IN_0
0	0	1	IN_1
0	1	0	IN_2
0	1	1	IN_3
1	0	0	IN_4
1	0	1	IN_5
1	1	0	IN_6
1	1	1	IN_7

$D_0 \sim D_7$:为 8 位数字量输出端。

ALE:为地址锁存信号输入端,高电平有效。当 *ALE* 为高电平时,由 *A*、*B*、*C* 3 选择线的状态锁存,8 选 1 选择器开始工作。

OE:为输出允许端,高电平有效。

START:为启动信号输入端。该信号的上升沿将内部所有寄存器清零,下降沿使转换工作开始。

EOC:为转换结束脉冲输出端。

U_{DD}:为电源端,电压为 +5V。

GND:为接地端。

CLK:为外部时钟脉冲输入端,典型频率为 640kHz。

$U_{R(+)}$、$U_{R(-)}$：为正、负参考电压输入信号。该电压确定输入模拟量的电压范围。通常 $U_{R(+)}$ 接 U_{DD} 端，$U_{R(-)}$ 接 GND 端。当电源电压 U_{DD} 为 +5V 时，模拟量的电压范围为 0~+5V。

9.2.4　主要参数

使用各种型号的集成 ADC 时，应注意各种主要的技术参数。

1. 分辨率

用输出数字量的二进制位数表示分辨率，如 8 位、10 位等，它们表明 ADC 的精度。位数越多，误差越小，转换精度越高。

2. 转换速度

转换速度是指 ADC 完成一次转换所需要的时间，转换时间是指从接到转换控制信号开始，到输出端得到稳定的数字输出信号所经历的这段时间。采用不同的转换电路，其转换速度是不同的，低速的 ADC 为 1~30ms，中速的 ADC 为 $50\mu s$ 左右，高速的 ADC 约为 50ns。例如，ADC0809 转换时间为 $100\mu s$，属于中等转换速度。

3. 相对精度

相对精度用实际输出的数字量与理想转换特性之间的最大偏差表示。在理想的情况下，所有的转换点应当在一条直线上。

4. 电源抑制

在输入模拟电压不变的前提下，当转换电路的供电电源电压发生变化时，对输出也会有影响。这种影响可用输出数字量的绝对变化量来表示。

此外，还有其他技术指标如温度系数、电压范围、功率消耗等，使用时请查阅有关技术手册。

本 章 小 结

1. DAC 和 ADC 是用数字系统处理模拟信号不可缺少的环节，它是沟通模拟量和数字量间的桥梁。DAC 和 ADC 电路的种类很多，本章限于篇幅，只介绍了常用的几种转换电路，旨在了解其转换的基本原理。

2. DAC 是将数字量转换成模拟量的部件。本章介绍了目前用得最多的两种电路：T 形电阻网络 DAC 和倒 T 形电阻网络 DAC。其原理都是利用线性网络来分配数字量各位的权，使输出短路电流与数字量成正比，然后利用运算放大器将电流转换成电压,从而把数字量转换为模拟电压。

3. ADC 是把模拟量转换为数字量。其基本原理是将输入模拟量采样后,与量化基准电压进行比较,即量化后成为一组数字量,最后进行编码,得到与输入模拟电压成正比的输出数字量。

4. 目前大量使用集成 DAC 和 ADC,选择集成芯片时应注意查阅技术手册,以了解其技术性能和使用方法。

习　题

9.1　在图 9.1.1 所示的 T 形 D/A 转换器中,若 $U_R = +10V$,$R = 10R_F$。试求 $d_3 d_2 d_1 d_0 = 1010$ 时的输出电压 U_o。

9.2　在图 9.1.5 所示的倒 T 形权电流 D/A 转换器中,若基准电压 $U_R = 8V$,$R = 64k\Omega$,$R_F = 4k\Omega$。试求输入数字量 10111 和 11001 时的输出电压 U_o。

9.3　在 4 位逐次逼近型 ADC 中,设 $U_R = 10V$,$U_I = 8.2V$。试说明逐次比较的过程和转换的结果。

9.4　双积分式 ADC 的基准电压为 $-8V$,当输入的模拟电压为 5V 时,要使计数器输出的脉冲数 N 在数码管上显示为 5,计数器应该是多少位的?

部分习题答案

第 1 章

1. 1　(2) 10mA

1. 4　(a) 11.4V;　(b)0;　(c)12V;　(d)0.6V

1. 5　(1) $V_F=9$V, $I_R=I_{DA}=1$mA, $I_{DB}=0$;

　　　(2) $V_F=5.59$V, $I_R=0.62$mA, $I_{DA}=0.41$mA, $I_{DB}=0.21$mA;

　　　(3) $V_F=4.74$V, $I_R=0.53$mA, $I_{DA}=I_{DB}=0.26$mA

1. 8　(1) 12V,18mA,6mA,12mA;　　(2) 12V,21mA,6mA,15mA

1. 10　(1) $U_{o1}=45$V, $U_{o2}=9$V;

　　　(2) $I_{D1}=4.5$mA, $I_{D2}=I_{D3}=45$mA;

　　　(3) $U_{DRM1}=141$V, $U_{DRM2}=U_{DRM3}=28.2$V

1. 11　(1) $U=25$V, $U_{DRM}\approx25\sim30$V, 2CP11;　　(2) $C=200\mu$F

1. 12　(1) $U_o=15$V;　　(2) $R_{L\min}\approx2.25$kΩ

第 2 章

2. 3　(1) $U_{CE}=5$V, $I_B=60\mu$A, $I_C=3.5$mA;

　　　(2) $U_{CE}=1$V, $I_B=60\mu$A, $I_C=2.75$mA;

　　　(3) $U_{CE}=2$V, $I_B=80\mu$A, $I_C=5$mA;

　　　(4) $U_{CE}=6.5$V, $I_B=80\mu$A, $I_C=4.75$mA

2. 4　$R_C=2.5$kΩ, $R_B=200$kΩ

2. 5　(1) $U_{CE}=7.3$V, $I_B=27\mu$A, $I_C=1.35$mA;　　(2) $A=-96$;

　　　(3) $A=-58$

2. 6　(2) $r_i=1.08$kΩ, $r_o=3$kΩ;　　(3) $A_u=-50$

2. 7　(1) $r_i=6.23$kΩ, $r_o=3.9$kΩ;

　　　(2) $U_o=202.5$mV;　　(3) $U_o=720.7$mV

2. 8　(1) $I_B=274\mu$A, $I_C=13.7$mA, $U_{CE}=8.8$V;

　　　(2) $r_i=13.6$kΩ;　　(3) $A=0.98$

2. 9　(2) $r_{i1}=3.1$kΩ, $r_{i2}=1.6$kΩ, $r_{o1}=15$kΩ, $r_{o2}=7.5$kΩ;

　　　(3) $A_{u1}=-31.5$, $A_{u2}=-136$, $A_{u3}=4270$;

　　　(4) $u_{o2}=4.15$V

2. 10　(2) $A_{u1}=-0.97$, $A_{u2}=0.99$

2.11　(1) $U_{CE1}=6.6V,I_{B1}=25\mu A,I_{C1}=1mA,$

$\quad\quad U_{CE2}=10.8V,I_{B2}=45\mu A,I_{C2}=1.8mA;$

$\quad\quad$(3) $r_i=4.77k\Omega,r_o=0.25k\Omega;$

$\quad\quad$(4) $A_{u1}=-23,A_{u2}=0.99,A_u=-23$

2.12　(1)$r_i=38.4k\Omega,r_i'=340k\Omega$

2.13　(1) $U_{CE}=7V,I_{C1}=0.46mA,I_{B1}=9.2\mu A$

$\quad\quad$左侧　地$\to U_S\to R_B\to T_1\to\dfrac{1}{2}R_P\to R_E\to -U_{EE}$

$\quad\quad$右侧　地$\to R_B\to T_2\to\dfrac{1}{2}R_P\to R_E\to -U_{EE};$

$\quad\quad$(2) $U_o=-0.646V;$　　(3) $A_d=-21.55;$

$\quad\quad$(4) $r_i=18.56k\Omega,r_o=24k\Omega$

2.14　(2) $A_u=-3.3;$　　(3) $r_i=2.1M\Omega,r_o=10k\Omega$

2.15　(1) $A=0.915;$　　(2) $r_i=1.33M\Omega;$　　(3) $r_o=1k\Omega$

2.16　(1) $I_D=0.9mA,U_{GS}=-3.5V,U_{DS}=6V;$

$\quad\quad$(2) $A_1=-5.3,A_2=-11.9,A=63.3;$

$\quad\quad$(3) $r_i=1.05M\Omega,r_o=10k\Omega$

2.17　(1) $A_1=-0.33,A_2=-11.9,A=3.93;$　　(2) $r_i=1.05M\Omega$

2.18　(2) $P_{om}=7.6W$

2.19　(3) $U_{C3}=-0.6V$

第 3 章

3.3　(1) $A_f=75;$　　(2) $dA_f/A_f=\pm1.5\%$

3.4　(1) $F=0.0385,A_f=26;$　　(2) $dA_f/A_f=0.014\%;$

$\quad\quad$(3) $BW_f=3.85kHz;$　　(4) $r_{if}=3.851\times10^3k\Omega$

第 4 章

4.2　(1) $A_f=-5;$　　(2) $A_f=-5,R_F=250k\Omega$

4.4　$u_o=\dfrac{2R_F}{R_1}u_i$

4.5　$u_o=4V$

4.7　$u_o=(1+K)(u_{i2}-u_{i1})$

4.8　$u_{o1}=-12V,u_{o3}=-6V,u_o=-3V$

4.9　(1) $t=0.1s;$　　(3) $R_1=100k\Omega,C_F=10\mu F$

4.10　$u_o=6(e^{-\frac{2t}{RC}}-1)(V)$

4.11　$u_o = -\dfrac{R_F}{R_1}U_Z$，可调恒压电路

4.12　$i_o = \dfrac{U}{R}$，恒流源电路

4.13　(a) $i_o = \dfrac{u_i}{R}$，电流串联负反馈电路；

　　　(b) $i_o = \dfrac{-u_i}{R_1}\left(\dfrac{R_F}{R}+1\right)$，电流并联负反馈电路

4.14　$U_o = 8V$

4.15　$R_{11} = 10M\Omega$，$R_{12} = 2M\Omega$，$R_{13} = 1M\Omega$，$R_{14} = 200k\Omega$，$R_{15} = 100k\Omega$

4.16　$R_{F1} = 1k\Omega$，$R_{F2} = 9k\Omega$，$R_{F3} = 40k\Omega$，$R_{F4} = 50k\Omega$，$R_{F5} = 400k\Omega$

4.19　$6.96 \sim 17.73V$

4.20　(1) $I_L = 54.5mA$；　　(2) $U_o = 15.9V$

第 5 章

5.1　$753 \sim 1048Hz$

5.2　$0.01 \sim 1\mu F$

5.3　(1) $1MHz$

5.4　(2) $892 \sim 908kHz$

第 6 章

6.2　(1) 30；　　(2) $4.1k\Omega$

6.6　$(10110110)_2$，$(1111000011)_2$

6.11　(1) $Y = BC$；　　(2) $Y = A+B+C$；　　(3) $Y = A\bar{B}$

　　逻辑电路图如图解 1 所示。

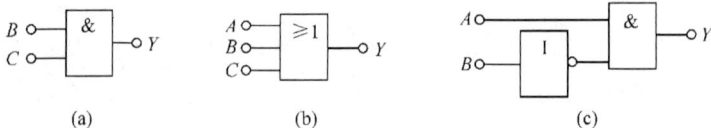

(a)　　　　　　　　(b)　　　　　　　　(c)

图解 1

6.12　(1) $\bar{A}B + \bar{A}BCD(E+F) = \bar{A}B(1+CD(E+F)) = \bar{A}B$；

　　　(2) $A\oplus\bar{B} = AB + \bar{A}\bar{B} = \overline{A\oplus B}$

　　　　　$\bar{A}\oplus B = AB + \bar{A}\bar{B} = \overline{A\oplus B}$

6.13 化简结果如图解 2 所示。

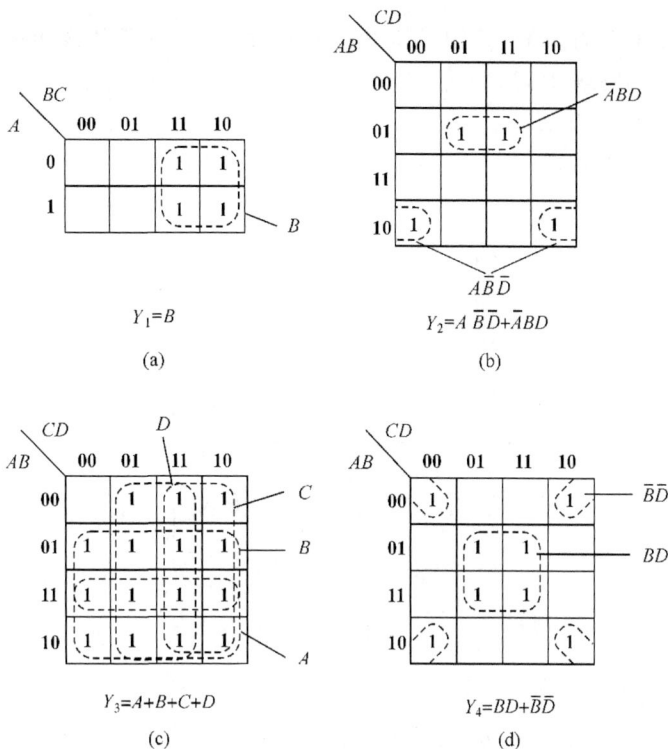

$Y_1=B$

(a)

$Y_2=A\overline{B}\,\overline{D}+\overline{A}BD$

(b)

$Y_3=A+B+C+D$

(c)

$Y_4=BD+\overline{B}\overline{D}$

(d)

图解 2

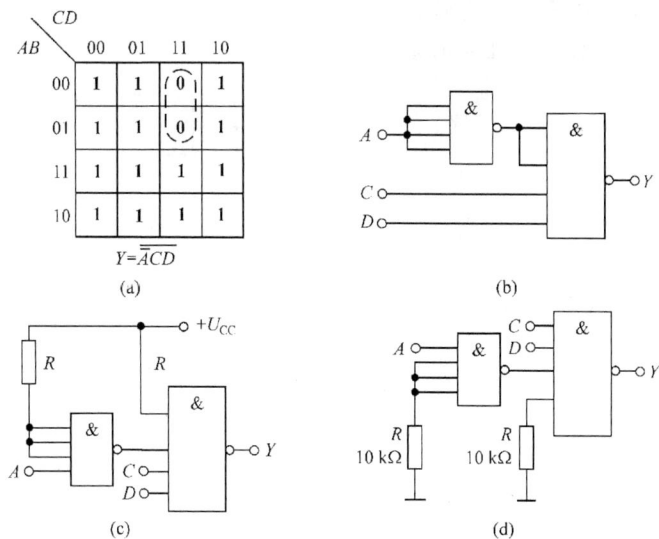

$Y=\overline{A}CD$

(a)

(b)

(c)

(d)

图解 3

6.14　(a) $Y = \overline{A}B + A\overline{B}$；　(b) $Y = (A+B)C$

6.16　由卡诺图知 $Y = \overline{\overline{A}CD}$，如图解 3(a)所示。其中三种逻辑电路的连接方式如图解 3(b)、(c)、(d)所示。

6.17　$Y = AB + \overline{A}\overline{B}$

6.19　$Y_1 = A\overline{B}$，$Y_2 = \overline{A}B$，$Y_3 = AB + \overline{A}\overline{B}$，逻辑电路如图解 4 所示。

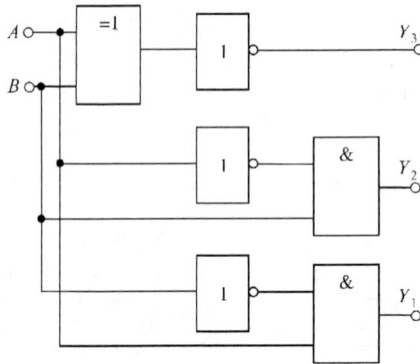

图解 4

6.21　$ABCD = \mathbf{1001}$

6.22　(1) $S_1 \sim S_4 = 0$，$A = B = C = D = 1$，指示灯均不亮，蜂鸣器不响；

　　　(2) $S_1 = 1$，$A = 0$，$B = C = D = 1$，指示灯均不亮，S_2、S_3、S_4 不起作用；

　　　(3) 电路连接如图解 5 所示

6.23　电路连接如图解 6 所示。

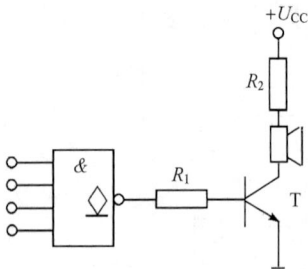

图解 5

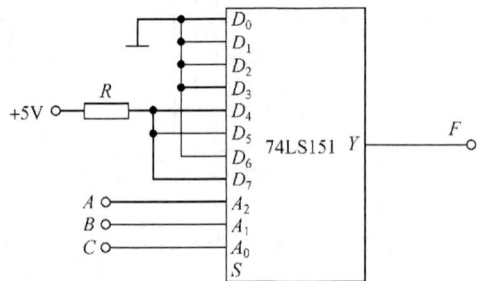

图解 6

第 7 章

7.1　当初始状态 $Q=0$ 和 $Q=1$ 时,如图解 7 所示。

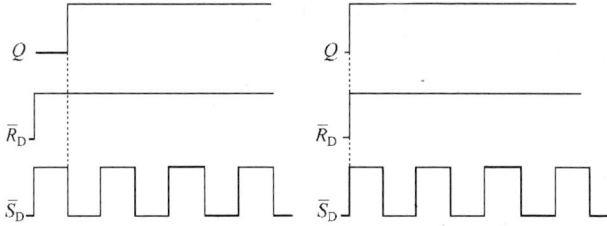

图解 7

7.2　当初始状态 $Q=0$ 时,如图解 8 所示。

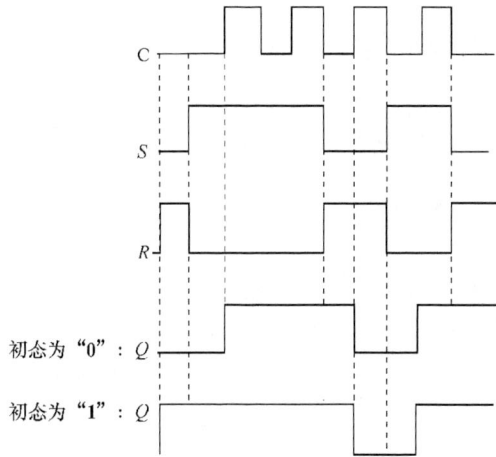

图解 8

7.3　如图解 9 所示。

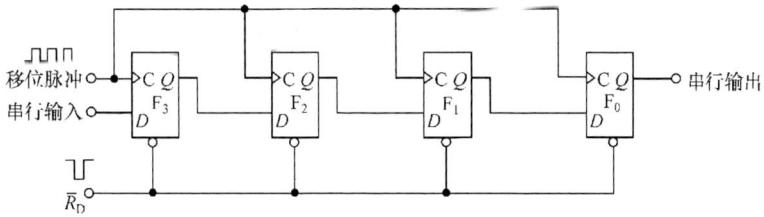

图解 9

7.4　如图解 10 所示。

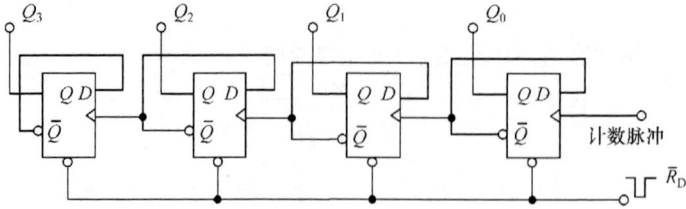

图解 10

7.5　如图解 11 所示。

7.7　如图解 12 所示。

7.8　如图解 13 所示。其中 Q_1 的频率为 $200\,\mathrm{Hz}$, Q_2 的频率为 $100\,\mathrm{Hz}$。

7.9　如图解 14 所示。

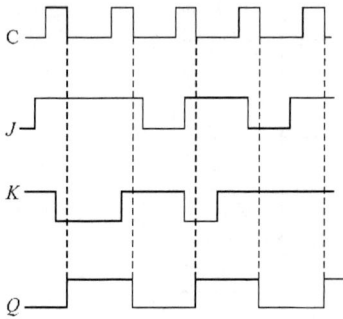

图解 11

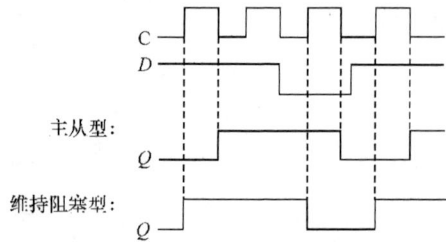

主从型：

维持阻塞型：

图解 12

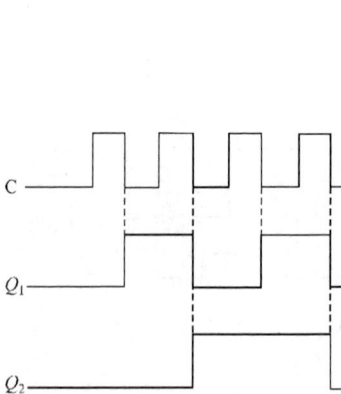

图解 13

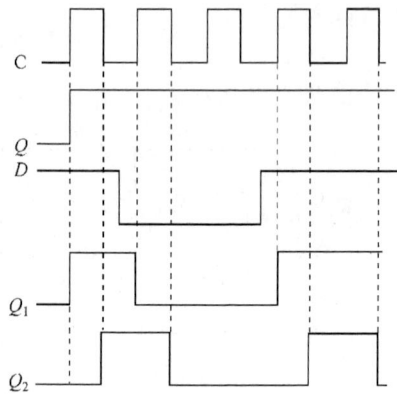

图解 14

7.11 如图解 15 所示。

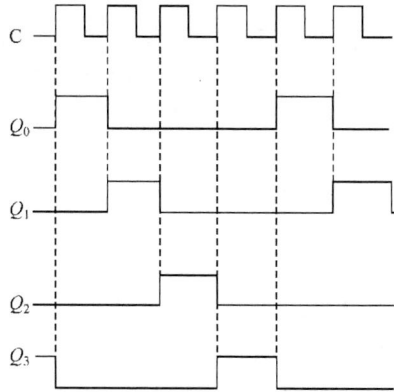

图解 15

7.12 如图解 16 所示。

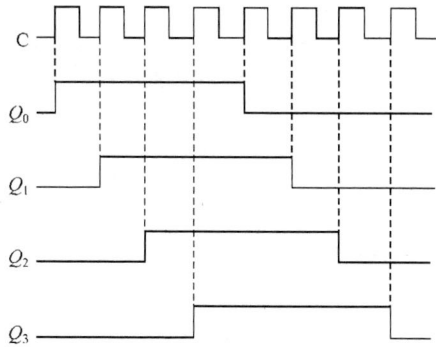

图解 16

7.13 如图解 17 所示。

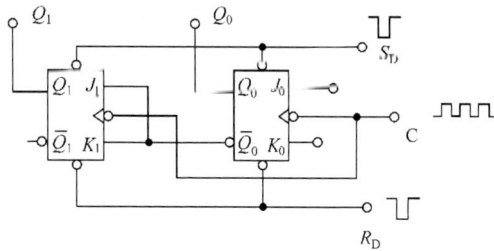

图解 17

7.14 如图解 18 所示。

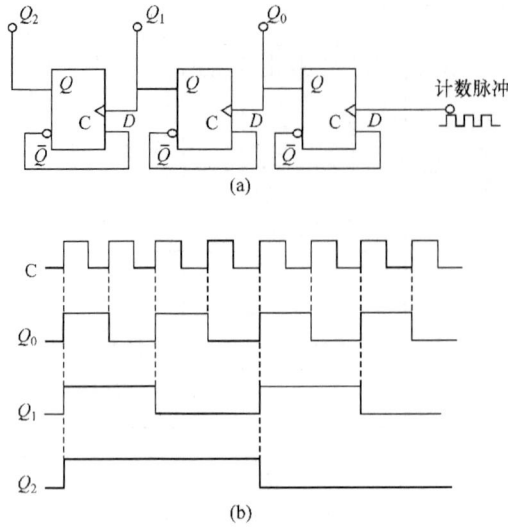

图解 18

7.15　七进制计数器

7.19　保持亮的时间 $t_p = 1.1RC = 1.1 \times 200 \times 50 \times 10^{-6} = 11(\text{s})$

第 8 章

8.1　32k

8.2　地址 9 位,字线 512,位线 8

8.4　如图解 19 所示。

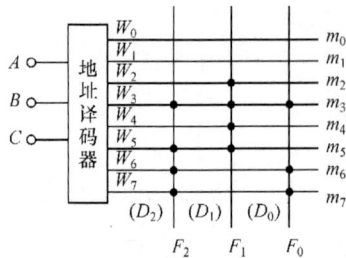

图解 19

8.5　如图解 20 所示。

8.6　$F_0 = \overline{A}C(B+\overline{B}) = m_2 + m_3 + m_6 + m_7$

$F_1 = AB\overline{C}(D+\overline{D}) = m_{12} + m_{13}$

$F_2 = A\overline{B}C\overline{D} + \overline{A}BCD + BC\overline{D}(A+\overline{A}) = m_6 + m_7 + m_{10} + m_{14}$

如图解 21 所示。

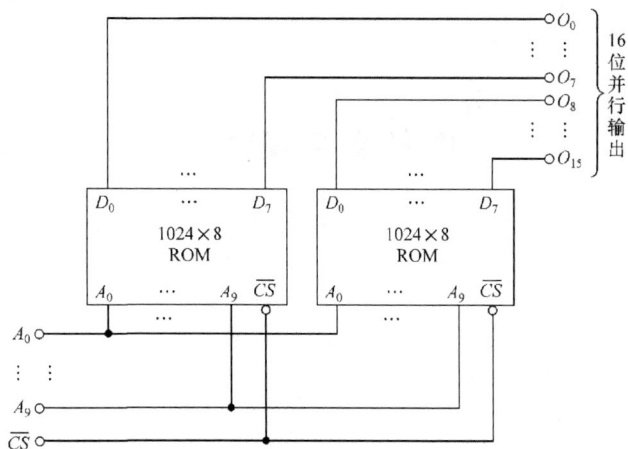

图解 20

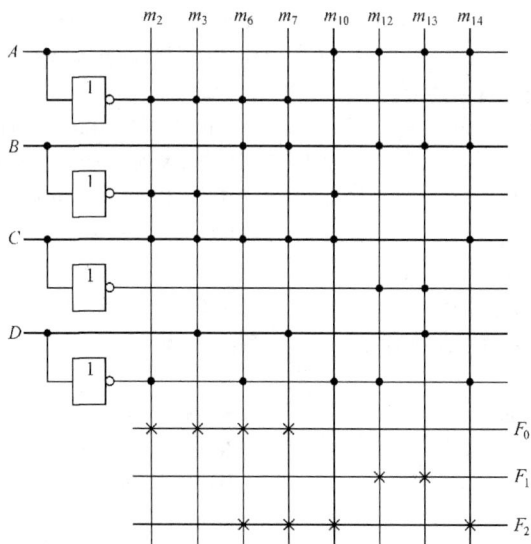

图解 21

8. 7 $F_0 = \overline{A}, F_1 = A\overline{B} + \overline{A}B, F_2 = B\overline{C} + BC, F_3 = C\overline{D} + \overline{C}D$

第 9 章

9. 1 $U_o = -0.208\text{V}$

9. 2 $U_o = -0.36\text{V}, U_o = -0.39\text{V}$

9. 3   过程(1) $U_A = 5\text{V}$；   过程(2) $U_A = 7.5\text{V}$；

过程(3) $U_A = 8.75\text{V}$；   过程(4) $U_A = 8.125\text{V}$

9. 4   3

中英文名词对照

B

半波整流电路　half-wave rectifying circuit

半导体　semiconductor

半加器　half-adder

饱和管压降　saturation voltage-drop

饱和区　saturation region

饱和失真　saturation distortion

本征半导体　intrinsic semiconductor

闭环电压放大倍数　closed-loop voltage
　　amplification factor

编码器　coder

并联负反馈　parallel negative feedback

布尔代数　Boolean algebra

C

采样保持　sample and hold

参考电压　reference voltage

测量放大器　measuring amplifier

差动放大电路　differential amplification circuit

差模电压放大倍数　differential-mode voltage
　　amplification

差模输入　differential-mode input

差模信号　differential-mode signal

掺杂半导体　doped semiconductor

触发脉冲　triggering pulse

触发器　flip-flop trigger

穿透电流　penetration current

传感器　transducer

传输特性　transfer characteristics

串联负反馈　series negative feedback

串联型稳压电路　series type regulating circuit

D

大规模集成电路　large scale integration(LSI)

单端输出　one-terminal output

单端输入　one-terminal input

单结晶体管　unijuction transistor(UJT)

单稳态触发器　monostable flip-flop

单向导电　one-way conduction

单向整流电路　single-phase rectification circuit

导电沟道　conductive channel

导通　on

导通角　turn-on angle

低频放大电路　low-frequency amplification circuit

电感滤波器　inductance filter

电感三点式振荡器　tapped-coil oscillating circuit

电流放大系数　current amplification coefficient

电流负反馈　current negating feedback

电容滤波器　capacitor filter

电压比较器　voltage comparator

电压传输特性　voltage transmission characteristics

电压放大倍数　voltage gain

电压放大器　voltage amplifier

电压负反馈　voltage negative feedback

电子器件　electron device

定时器　timer

动态　dynamics

读写存储器　read-write memory

多级放大器　multistage amplifier

多数载流子　majority carrier

多谐振荡器　multi-vibrator

E

二极管　diode

二极管钳位　diode clamp

二进制计数器　binary channel

二进制译码器　binary decipherer

二-十进制编码　binary coded decimal

二-十进制译码器　binary-decimal decipherer

F

发光二极管　light-emitting diode（LED）

发射极　emitter

反馈　feedback

反馈电路　feedback circuit
反馈电压　feedback voltage
反馈系数　feedback coefficient
反相器　inverter
反相输入端　inverting input terminal
反向饱和电流　reverse saturation current
反向电阻　back-resistance
反向击穿电压　reverse breakdown voltage
反向偏置　reverse bias
反向作用　inverting action
方波　square wave
方框图　block diagram
放大区　amplification region
非门　NOT gate
非线性失真　nonlinear distortion
分贝　decibel(dB)
分立电路　discrete circuit
峰点　peak point
伏安特性　volt-ampere characteristic
幅频特性　amplitude frequency characteristic
负反馈　negative feedback
负逻辑　negative logic
负载电阻　load resistance
负载线　load line
复合　recombination
复合管　darlington
复位端　reset terminal

G

干扰　interference
工作点　operating point
功率放大电路　power amplification circuit
共发射极放大电路　common-emitter amplification circuit
共集电极放大电路　common-collector amplification circuit
共价键　covalent bond
共模电压放大倍数　common-mode voltage amplification factor
共模输入　common-mode input
共模信号　common-mode signal
共模抑制比　common-mode rejection ratio（CMRR）

共源极放大电路　common-source amplification circuit
谷点　valley point
固定偏置电路　fixed-bias circuit
光电二极管　photodiode
光电隔离器　optoelectronic isolator
光敏电阻　photo-sensitive resistor
光敏三极管　phototransistor
硅　silicon
硅稳压二极管　Zener diode

H

互补对称式电路　complementary symmetry circuit
环形计数器　ring counter
或非门　NOR gate
或门　OR gate

J

击穿　breakdown
积分器　integrator
积分运算　integrated operation
基本 R-S 触发器　basic R-S flip-flop
基极　base
集成电路　integrated circuit（IC）
集成稳压电源　integrated regulated power supply
集电极　collector
集电极负载电阻　collector load resistance
集电结　collector junction
计数器　counter
寄存器　register
加法计数器　adding counter
加法运算　adding operation
夹断电压　pinch-off voltage
甲类工作状态　class A operating state
检波电路　detecting circuit
减法计数器　subtracting counter
减法运算　subtracting operation
交流分量　alternating current component
交流通路　alternating current path
交越失真　cross-over distortion
接地　ground,grounding;earth,earthing
接口　interface
截止　cut-off

截止区　cut-off region

截止失真　cut-off distortion

金属-氧化物-半导体　metal-oxide-semiconductor
　　（MOS）

晶体二极管　crystal diode

晶体管　transistor

晶体管-晶体管逻辑电路　transistor-transistor logic
　　（TTL）circuit

晶体三极管　transistor

静态　statics

静态工作点　quiescent point

K

卡诺图　Karnaugh map

开环电压放大倍数　open-loop voltage amplification
　　factor

开路电压　open circuit voltage

开启电压　threshold voltage

可编程逻辑器件　programmable logic device (PLD)

可编程逻辑阵列　programmable logic array (PLA)

可编程阵列逻辑　programmable array logic (PAL)

空间电荷区　space change region

空穴　hole

控制极　control grid

控制角　controlling angle

跨导　transconductance

扩散　diffusion

L

零点漂移　zero drift

漏极　drain

漏极电流　drain current

滤波器　filter

逻辑表达式　logical expression

逻辑代数　logical algebra

逻辑电路　logical circuit

逻辑门　logical gates

逻辑状态表　logical state table

M

脉冲　pulse

脉冲电路　pulse circuit

脉冲幅度　pulse height

脉冲宽度　pulse length

脉冲上升沿　pulse positive edge

脉冲同期　pulse period

脉冲下降沿　pulse negative edge

门电路　gate circuit

模拟电路　analogue circuit

模/数转换电路　analog-digital converter（ADC）

O

耦合电容　coupling capacitor

P

旁路电容　bypass capacitor

偏流　current bias

偏置电流　bias current

偏置电压　bias voltage

偏置电阻　bias resistance

漂移　drift

频率特性　frequency characteristic

品质因数　quality factor

平均延迟时间　average delay time

Q

齐纳二极管（稳压二极管）　Zener diode

钳位　clamp

桥式整流电路　bridge rectification circuit

清零　clear

全波整流电路　full-wave rectification circuit

全加器　full adder

R

热敏电阻　thermistor

S

三极管　triode

三态逻辑门　tri-state logic gate

上升沿　rise edge

少数载流子　minority carrier

射极耦合　emitter coupling

射极输出器（射极跟随器）　emitter follower

失调电流　offset current

失调电压　offset voltage

失真　distortion

十进制计数器　decimal counter

时序逻辑电路　sequential logic circuit

时钟脉冲　clock pulse

受控电流源　controlled current source

输出电阻 output resistance

输出端 output terminal

输出功率 output power

输出特性 output characteristic

输入电阻 input resistance

输入端 input terminal

输入特性 input characteristic

数据分配器 demultiplexer

数据选择器 multiplexer

数码显示 digital display

数/模转换器 digital-analog converter (DAC)

数字电路 digital circuit

数字集成电路 digital integrated circuit

双端输出 two-terminal output

双端输入 two-terminal input

双稳态触发器 bistable flip-flop

顺序控制 sequential control

死区 dead-zone

随机存取存储器 random access memory

T

调制 modulation

通频带 pass band

通用阵列逻辑 generic array logic (GAL)

同步 RS 触发器 synchronous RS flip-flop

同步二进制计数器 synchronous binary counter

同步计数器 synchronous counter

同或门 exclusive-NOR gate

同相放大器 noninverting amplifier

同相输入端 noninverting input terminal

图解分析法 graphical analysis

W

微变等效电路分析法 incremental equivalent circuit analysis

微分运算 differential operation

维持电流 holding current

温度补偿 temperature(thermal) compensation

稳压电路 regulating circuit

无输出变压器功率放大电路 output transformerless (OTL) power amplification circuit

无输出电容器功率放大电路 output capacitorless (OCL) power amplification circuit

无稳态触发器 astable flip-flop

X

下降沿 fall edge

显示器 display

显示译码器 decoder for display

限幅电路 limiting circuit

相频特性 phase-frequency characteristic

效率 efficiency

谐振频率 resonant frequency

虚地 imaginary ground

选频放大电路 selection frequency amplification circuit

Y

阳极 anode

移位寄存器 shift register

乙类工作状态 class B operation state

异步计算器 asynchronous counter

异或门 exclusive-OR gate

译码器 decipherer code translator

阴极 cathode

有源滤波电路 active rectified circuit

与非门 NAND gate

与或非门 AND-OR-NOT gate

与门 AND gate

源极 source

运算放大器 operational amplifier

Z

杂质 impurity

载流子 carrier

增强型 MOS 场效应管 enhancement mode MOSFET

斩波 cut wave

锗 germanium

振荡频率 oscillation frequency

振荡器 oscillator

整流电路 rectifier circuit

正反馈 positive feedback

正逻辑 positive logic

正弦振荡电路 sinusoidal oscillating circuit

正弦振荡器 sinusoidal oscillator

正向电阻 forward resistance

正向偏置　forward bias

直接耦合放大电路　direct-coupled amplification circuit

直流分量　direct current component

直流负载线　direct current load line

只读存储器　read-only memory（ROM）

只读型光盘　compact disc read-only memory（CD-ROM）

置位端　set terminal

周期　period

主从型触发器　master-slave flip-flop

转移特性　transfer characteristic

自激振荡器　self-excited oscillator

自偏压　self-bias

自由电子　free election

阻挡层　barrier

阻断　interception

阻容耦合放大电路　RC coupled amplification circuit

组合逻辑部件　random logic device

组合逻辑电路　combination logic circuit

最小项　minterm

其他

CRC 滤波器　CRC filter

D 触发器　D flip-flop

JK 触发器　JK flip-flop

LC 正弦波振荡电路　LC sinusoidal oscillating circuit

NPN 型晶体三极管　NPN transistor

N 型半导体　N-type semiconductor

N 型沟道　N-type channel

PNP 型晶体三极管　PNP transistor

PN 结　PN junction

P 型半导体　P-type semiconductor

P 型沟道　P-type channel

RC 桥式振荡电路　RC bridge oscillating circuit

RC 选频网络　RC selection frequency network

RC 振荡电路　RC oscillating circuit

RS 触发器　RS flip-flop

T 触发器　T flip-flop

参 考 文 献

郭维芹.1993.模拟电子技术.北京:科学出版社

康华光.1999.电子技术基础(模拟部分).4版.北京:高等教育出版社

刘全中.1999.电子技术(电工学Ⅱ).北京:高等教育出版社

秦曾煌.1999.电工学:下册(电子技术).5版.北京:高等教育出版社

史仪凯.1995.电子技术(电工学Ⅱ).西安:西北工业大学出版社

史仪凯.2004.电子技术(电工学Ⅱ)学习与考研指导.北京:科学出版社

王鸿明.1999.电工技术与电子技术(下册).北京:清华大学出版社

阎石.1997.数字电子技术基础.4版.北京:高等教育出版社

杨福生.1989.电子技术(电工学Ⅱ).北京:高等教育出版社

Adel S S,Kenneth C S.1987.Microelectronics Circuit.CBS College Publishing

Allan R H. 2005. Electrical Engineering Principles and Applications. All Right Reserved

Bobrow L E.1985.Fundamentals of Electrical Engineering.CBS College Publishing

Kelley M C.1988.Introductory Liner Electrical Circuit and Electronics.New York:Wiley

Schwarz S E,Oldham W G.1984.Electrical Engineering.CBS College Publishing